제 4 판

Verilog HDL로 설계하고

XILINX VIVADO Tool로 구현하는

Digital 회로설계 실무

B.C.Info

공저
변형구
안규철
구인모

YouTube 디지털 회로설계 실무

동영상 강의 연재중

서문

Digital 회로설계는 어느 정도의 논리적인 사고능력만 있으면 사전 지식이 많지 않아도 누구나 접근이 가능한 분야이다. 이 교재는 Verilog HDL을 사용하여 Digital 회로설계를 하기 위해 필수적으로 알아야 할 내용들을 소개하는 것에서부터 시작하여, 설계해야 할 내용에 대한 기능을 정의하고, 회로를 설계하여 Hardware로 구현하는 Digital 회로설계의 모든 과정을 충실하게 학습할 수 있도록 기획되었다.

Verilog HDL은 Digital회로를 구현하기 위해 고안된 Programming 언어체계인데, 구현할 대상인 Digital회로의 특성에 맞도록 문법체계가 형성되어 있다. Verilog HDL은 And Gate나 D Flip Flop, Counter등의 Digital회로를 구현함에 목적이 있다는 점에서 구현할 대상이 컴퓨터 환경인 C언어나 다른 Programming 언어와는 구별되는 특징을 갖는다.

본 교재는 단순히 Verilog HDL의 문법을 소개하거나, XILINX VIVADO Tool에 대한 사용법을 알려주는 단계를 넘어서 Digital회로를 설계하는 방법을 익힘으로써, 스스로 Verilog HDL을 사용하여 Digital 회로를 설계하고 구현하는 능력을 육성함에 중점을 두고 기획된 교재이다. 이 교재를 따라 충실하게 학습하고 나면, Digital 회로로 구현해 보고 싶은 기능이 생각났을 때 어떤 과정을 거쳐서 Digital Hardware로 제작할 것인가에 대해 스스로 접근할 수 있는 능력을 갖추게 될 것이다.

이 교재는 크게 4부분과 부록으로 구성되어 있다.

Part 1 : Digital 회로설계를 시작하기 위해 필요한 지식들
Part 2 : Verilog HDL로 설계하기
Part 3 : Verilog HDL로 구현하기
Part 4 : 설계 Project 수행하기
부록

Part 1은 Verilog HDL로 Digital회로 설계를 시작하기 위해서 미리 알고 있어야 할 필수적인 내용들을 소개하고 있으며, Part 2는 Digital회로를 설계하기 위해 반드시 알아야 할 Verilog HDL문법의 필수적인 내용들을 학습하게 되는데 이미 알고 있거나 쉽게 이해할 수 있는 Digital 회로의 사례를 중심으로 습득하게 된다. Verilog HDL 문법을 익히고, 스스로 Digital회로에 대한 Verilog HDL Code를 작성해 보고 Simulation을 통해 Verilog HDL의 동작을 이해하는 과정을 반복하는 형태로 Verilog HDL을 쉽게 학습할 수 있도록 구성되었다.

Part 3은 Verilog HDL로 설계된 회로의 동작을 검증하기 위하여, XILINX FPGA Chip이 장착된 실습기자재를 활용하여 Hardware로 동작을 확인하는 과정을 학습할 수 있도록 구성되었는데, 특히 XILINX사에서 제공하는 Integrated Logic Analyzer 기능을 활용하여 동작중인 FPGA Chip 내부의 신호들의 상태를 관측하는 방법을 학습할 수 있다.

Part 4는 Part 1 ~ Part 3을 통해 학습한 내용을 기반으로 Digital회로를 Verilog HDL로 설계하고 Hardware로 구현하는 과제들을 수행하게 된다. 앞에서 학습한 내용들을 활용하여 Digital회로를 설계함에 있어서 개념 정리에서부터 FPGA Chip이 장착된 Hardware로 구현하기까지의 모든 과정을 Project 형식으로 수행해 봄으로써 Digital 회로설계 실무능력을 갖출 수 있도록 구성되었다.

부록에는 독자들에게 Digital회로 설계와 관련된 유용한 정보를 제공하기 위하여 아래의 내용들을 수록하였다.

- 부록 1. XILINX VIVADO Tool 설치하기.
- 부록 2. XILINX LUT(Look Up Table) 이해하기.
- 부록 3. FPGA와 MICOM.
- 부록 4. 실습 장비 JFK-100A Board 활용을 위한 자료.
- 부록 5. 양방향 입출력 Port 구현을 위한 Verilog HDL.
- 부록 6. Flash Memory로 Booting하기.
- 부록 7. 개발문서 정리하기.
- 부록 8. XILINX IP 활용하기.
- 부록 9. Error Message 추적하기.
- 부록 10. begin ~ end 구문 응용하기.
- 부록 11. Timing Simulation.
- 부록 12. Global Buffer 활용하기.

부록 1에서는 Xilinx VIVADO Tool에 대한 설치방법을 상세하게 소개하였는데, 여러분은 XILINX사에서 제공하는 무료 License인 WebPACK License를 사용하여 본 교제에서 소개하는 모든 내용을 학습할 수 있다. XILINX VIVADO Tool은 Windows7 혹은 Windows8이나 Windows10의 64bit OS에서만 동작된다는 점에 유의하여 설계하려는 PC의 환경을 구축하여야 한다.

이 교재에서 학습할 VIVADO Tool은 2020년 2월 기준으로 XILINX사의 최신 FPGA Series인 7 Series를 지원하기 위해 개발된 최신 FPGA개발용 Tool인 VIVADO 2019.2 Version이다. Spartan6나 그 이전의 FPGA Series는 ISE Tool을 사용하여야 하며, ISE Tool에서는 Artix7이나 Spartan7, ZYNC7, VIRTEX7 등의 최신 7 Series는 개발할 수 없다.

부록 2에서는 XILINX FPGA에서 조합회로를 구현하는 핵심 Library인 LUT(Look Up Table)의 동작에 대한 원리를 소개하였다.

부록 3에서는 Digital제어장치에 대한 개발 Engineer가 자신이 원하는 기능을 설계하여 현장에서 직접 Hardware로 구현할 수 있는 대표적인 반도체인 FPGA와 MICOM의 특징과 차이점을 소개하여 어떤 환경에서 어떤 종류의 반도체를 채택할 것인가에 대한 이해를 돕도록 하였다.

부록 4에서는 본 교재에서 활용되고 있는 FPGA인 XC7A15T를 장착한 실습장비 JFK-100A Board의 Hardware에 대한 자료를 제공하였다. 독자들은 이 Hardware 자료를 활용하여 이 교재의 학습내용을 구현해 보는 것 뿐만 아니라 이 Hardware를 활용하여 독자가 생각하는 다양한 Application을 구현해 볼 수 있도록 하였다.

부록 5에서는 양방향 입출력 신호를 처리하기 위한 Verilog HDL 문법을 소개하였고,

부록 6에서는 Flash Memory에서 FPGA로 Booting하는 방법을 소개함으로써 Hardware의 전원을 켰을 때 자동 Booting하는 방법을 제시하였다.

부록 7에서는 개발의 결과물을 재활용함에 있어서 중요한 요소인 문서 정리에 대해 소개하였다.

부록 8에서는 XILINX에서 제공하는 IP들을 활용하여 설계에 반영하는 방법에 대하여 소개하였고, 부록 9에서는 VIVADO Tool을 사용하다가 발생하는 Error Message를 활용하여 오류의 원인을 찾는 방법을 소개하였고, 부록 10에서는 Verilog HDL의 문법 중 begin ~ end를 효과적으로 활용하는 방법에 대해 소개하였다.

부록 11에서는 Verilog HDL로 설계한 회로에 대하여 Synthesis와 Implementation을 마친 후에 Logic Delay와 Routing Path Delay가 반영된 Timing Simulation을 통하여 FPGA에서 실제 작동하는 전달지연시간이 반영된 Simulation을 통해 회로의 Timing적 안정성을 확인하는 방법을 소개하였다.

부록 12에서는 XILINX FPGA에서 Clock Chain에 발생하는 FAN Out문제를 해결하기 위해 제공하는 Global Buffer를 Verilog HDL에서 활용하는 방법을 소개하였다.

Verilog HDL의 구문에는 회로의 동작을 검증하기 위해서 고안된 Simulation만 가능한 구문들과 회로합성을 통해 Digital회로로 구현이 가능한 구문들이 포함되어 있다. 예를 들어서 어떤 신호에 10ns 지연을 시키는 구문은 Simulation에서는 유용하게 활용될 수 있지만 정확하게 10ns를 지연시켜 줄 수 있는 회로는 구현이 불가능하다. 이런 점들 때문에 처음 Verilog HDL로 학습을 시작하는 분들 가운데 회로구현을 목표로 하는 분들은 적잖이 혼란을 겪기도 한다. 또한 XILINX VIVADO Tool에서 제공하는 Simulation Tool도 Simulation만을 위한 목적으로 고안된 Verilog HDL구문은 처리하지 못하는 경우가 많다. 본 교재에서 다루는 모든 Verilog HDL문법과 구문은 회로합성이 가능한 구문들로 구성되어 있으며 필자가 VIVADO Tool에서 Simulation 및 회로 합성을 거쳐 검증된 구문들 만을 사용하였으므로 회로합성을 목표로 학습하는 분들에게는 유용한 예제들로 활용이 가능할 것이다.

아울러, 이 책을 학습하면서 이 책의 내용을 중심으로 Youtube에서 연재중인 "디지털회로설계실무" 동영상 강의를 병행하여 학습하면 학습하는데 더 큰 유익을 얻을 수 있을 것이다.

이 책의 학습자들이 이 교재의 안내를 따라 차분하게 학습하여, 스스로가 생각하는 Digital Hardware를 구현할 능력을 갖추어 실력 있는 Engineer로 성장할 뿐 아니라, 스스로 고안한 제품이나, Digital System을 개발하여 제공하는 자기만의 사업 분야를 이루어 나가는 데에 작은 도움이 되기를 바라는 바이다.

이 책이 출간되기까지 출판의 모든 과정에 있어서 아낌없는 지원을 보내주신 송광헌 복두출판사 사장님과, XILINX와 관련하여 기술적인 도움이 필요할 때마다 성심껏 지원을 해주신 XILINX Korea 김홍철 이사님께 깊은 감사를 드린다.

목차 Table of Contens

PART 4 설계 Project 수행하기(과제에 대한 개념 정의부터 설계, 구현, 검증까지)

부록

Part 1

Digital 회로설계를 시작하기 위해 필요한 지식들

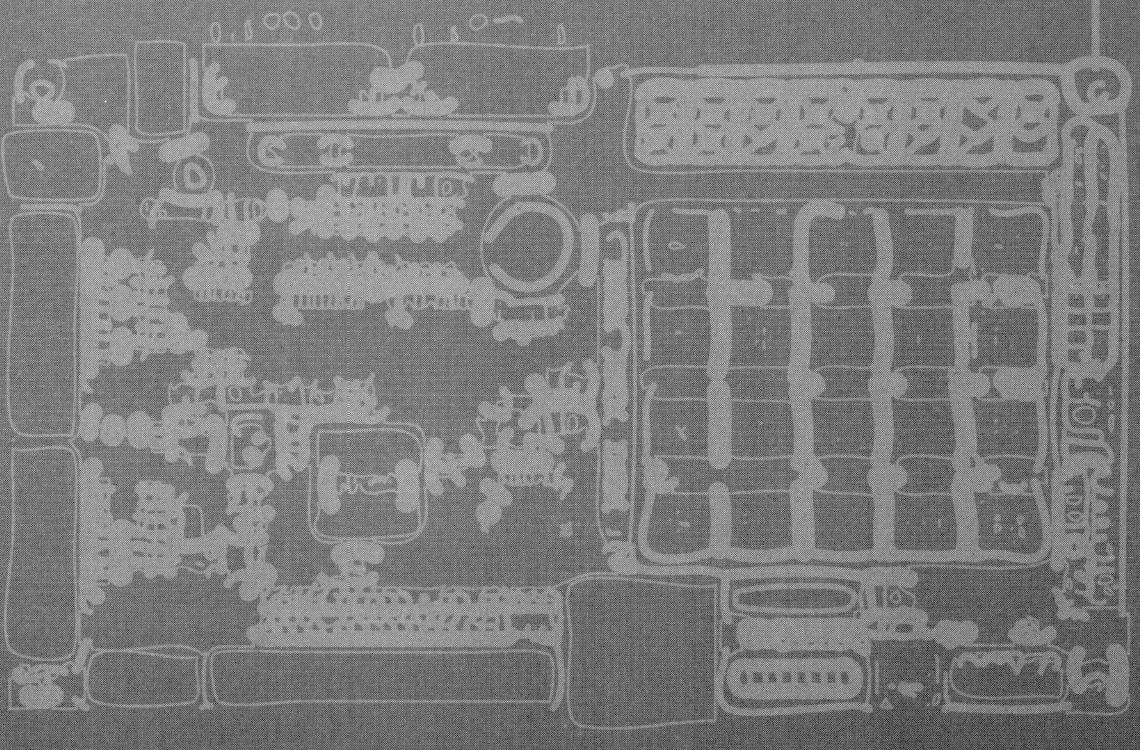

Part 1

Digital 회로설계를 시작하기 위해 필요한 지식들

Part 1은 Part 2부터 본격적으로 시작될 Verilog HDL을 활용한 Digital 회로 설계 학습을 하기 위해 필요한 Digital 회로설계와 관련한 기본지식들을 소개한다.
Analog 신호와 Digital신호의 특징과 그 차이점, 그리고 Digital 회로에 대한 기초지식, FPGA에 대한 이해, Digital 회로 설계 진행 순서와 내용들을 다루게 된다.
이러한 내용들을 이미 충분히 알고 있는 독자라 하더라도 복습하는 차원에서 찬찬히 읽어본 후에 Part 2로 진행하기 바란다.

Part 1의 목차

제 1 과 Digital 회로설계를 시작하기 위한 사전학습

1.1 Analog신호와 Digital신호 이해하기

전자회로에서 활용되는 신호에는 Analog신호와 Digital신호가 있다.

Analog신호는 일반적으로 연속된 시간에 따라 변화하는 전압의 형태로 표현되는데, Oscillo Scope에서 관측할 수 있는 신호들이 여기에 해당한다. 소리나, 영상, 온도, 습도, 속도 등의 다양한 신호들이 해당신호에 맞는 적절한 Sensor를 통해 Analog 전기신호로 변환되어 전자회로에서 다뤄진다.

Digital신호는 숫자로 표현된 신호를 의미하는데, 금융거래 자료나 성적처리와 같이 원래의 신호가 순수한 숫자였던 신호를 컴퓨터나 Digital신호처리 반도체에서 활용하기 위하여 Digital로 처리하는 신호도 있지만, 사용자의 필요에 따라 본래의 신호는 Analog신호였지만 Digital신호로 처리하기 위하여 Digital로 변환된 신호도 있다.

Digital 회로설계에 들어가기에 앞서 이번 과에서는 Analog신호와 Digital신호의 특징들에 대해 알아보기로 한다.

1.1.1 Analog신호와 Digital신호와 잡음

모든 전자회로에는 잡음이 존재한다. 그것이 회로기판에서의 잡음이든, 장비 간의 통신과정에서의 잡음이든 원래의 신호에는 존재하지 않았던 잡음이 회로를 거치면서 원래의 신호에 더해지게 된다. 아래에 Analog신호와 Digital신호에 있어서 원래의 신호와 잡음, 잡음이 더해진 수신신호에 대한 그림을 도시 하였다.

일반적으로 전자회로 기판에서의 잡음은 수 mV에서 수십 mV 이하로 관리하고 있는데, 우리가 휴대전화나 휴대형 음향기기에서 사용하는 이어폰에서의 음향신호는 큰 소리의 경우도 200 ~ 300mV 이하인 경우가 대부분이므로 기판에서의 잡음이 수십 mV 수준이 되면 청각적으로 그 잡음을 느낄 수 있는 정도가 된다.

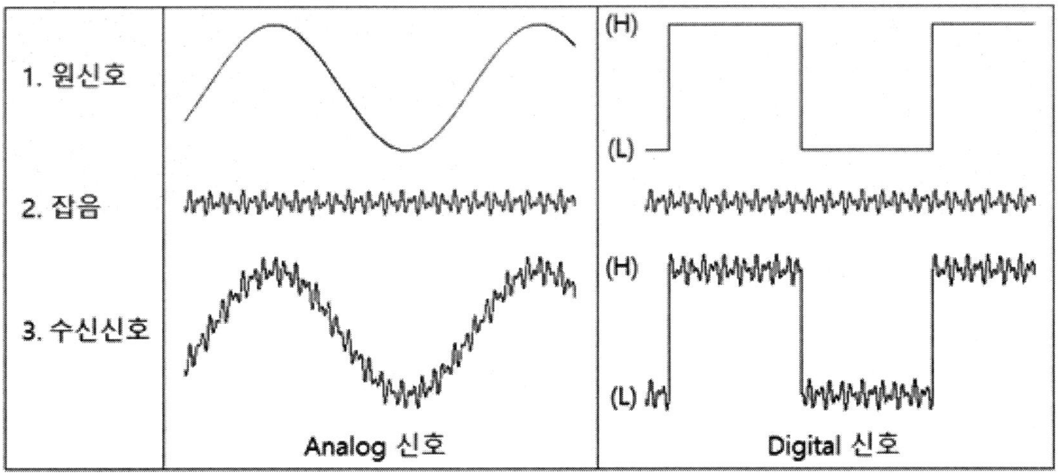

〈그림 1.1 신호와 잡음〉

위의 그림 좌측에 표시된 Analog신호를 살펴보자. Analog 회로에서는 한 번 유입된 잡음을 완전히 제거하는 것은 불가능하다. 우선은 회로에서의 잡음을 최소화하여 관리하는 것이 최선이며, 부득이하게 유입된 잡음에 대해서는 그 잡음의 형태와 성격을 분석하여 그에 맞는 적절한 Filter등을 사용하여 잡음을 줄이기 위한 회로를 보강해야 하는데, 신호처리에 대한 이론적 지식과 실무적 경험이 뒷받침 되어야 할 뿐 아니라 적지 않은 노력과 비용이 발생하게 된다.

주어진 전압 범위 내의 모든 크기의 값이 존재할 수 있는 Analog신호에 비해 Digital신호는 High상태 또는 Low상태의 두 가지 신호상태만 존재한다. 통상적으로 High상태를 2진수 '1'로 보고, Low상태를 2진수 '0'으로 할당하게 되는데 TTL신호의 경우 High상태를 DC 5Volt, Low상태를 DC 0Volt로 정하고 있다. High상태와 Low상태 사이에는 약 5Volt정도의 전압 차가 발생하므로 여기에 수십mV의 잡음이 유입된다고 해서 High였던 신호가 Low로 인식되거나, Low였던 신호가 High로 인식될 가능성은 없다.

이처럼 Digital신호로 정보를 전달하거나 처리하는 과정에서는 전자회로 기판의 기본적인 잡음을 제거하기 위하여 Analog회로에 비해 상대적으로 적은 노력으로도 원래의 신호를 정확하게 인식할 수 있는 장점이 있다.

1.1.2 Analog신호에 대한 Digital신호로의 변환 및 신호처리

Analog신호를 Digital신호로 변환하여 처리함에는 많은 장점이 있다. 앞 단원에서 언급한 것처럼 Digital 신호는 잡음에 대해 강한 장점으로 해서 유무선 통신을 이용하여 Data를 전송하거나, Data를 저장하였다가 활용함에 있어서 원래의 신호를 정확하게 복구하는데 탁월한 특성을 갖고 있다. 또한 일단 Digital로 변환된 신호는 산술적인 연산을 통해 다양한 DSP 처리를 함에 있어서 수식적으로 검증된 Algorithm을 정확하게 구현할 수 있다.

Analog회로에서도 비슷한 기능을 구현할 수 있지만, 부품의 특성과 온도 등의 영향으로 정밀한 구현을 하기 위해서는 많은 비용과 노력이 필요하다.

Analog신호를 Digital신호로 변환하는 과정을 살펴보자.

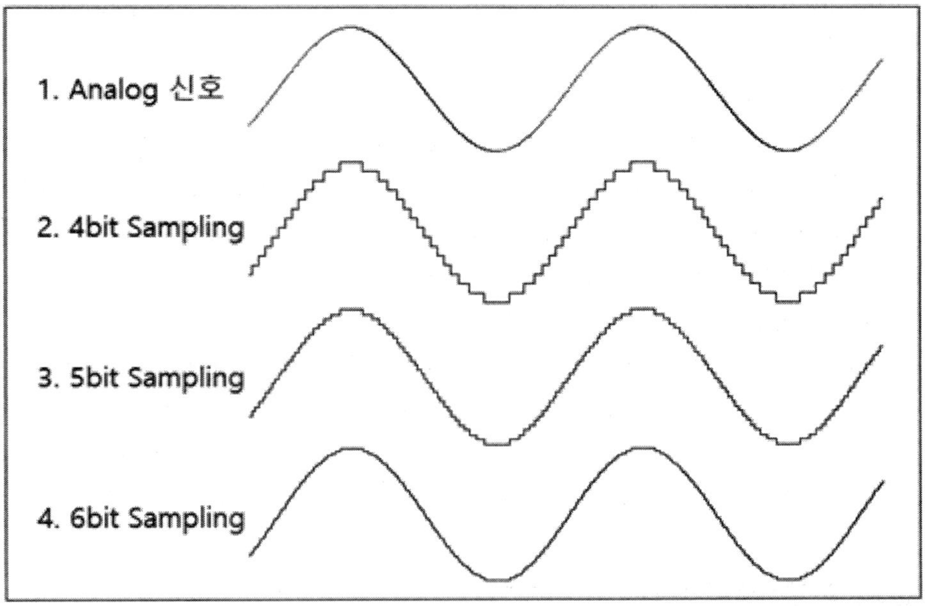

〈그림 1.1.2 Analog신호에 대한 Digital변환〉

위의 그림에서 1번 Analog신호는 시간의 흐름에 따른 크기의 변화를 연속된 점들의 연결로 표현된다. 이 Analog신호를 Digital신호로 변환할 때 일정한 시간 간격으로 변환하는 순간의 크기 값을 숫자 값으로 변환하게 된다.

이렇게 Analog신호에서 Digital신호를 추출해 내는 것을 Sampling이라고 하는데, Analog신호에 대해 얼마나 자주 변환할 것인가(X축) 그리고 크기 값을 얼마나 세밀하게 표현할 것인가(Y축)의 두 요소가 Analog신호에 대해 얼마만큼 충실하게 변환되었는가를 나타내는 기준이 된다.

▌크기에 대한 정밀도 결정(Sampling bit수 할당)

Digital신호의 최소 단위는 2진수로 한자리 수에 해당한다. 이를 1bit라고 부르며 Digital Data들은 사용하는 용도에 따라 다양한 bit수로 정의되어 사용된다. bit수가 많아질수록 Data는 더욱 세밀하고 큰 수에 대한 표현이 가능하지만 bit수가 늘어날수록 Digital 회로의 크기가 커지며 비례적으로 전력소모도 커지므로 무작정 많은 bit수를 할당하는 것이 반드시 좋은 회로라 할 수는 없으며, 사용하는 용도에 맞는 적절한 bit수 할당이 회로의 효율성을 높이는 중요한 요소가 된다.

1. 4bit Sampling
   〈그림 1.1.2〉에서 2번 신호는 4bit로 변환된 Digital 신호에 대한 시간, 크기를 표현한 그림이다. 4bit Sampling은 십진수로는 0~15까지의 16단계로 표현하는 것으로 눈으로 보기에도 Analog파형에 비해 충실한 변환이 되지 못한 계단모양에 가까운 파형임을 알 수 있다.
2. 5bit Sampling
   〈그림 1.1.2〉에서 3번 신호는 5bit로 변환된 Digital신호에 대한 시간, 크기를 표현한 그림이다. 5bit Sampling은 십진수로 0~31까지의 32단계로 표현하는 것인데 4bit에 비해 2배 세밀한 크기 표현이 가능하며 시간 기준으로도 2배 더 많은 Sampling이 이루어져 Data량은 4bit대비 4배 커진다.
3. 6bit Sampling
   〈그림 1.1.2〉에서 4번 신호는 6bit로 변환된 Digital 신호에 대한 시간, 크기를 표현한 그림이다. 6bit Sampling은 십진수로 0~63까지의 64단계로 표현하는 것인데 5bit에 비해 2배 세밀한 크기 표현이 가능하며 시간 기준으로도 2배 더 많은 Sampling이 이루어져 Data량은 5bit 대비 4배 커진다.

❙ 음향신호, 음성신호에 대한 Digital변환

우리가 귀로 들을 수 있는 소리를 가청신호라 하는데 20Hz~20kHz 범위의 신호를 가청주파수라고 한다. 소리 신호를 Digital로 처리하는 데에는 사람의 목소리를 기준으로 한 음성신호처리 분야와 다양한 악기나 오케스트라 등의 섬세한 연주나, 물소리 새소리 바람소리 등 자연계에 존재하는 소리들을 세밀하게 표현하기 위한 음향신호처리 분야로 구분된다.

음성신호처리분야는 사람이 낼 수 있는 목소리의 범위인 3kHz 이하의 신호를 다루는 영역이다. 사람의 목소리를 구현하는데 무리가 없는 범위에서 Data량을 최적화 시킨 표준 Sampling이 주로 사용되는데, Sampling bit수 8bit, Sampling주파수 8kHz로 Digital변환하여 처리하게 되며 초당 변환 Data는 64,000bit이다.

이에 비해 고품질의 소리신호의 구현을 목표로 하는 음향신호에 대한 Digital 변환에는 가청주파수의 모든 범위의 소리들을 표현하기 위한 높은 음질의 Digital 변환이 필요하다. 고품질의 음향신호를 저장하는 장치가운데 가장 널리 사용되는 저장 장치로 CD가 있는데, CD에 기록된 Digital신호는 16bit의 Sampling bit와 44.1kHz의 Sampling 주파수로 Sampling을 실시한다.

16bit는 십진수로 65,536단계의 정밀도를 갖는 것이며, 1초에 4만 4천100번 Digital Data

를 추출하는 것으로 Stereo 입체음향을 위해서는 좌, 우 2 Channel에 대한 Sampling이 필요하므로 초당 141만1천2백bit의 Data량이 필요하다.

CD급의 음질에 대해 만족을 느끼지 못하는 음악 애호가들을 위해서 Sampling bit수를 20bit혹은 24bit로 확장하고, Sampling주파수도 44.1kHz에서 192kHz까지 높이고, 2Channel Stereo가 아닌 5.1Channel로 처리하는 음향처리기술들이 등장하고 있는데, 사용하는 용도에 따라 사용자가 원하는 bit수, 원하는 주파수를 적용할 수 있다.

❙ 영상신호에 대한 변환

소리 신호분야와 함께 우리의 삶에 밀접하게 연관된 신호처리 분야가 영상 신호처리에 대한 영역인데, 영상신호는 소리 신호에 비해 매우 높은 주파수의 신호인 관계로 Sampling 주파수가 최소 수 MHz 이상이 필요하며 HD급이나 UHD급의 고화질 영상 처리 신호일수록 더 높은 주파수의 Sampling이 필요하다.

그러나 영상 신호의 특성상 음향 신호 만큼 높은 Sampling bit수가 필요하지는 않으며 원하는 화질에 따라 8bit에서 14bit의 Sampling bit수를 활용하는 것이 보편적이지만 사용 용도에 따라 더 높은 bit수를 선택하는 것은 설계자의 몫이다.

❙ 신호 압축 처리 방식들

Digital로 변환된 신호들은 음성신호, 음향신호, 영상신호 또는 순수 Digital정보 신호등 그 신호의 본래의 특성에 따라 다양한 압축기술들이 적용되어 크게는 수십 분의 1까지 Data량을 압축하여 통신이나 미디어로의 저장에 있어서 Data량에 대한 부담을 줄일 수 있다.

압축기술에도 원신호에 대한 왜곡이 없이 압축을 구현하는 무 변형 신호압축방식과 원신호와 유사하지만 원신호와 동일하지는 않은 신호변형압축방식으로 구분된다.

왜곡 없는 압축방식을 적용한 것이 컴퓨터에서 Data File을 압축할 때 생성되는 ZIP File들이다. 이 방식은 Data Pattern에 따라 압축비가 달라질 수 있지만 일반적으로는 신호변형 압축방식에 비해 압축비가 높지는 않다.

신호변형 압축방식은 사람이 잘 느끼지 못하는 부분에 대해 과감한 압축을 적용하여 원신호에 변형을 가하면서 압축비를 높이는 방식이다. 대표적인 영상신호압축 방식으로는 정지화면 처리에 주로 사용되는 JPEG 방식과 동영상 처리에 활용되는 MPEG등이 있다.

현재 가장 넓게 사용되는 음향신호 압축 방식인 MP3는 동영상 신호처리 방식인 MPEG에서 Sound부분에 대한 압축 방식을 음향신호처리에 적용한 것이다.

MP3 방식에서 압축비를 높이면 상대적으로 음질이 나빠지는 것을 느낄 수 있다.

1.1.3 Digital 회로에서의 숫자 처리 (2진수, 10진수, 16진수)

우리가 익숙하게 사용하는 10진수는 Digital 회로에서는 그리 편리한 수 체계가 아니다. Digital 회로는 2진수와 16진수의 수 체계를 적용하기에 적합한 구조를 갖고 있다. Digital 회로에서 주로 사용되는 2진수와 16진수의 수 체계를 우리에게 익숙한 10진수로 변환하거나, 우리에게 익숙한 10진수로 정의된 값을 Digital 회로에서의 연산을 위하여 2진수 혹은 16진수로 변환할 필요가 자주 발생하므로 진법에 대해 알아보도록 한다.

Digital 신호의 최소 단위는 High상태와 Low상태를 표시할 수 있는 1bit신호인데, 2진법 숫자인 0과 1에 Mapping시켜서 활용한다. 일반적으로 High를 2진법 1로, Low상태는 2진법 0으로 정하여 사용한다. 물론 Digital 회로에서도 전기적 신호상태에는 High도 아니고 Low도 아닌 상태가 존재하여 이에 대한 활용을 할 수도 있지만, 제한적인 용도로 사용될 뿐 일반적인 Digital 회로에서는 High, Low두 상태로 정의하여 사용하며 그 외의 상태에 대해서는 정의하지 않은 오류로 본다.

본 교재에서도 따로 언급하지 않은 경우에는 High를 2진수 1, Low를 0으로 Mapping하여 사용할 것이다. 단일 Digital 신호 선인 1bit의 신호로는 0과 1의 두 가지 상태만 정의할 수 있으므로, 더 많은 상태에 대한 정의를 위해서는 다수의 신호 선을 묶어서 multi-bit bus로 처리하여 하나의 Bus신호로 활용하게 된다.

4개의 단위신호를 묶어서 4bit의 bus로 신호를 처리하는 경우를 예로 진법에 대해 살펴보자. 4bit의 상태는 전압기준으로 볼 때 4개의 신호가 전부 Low인 LLLL상태부터 전부 High인 HHHH까지의 16가지 상태를 표시할 수 있다. 오른쪽의 그림에 4bit신호에 대한 전압상태와 그 상태에 대한 2진수, 10진수, 16진수 표현을 표로 제시하였다.

전압상태	2진수	10진수	16진수
LLLL	0000	0	0
LLLH	0001	1	1
LLHL	0010	2	2
LLHH	0011	3	3
LHLL	0100	4	4
LHLH	0101	5	5
LHHL	0110	6	6
LHHH	0111	7	7
HLLL	1000	8	8
HLLH	1001	9	9
HLHL	1010	10	A
HLHH	1011	11	B
HHLL	1100	12	C
HHLH	1101	13	D
HHHL	1110	14	E
HHHH	1111	15	F

▎4bit 신호에 대한 2진수 표현

2진수는 하나의 자릿수에서 표현할 수 있는 값이 0 또는 1이다. 4자릿수로 표현할 때 가장 작은 값은 0000이고 가장 큰 값은 1111이다. Digital 회로에서 더하기 연산을 할 때 2진수로 0011 더하기 0101을 실행하면 결과는 1000이 되는데, 이를 십진수 표현으로 하면 3 더하기 5로 결과는 8이 된다.

이처럼 실제 회로의 동작은 2진수 기준으로 동작되어서 2진수에 익숙하지 않은 우리는 연산의 동작과 결과를 가늠하기 쉽지 않다. 그러므로 우리에게 익숙한 수 체계인 10진수로 변환하여 동작을 파악하고 결과를 확인하는 것이 편리하다.

▌4bit 신호에 대한 10진수 표현

위의 표에서 보듯이 4bit신호에 대해 10진수로 표현하려면 0부터 15까지의 16가지 상태로 표시할 수 있다. 4bit의 신호를 LCD 화면이나 7 Segment 등에 10진수로 표시하려고 할 때 10진수로 두 자리의 자릿수가 필요하다. Digital 회로에서 연산을 수행할 때에는 2진수 혹은 16진수로 연산을 실행하는 것이 효율적이다. GUI를 통해 사람에게 알리거나 통계에서 10진수 기준으로의 Data가공이 필요한 경우 등에는 연산의 결과 값을 10진수로 변환하여 처리하게 된다.

▌4bit 신호에 대한 16진수 표현

16진수는 한 자릿수로 16가지의 수를 표현할 수 있도록 정의된 수의 체계이다. 위의 표에서 보듯이 10진수로 10부터 15까지를 영어 Alphabet A부터 F까지로 표현하는 수의 체계를 16진법 표현이라고 한다. 대문자와 소문자는 구분하지 않고 같은 값으로 본다. 16진수에서는 4bit의 신호가 16진수 한 자리에 해당하게 되는데, 덧셈, 뺄셈, 곱셈, 나눗셈 등의 처리에 있어서 자릿수 확장과 bit수 확장이 정비례 관계이므로 16진수 기준의 연산을 실행하는 것이 회로를 구성하는데 더 합리적이다.

실제 회로에서는 2진수 기준으로 연산과 동작이 이뤄지지만 이를 4bit단위로 묶으면 16진수 한 자리가 되므로 Digital 회로에서 값을 표시할 때 16bit 표현은 Multi-bit Bus에 대한 값을 표시할 때 유용하게 사용된다. 16진수 기준으로 N개의 자릿수를 갖는 Bus는 4×N개의 bit를 갖는 Bus 신호이므로 회로설계에서 사용되는 신호의 할당 bit수에 대한 파악에도 16진수를 활용하는 것이 간편하다.

▌진법 변환

우리에게 익숙한 10진수 표현이지만 4bit~6bit의 표현에는 2자리의 10진수가 필요하며 7bit~9bit는 세 자리가 필요하다. 이렇게 우리에게는 익숙한 10진수를 Digital 회로에 직접 적용하기는 불편한 점들이 많다.

Digital 회로를 설계하기 위해서는 2진수나 16진수로의 연산이 편리하지만, 우리가 인식함에 있어서는 10진수가 편리한 점을 감안하여, Digital 회로에서는 2진수나 16진수로 연산하도록 하고, 사람이 인식하는 부분에서는 10진수를 사용하는 절충을 해야 한다.

N bit의 값은 0부터 (2^n-1)까지의 수를 표현할 수 있는데, Digital 회로 설계자는 2진수나 10진수 또는 16진수로 표현된 값을 다른 진수의 값으로 변환하여 사용하는 데에 익숙해질 필요가 있다.

1.2 Digital 회로 기초

Digital 회로의 구성요소로는 크게 조합회로(Combinatorial Logic)와 순차회로(Sequential Logic) 그리고 Memory로 구성되어 있다고 볼 수 있다.

모든 Digital 회로에는 입력과 출력이 있으며, 입력이 들어왔을 때 주어진 기능에 따라 처리한 후 출력으로 내보내게 된다. 조합회로는 입력이 변화되었을 때 처리회로를 거쳐 출력으로 전달되기까지의 전달지연시간이 경과한 후에는 입력변화의 결과가 반드시 출력신호로 나타나는 회로를 의미한다. 이에 비해 순차회로는 Clock이 발생하는 순간의 입력의 상태에 따른 처리 결과가 출력으로 전달되며, Clock이 발생하지 않은 위치에서는 입력의 변화가 출력에 영향을 미치지 못하는 회로를 의미한다.

1.2.1 조합회로

조합회로의 구성요소로는 간단한 Gate들로부터 Data선택회로, 덧셈기, 곱셈기 등의 다양한 회로가 존재하며 모든 조합회로에는 회로의 복잡도와 구성형태에 따른 전달지연이 발생함을 반드시 기억해야 한다. 이 단원에서는 Digital Logic회로 설계를 위해 필수적으로 알고 있어야 할 기본 Gate회로들의 동작에 대해 살펴보고, 전달 지연시간(Propagation Delay)에 대한 이해를 위하여 Data 선택회로에 대해 살펴본다.

(1) Gate회로

조합회로의 가장 기본 요소인 Gate회로에는 NOT, AND, OR, NAND, NOR, XOR Gate 등이 있다.

A. Not Gate

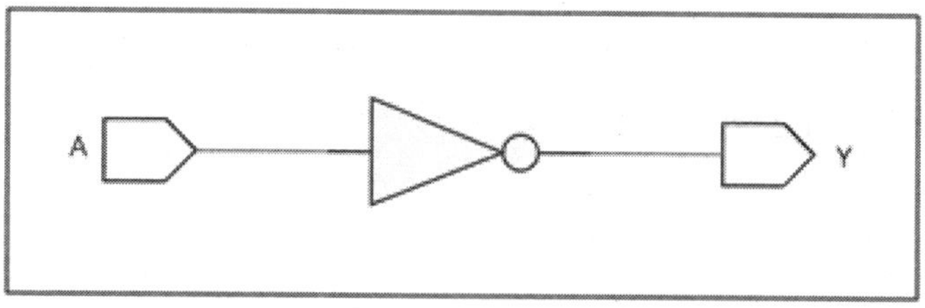

A	Y
L	H
H	L

〈Not Gate에 대한 진리 표〉

위의 그림에 Not Gate에 대한 회로도와 진리표를 도시하였다. Not Gate는 가장 간단한 형태의 조합회로이며 출력은 입력의 상태를 반전시킨 것이 된다.

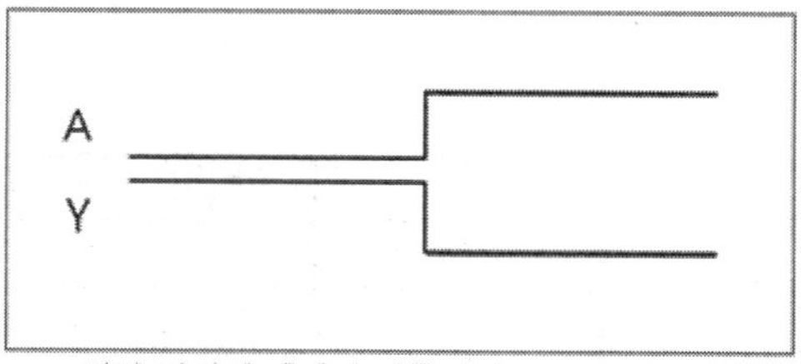

<전달 지연이 배제된 이론적인 Timing Chart>

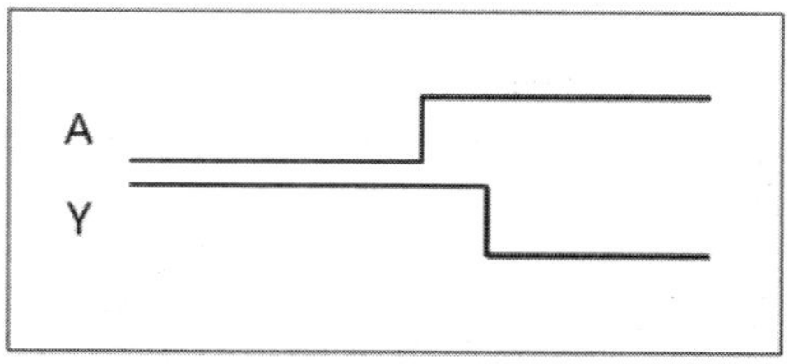

<전달지연이 반영된 실제적인 Timing Chart>

위의 그림은 Not Gate동작에 대한 Timing Chart를 표시한 것으로 좌측의 그림은 입력이 변하였을 때 지연시간이 없이 바로 출력에 전달되는 이론적인 Timing Chart를 나타내었는데, 실제 회로에서는 우측 그림과 같이 입력의 변화에 대해 전달지연시간이 경과한 후에 출력신호가 변하게 된다.

B. AND Gate

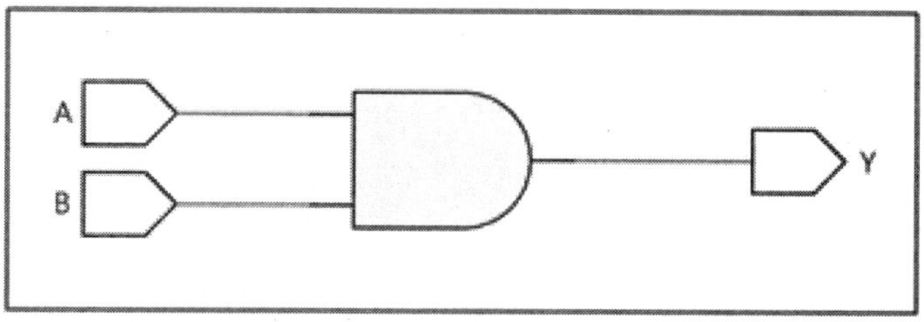

〈AND Gate에 대한 회로도〉

A	B	Y
L	L	L
L	H	L
H	L	L
H	H	H

〈AND Gate에 대한 진리 표〉

앞의 그림에 AND Gate에 대한 회로도와 진리표를 도시하였다. AND Gate는 두 입력 A와 B가 모두 High상태일 때 출력 Y가 High가 되고, 입력이 그 이외의 상태일 때에는 Low가 되는 Gate로 Digital Logic회로 설계에 있어서 OR Gate와 함께 가장 보편적으로 사용되는 Gate회로이다. AND Gate에도 전달 지연시간이 발생함을 기억하여야 한다.

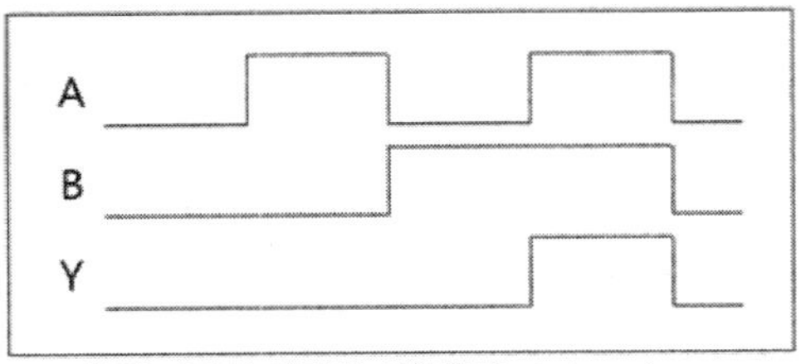

<전달 지연이 배제된 이론적인 Timing Chart>

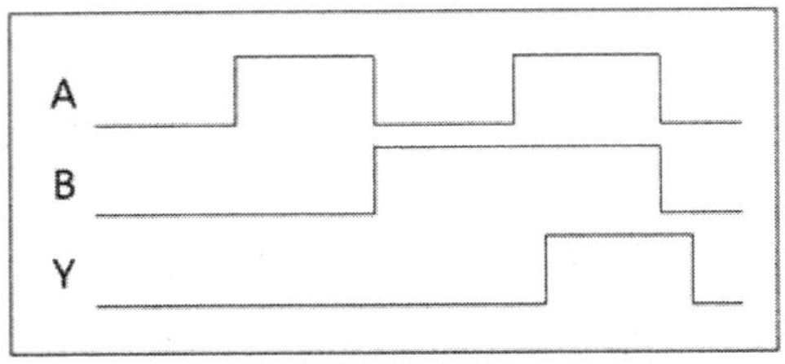

<전달지연이 반영된 실제적인 Timing Chart>

C. OR Gate

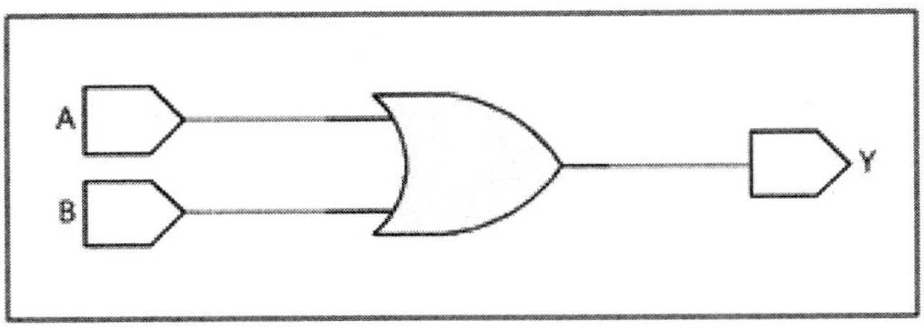

〈OR Gate에 대한 회로도〉

A	B	Y
L	L	L
L	H	H
H	L	H
H	H	H

〈OR Gate에 대한 진리 표〉

위의 그림에 OR Gate에 대한 회로도와 진리표를 도시하였다. OR Gate는 두 입력 A와 B가 모두 Low상태일 때 출력 Y가 Low가 되고 입력이 그 이외의 상태일 때에는 High가 되는 Gate로 Digital Logic 회로 설계에 있어서 AND Gate와 함께 가장 보편적으로 사용되는 Gate회로이다. OR Gate에도 전달 지연시간이 발생함을 기억하여야 한다.

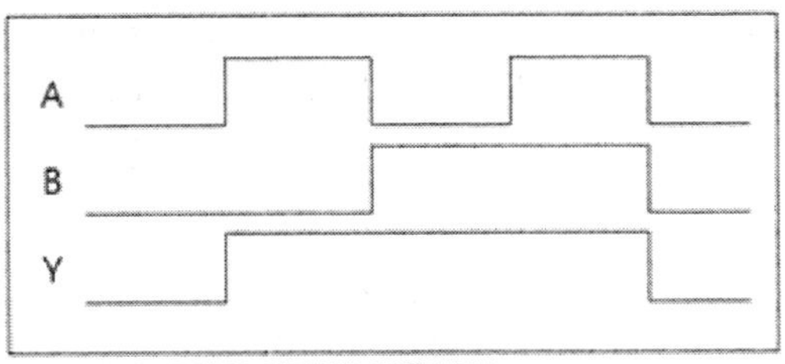

<전달 지연이 배제된 이론적인 Timing Chart>

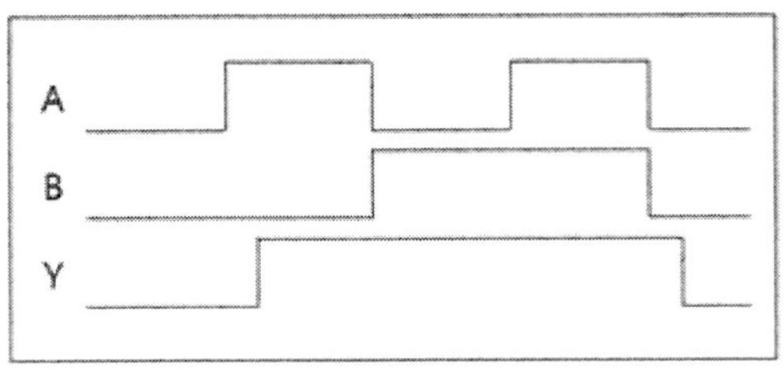

<전달지연이 반영된 실제적인 Timing Chart>

D. NAND Gate

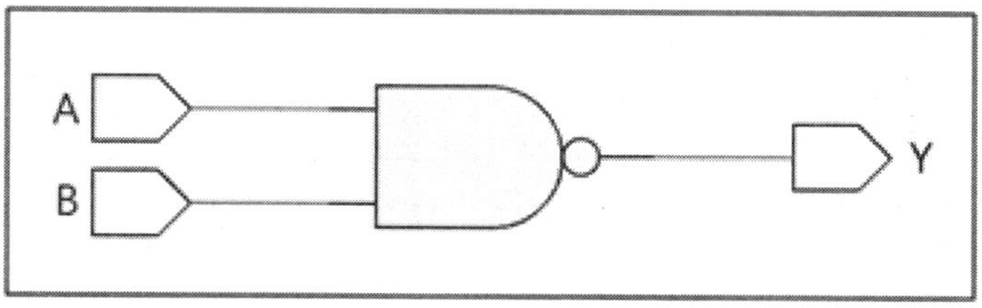

〈NAND Gate에 대한 회로도〉

A	B	Y
L	L	H
L	H	H
H	L	H
H	H	L

〈NAND Gate에 대한 진리 표〉

위의 그림에 NAND Gate에 대한 회로도와 진리표를 도시하였다. NAND Gate는 AND Gate의 출력에 Not Gate를 연결한 것과 등가회로가 되며, 두 입력 A와 B가 모두 High상태일 때 출력 Y가 Low가 되고 입력이 그 이외의 상태일 때에는 High가 되는 Gate로 Digital 반도체 제조에 있어서 NOR Gate와 함께 가장 보편적으로 사용되는 Gate회로이다.

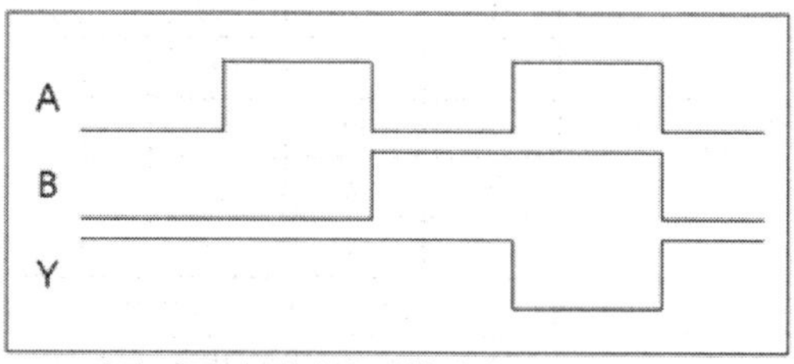

<전달 지연이 배제된 이론적인 Timing Chart>

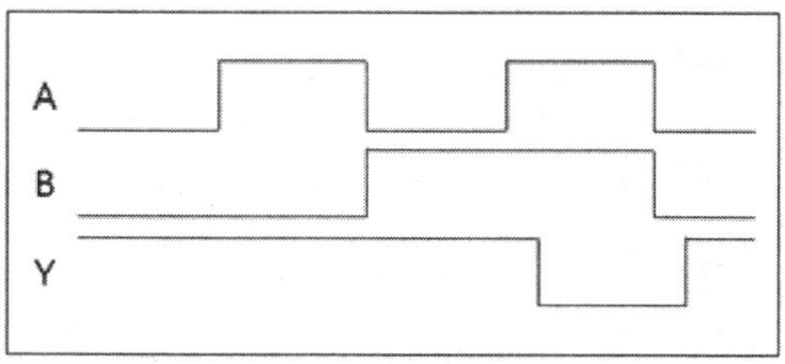

<전달지연이 반영된 실제적인 Timing Chart>

E. NOR Gate

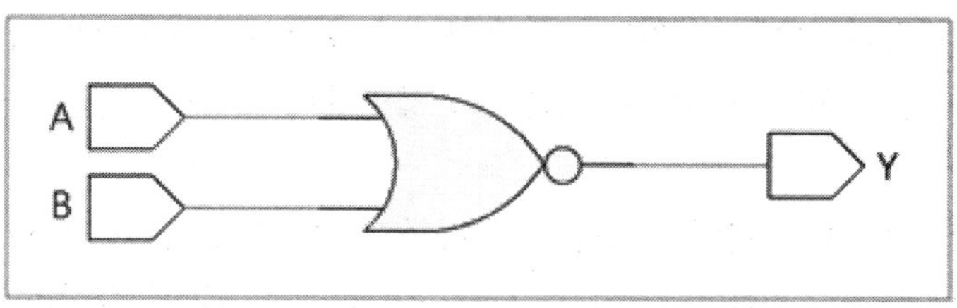

〈NOR Gate에 대한 회로도〉

A	B	Y
L	L	H
L	H	L
H	L	L
H	H	L

〈NOR Gate에 대한 진리 표〉

위의 그림에 NOR Gate에 대한 회로도와 진리표를 도시하였다. NOR Gate는 두 입력 A와 B가 모두 Low 상태일 때 출력 Y가 High가 되고 입력이 그 이외의 상태일 때에는 Low가 되는 Gate로 Digital 반도체 제조에 있어서 NAND Gate와 함께 가장 보편적으로 사용되는 Gate 회로이다.

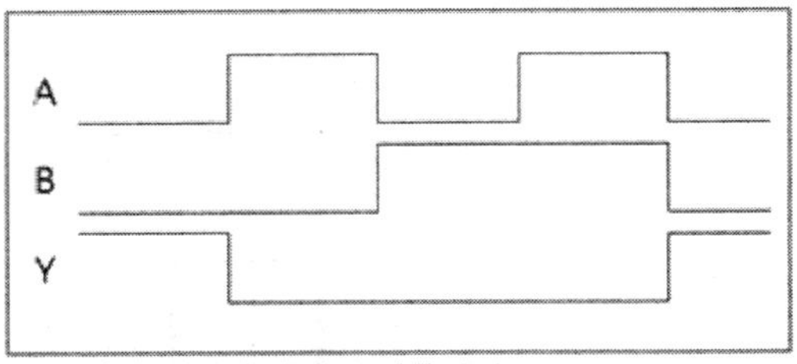

<전달 지연이 배제된 이론적인 Timing Chart>

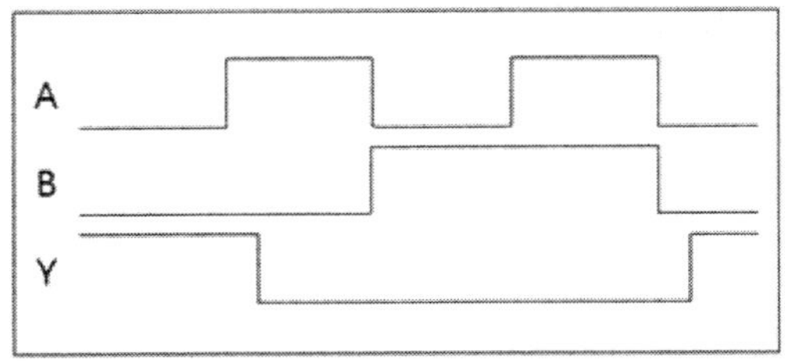

<전달지연이 반영된 실제적인 Timing Chart>

(2) Multiplexer 회로

Multiplexer회로는 복수의 Data입력과 선택 신호를 받아서 선택 신호에 따라서 하나의 Data를 선택하여 출력으로 보내는 Data선택회로이다.

A. 2:1 Multiplexer회로

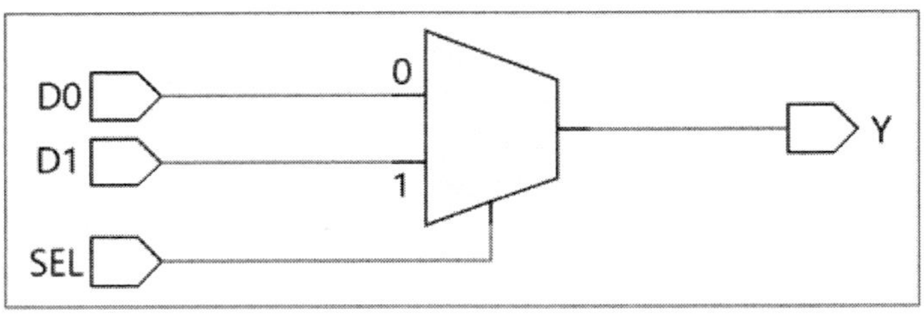

〈2:1 Multiplexer회로도〉

SEL	D0	D1	Y
L	L	X	L
L	H	X	H
H	X	L	L
H	X	H	H
X : Don't Care Condition			

〈2:1 Multiplexer에 대한 진리 표〉

위의 그림에 〈2:1 Multiplexer〉에 대한 회로도와 진리표를 도시하였다. 〈2:1 Multiplexer〉의 동작은 SEL 신호가 Low일 때에는 D0 입력신호의 값이 그대로 출력 Y로 전달되며, 이 때 D1 입력신호의 상태가 변하여도 출력신호에는 영향을 주지 못한다. 또한 SEL 신호가 High일 때에는 반대로 입력신호 D1의 값이 그대로 출력으로 전달되고 입력신호 D0는 출력신호에 영향을 주지 못한다.

이와 같이 어떤 특정한 조건에서 입력이 출력에 영향을 주지 못할 때 이 때의 입력을 Don't Care조건이라고 하며, 이러한 Don't Care 조건을 효과적으로 활용하면 회로의 크기를 줄이는데 유용하게 활용될 수 있다.

〈2:1 Multiplexer〉회로에서는 입력 D0에서부터 출력 Y까지의 전달지연시간과 입력 D1에서부터 출력까지의 전달지연시간은 거의 같다. 물론 절대적인 기준을 적용하면 미세한 차이가 날 수 있지만 반도체 내부의 회로에서의 해당 지연시간의 수준은 1ns 이하일 정도로 작기 때문에 D1, D0 입력으로부터 출력 Y까지의 전달지연시간은 같다고 보고 설계를 하여도 큰 무리는 없는 수준이다.

B. 4:1 Multiplexer회로

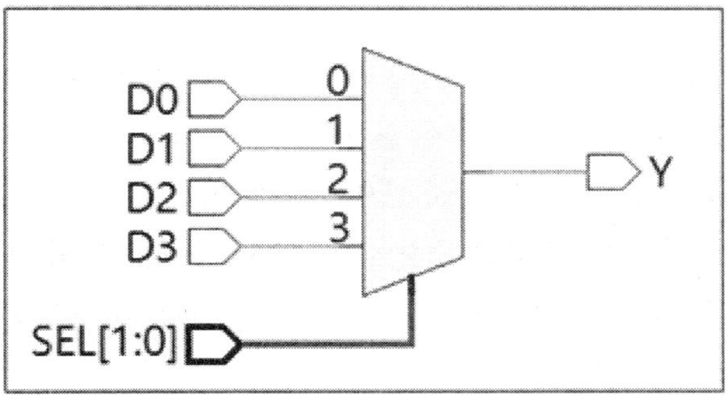

〈4:1 Multiplexer회로도〉

SEL[1]	SEL[0]	Y
L	L	D0
L	H	D1
H	L	D2
H	H	D3

〈4:1 Multiplexer에 대한 진리 표〉

위의 그림에 〈4:1 Multiplexer〉에 대한 회로도와 진리표를 도시하였다. 〈4:1 Multiplexer〉의 동작은 SEL[1:0]신호가 모두 Low일 때에는 D0입력신호의 값이 출력 Y로 전달되며, 이 때 D1 ~ D3 입력신호의 상태가 변하여도 출력신호에는 영향을 주지 못한다. SEL[1:0]신호의 상태에 따라 어떤 입력이 출력으로 전달되는 가를 진리표에 표시하였다.

〈4:1 Multiplexer〉회로에서의 입력으로부터 출력 Y까지의 전달지연시간은 회로설계를 어떻게 하느냐에 따라 달라질 수 있다.

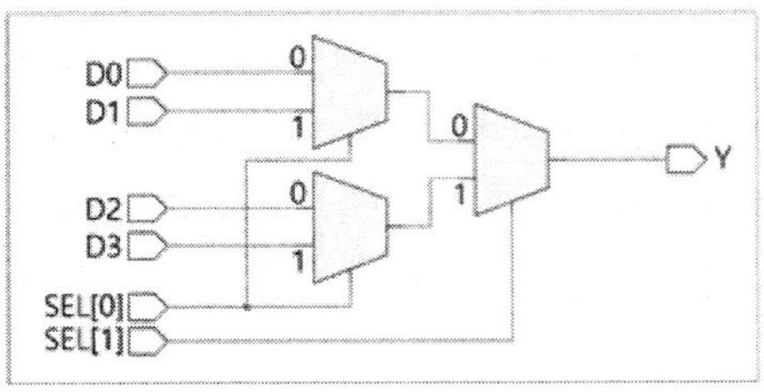

〈4:1 Multiplexer A-Type〉

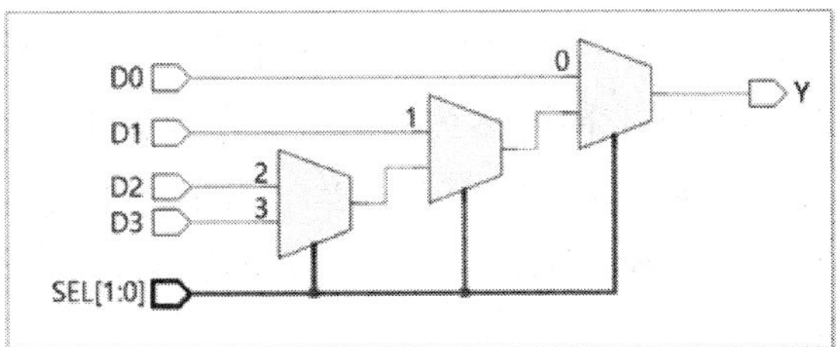

〈4:1 Multiplexer B-Type〉

위의 그림 좌측에 있는 A-Type 4:1 Multiplexer와 우측의 B-Type 4:1 Multiplexer의 논리적인 동작은 동일하다. 그러나 입력으로부터 출력까지의 전달지연시간은 A-Type과 B-Type이 다르다. 좌측 그림의 A-Type의 경우 입력 D0~D3는 모두 2단의 2:1 Multiplexer를 거쳐 출력 Y에 도달하게 되므로 모든 입력신호로부터 출력까지의 전달지연 시간은 동일하다고 볼 수 있다.

이에 비해 우측 그림의 B-Type의 경우 입력 D0~D3가 출력에 도달하기 위해 통과해야 하는 2:1 Multiplexer의 수가 서로 다르다. D0는 1단, D1은 2단, D2와 D3는 3단의 2:1 Multiplexer를 통과해야 하므로 D0에서 Y까지의 전달지연시간이 가장 짧고, D2와 D3에서 Y까지의 전달지연시간이 가장 길다는 것을 알 수 있다.

실제회로에서는 2:1 Multiplexer 하나를 통과하는 시간은 수ns 이하의 작은 값이 된다. 아주 빠른 응답속도를 요구하는 회로가 아닌 경우에는 A-Type이든 B-Type이든 전달지연시간으로 인해 문제가 되는 경우는 거의 없다.

그렇다면 회로가 빠른 응답속도를 요구하는 경우에는 A-Type과 B-Type가운데 어떤 회로가 더 우수한 회로일까? A-Type이라고 답하는 사람이 적지 않지 않을 것이다. 그러나 정답은 "경우에 따라 다르다"이다. 우리가 설계할 회로는 4:1 Multiplexer만으로 구성되는 경우는 거의 없다. D0 ~ D3들은 다른 회로의 출력이 될 것이므로 전체회로 기준의 응답속도는 이들 입력들을 생성해 주는 다른 회로의 조건에 따라 A-Type이 적합할 수도 있고, B-Type이 더 적합한 회로가 될 수도 있다.

그러므로 회로를 설계할 때에는 현재 설계하는 회로의 입력, 출력신호들이 다른 부분과 어떻게 연관되어 있는가를 살피면서 설계를 해야 전체적인 System으로서의 성능을 높일 수 있다.

1.2.2 순차회로(Sequential Logic)

순차회로는 Clock이 발생했을 때 출력이 변하는 회로를 뜻하는데, 비동기 Set혹은 Reset을 제외한 모든 입력의 변화는 Clock이 발생하지 않는 한 출력에 영향을 미치지 못한다. 순차회로의 기본은 D-Flip Flop이다. 다른 모든 순차회로들은 D-Flip Flop과 조합회로들이 결합된 형태로 동작하며 순차회로 단독으로 동작하는 경우는 거의 없다고 볼 수 있다.

비동기 Set과 Reset입력은 출력 값을 결정짓는데 있어서Clock보다 우선순위가 앞서기 때문에 Clock이 발생하여도 Set Reset신호가 작동하는 동안에는 회로가 동작을 하지 않는데, 비동기 Set과 Reset 신호에 원하지 않는 잡음이 유입되거나, Set이나 Reset 신호의 Timing에 대한 고려를 정확하게 하지 못하면 회로가 의도하지 않은 비정상 동작을 하게 될 위험성이 매우 크다.

비동기 Set과 Reset신호는 전원이 켜질 때 순차회로의 초기상태를 지정하기 위한 목적으로의 사용을 권장하며 그 이외의 경우에는 반드시 필요한 경우에만 사용자가 비동기 Set이나 Reset의 특성을 잘 이해한 상태에서 제한적으로 주의 깊게 사용해야 한다.

A. D-Flip Flop

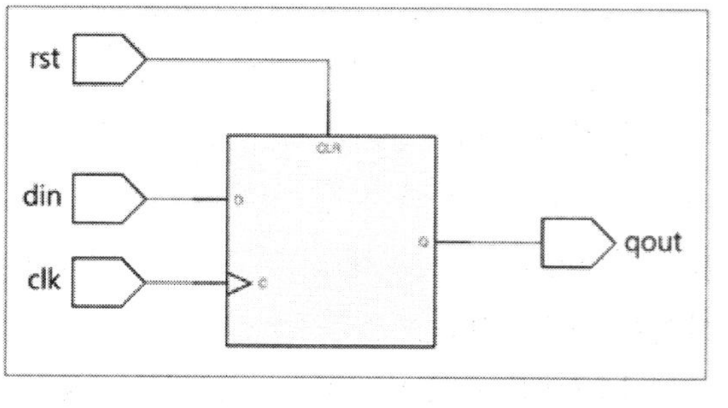

우측에 비동기(Asynchronous) Reset을 갖는 D-Flip Flop의 Symbol을 도시하였다. 우측에 제시한 D-Flip Flop은 Clock의 상승위치(Rising Edge)에서 그 때의 DIN값을 출력으로 전달하는 것이 기본 기능이다. Clock이

발생하지 않은 위치에서의 입력의 변화는 출력에 전달되지 않는다.

rst신호가 High일 때 출력이 Low가 되는 High Active 비동기 Reset동작을 한다.

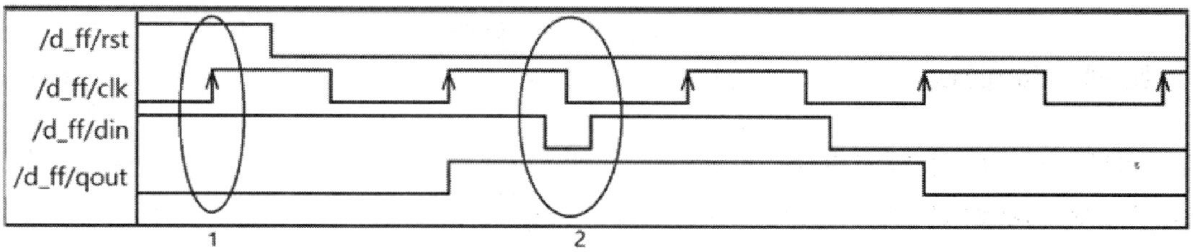

〈D-Flip Flop Timing Chart〉

위의 그림에서 1번 원으로 표시된 부분에서의 동작을 살펴보면 입력 DIN이 High상태에서 Clock이 상승했지만 Clock보다 우선순위가 앞서는 RST신호가 High이기 때문에 출력은 Reset상태인 Low가 유지된다. RST신호가 Low가 된 이후에는 Clock의 상승위치에서의 DIN값이 출력 QOUT으로 전달된다.

물론 이때에도 Clock의 Rising Edge에서부터 출력 QOUT에 값이 전달될 때까지의 전달 지연시간은 존재한다.

위의 그림에서 2번 원으로 표시된 부분에서의 동작을 살펴보면 입력 DIN이 Low가 되었다가 High가 되지만 이 구간에서는 Clock이 발생하지 않았으므로 출력 QOUT에는 DIN의 이러한 변화가 나타나지 않는다.

이러한 D-Flip Flop의 특징을 잘 활용하여 Clock에 동기를 맞춰주는 동기화 설계를 진행하면 Digital회로의 안정성을 확보하는데 매우 유용하다.

▌Setup Time & Hold Time

D-Flip Flop이 Clock의 Rising Edge에서 DIN을 Catch하는 특징 때문에 Clock이 발생하기 전과 후의 일정구간 내에서 DIN의 값이 변하면 출력 QOUT은 DIN이 변하기 전의 값을 취할지 변한 이후의 값을 취할지 가늠하기 어려워진다. D-Flip Flop의 안정적 동작을 위하여 Clock이 발생하기 이전에 Data가 변하지 말아야 하는 구간을 Setup-Time이라고 하며, Clock이 발생하고 난 이후에 일정시간 Data가 변하지 말아야 하는 구간을 Hold-Time이라고 한다. 모든 Digital반도체에 있어서 D-Flip Flop의 Datasheet를 살펴보면 이 Setup-Time과 Hold Time에 대한 값이 표시되어 있다. 반도체 내부에 존재하는 Flip-Flip의 Setup Time과 Hold Time은 1ns이하의 작은 값이므로 일반적인 Digital회로에서는 크게 문제가 되지는 않지만 설계하는 회로에서 사용하는 Clock의 주파수가 100MHz를 넘는 높은 주파수이거나 설계하는 회로의 유형에 따라서 Setup Time과 Hold Time을 확보하기

어려워질 경우에는 논리적으로는 문제가 없는 회로일지라도 실제 동작에 있어서는 정상적인 동작을 하지 못하는 경우가 발생할 수 있으므로 Setup Time, Hold Time이 확보되었는지 면밀히 살펴보아야 한다.

B. 8bit Register

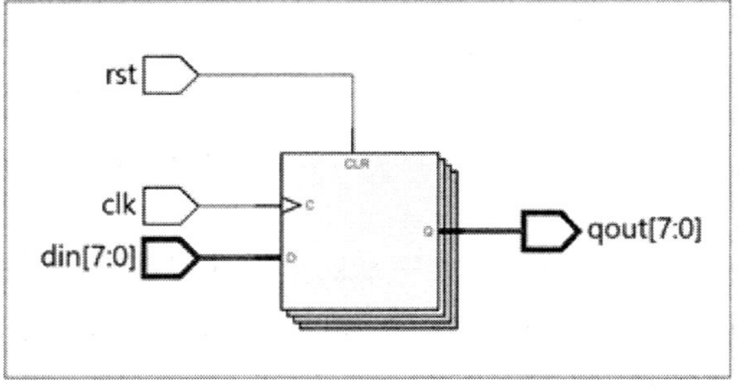

우측에 비동기(Asynchronous) Reset을 갖는 8bit Register의 Symbol을 도시하였다. 8bit Register는 D-Flip Flop 8개를 병렬로 묶은 것으로 D-Flip Flop이 1bit Digital Data를 Catch하는 것에 비해 8bit Register는 8bit의 병렬 Data를 처리하는 것으로 8bit bus신호를 Catch하는데 사용된다.

모든 동작은 bit가 8bit로 확장된 것일 뿐 D-Flip Flop과 동일한 동작을 수행한다.

실제 회로에서는 8bit만이 아닌 다양한 bit수의 Register들이 활용되게 되는데, 회로의 상황에 따라 N개의 bit를 갖는 Register가 필요하면 N개의 D-Flip Flop을 병렬로 결합하여 N-bit Register를 구성하면 된다.

C. 8bit 기본 Counter

아래 그림에 비동기(Asynchronous) Reset을 갖는 8bit 기본Counter의 회로도를 도시하였다. 8bit 기본 Counter의 내부는 8bit Register와 8bit Adder로 구성되어 있다. Clock이 발생할 때마다 현재의 8bit Register의 출력 값에 1을 더한 값을 새로운 출력으로 qout에 전달하게 된다.

8bit Counter는 십진수 값으로는 0부터 255까지 증가하고는 다시 0으로 복귀하게 되며, 16진수로는 0x00부터 0xFF까지 증가 후 0x00으로 복귀하게 된다.

실제회로에서는 다양한 bit수의 Counter들이 다양한 형태로 활용된다.

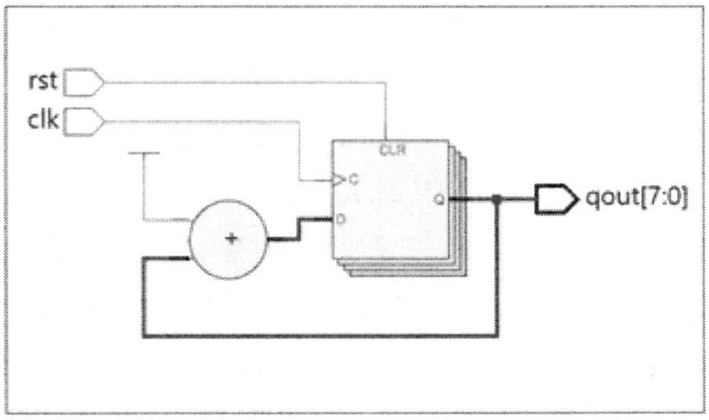

이상에서 살펴본 D-Flip Flop, N-bit Register, N-bit Counter는 순차회로(Sequential Logic)를 구성하는 가장 기본적인 요소들이며 실제회로에서는 다양한 조합회로와 Register가 결합된 복합회로가 사용된다.

1.2.3 Digital회로 설계 시 주의할 점들

Digital회로를 설계함에 있어서 반드시 기억해야 할 주의사항에는 Glitch와 Delay Control 그리고 Fan Out이 있다.

(1) Gated Clock과 Glitch

일정한 주기를 갖는 두 신호 a와 b가 모두 High일 때 한 번 Counter를 증가시키는 회로를 설계하려고 한다.

가장 쉽게 생각할 수 있는 것이 우측의 회로에서처럼 a와 b를 AND처리한 신호 Y를 Counter의 Clock으로 활용하는 것이다. 이와 같이 Clock신호를 생성함에 있어서 복수의 신호를 AND혹은 OR gate를 거쳐서 생성된 Clock신호를 Gated Clock이라고 한다.

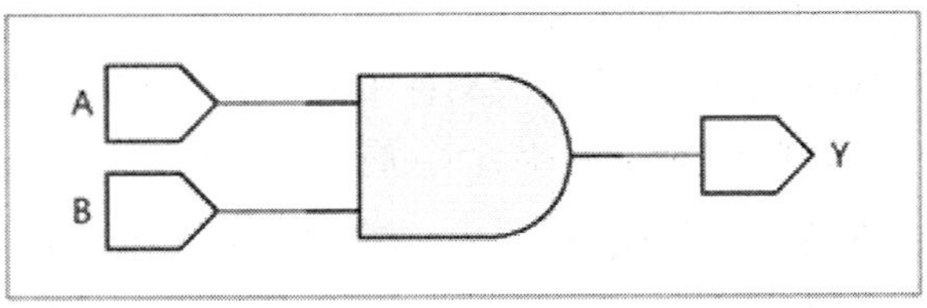

아래에 이러한 Gated Clock을 생성할 때 발생할 수 있는 일반적인 Timing Chart를 제시하였다.

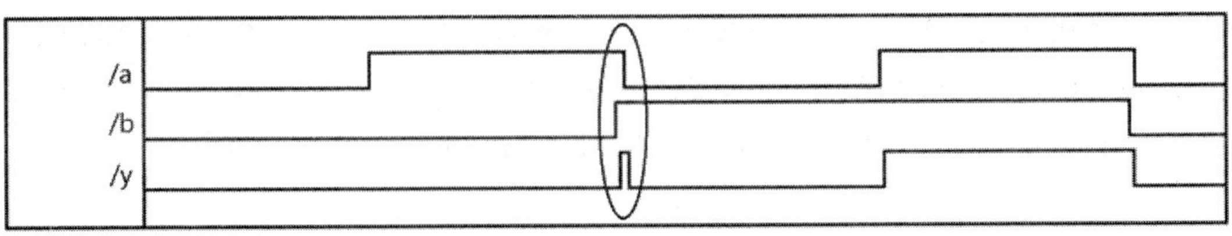

<Glitch Timing>

설계자가 원하는 동작은 위의 Timing Chart구간동안 한 번 Counter가 증가하는 것이다. 위의 Timing Chart에서 동그라미 부분을 살펴보면 이상적으로는 신호 a가 Low로 변하면서 동시에 신호 b가 High로 변하여 이 위치에서의 AND Gate의 출력은 Low가 되는 것이다. 그렇지만, 신호 a와 신호 b가 서로 다른 회로에 의해 생성되고 서로 다른 경로를 거치면서 AND Gate에 도달했을 때에는 서로 다른 전달지연시간을 내포하게 된다. 위의 Timing Chart에서는 이렇게 서로 다른 전달지연시간으로 인해 출력신호 y에 외도하지 않은 짧은 Pulse가 발생하였다. 이 짧은 Pulse도 하나의 Clock이 발생한 것으로 작동하게 될 경우 위의 Timing Chart구간동안에 Counter는 한 번이 아닌 두 번 증가하는 동작 오류가 발생하게 된다.

이와 같이 실제회로에서는 이상적인 신호들의 동작과는 다르게 신호들의 서로 다른 생성조건과 통과하는 경로의 차이에 따른 전달지연시간의 차이 등에 의하여 의도하지 않게 발생하는 짧은 Pulse형태의 잡음을 Glitch(글리치)라고 한다.

Glitch는 제어신호를 생성하기 위한 조합회로에서 주로 발생한다.

Digital회로를 설계하다 보면 이러한 Glitch가 발생할 가능성이 항상 존재한다. 이러한 Glitch에 의한 동작오류를 피하는 방법으로는 **동기화 설계(Synchronized Design)** 방법과 함께 Clock에 대한 신중한 관리가 필요하다.

(2) 전달지연시간(Propagation Delay)

Glitch처럼 제어신호를 생성하는 부분에서 발생하는 전달지연시간의 차이로 인한 오류 뿐만 아니라 개별 신호들을 묶어서 병렬로 처리하는 Bus신호에 대한 설계를 함에 있어서도 전달지연시간에 대한 신중한 관리가 필요하다.

다음 page의 좌측 그림은 Digital회로설계에 있어서 가장 보편적인 회로에 대한 예시이다. 실제회로에는 다수의 Register들이 사용되지만 각각의 Register를 기준으로 회로를 정렬해 보면 위에 제시한 예에서 크게 벗어나지 않는다. 외부로부터 Register에 대한 Reset신호와 Clock신호를 받고, 그 외에도 다수의 입력을 받아서 〈Comb.〉로 표시한 조합회로를 구성하고 이 조합회로의 출력신호를 Register의 입력으로 연결하는 형태이다. 이렇게 Register를 단위회로의 마지막 단에 정렬하는 형태로 정리하는 방식을 RTL(Register Transfer Level)정렬이라고 부르는데, 설계자가 사용하는 Clock의 한 주기를 기준으로 안정적 동작을 위한 Timing분석에 매우 유용하며 회로도 설계 방법을 대체하고 있는 Verilog HDL이나 VHDL같은 HDL(Hardware Description Language)로 설계했을 때 회로를 구현해 주는 회로합성(Synthesis) Tool에 있어서도 한 주기의 Clock을 기준으로 전달지연시간을 제어하는 유용한 기준이 된다.

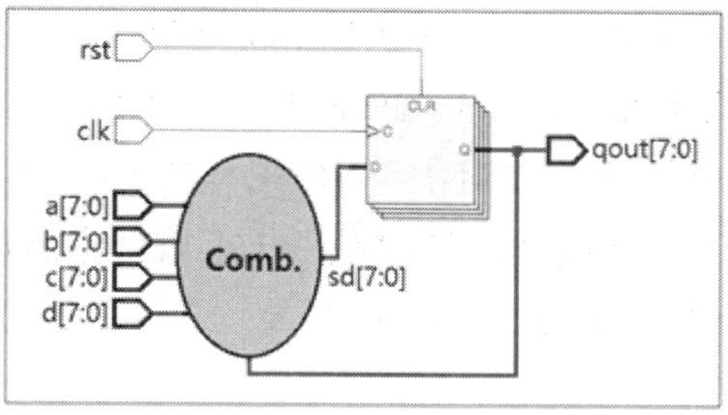

〈통상적인 Digital회로의 예〉

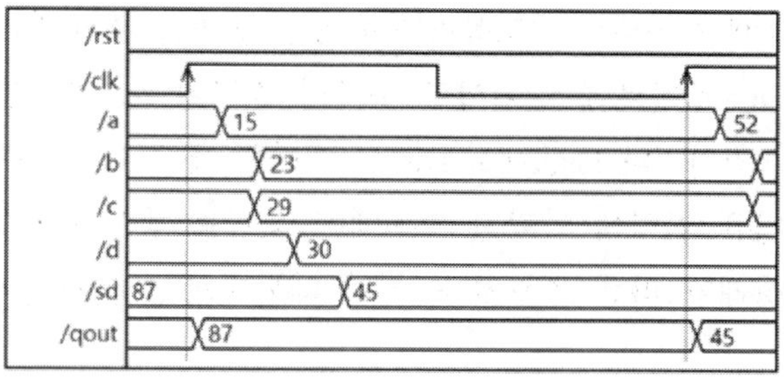

〈전달지연시간에 대한 Timing Chart예시〉

위의 우측 그림은 Clock 한 주기를 기준으로 입력 신호들의 상대적인 도달 지연시간을 표시하였다. Bus입력으로 표시된 a, b, c, d신호는 다른 회로 혹은 외부에서 어떤 Register에 의해 출력된 신호라고 볼 수 있는데, 이들 신호를 생성한 회로의 환경과, 입력으로 들어오기까지의 경로 등의 차이에 의해 서로 다른 Timing에 도달하는 그림을 예로 제시하였다. 단 모든 입력신호들은 사용하는 Clock과 동기가 맞춰져 있다는 전제가 필요하다. 동기가 맞춰졌다는 의미는 전달지연시간이 Register에서 사용하는 Clock기준으로 볼 때 일정한 전달지연시간을 갖는다는 의미이며 한 Clock의 주기를 넘나드는 형태로 전달지연시간이 흔들리지 않는다는 것을 뜻한다.

이렇게 입력신호들이 Clock기준으로 각기 다른 전달지연시간을 갖는다고 해도 Clock의 한 주기를 기준으로 볼 때 이 신호들이 처음 생성된 Register로부터의 경로상의 지연과 단위회로에서 사용한 조합회로(위의 그림에서 Comb.로 표시)에서의 지연과 Register의 Setup Time을 포함하여도 Clock의 한 주기보다 짧아야 Digital회로가 원하는 동작을 수행할 수 있다.

위의 그림에서의 Timing Chart를 보면 모든 입력들이 Comb.회로에 인가되고 SD신호가 연산되어 출력되는 Timing이 사용하는 Clock 한 주기의 50% 미만인 경우이므로 충분히 안정된 동작을 하는 것으로 확실하게 보장할 수 있다. 주목할 것은 SD값에는 Clock의 시작점 기준으로 상당한 지연이 발생하였지만 이를 Register로 Catch하여 출력할 때 출력 qout은 Clock의 시작점에서 Register 자체의 전달지연시간만 경과된 짧은 지연시간으로 Timing이 정렬되었다는 점이다.

사용하는 Clock의 주파수가 낮으면 한 주기의 시간여유가 크고, 주파수가 높으면 상대적으로 시간여유가 적으므로 그에 맞춰 설계단계에서 회로의 구조를 전달지연시간이 짧은 구조로 설계하여야 한다.

(3) Fan Out

Fan Out의 정의는 하나의 Digital회로의 출력이 얼마나 많은 입력으로 사용되는가에 대한 숫자를 뜻한다. 전기신호에 있어서 전압과 전류는 마치 수도꼭지의 수압과 수량의 관계와 유사한 특성을 갖는다. 하나의 수도관에 여러 개의 수도꼭지를 연결하여 동시에 물을 받을 때에는 하나의 수도꼭지를 통해 물을 받을 때에 비해 물통의 수위가 올라가는 속도가 늦어지듯이 Digital회로에 있어서도 하나의 출력이 소수의 입력에 연결되었을 때에는 Low에서 High로 올라가거나 High에서 Low로 내려올 때 경과시간이 매우 짧다. 그러나 하나의 출력이 지나치게 많은 입력에 연결된 경우에는 출력을 생성하는 곳의 Timing에 비해 다음 단의 입력신호의 상태가 바뀐 것으로 인식될 때까지의 시간지연이 상대적으로 커진다.

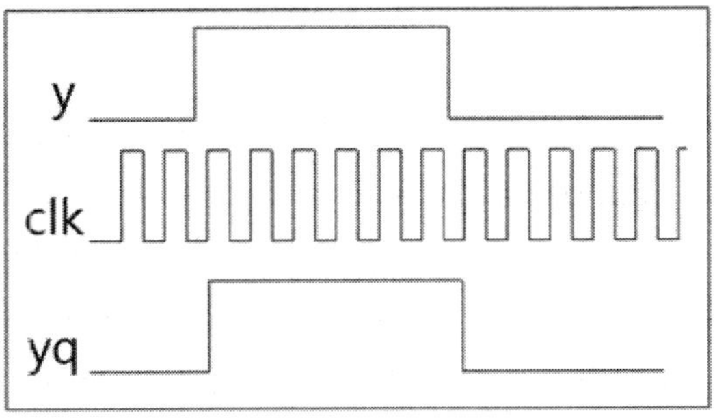

<Fan Out이 작아서 Drive Power가 충분한 경우>

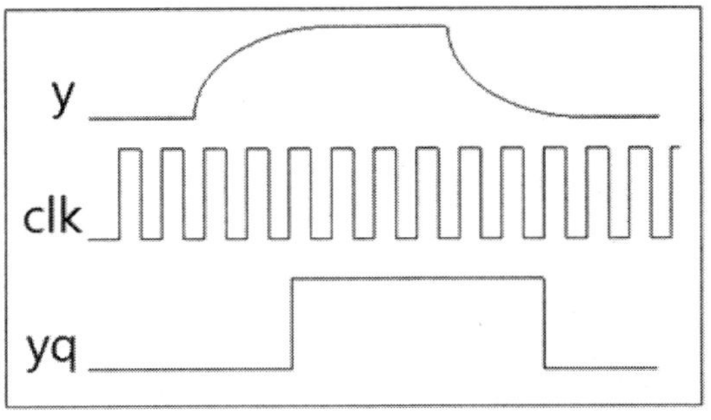

<Fan Out이 커서 Drive Power가 부족한 경우>

위의 그림에서 보듯이 Fan Out이 지나치게 클 경우에는 Fan Out에 의한 시간지연이 구동 Clock의 한 주기를 넘어서게 되면 예정되었던 Timing보다 몇 Clock지연되어 출력에 변화가 나타나게 되므로 이런 회로는 정상 동작을 할 수 없게 된다.

필자가 과거 74 Series의 TTL Logic을 사용하여 회로를 구현할 때에는 하나의 Gate의 출력에 대해 4개 이하의 입력에 연결하도록 권장했었으나 2020년 현재 대부분의 Digital반도체에서 사용되는 CMOS회로는 전류소모가 과거의 TTL에 비해 상대적으로 적은 편이어서 하나의 출력을 수십 개의 입력에 연결하여도 동작 자체가 불가능한 일은 거의 없지만 이 또한 출력의 변화가 다음 단에 전달되는 시간의 지연요소가 발생하므로 사용하는 Clock의 주파수와 함께 Fan Out도 면밀하게 검토해야 한다.

Digital반도체 회로의 구조상 조합회로인 Gate들의 출력에 비해 D-Flip Flop이나 Register의 출력이 구동전류가 더 크기 때문에 연결해야 할 입력이 많은 회로, 즉 큰 Fan Out이 요구되는 곳에서는 Register로 Catch하여 활용하는 것이 유용하며, 하나의 Register로도 Cover가 어려울 경우에는 복수의 Register에 병렬로 연결하여 활용함으로써 Fan Out을 분산하여 회로를 구성하는 것이 Fan Out과다로 인한 전달지연시간을 줄여서 회로의 동작을 안정화 시키는 Key Point라 할 수 있다.

1.2.4 안정적인 회로 설계를 위한 설계 Tip

디지털회로설계에 있어서 보편적으로 적용될 수 있는 안정적인 회로설계 Tip으로는 동기화 설계(Synchronous Design)와 Global Clock자원의 활용이다.

(1) 동기화 설계 (Synchronous Design)

앞 단원에서 주의를 당부했던 Glitch문제나 전달지연시간 문제, Fan Out분배문제를 해결하는 효과적인 방법으로 권장되며 널리 사용되는 방법이 동기화 설계 방법이다. 동기화 설계방법은 조합회로의 결과를 D-Flip Flop이나 Register를 거치면서 Clock으로 Catch하여 출력하는 방법으로 다음의 두 가지 큰 유익이 있다.

A. 출력신호에 대한 Timing 정렬

앞 단원의 전달지연시간에 대한 주의를 당부하는 부분에서 예로 설명한 것처럼 조합회로를 거치면서 Clock의 시작점 대비 지연이 발생되었던 부분을 D-Flip Flop이나 Register의 출력들이 Clock기준으로 한 주기의 시작점에서 출력되도록 함으로써 같은 Clock을 사용하는 신호들의 Timing을 같은 출발점에 맞추게 되어 전달지연에 대한 계획을 출발원점에서 새롭게 검토하는 유익이 있다.

B. Glitch와 같은 잡음 제거

우측에 Glitch를 제거하는 방법의 예를 설명하기 위한 회로도를 도시하였다.

신호 a와 b를 and gate로 조합하여 D-Flip Flop을 거친 후에 QOUT으로 출력하는 회로이다.

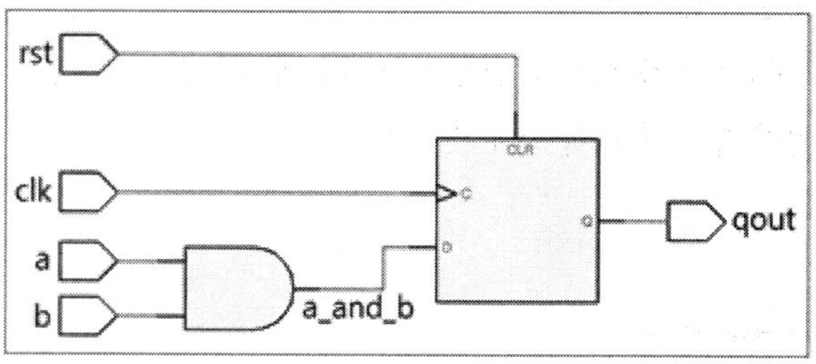

아래의 그림에는 이 회로의 동작에 대한 Timing Chart를 제시하였다.

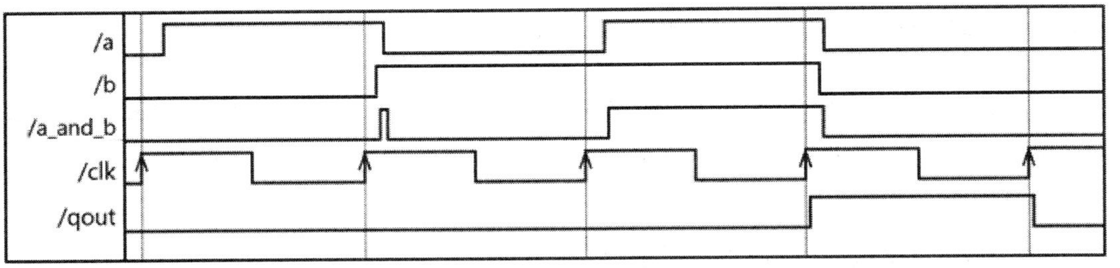

위의 그림에서 a, b신호는 앞의 회로에서 Clock의 Rising Edge에서 변화한 신호로부터 생성되어 서로 다른 경로를 거치면서 발생한 전달지연시간 차이로 인해 a_and_b신호에 Glitch가 발생하였지만 그 발생위치는 Clock의 상승위치에서 벗어난 위치이므로 Clock으로 a_and_b를 Clock으로 Catch하면 이러한 Glitch를 제거하여 깨끗한 Pulse를 얻을 수 있다.

(2) Clock Buffer활용

Digital회로에는 수많은 D-Flip Flop과 Register들이 같은 Clock에 의해 구동되는 경우가 많다. 이럴 경우 하나의 Clock신호가 감당하기에는 과도한 구동전류가 필요하다. 이를 위해서 반도체 내부에서는 일반 Gate회로나 Register보다 구동전류가 큰 Buffer회로를 통과한 신호를 Register들을 구동하는 Clock으로 사용한다.

이 책의 실습부분에서 사용할 Xilinx사의 FPGA내부에도 대량의 Register들을 동시에 구동할 수 있도록 Global Buffer(BUFG)를 탑재하고 있다. FPGA를 사용하여 Digital회로를 설계할 때에는 이러한 BUFG를 사용하여 가급적 많은 Register들을 구동하면서 Clock Enable신호를 사용하는 형태의 설계를 권장하고 있다.

Global Buffer의 활용에 대해 좀 더 알기를 원하는 분은 본 교재의 〈**부록** 12 Global Buffer 활용하기〉를 학습하기 바란다.

1.3 Digital 회로 설계 개요

이번 단원에서는 Digital 회로설계의 개략적인 진행 과정을 소개한다. 이 교재를 통해 Hardware로 구현하려는 목표 반도체인 XILINX FPGA에 대해 개략적으로 살펴보고, FPGA에 회로를 구현하기 위한 Digital 회로 설계 과정을 소개하며, FPGA에 구현하기 위한 Digital 회로설계를 지원하는 XILINX사의 VIVADO Tool에 대한 개관을 살펴본 후에 Verilog HDL을 활용하여

Digital 회로를 설계하고 FPGA에 구현하기 위한 설계과정을 VIVADO Tool을 통해 진행한 후에 전자회로기판에 구현해 보는 과정에 대해 알아보도록 한다.

Digital 회로를 설계하여 구현함에 있어서 우리가 설계할 Digital 회로 자체는 FPGA를 통해서 구현하게 되지만 FPGA에서 필요로 하는 입력을 공급해 주고, FPGA가 처리한 결과를 관측하거나, 시각적으로 표시하거나 외부로 전송하는 등의 작업은 전자회로기판에서 실행된다는 점을 기억하여야 한다.

1.3.1 FPGA란 무엇인가?

FPGA는 Field Programmable Gate Array의 약어로서 사용현장에서 사용자가 설계한 회로의 내용을 직접 Program하여 사용할 수 있는 반도체를 뜻한다.

Gate Array는 반도체 제조의 한 가지 형태인데, 반도체의 제작기간을 줄이기 위하여 반도체 내부에 NOR Gate나 NAND Gate를 미리 구현해 두고 사용자가 설계한 회로를 NAND Gate나 NOR Gate로 변환하여 구현해 주는 반도체 제조 방법이다. 이 방법은 반도체 제조기간을 줄이는 장점은 있지만 회로구현의 효율성은 상대적으로 낮아서 최근에는 거의 사용되지 않는 방법이다.

FPGA의 내부구조가 특정한 형태의 소자들을 미리 배치해 둔 형태가 Gate Array의 구조와 유사한 점에서 FPGA라는 이름으로 불리게 되었다.

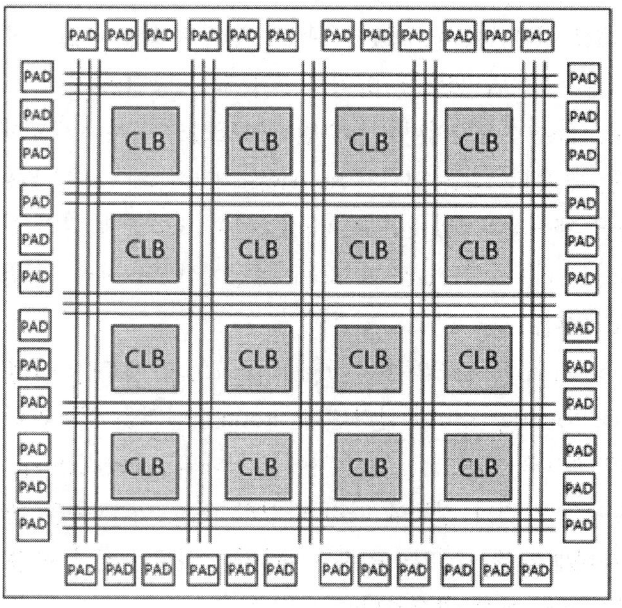

〈그림 1.3.1.1 FPGA 내부 구조에 대한 간략한 개념도〉

위의 그림에서 보듯이 FPGA 내부에는 외부와의 신호 연결을 위한 〈IO PAD〉와 Logic회로를 구현하게 될 〈CLB (Configurable Logic Block)〉 그리고 CLB와 CLB사이 및 PAD와 CLB를 연결하기 위한 〈배선 영역(Routing Resource)〉 등 크게 3가지 영역으로 구성되어 있다.

PAD들은 FPGA내부와 외부를 연결하는 반도체 Pin과 연결되는데, 사용자가 설계한 회로를 위한 입력, 출력뿐만 아니라 전원 Ground등의 신호도 이 PAD들을 통해서 연결된다. 모든 PAD들에는 고유 번호가 지정되어 있어서 VIVADO Tool에서 사용자가 사용하는 입출력 Port들을 해당 PAD의 Pin번호에 맞도록 지정해 주어야 한다. 각 FPGA마다 PAD의 수와 사용 가능한 User I/O의 수가 정해져 있으므로 설계 단계에서 사용할 Pin수와 설계할 회로의 크기를 감안하여 사용자의 설계 목적에 맞는 적절한 FPGA를 선정하여야 한다.

CLB는 XILINX FPGA에서 설계자가 설계한 회로를 Logic으로 구현하기 위해 고안된 XILINX FPGA의 Library이다. 최근의 XILINX FPGA들은 하나의 CLB에 복수의 slice를 포함하고 있는데, slice는 조합회로를 구현하기 위한 SRAM Base의 LUT와 D-Flip Flop을 기반으로 구성되어 있다. FPGA Datasheet에 보면 각 FPGA마다 내장되어 있는 CLB의 수와 LUT의 수, Flip-Flop의 수가 표시되어 있으므로 사용자의 회로 크기를 감안하여 적절한 용량의 FPGA를 선정하여야 한다. 처음 FPGA를 사용할 때에는 이 부분에 대한 경험이 없으므로 내가 설계할 회로가 어느 정도 용량의 FPGA면 적합한지를 가늠하기 어렵다. 결국, 설계 경험이 쌓여가면서 어떤 회로는 어느 정도 용량이 될 것인지를 경험적으로 파악해 가는 과정이 필요하며, 각 FPGA Series의 Datasheet를 보면 같은 Package에 같은 Pin위치를 갖는 서로 다른 용량의 FPGA들이 Series로 구성되어 있으므로 초기 개발과정에서는 용량이 큰 FPGA를 선택해서 개발해 보고 개발이 완료된 후에 제품판매를 위한 양산이 필요할 때에는 구현된 회로의 크기에 맞는 적합한 용량의 FPGA를 선택하는 것도 FPGA 선택에 있어서 효율적인 방법이다.

Routing 영역은 신호 선들이 지나다니는 영역인데, CLB를 건물이나 주택에 비유한다면 Routing 영역은 도로에 비유할 수 있다. 같은 면적의 Silicon반도체 Chip에 CLB를 많이 배치하면 이론적으로 용량은 큰 FPGA를 제작할 수 있지만 Routing영역이 줄어들게 되면 신호 선들이 지나다닐 길을 확보할 수 없어서 FPGA의 Place & Route과정에서 더 이상 진행하지 못하고 멈추는 경우가 발생할 수도 있다.

같은 면적의 Silicon Chip에 CLB와 Routing Resource의 배분을 어떻게 하느냐에 따라서 FPGA의 Logic용량과 Routing 성능이 달라진다. Routing영역을 얼마만큼 확보해야 하느냐는 설계하는 회로의 성격에 따라 다르다. XILINX사에서 판매되는 FPGA들 가운데 CLB수와 Routing 영역을 안배함에 있어서 가격과 성능에 따라 다양한 Series의 제품을 제공하고 있어서 이에 대한 선택권을 사용자에게 제공하고 있으므로 설계하려는 회로의 성격, 용량, 가격 등을 감안하여 적절한 FPGA를 선정하는 것이 필요하다.

1.3.2 Verilog HDL이란 무엇인가?

Digital 회로 설계에서 활용되는 설계 방법에는 전통적으로 설계하려는 회로를 도면으로 작성하는 설계방법이 사용되어 왔다. 그러나 컴퓨터의 발달과 회로설계용 전문 Software Program들이 개발되고, 발전하게 되었고, 또한 Digital 회로에서의 신호가 High또는 Low로 입력되는 비교적 단순한 신호체계로 구성되어 있는 점에 착안하여 HDL(Hardware Description Language)로 구현하려는 노력들이 꾸준히 진행되었다. 그 결과로 2020년 현재에는 여러 CAD Program회사에서 Simulation 및 Synthesis Tool이 공급되고 있다. Digital 회로를 기술하고 개발하는 데에 활용되는 HDL로는 Verilog HDL과 VHDL이라는 두 HDL언어가 가장 광범위하게 사용되고 있다. 두 HDL언어는 Digital 회로를 표현하기 위한 동일한 목적으로 제정되었으며 어떤 언어로 Coding을 하던지 동일한 결과를 얻을 수 있다.

Verilog HDL과 VHDL은 마치 영어나 프랑스어, 독일어와 같이 서로 다른 나라 언어를 사용하는 것처럼 표현 방법과 문법체계가 서로 다르지만, 어떤 언어를 사용하든 의사표현을 하는 데에 어려움이 없는 것처럼 어떤 HDL을 사용하던 Hardware를 설계하는 데에 아무 어려움이 없으며, 동일한 결과를 얻을 수 있다. 사용상의 편리성 여부도 개인의 선호도에 따라 좌우되기 때문에 반드시 어느 HDL이 더 우수하다고 규정할 수는 없다.

다만 Verilog HDL이 조금 먼저 제안되었고, 반도체 제조회사들이 자신들의 반도체에 사용되는 Library들에 대한 Simulation Library들을 Verilog HDL로 modeling하여 공급하는 사례가 많아서 설계한 회로를 반도체로 제작하려는 사용자들은 Verilog HDL을 더 선호하는 경향이 있다.

본 교재에서는 Verilog HDL의 문법과 활용방법을 학습함과 아울러, Digital 회로설계의 과정도 익히게 될 것이다.

1.3.3 Design Flow

Digital 회로 설계의 과정을 Design Flow로 정리해 보자. 각 회로설계의 단계와 XILINX사의 설계 Tool인 VIVADO Tool에서의 단계 사이의 연관관계를 같이 알아본다.

(1) 개략적인 Digital 회로 설계 Flow :

Digital 회로설계의 착상단계부터 전자회로기판에서의 검증까지의 전 과정을 개념중심으로 개략적으로 정리하였다.

1. 착상 단계 : 무엇을 구현하려 하는 가에 대한 개념을 정리하는 단계.
   A. 어떤 신호들을 입력으로 받아야 하며 Digital 회로에서는 어떤 기능을 처리하고, 처리 결과 어떤 출력신호들을 생성해야 하는가에 대한 개략적 정의를 하는 단계이다.

2. 설계 사양 작성 단계 : 착상 단계에서 정리한 내용을 바탕으로 구체적인 설계의 내용들을 FPGA로 구현하기 위한 설계 사양(Design Specification)으로 정리하는 단계.
3. 회로설계 : 작성된 설계사양을 토대로 Digital 회로를 설계하는 단계
   A. 사용할 반도체(FPGA) 선정
      ① 설계할 회로의 크기, 동작속도 등을 검토하여 적합한 반도체를 선정한다.(본 교재에서는 XILINX사의 ARTIX7 Series의 XC7A15를 사용한다.)
   B. Top Down설계 : 회로의 Size에 맞춰 Top Level에서부터 하위레벨로 기능들에 대한 분배를 실시한다.
   C. Bottom Up설계 : 실제 Digital Logic회로의 설계 단계에서는 Top Down설계단계에서 분배된 기능 Block들에 대해 최하위 Level부터 Logic설계를 시작하여 검증하고, 결합하면서 최상위까지 설계해 올라가게 되는데 이러한 접근 방식을 Bottom Up설계라고 한다.
   D. 설계 초반에는 구현할 전체 기능들을 분할하여 Sub Block들로 분배하는 Top Down방식으로 개념들을 정리하고, 이렇게 분배된 기능들을 Digital 회로로 구현할 때에는 Bottom Up방식으로 접근하는 것이 보편적인 접근 방법이다.
4. Simulation(모의실험) : 컴퓨터상에서의 모의실험을 Simulation이라하며 설계한 HDL Code의 논리적 기능에 대한 모의실험을 수행한다. 본 교재에서는 Xilinx사의 VIVADO Tool에 탑재된 Simulation Software를 사용하여 설계한 회로에 대하여 모의실험을 진행한다.
5. Synthesis(회로 합성) : Simulation을 통해 동작이 검증된 HDL Code에 대해 Digital Hardware회로로 변환해 주는 과정을 회로합성(Synthesis)이라 한다.
   A. 회로합성을 위해서는 구현할 반도체의 논리소자(Gate류나 Flip Flop 등의 Digital 회로를 구성하는 소자)에 대한 Library가 필요하며 회로합성을 마치면 해당 반도체의 Library로 형성된 Library Mapping File이 생성된다. (본 교재에서는 XILINX사의 ARTIX7 Library를 Target으로 실습을 진행한다.)
6. 배치 배선 : Place & Route
   A. 회로합성 단계를 거친 Library Mapping File을 Target Device인 ARTIX7 FPGA에 맞춰 반도체 내부에 배치하고, 배치된 회로들 간의 신호 연결 및 외부와의 연결을 위한 Pin과의 연결 등을 수행하는 단계가 Place & Route단계이다.
7. 보드 테스트 : FPGA에 맞게 회로합성, 배치 배선이 완료된 회로를 실제 FPGA가 받아들일 수 있도록 규정된 Type의 File로 생성하고 전자기판에 장착된 FPGA에 Download하여 보드상에서 설계한 회로의 동작을 검증한다.

(2) XILINX VIVADO Tool에서의 Design Flow :

본 교재에서 설계를 진행할 XILINX사의 VIVADO Tool에서의 각 단계를 기준으로 설계의 단계를 정리하였다.

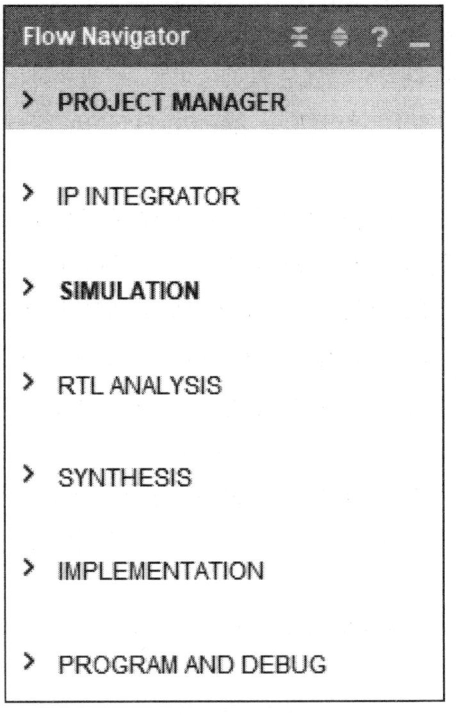

〈그림 1.3.3.1 XILINX VIVADO Tool에서의 개발 Flow를 표시한 Flow Navigator GUI〉

위의 그림에 VIVADO Tool에서의 Design Flow를 관할하는 Flow Navigator를 도시하였다. FPGA를 활용한 Digital 회로의 개발은 가장 위쪽의 Project Manager에서 작업할 과제를 관리하는 것을 시작으로 Simulation, Synthesis, Place & Route 등을 거쳐 전자회로기판(PCB : Printed Circuit Board)에 장착된 FPGA로의 Download와 이후의 Debugging작업까지를 이 Flow Navigator에서 수행하게 된다.

1. Project Manager : 구현할 FPGA의 선택, 회로에 대한 HDL Code작성 등을 Project Manager에서 수행한다.
2. IP Integrator : XILINX에서 제공하는 IP를 활용할 수 있는 Tool로서 설계하고자 하는 기능에 맞는 IP가 있을 경우 해당 IP를 사용하는 것이 설계시간을 단축할 뿐 아니라 회로 Size, 동작속도에서도 유리한 측면이 있다.
3. Simulation : XILINX사에서 제공하는 Simulation Tool을 사용하여 설계한 회로에 대한 동작

을 검증한다.

4. RTL Analysis : Simulation이 완료된 HDL Code에 대한 RTL(Register Transfer Level)회로를 회로도로 관찰할 수 있어서 신호의 흐름과 회로의 동작을 파악하는데 유용하다. RTL Analyzer를 마친 상태에서 입출력 Pin의 위치에 대한 고정과 Interface전압을 설정할 수 있다.
5. Synthesis : HDL Code에 대하여 FPGA의 Library들로 변환하는 Tool로서 Synthesis의 결과에서 FPGA에 대한 사용량을 확인할 수 있으며, FPGA의 Library로 변환된 회로를 관측할 수 있다.
6. Implementation : FPGA Library로 변환된 Synthesis결과를 FPGA의 내부에 배치하고 내부 신호들 및 입출력 Pin들과의 연결을 수행하는 단계이다.
7. Program & Debug : 설계한 회로에 대하여 FPGA 내부에 배치, 배선이 완료되면, PCB에 장착된 FPGA로 Program하여 Test하는 단계이다. XILINX사에서 제공하는 VIVADO Tool에서는 FPGA로 Download한 회로에서의 동작이 정상적으로 이뤄지고 있는 가를 검증할 수 있는 Integrated Logic Analyzer기능을 제공하고 있는데, 실제 전자회로기판에서 동작하는 FPGA의 내부 신호들의 동작을 마치 Simulation을 진행하는 것처럼 컴퓨터 화면에서 확인하면서 동작에 대한 검증 및 오류 수정을 행할 수 있다.

Design Flow	XILINX VIVADO Tool	FPGA관련 진행내용
착상단계	Project Manager	FPGA선정
설계 사양 작성		
회로설계		HDL Coding
Simulation	Simulation	모의 실험
Synthesis	Synthesis	회로 합성
Place & Route	Implementation	FPGA에 대한 배치 배선
Board Test	Program and Debug	Download and 검증

〈Design Flow 요약표〉

Part 2

Verilog HDL로 설계하기

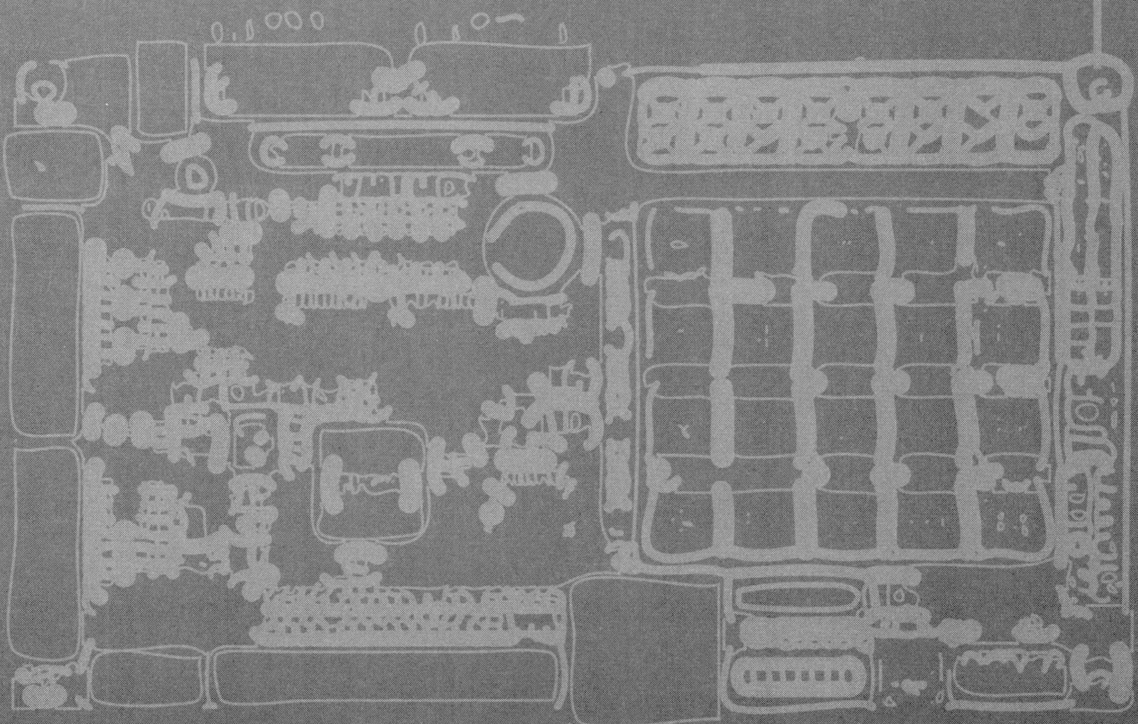

Part 2

Verilog HDL로 설계하기

Part 2에서는 Verilog HDL로 Digital 회로설계를 시작하기 위하여 Verilog HDL의 문법을 학습하고, VIVADO Tool에서의 작업을 위한 기본 단위인 Project를 생성하여 Verilog HDL Code를 작성하고, Simulation을 통한 동작검증, Verilog HDL로 구현된 기능에 대하여 회로도로 변환되는 과정들을 교재를 따라 실행해 봄으로써 Verilog HDL문법과 VIVADO Tool사용법에 대하여 이론과 실습을 통해 학습하도록 한다.

Part 2에서의 실습을 위해서는 XILINX사의 VIVADO Tool이 실습할 PC에 설치되어 있어야 한다. Tool설치가 필요한 사람은 〈**부록** 1. XILINX VIVADO Tool 설치방법〉을 참고하여 먼저 실습할 PC에 VIVADO Tool을 설치하기 바란다.

Part 2의 목차

제 2 과 Verilog HDL 학습 1 : VIVADO Tool을 활용한 설계 과정 익히기

이번 과에서는 가장 간단한 Digital 회로인 2 Input AND Gate를 구현하기 위한 Verilog HDL 문법을 학습하고, XILINX FPGA설계 Program인 VIVADO Tool에서 Verilog HDL을 생성하고, Simulation을 실행하며, Verilog HDL이 회로도로는 어떻게 구현되었는가를 확인하는 과정을 통해 VIVADO Tool에 탑재된 기능들을 익히게 될 것이다.

2.1 단락에서는 설계할 대상에 대한 이론적인 내용을 숙지하고 나서 2.2 단락의 실습을 진행해 봄으로써 Digital 회로 설계와 구현의 전 과정에 대한 개략적인 이해와 Verilog HDL의 문법내용은 물론 VIVADO Tool에 대한 활용법 및 개발과정 전반을 익히도록 한다.

이 책의 모든 실습내용은 하나의 과제를 개발하는 Flow를 따르도록 구성되어 있어서 실습내용을 따라 진행하다 보면 자연스럽게 회로설계의 과정에서 밟아야 할 단계들에 대해, 그리고 각 단계들에서 활용하게 될 Tool들에 대해 숙지하게 될 것이다.

2.1 〈2 Input AND Gate〉구현을 위한 Verilog HDL 학습

Digital 회로에서 가장 간단하며 이미 잘 알고 있는 내용인 2 Input AND Gate를 활용하여 Verilog HDL Code로 설계하는 과정 및 Verilog HDL의 문법에 대해 파악해 본다.

2.1.1 〈2 Input AND Gate〉에 대해 이해하기

다음의 〈그림 2.1.1.1〉에 2 Input AND Gate에 대한 회로도, 동작에 대한 Timing Chart를 제시하였다. 입력신호로는 a와 b가 연결되어있고, 출력신호로는 y가 연결되어 있으며, 이 회로의 동작은 두 입력 a와 b가 모두 High일 때 출력 y가 High가 되는 것이다.

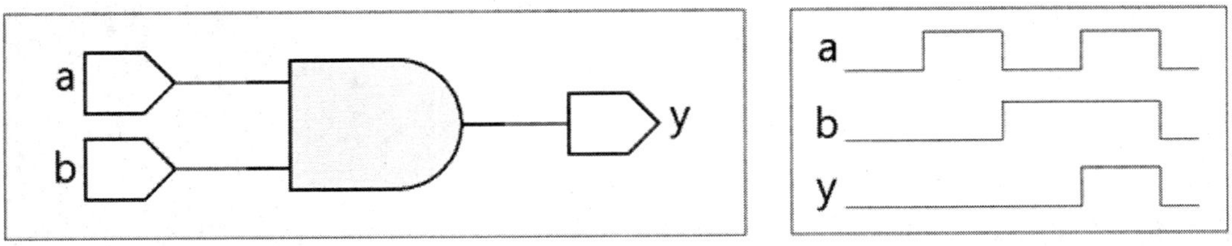

〈그림 2.1.1.1 2 Input AND Gate에 대한 회로도 및 Timing Chart〉

2 Input AND Gate는 익히 알고 있는 내용이므로 바로 Verilog HDL로의 구현에 대해 알아보자. Verilog HDL은 다른 Programming언어와 마찬가지로 Text Editor에서 문서 형태로 작성이 되어야 한다. Verilog HDL은 대문자와 소문자를 서로 다른 문자로 인식하므로 대·소문자를 섞어서 사용할 경우 세심한 주의가 필요하며 가급적이면 소문자를 사용하기를 권하고 싶다. 또한 Verilog HDL에서는 한 칸을 띄우는 것이나 여러 칸을 띄우는 것, 또는 여러 줄을 띄우는 것이 모두 동일하게 받아들여진다. 앞에 기입한 Verilog HDL의 기술내용과의 간격을 벌리는 것으로 받아들여지므로 문서의 편집을 하는 사용자의 편의에 따라 정리하면 된다.

2.1.2 〈2 Input AND Gate〉를 구현하기 위한 Verilog HDL

XILINX VIVADO Tool에서 제공하는 Text Editor를 사용하여 Verilog HDL Code를 작성한 예를 보며 Verilog HDL을 살펴보자. 아래의 〈그림 2.1.2.1〉에 2 Input AND Gate에 대한 Verilog HDL Code를 제시하였다.

```
// Verilog HDL for 2 Input AND Gate
module and2
    (
    input    a,
    input    b,
    output   y
    );

assign y = a & b;        // & : Bitwise Operator

endmodule

```

〈그림 2.1.2.1 2 Input AND Gate에 대한 Verilog Code〉

Comment처리

1번 Line은 Comment를 기입한 것으로 Digital 회로에서의 동작에는 영향을 미치지 않는다. Comment는 사용자가 설명이나 주석을 붙여두고자 할 때 사용한다.

Verilog HDL에서 Comment를 처리하는 방법은 두 가지 형태가 있다.

1. Single Line Comment : //가 기입된 이후의 해당 Line의 내용은 Comment가 된다. 9번 줄에도 Comment가 붙어있는데 // 이전에 기입된 내용들은 정상적인 Verilog HDL로 처리되며 // 이후의 내용만 Comment처리가 된다.
2. Multi Line Comment : C언어에서의 Comment처리와 마찬가지로 /*로 시작하고 */로 마무리하면 그 사이의 모든 기술은 단일 Line구간 내에서든, 여러 Line에 걸친 표현이든 전부 comment로 처리가 된다.

module선언

Verilog HDL에서 독립된 회로의 기본 단위는 module이다. Verilog HDL File은 module선언으로 시작하여 endmodule선언으로 종료된다. 2번 Line에서 module의 시작이 선언되었고, 11번 Line에서 module이 종료되었음을 endmodule로 선언하였다.

module이름 지정

2번 Line에 module선언에 이어서 기입한 and2가 이 회로의 module name이 된다. module 이름 자체는 회로의 동작에는 영향을 미치지 않으며 설계하려는 회로의 의미를 잘 파악할 수 있도록 사용자가 지정하는 이름을 붙이면 된다. Module의 이름은 Verilog HDL에서 사용하는 고유의 지정된 용어들을 제외한 임의의 이름을 사용할 수 있다.

입출력 신호 정의

모듈이름에 이어서 입출력 신호에 대한 정의를 하는데, 괄호열기로 시작하여 괄호 안에 입·출력 신호들을 나열한다. 나열형식은 입력인지 출력인지를 구분하기 위하여 input 혹은 output을 선언하고 이어서 해당 신호의 이름을 기입한 후 Comma로 마무리하면 하나의 신호에 대한 정의가 완료된다. 나열 순서는 사용자가 원하는 대로 임의의 순서로 나열해도 무방하지만 주의할 점은 입력 출력 신호 정의의 마지막 Line을 마무리할 때에는 Comma가 없다는 점이다. 마지막 Line의 입출력 신호에 대한 정의를 마치면 괄호 닫기와 Semicolon으로 입출력 정의가 완료된다.

❙ Digital 회로 기능 구현

9번 Line에 2 Input AND Gate의 기능에 대한 Verilog HDL에서의 동작을 기술하였다. 출력 y의 값은 a & b값이 전달된다는 의미인데, assign 명령과 & 연산자가 등장한다.

❙ assign 문

2 Input AND Gate를 포함한 모든 조합회로에서 출력신호에 값을 전달하기 위해서 사용되는 명령이 assign문이다. 입력에 변화가 나타나면 그에 의한 영향이 출력으로 그대로 전달되는 회로를 구현할 때 assign문을 사용한다. 형식은 아래와 같다.

```
assign [전달 받을 신호이름] = [Digital 회로 동작] ;
```

assign선언을 하고 한 칸 띄어서 전달 받을 신호의 이름을 적고, equal표시(=)를 붙여준 후 Digital회로 동작에 대한 기술을 한다. 여기서는 입력 a와 b에 대한 and처리를 한 "a & b"를 기입하면 되며, assign문의 마무리는 semicolon(;)으로 마무리한다.

❙ & operator (Digital 회로에서의 AND를 위한 bitwise operator)

& 연산자는 Digital Logic회로에서의 AND역할을 담당하는 Verilog HDL에서의 연산자이다. & 연산자 앞에 기술된 값과 연산자 뒤에 기술된 값이 둘 다 High상태일 때 결과가 High가 되는 연산자이다.

❙ module 종료선언

endmodule을 기입함으로 단위 module에 대한 Verilog HDL Code가 마무리된다. end와 module을 반드시 붙여서 기입해야 하며 endmodule 뒤에는 semicolon이 없다는 것에 주의하여야 한다.

❙ File 이름 지정

Verilog HDL Code를 작성하고 저장할 때 저장할 File의 이름도 사용자의 편의에 따라 임의의 이름으로 저장할 수 있다. module이름과 반드시 같아야 할 필요는 없지만 사용자가 의도적으로 다른 이름을 사용하여야 할 특별한 경우가 아니면 module이름과 File이름은 같은 이름을 사용하는 것이 혼동을 줄이는 방법이 될 수 있다.

Verilog HDL Code는 확장자가 .v로 지정되어 있다. 위의 2 Input AND Gate에 대한 Verilog HDL Code는 and2.v라는 이름으로 저장하는 것이 바람직하다.

이제 2 Input AND Gate에 대한 Verilog HDL Code를 이해하였으므로 2 Input AND Gate가 XILINX VIVADO Tool에서 어떻게 구현되는지 실습을 통해 알아보도록 하자.

2.2 〈2 Input AND Gate〉구현을 위한 VIVADO Tool 실습

이번 단원에서는 2 Input AND Gate에 대한 실습을 진행한다. VIVADO Tool을 활용하여 Verilog HDL로 Coding하고 Simulation하며 Verilog HDL이 회로로 변환된 것을 확인하는 과정을 실습할 것이다. XILINX Tool로 설계할 때에는 반드시 구현할 FPGA Chip을 지정하여 과제를 생성하고, 과제단위로 작업을 진행하여야 한다. 본 교재에서는 XILINX FPGA 가운데 Artix7 Series FPGA중 하나인 XC7A15T-FTG256 Chip을 Target으로 하여 과제를 생성하고 실습을 진행하도록 한다.

2.2.1. XILINX Project의 생성

〈2 Input AND Gate〉실습을 위하여 조합논리회로(Combinatorial Logic Circuit)라는 이름을 상징하는 comb_lab이라는 Project를 생성하여 실습을 진행한다.

(1) XILINX VIVADO Tool의 시작

PC의 바탕화면에 있는 XILINX VIVADO Tool에 대한 바로 가기 ICON()을 확인한다. VIVADO ICON아래의 2019.2라는 숫자는 2019년에 두 번째로 배포된 Version임을 의미한다. Mouse좌측 Button으로 VIVADO ICON을 Double Click하여 아래와 같은 VIVADO Tool에 대한 초기화면이 나타남을 확인한다.

VIVADO Tool에서의 작업은 Project를 기반으로 수행되며, 처음 실행할 작업도 VIVADO Project를 생성하는 것이다.

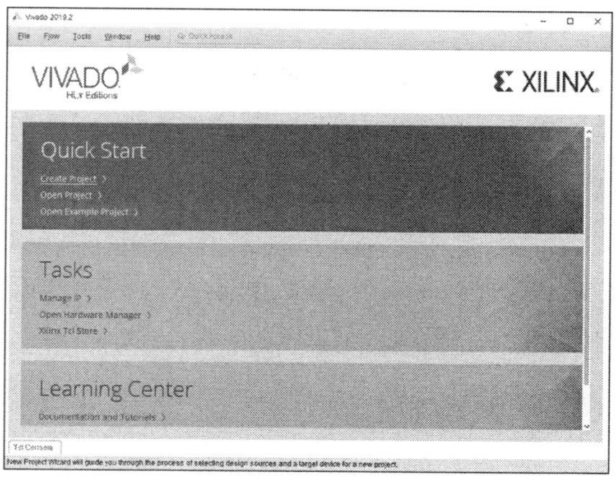

〈그림 2.2.1.1 XILINX VIVADO Tool시작화면〉

1. VIVADO Tool화면의 상단의 〈Quick Start〉 칸의 좌측에 있는 〈Create Project〉 Button을 Click하여 아래의 신규 프로젝트 생성을 위한 창이 열림을 확인한다.

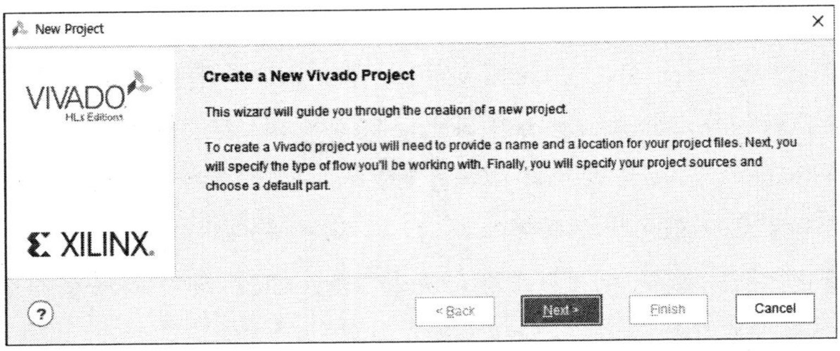

〈그림 2.2.1.2 Project생성을 위한 창〉

2. 하단의 〈Next〉 Button을 Click하면, Project 이름과 위치를 설정하는 창이 열린다.

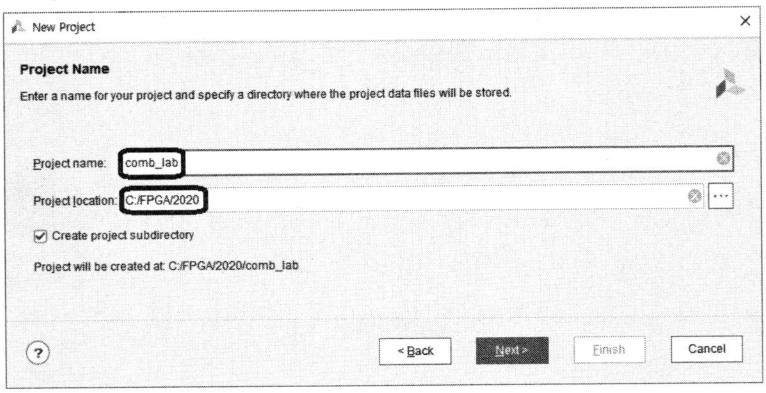

〈그림 2.2.1.3 Project 이름 지정 창〉

3. Project 이름과 위치 지정 :
   A. Project Name칸에 “comb_lab”을 Type한다.
   B. Project 위치 지정 : Project Location칸에는 “C:/FPGA/2020”로 Type하고 하단의 〈Next〉 Button을 Click한다.

4. 새롭게 열린 Project Type창에서 좌측의 선택 동그라미 가운데 가장 위쪽의 RTL Project를 선택하고 하단의 〈Next〉 Button을 Click한다.

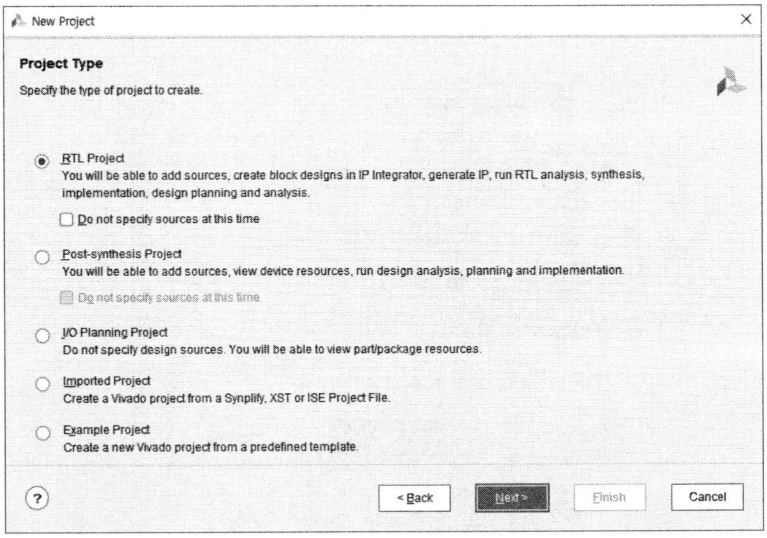

〈그림 2.2.1.4 Project Type설정 창〉

5. 새로운 HDL File생성 : Add Sources창이 열리면 중단 우측의 〈Create File〉 Button을 Click 한다.

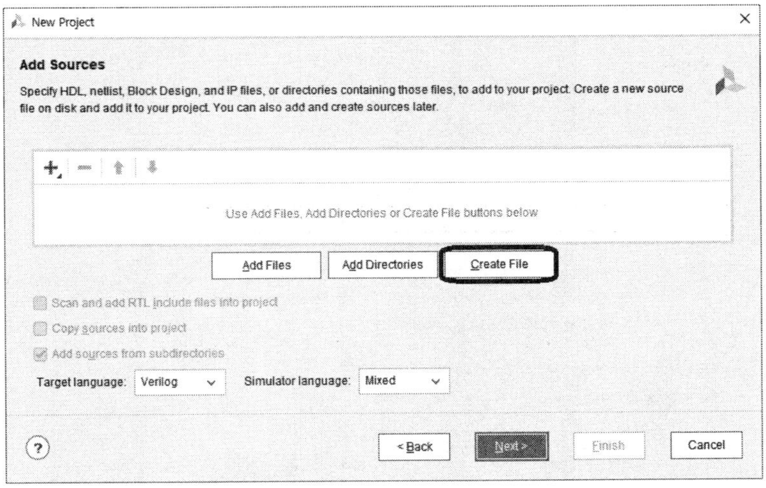

〈그림 2.2.1.5 Add Sources창〉

6. 아래와 같이 〈Create Source File〉 창이 열린다.

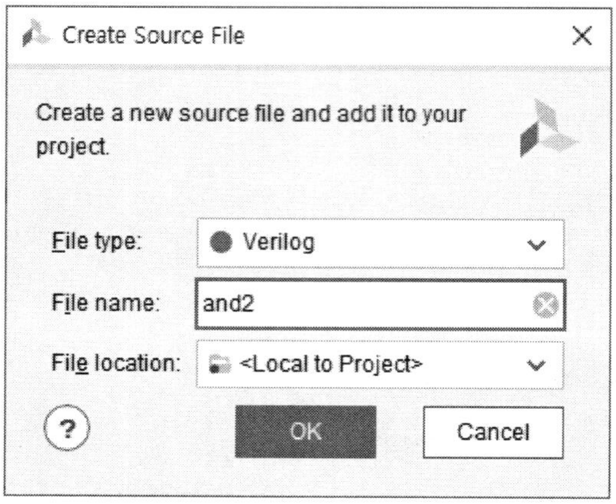

〈그림 2.2.1.6 Create Source File창〉

A. File Type, 이름, 위치 지정 : File Type은 "Verilog"를 선택하고, File Name칸에 and2라고 Type하고 〈OK〉 Button을 Click하면 and2.v가 추가된 Add Sources창이 열린다.

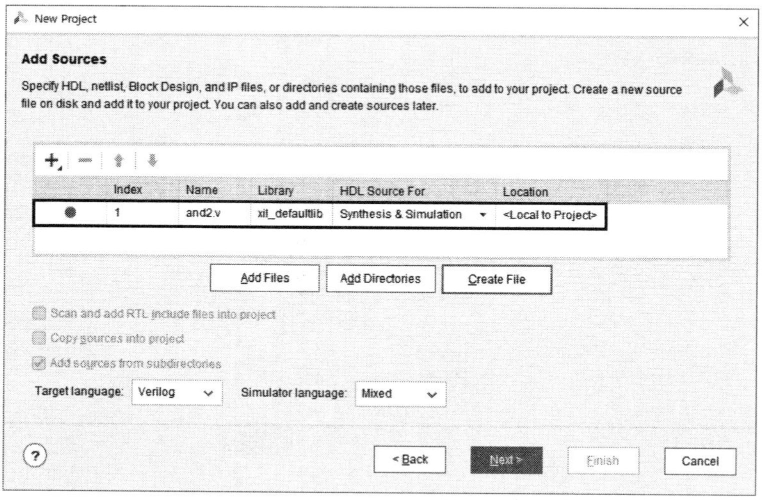

〈그림 2.2.1.7 생성할 File이 지정된 Add Sources창〉

B. Add Source창에 and2.v file이 추가된 것을 확인하고 하단의 〈Next〉 Button을 Click한다.

7. 아래와 같이 Add Constraints (optional)창이 열리면 다시 하단의 ⟨Next⟩ Button을 누른다.

⟨그림 2.2.1.8 Constraints를 추가할 것인가를 묻는 창⟩

8. Target FPGA 선정 : 아래와 같이 설계에 사용할 FPGA를 선택하는 창이 열리면 Category항목에서 우측의 선택 Button을 Click하여 General Purpose를 선택하고, 같은 방식으로 Family에는 Aritx-7을, Package에는 ftg256, Speed는 -1을 선택하면 하단에 이에 해당하는 부품들이 나열된다.

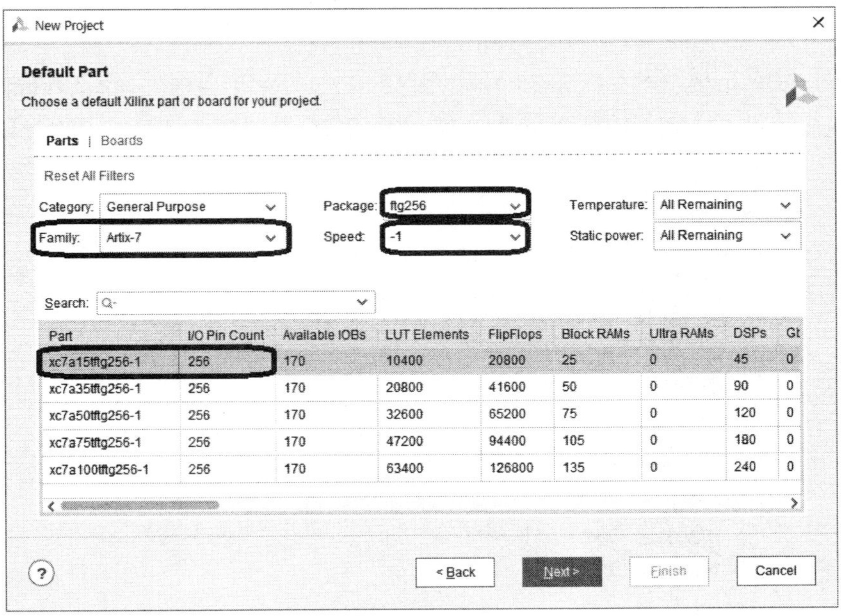

⟨그림 2.2.1.9 Target FPGA지정을 위한 창⟩

A. Part List 가장 위에 있는 xc7a15ftg256-1을 선택하고 하단의 ⟨Next⟩ Button을 Click한다.

9. Project 생성 완료 : comb_lab이라는 이름으로 Artix-7 Family의 FTG256 Package에 Speed Grade가 -1인 xc7a15t FPGA를 사용하여 설계를 진행할 Project가 생성되었음을 알리는 New Project Summary창이 열리면 하단의 〈Finish〉 Button을 Click하여 Project생성을 실행한다.

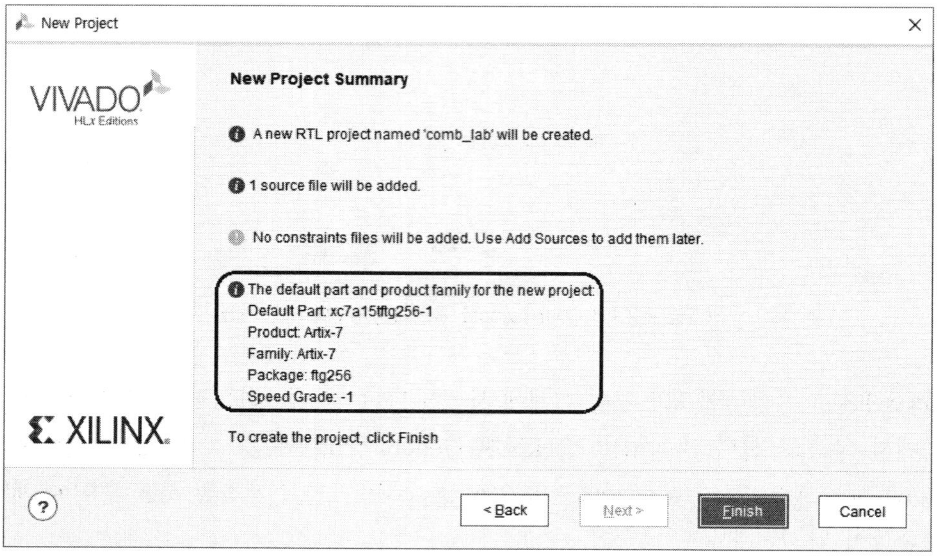

〈그림 2.2.1.10 신규 Project생성 요약〉

10. Digital 회로 입력, 출력 지정 : Project생성이 마무리되면 앞에서 and2.v라는 이름으로 Verilog File을 생성하겠다고 선택한 것에 대해 입력, 출력을 설정하기 위한 창이 열린다.

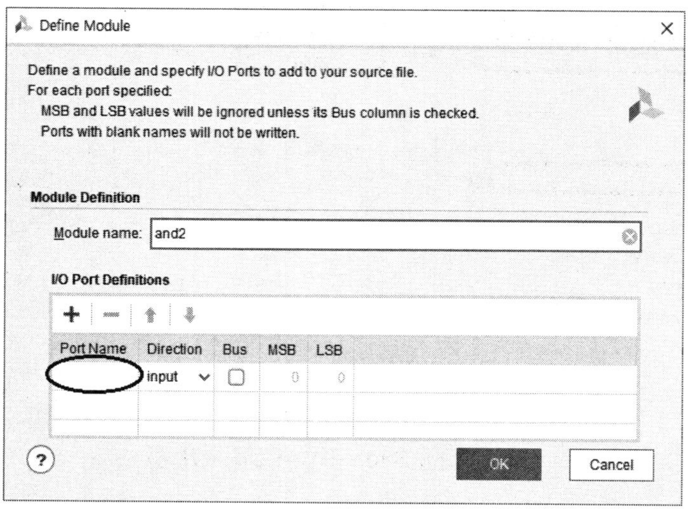

〈그림 2.2.1.11 and2 module에 입출력 Port지정하기〉

A. Port Name 아래 줄에 Cursor를 놓고 Click한 후에 2 Input AND Gate의 두 입력 중 하나의 이름인 a를 Type하고 Enter Key를 누르면 줄이 바뀌면서 새 입력 Port를 설정할 수 있게 된다.

B. 바뀐 줄에 Port Name을 b라 입력하고 다시 Enter를 누르고 새로운 Port Name에 출력 y를 입력한 후 Direction 우측의 Check모양을 Click하여 Output을 선택한다.

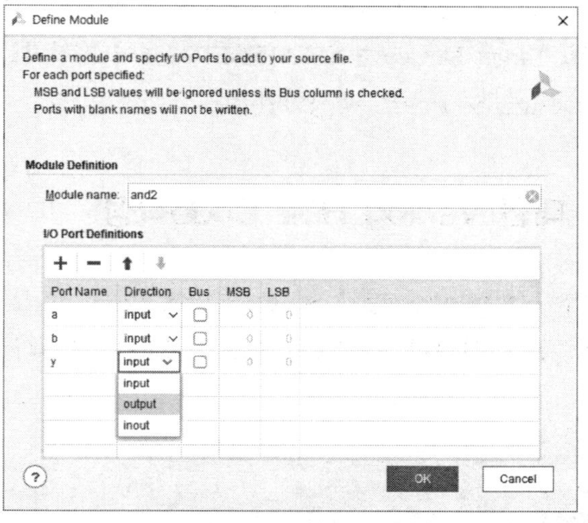

〈그림 2.2.1.12 and2 module에 입출력 Port에 대한 지정이 완료된 모습〉

C. 위의 그림과 같이 선택되었음을 확인하고 하단의 OK Button을 Click하면 Project생성이 완료된다.

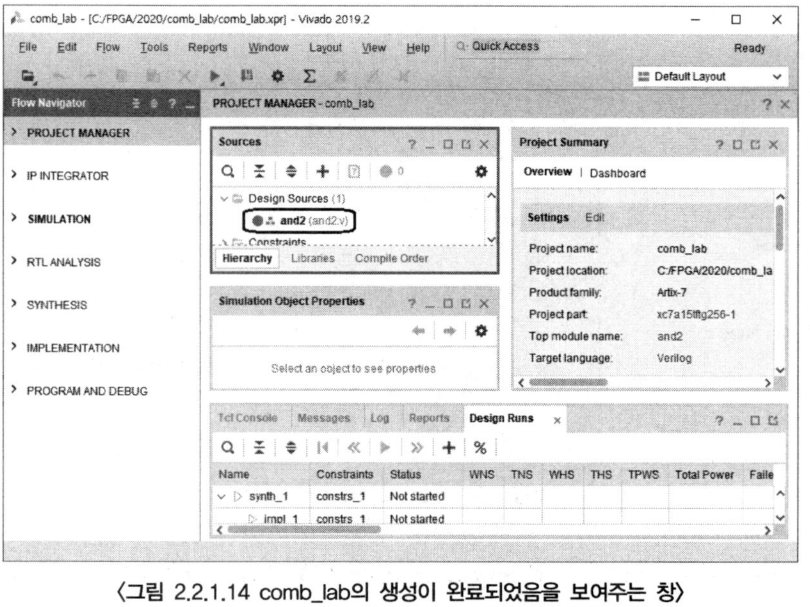

〈그림 2.2.1.14 comb_lab의 생성이 완료되었음을 보여주는 창〉

D. 〈그림 2.2.1.14〉는 생성된 Project에 대한 그림인데, 좌측의 영역은 Flow Navigator로 개발의 단계를 표시하며 각 단계별로 사용될 Tool을 선택할 수 있다. 또한 우측에는 현재 Flow Navigator에서 선택된 Project Manager창이 열려있는데 개발의 각 단계의 상황을 관찰할 수 있다.

E. 〈그림 2.2.1.14〉에서 Project Manager창의 Project Summary영역을 살펴보면 comb_lab 이라는 이름의 Project가 생성되었음을 알 수 있으며 Project의 위치는 〈C:/FPGA/2020/comb_ lab〉이고, Target Device는 XC7A15T-FTG256이 지정되었으며, Tool의 도움으로 and2.v file이 Design Source로 생성되었음을 볼 수 있다.

2.2.2 and2.v에 대한 Verilog HDL Code작성

1. 아래의 그림에서 Project Manager창의 Source영역에 있는 and2.v를 Double Click하면 Project Manager창 우측 영역에 and2.v의 Source File이 열린다.

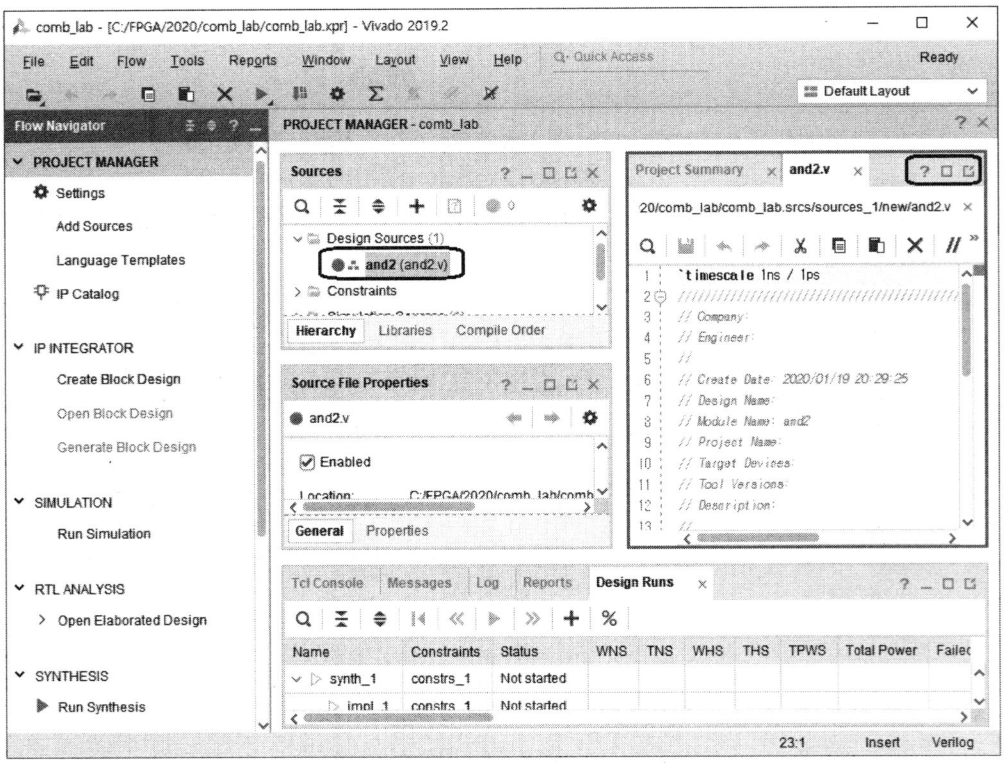

〈그림 2.2.2.1 comb_lab Project창

2. and2.v Source창의 상단에 보면 Source가 〈C:/FPGA/2020/comb_lab/comb_lab.srcs/ sources_1/new/〉아래에 위치함을 알 수 있다.

3. and2.v Source창의 우측 상단에 있는 [? □ ↗] 작은 선택 Button에서 사각형 Button은 Source수정을 위한 Text Editor창을 Project Manager창 전체에 확대하거나 다시 원래처럼 일부분에만 표시할 것인지를 선택하는 Button이고, 우측 상단으로 화살표가 있는 모양의 Button은 Text Editor창을 별도의 독립된 창으로 열어서 Source File을 수정할 것인가를 선택하는 Button이다. 또한 X표 Button은 Text Editor창을 닫는 창이다.
4. and2.v Text Editor창 우측 상단의 ↗ 모양의 Button을 Click하여 Text Editor창을 분리해 보자.

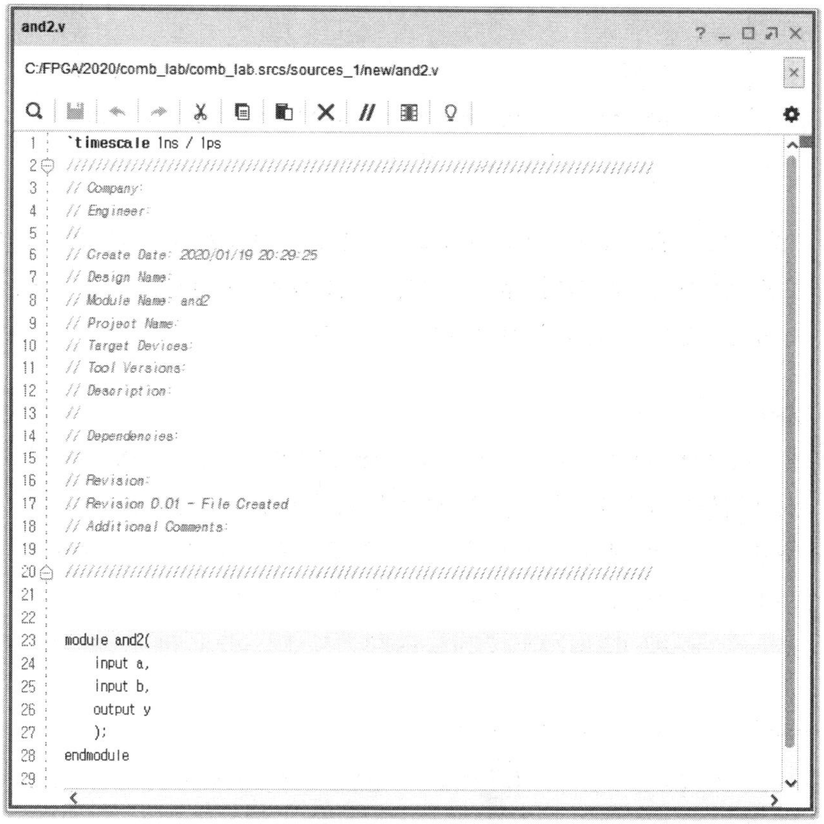

〈그림 2.2.2.2 VIVADO Tool이 생성해 준 and2.v template〉

5. Tool에서 생성해 준 and2.v의 내용 가운데 Comment 부분인 1번 Line~22번 Line을 삭제해 보자.
   A. Cursor를 1번 Line의 앞부분에 두고 마우스 좌측 버튼을 누른 상태에서 Line 22번까지를 Drag하여 선택한 후 Delete Key를 눌러 삭제한다.
   B. 아래의 그림과 같이 7번 Line에 and 결과를 출력 y에 전달하는 문장을 삽입한다.

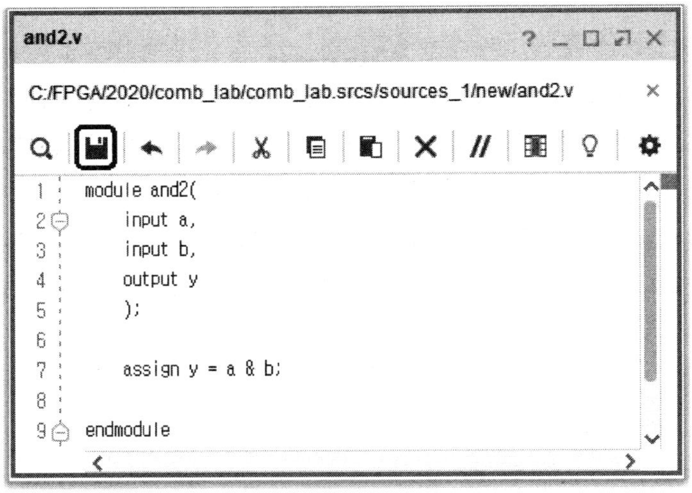

〈그림 2.2.2.3 완성된 and2.v file〉

C. 좌측 상단 모서리의 Floppy Disc모양의 Symbol이 활성화 된 것은 File에 수정사항이 발생하였지만 아직 저장되지 않은 상태임을 나타내는 것이므로 좌측 상단 Floppy Disc 형상의 Symbol을 Click하여 수정사항을 저장한다.

6. Error Check

A. and2.v code에서 4번 줄의 output y뒤에 comma를 추가해 보라. 어떤 변화가 나타났는가?

B. 5번 Line에 붉은 색 물결 밑줄이 나타났음을 확인할 수 있을 것이다. 이처럼 Text Editor에서 Verilog HDL에 대한 문법이 위반된 경우 붉은 물결 밑줄로 알려주므로 이를 수정하여 오류가 없는 HDL Code로 다음 단계를 진행하여야 한다.

C. 4번 Line의 y 다음에 붙였던 comma를 제거하고 and2.v file을 저장한다.

7. Text Editor창 VIVADO Tool에 재결합하기

A. Text Editor창의 우측에 있는 Dock Symbol을 Click하여 Text Editor창을 VIVADO Tool에 다시 결합한다.

and2.v에 대한 Code작성을 마쳤으므로 다음 단계인 Simulation에 대한 실습을 진행해 보자.

2.2.3 and2.v에 대한 Simulation

1. VIVADO Tool창의 좌측에 있는 Flow Navigator에서 Simulation항목을 Click한 후, 〈Run Simulation〉을 Click하고 새로이 열리는 Pop-Up창에서 가장 위쪽의 〈Run Behavioral Simulation〉을 선택하고 Click하면 아래와 같은 Simulation창이 열린다.

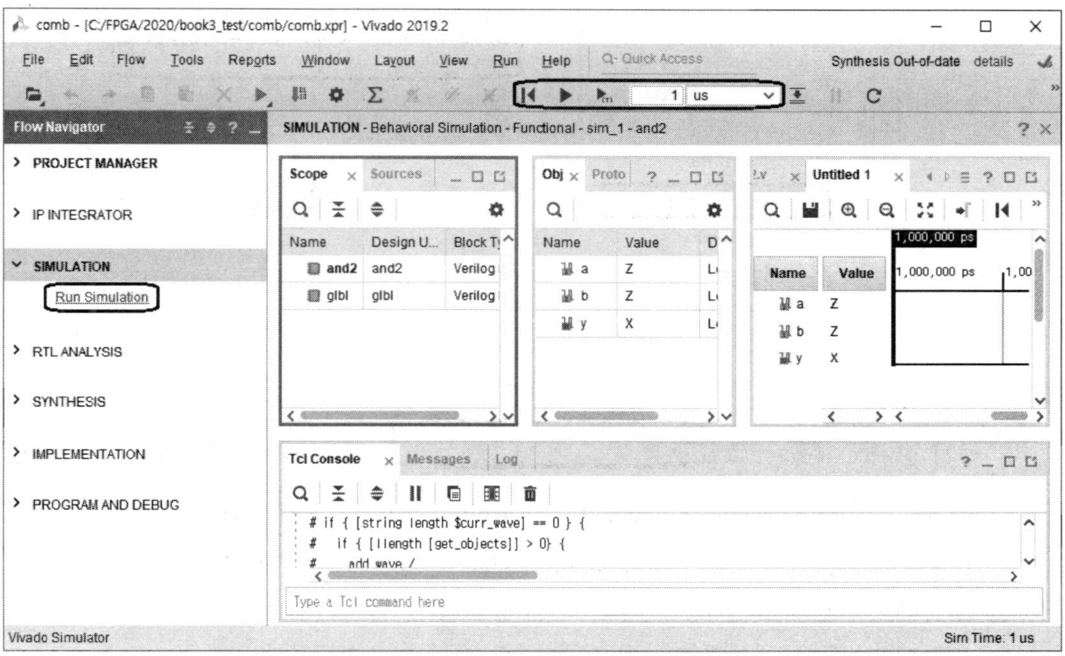

〈그림 2.2.3.1 Simulation창〉

2. 위의 그림 우측의 Untitled Tab을 보면 입력 a와 b, 그리고 출력 y에 대한 Simulation 파형창이 보이는데, Simulation이 이미 1,000ns 진행되어 있는 것이 보인다. 이는 Simulation 시작 때에 자동 실행되는 File에 의해 진행된 것이다.
3. 상단 중앙에 타원 모양으로 표시된 부분에서 가장 왼쪽에 있는 Restart Button을 Click하여 Simulation Time을 0으로 되돌린다.
4. 입력신호에 Constant 값을 설정하면서 Simulation을 진행해 보자.
   A. 아래의 좌측 그림과 같이 Simulation 영역 중앙에 있는 Objects 영역에서 신호 a를 선택하고 우측 마우스 Button을 눌러 Force Constant를 선택하면 아래의 우측과 같이 a에 값을 지정하는 창이 나온다.
   B. 중앙의 Force Value칸에 0을 넣고 하단의 OK Button을 Click한다.
   C. Objects영역의 신호 a의 Value가 0으로 바뀌었음을 확인한다.
   D. 같은 방법으로 신호 b에도 0을 설정한다.

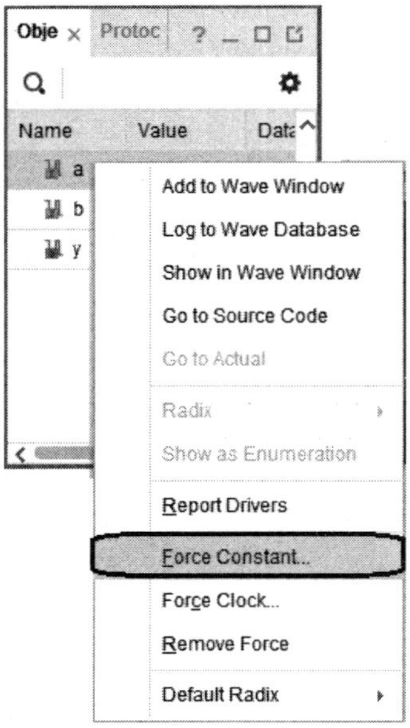

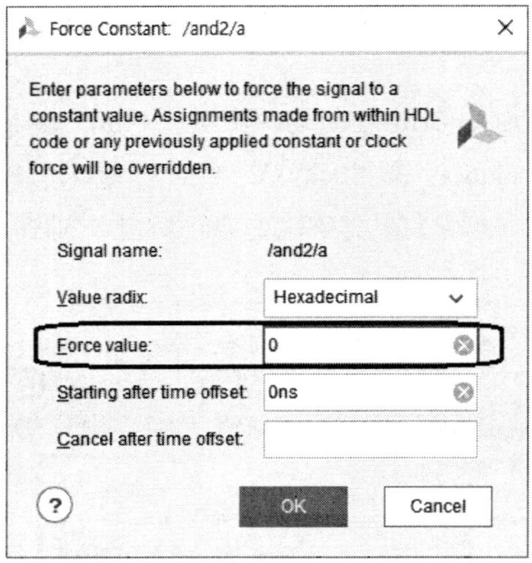

E. 중앙 상단의  Simulation 진행 시간 값을 1us로 변경하고 symbol을 Click하여 Simulation을 1us 진행시켜본다.

F. 입력신호 a의 값을 1로 설정하고 Simulation을 다시 1us 진행한다.

G. 입력신호 a는 0, b는 1로 설정하고 Simulation을 다시 1us 진행한다.

H. 입력신호 a를 1로 설정하고 Simulation을 다시 1us 진행한다.

I. 입력신호 a와 b를 모두 0으로 설정하고 Simulation을 다시 1us진행한다.

J. 아래의 그림에 표시한 Simulation 파형 창 상단 중앙의 menu에서 Zoom Fit Symbol 을 Click하면 아래 우측 그림과 같이 현재 진행한 위치까지의 파형이 파형 창의 폭에 맞춰져서 보인다.

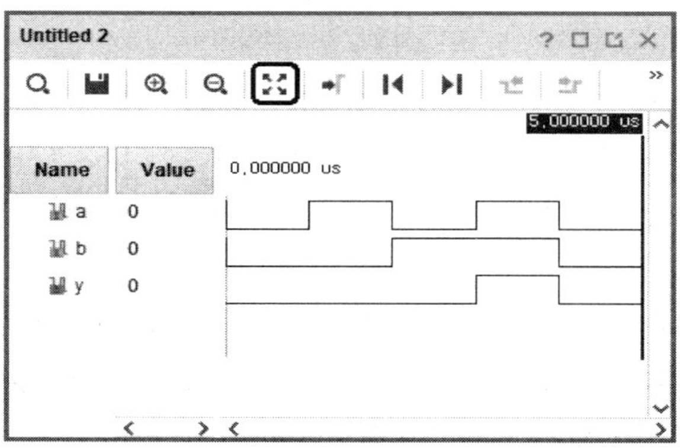

K. 위의 Simulation결과 파형에서 보듯이 입력 a와 b가 모두 1일 때에만 출력 y가 1이 되는 동작에서 2 Input AND Gate에 대한 Simulation이 정상적으로 이루어 졌음을 확인할 수 있다.

① VIVADO Tool에서 제공하는 기본 파형 창의 색상은 위의 그림과 다를 것이다. 사용자가 원하는 파형 창의 색상을 지정하려면 파형 창 우측 상단의 Maximize Symbol( )을 Click하고 확장된 창의 우측 상단 끝에 있는 Setting Symbol( )을 Click하고 Colors 탭을 선택하여 수정할 수 있다.

L. Simulation Waveform 창 상단 menu에서 Floppy Disc모양 Symbol( )을 Click하여 Waveform을 저장한다.

① 저장할 File 이름을 지정하는 창에서 기본으로 설정된 이름인 and2_behav.wcfg을 그대로 두고 우측하단의 Save Button을 Click하여 저장한다. 이 때 〈Untitled 1〉이었던 Waveform Tab의 이름이 〈and2_behav.wcfg〉로 바뀌어 있음을 확인한다.

② waveform configuration file을 Project에 add할 것인가를 묻는 창이 나타나면 Yes를 Click하고 저장을 완료한다.

5. Simulation 창 빠져 나오기

A. Behavioral Simulation 창우측 상단의 X 모양 Symbol을 Click하여 Simulation 창을 닫는다.

Simulation을 마쳤으므로 이제 〈2.2.4 단원〉에서 Verilog HDL로 작성한 Code에 대해 Tool이 생성하는 회로도를 살펴보도록 한다.

2.2.4 and2.v에 대한 회로도 보기

1. RTL 회로도 살펴보기.

VIVADO에서 RTL Analysis을 활용하면 Synthesis 이전에라도 논리회로를 살펴볼 수 있다.

A. 아래의 좌측 그림과 같이 VIVADO Tool의 좌측 Flow Navigator에서 RTL Analysis 아래의 Open Elaborated Design 항목 좌측에 있는 작은 삼각형 모양을 Click하면 우측과 같이 Sub Menu가 나타나는데 가장 하단의 Schematic 항목을 선택하여 Click 한다.

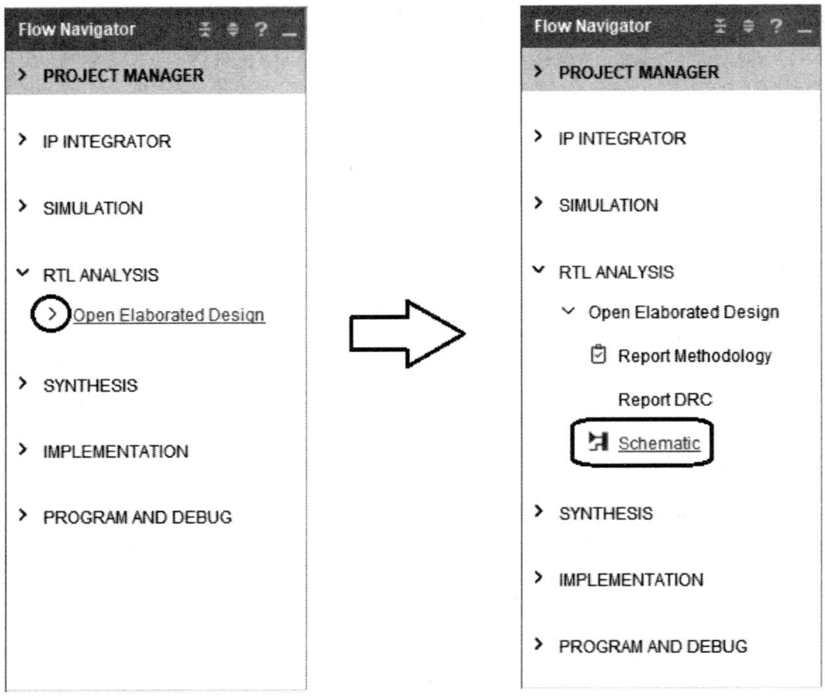

〈그림 2.2.4.1 RTL 회로를 살피기 위한 Elaborated Schematic 생성 선택 창〉

B. RTL ANALYSIS를 진행할 것인가를 묻는 창에서 〈OK〉를 Click하면 다음과 같이 Elaboration진행 창이 나온다.

〈그림 2.2.4.2 Elaboration 진행 Status창〉

C. Elaboration이 완료되고 나면 아래와 같이 RTL 회로도가 포함된 Elaborated Design창이 열린다.

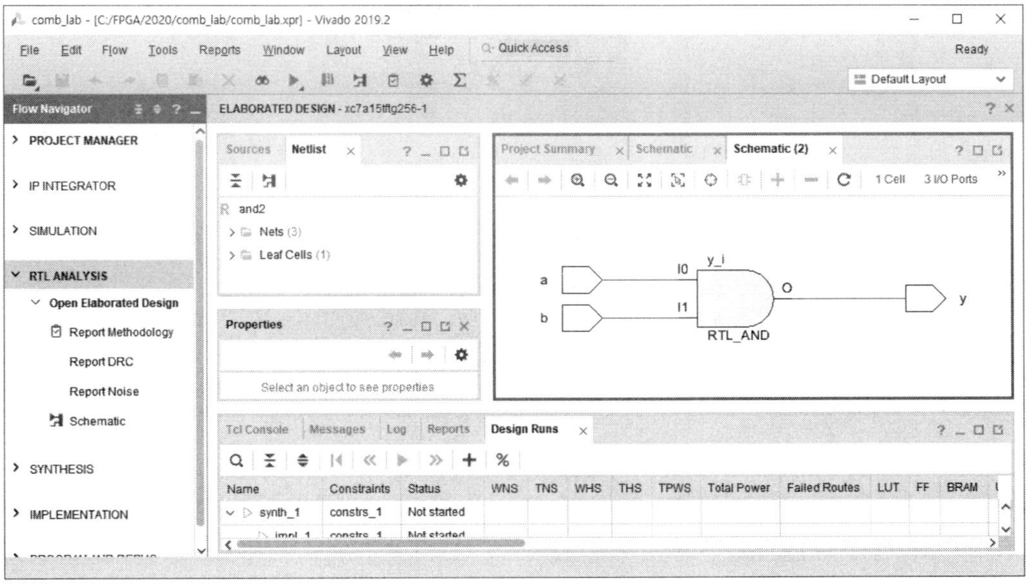

〈그림 2.2.4.3 RTL 회로를 보여주는 Elaborated Design 창〉

D. Schematic Tab의 우측 상단의 Button들을 활용하여 회로도 창을 키우거나 별도의 창으로 열어본다.

① RTL 회로도를 살펴보는 것은 Verilog HDL Code가 회로로는 어떻게 구현되는 가를 파악하고 신호의 흐름과 Delay(전달지연시간)을 가늠해 보는데 유용하다.

② 회로도 창 상단에 있는 RTL Analysis의 회로합성 결과를 보면 Cell을 하나, I/O Port를 셋, Net도 셋을 사용하였음을 알 수 있다. 다음 단계인 Synthesis 결과 회로에서의 자원 사용결과와 비교하여 보라.

E. Elaborated Design창의 우측 상단의 X Button을 Click하여 Elaborated Design을 종료한다.

RTL Analysis에서 생성하여 보여주는 RTL 회로도는 Verilog HDL이 회로도로 구현될 경우 어떤 논리적인 회로가 생성되는 가를 파악하는데 유용하지만 실제로 Verilog HDL로 작성한 Code가 FPGA 내부에 구현될 때에는 XILINX사에서 제작한 FPGA 고유의 구조로 구현될 것인데, 이는 Synthesis과정을 거친 후에 확인할 수 있다.

2. Synthesis (회로합성)

Synthesis는 Verilog HDL로 작성된 회로를 Target Device에서 제공하는 Library에 맞춰서 회로를 합성하는 역할을 담당한다.

A. VIVADO Tool 좌측의 Flow Navigator 영역에서 〈Synthesis/Run Synthesis〉를 Click하여 실행한다.

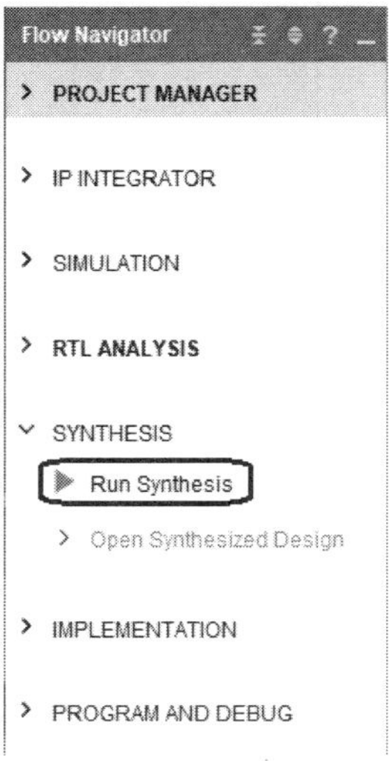

〈그림 2.2.4.4 Synthesis실행 선택 창〉

B. Synthesis를 실행할 것인가를 묻는 창에서 〈OK〉를 선택하면 Synthesis가 진행되는데 아래 그림과 같이 VIVADO Tool의 우측 상단의 진행상황 표시 창에서 Synthesis가 진행 중임을 확인할 수 있다.

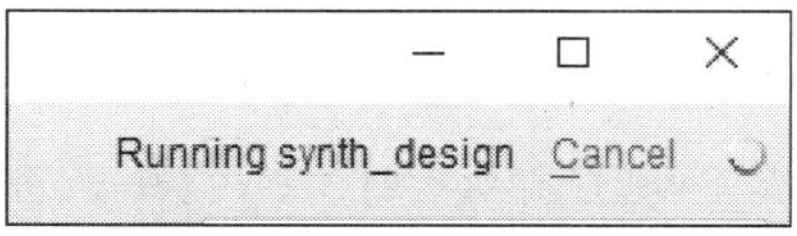

C. Synthesis가 완료되면 아래와 같은 Pop Up창이 열리는데 중간의 Open Synthesized Design을 선택하고 하단의 OK Button을 Click한다.

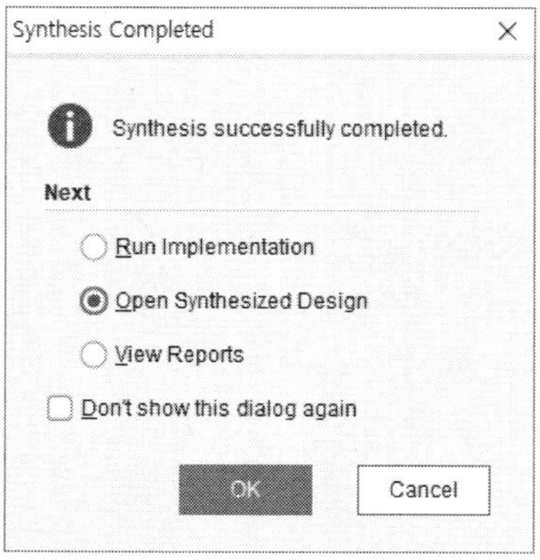

〈그림 2.2.4.5 Synthesis결과 열어보기 창〉

D. Synthesis가 완료되면 아래와 같이 Synthesis 결과 화면이 나타난다. 혹시 아래와 같은 회로도면이 나타나지 않으면, VIVADO Tool좌측의 Flow Navigator/Synthesis/Synthesized Design 항목 List 중 가장 아래에 있는 Schematic을 Click한다.

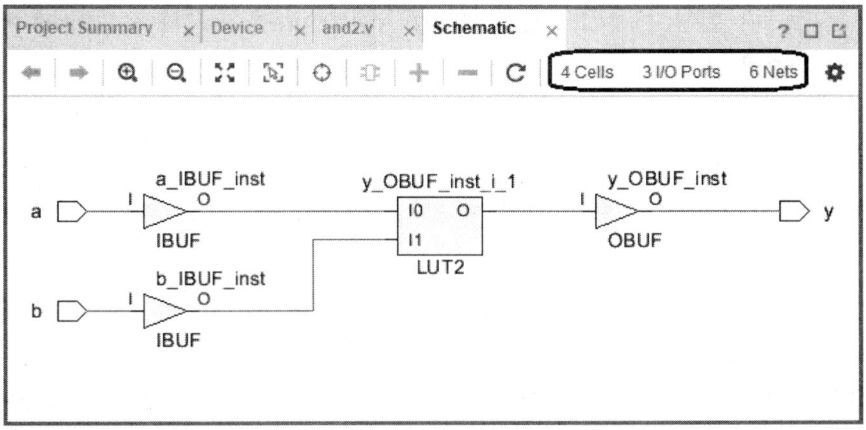

〈그림 2.2.4.6 Synthesis 결과 회로도 창〉

E. 회로도면을 Open한 결과가 위의 그림과 같이 나타난다.

① 회로도 상단에 나타난 Synthesis 결과 사용된 회로의 내역을 보면 I/O Port는 3개로 RTL Analysis 결과와 동일하지만 Cell이 4개로 늘었고, Net도 6개로 늘었다. 그 이유는 FPGA에서 외부와 연결되어지는 Port에는 Input 혹은 Output Buffer가 사용되는데 이 들이 Cell로 Count되어서 Cell 숫자가 4개가 된 것이며, 이들을 연결하기 위한 연결선인 Net도 3개가 추가되어서 6개가 되었다.

② RTL Analysis에서는 AND Gate Symbol이었던 Logic 부분이 LUT2로 바뀐 것을 볼 수 있는데, XILINX FPGA는 조합회로를 구현함에 있어서 SRAM Base의 LUT(Look Up Table)을 사용하는 구조로 이루어져 있는데 4개의 입력으로부터 하나의 출력을 생성하는 조합회로는 어떤 형태이든 4 Input LUT 하나로 소화가 되는 독특한 구조를 갖고 있다. LUT에 대한 자세한 내용은 〈부록2〉에 기술하였으니 〈부록2〉를 참조하기 바란다.

F. Synthesized Design 창의 우측 상단에 있는 X 모양 Symbol을 Click하여 Synthesis 창을 닫는다.

Synthesis가 완료되면 다음 순서로는 회로에서 사용한 입출력 Port를 FPGA의 실제 Pin 위치에 배치하고 Implementation 단계를 거쳐 Hardware로 구현하는 단계로 진행하게 되지만 지금의 단계는 Verilog HDL에 대하여 Simulation을 통한 동작 검증과 회로합성 결과에 대해 파악하는 것을 목표로 하는 단계이므로 Synthesis 이후의 과정들은 Part 3에서 다루도록 한다.

2.2.5 2과 총정리

2과에서는 우리가 이미 잘 알고 있는 2 input AND Gate를 활용하여 2 Input And Gate 구현을 위해 필요한 Verilog HDL의 문법을 학습하였고, XILINX VIVADO Tool에서 설계의 기본 작업 단위인 Project를 생성하여 Simulation Tool을 활용하여 회로를 검증하는 방법을 학습하였으며, Verilog HDL로 구현된 2 Input AND Gate가 RTL 회로도로 구현되는 것과 Synthesis를 거쳐 XILINX Artix7 FPGA로 구현된 회로도를 비교하여 살펴보았다.

3과에서는 조합회로를 구현하는데 필요한 새로운 Verilog HDL 문법을 익히고, 보다 진전된 Simulation 방법을 습득하게 될 것이다. 3과에서의 학습은 2과의 내용을 충분히 숙지하고 있음을 전제로 진행될 것이므로 2과에서 학습한 Verilog HDL의 문법과 XILINX VIVADO Tool에 대한 사용법을 교재를 보지 않고 실행할 수 있을 정도로 충분히 반복하여 학습한 후에 3과를 학습할 것을 당부한다.

제 3 과 Verilog HDL 학습 2 : 조합회로1 (Gate, Multiplexer)

이번 과에서는 Verilog HDL을 사용하여 조합회로들을 설계하기 위한 Verilog HDL의 문법을 익히고, VIVADO Tool을 통해 Simulation을 실행하여 Verilog HDL로 구현된 조합회로들의 동작을 확인하고, RTL Analysis와 Synthesis를 통해 변환된 회로에 대한 검토를 진행할 것이다.

조합회로를 설계하기 위하여 필수적으로 숙지해야 할 Verilog HDL의 문법은 크게 4가지이다.

1. assign 문 : 2과에서 이미 소개한 것처럼 모든 조합회로에서 결과 값을 전달하는 문장.
2. Bitwise Operators : 2과에서 실습했던 AND Gate와 같은 논리 Gate회로에서 사용되는 Operator들.
3. 조건 선택문 : 선택을 위해 설정된 신호의 값에 따라 전달할 Data를 선택하는 문장.
4. 산술 Operators : 사칙연산을 위한 Operator들.

이들 가운데 assign문은 2과의 〈2.1.2〉단원에서 다루었으므로 참고하기 바라고, 이번 과에서는 Gate들을 설계하기 위해 고안된 Bitwise Operator들과 조합회로에서의 선택을 위한 조건 선택문에 대해 학습할 것이며, 산술 Operator들에 대해서는 다음 과인 4과에서 학습하도록 한다.

회로설계에 있어서 설계한 내용이 정상적으로 동작하는 가를 확인할 수 있는 Simulation이 차지하는 비중이 매우 높다. 이 과의 실습 부분에서는 Simulation Tool에서 명령어에 의한 Simulation 실행방법과 일련의 명령어들을 Text File 형태로 작성하여 실행하는 방법을 습득함으로 Simulation의 효율을 높이는 방법을 학습하도록 한다.

3.1 Gate, Multiplexer 구현을 위한 Verilog HDL 학습

이번 과에서는 조합회로 가운데 Gate류와 Multiplexer 회로 설계를 위한 Verilog HDL 문법을 학습하도록 한다.

3.1.1 Bitwise Operators

Verilog HDL에서는 특정한 동작들을 수행하도록 규정한 Operator들이 여러 종류 있어서 이들의 기능과 역할에 대해 충분히 숙지하고 있어야 구현하고자 하는 기능들을 쉽고 빠르게 구현할 수 있다. 가장 먼저 알아볼 Operator는 Digital Logic Gate회로의 기능을 담당하는 Bitwise Operator들이다.

아래의 표와 같이 Verilog HDL에서 사용되는 Bitwise Operator는 4종류이다. 각각 Not, AND, OR, Exclusive OR에 대응되는 값이며 모든 Gate회로는 이들을 조합하여 구현할 수 있다.

Bitwise Operators				
번호	Name	Symbol	사용형식	내용
1	Not	~	y = ~a;	a를 반전시켜서 y로 전달
2	and	&	y = a & b;	a, b 모두 1일 때 y도 1, 나머지 경우는 y=0
3	or	|	y = a | b;	a, b 모두 0일 때 y도 0, 나머지 경우는 y=1
4	Exclusive	^	y = a ^ b;	a와 b가 다른 값이면 y는 1, a와 b가 같은 값이면 y는 0

〈표 3.1.1.1 Bitwise Operator 표〉

3.1.1.1 〈2 Input Gate〉들에 대한 Verilog HDL Code

다음 그림에 gate2.v라는 이름으로 Bitwise Operator들을 사용한 Gate회로들을 하나의 module에서 생성하는 Verilog HDL Code와 이에 대한 Simulation 결과 Waveform을 제시하였다.

```
1  module gate2
2  (
3      input a, b,
4      output y_not, y_and, y_or, y_xor, y_nand, y_nor
5  );
6
7      assign y_not = ~ a;
8      assign y_and = a & b;
9      assign y_or = a | b;
10     assign y_xor = a ^ b;
11     assign y_nand = ~(a & b);
12     assign y_nor = ~(a | b);
13
14 endmodule
```

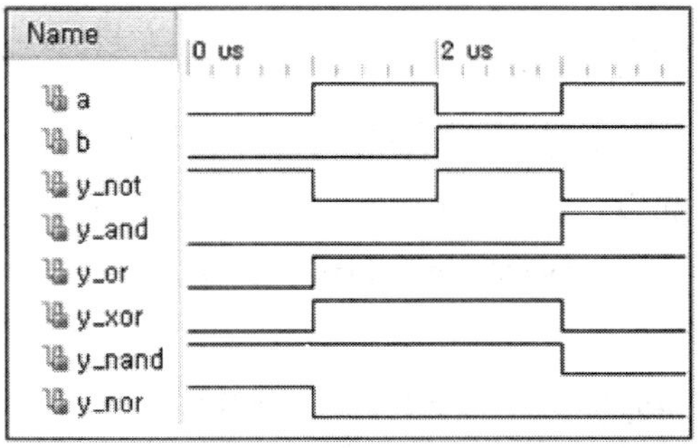

〈그림 3.1.1.1 Gate들에 대한 Verilog HDL Code와 Simulation파형〉

앞에서 다루었던 and2.v와 달라진 점들을 살펴보면서 Verilog HDL의 활용의 폭을 넓혀보자.

■ gate2 module은 총 6개의 출력을 갖는다.

> y_not : 입력 a를 반전하여 출력한다.
> y_and : 입력 a와 b에 대한 and 회로를 거친 결과를 출력한다.
> y_or : 입력 a와 b에 대한 or 회로를 거친 결과를 출력한다.
> y_xor : 입력 a와 b에 대한 exclusive or 회로를 거친 결과를 출력한다.
> y_nand : 입력 a와 b에 대한 nand 회로를 거친 결과를 출력한다.
> y_nor : 입력 a와 b에 대한 nor 회로를 거친 결과를 출력한다.

■ 각 Line별로 눈 여겨 봐야 할 Verilog HDL 문장을 살펴보자.

1. 1번 Line에서 module 이름이 gate2로 바뀌었음을 확인한다.
2. 3번 Line에서 input 선언 하나에 두 개의 신호를 한 줄에 선언하였다.
   A. 이처럼 같은 Type의 신호는 하나의 선언에서 신호를 comma로 구분하여 나열하여 처리할 수 있다.
3. 4번 Line에서도 6개의 출력이 모두 1bit 출력이므로 한 번의 output 선언에 이어서 나열하는 형태로 처리하였다. (마지막 신호 다음에 comma가 없는 것에 유의하라.)
4. 7번 Line에서 Not Gate에 대한 Operator(~)는 반전시키고자 하는 신호의 앞에 붙여서 사용한다.
   A. 위의 7번에서처럼 Space를 두어도 좋고, 바로 붙여서 ~a 형태로 사용하여도 무방하다.

5. 11번의 NAND의 경우 괄호 속의 AND를 먼저 처리하고 나서 괄호 밖의 Not Operation을 처리한다.
   A. 모든 Operator들에 나름대로의 우선순위가 있지만 괄호로 묶을 때 괄호 속의 Operation에 대한 처리가 최우선이므로 적절한 괄호의 사용이 Operator의 동작의 우선순위를 정하는 중요한 Point가 된다.
6. 12번의 NOR도 괄호 속 OR를 먼저 처리하고 나서 괄호 밖의 Not을 처리한다.
7. 14번에서 endmodule로 gate2 module에 대한 HDL Code를 마무리하였다.

Bit operator들 간에는 우선순위가 존재하지만 명확한 이해를 돕기 위해서는 괄호로 정리하는 것이 바람직하다는 점을 기억하기 바란다.

3.1.1.2 〈4 Input Gate〉들에 대한 Verilog HDL Code

아래에 gate4.v라는 이름으로 같은 4 Input을 받지만 서로 다른 출력을 형성하는 두 출력을 갖는 회로를 통해 Bitwise Operator들에 대한 우선순위를 명확하게 설정하는 방법을 알아볼 수 있는 Verilog HDL Code와 이 Code가 형성할 회로도면을 제시하였다.

```
1  module gate4
2  (
3      input a, b, c, d,
4      output y_a, y_b
5  );
6
7      assign y_a = (a & b) | (c & d);
8      assign y_b = a & (b | c) & d;
9
10 endmodule
```

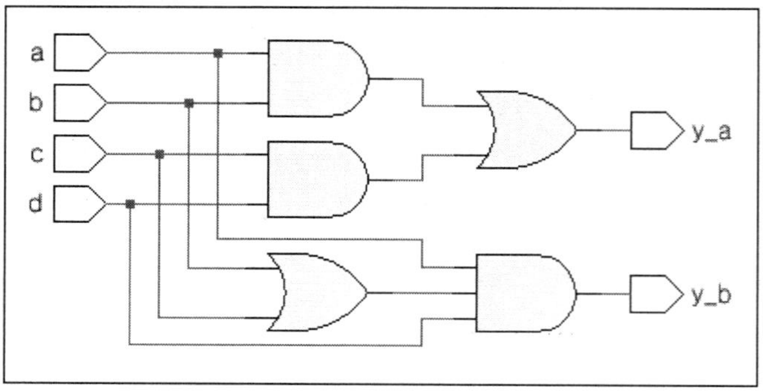

〈그림 3.1.1.2.1 gate4에 대한 Verilog HDL Code와 Logic 회로도〉

■ Verilog HDL Code를 살펴보자.

1. 7번 Line의 y_a신호를 생성하는 Step을 정리해 보면
   A. 먼저 a와 b에 대한 and 처리와 c와 d에 대한 and 처리를 동시에 실행한다.
   B. 이어서 두 and 처리 결과에 대한 or 처리를 실행한다.
2. 8번 Line의 y_b신호를 생성하는 Step은 아래와 같다.
   A. 먼저 b와 c를 or처리한다.

   B. 이어서 (b, c)에 대한 or 처리결과와 a, d를 and 처리한다.
3. 위의 동작 회로에서 Gate하나를 통과할 때마다 전달지연시간이 발생하므로
   A. y_a는 모든 신호로부터 2단의 전달지연시간(Gate Delay)가 발생한다.
   B. y_b는 a와 d로부터는 1단, b와 c로부터는 2단의 지연이 발생한다.
4. 그러나 위의 결과는 이해를 돕기 위한 이론적인 논리회로이며, FPGA에서는 LUT를 기준으로 조합회로가 처리되므로 위의 회로는 y_a, y_b를 생성하는 데에는 각각 4 Input LUT 하나가 사용된다.
   A. LUT의 개념은 **부록** 2에서 다루었으므로 참고하기 바란다.
   B. FPGA로 구현되는 Synthesis결과 회로에 대한 확인은 3.2단원에서 gate4에 대한 Synthesis실습을 통해 확인해 보기 바란다.

3.1.1.3 wire 신호를 활용한 〈4 Input Gate〉들에 대한 Verilog HDL Code

아래에 gate4a.v라는 이름의 Verilog HDL code를 제시하였다. 회로의 논리회로로서의 동작은 gate4.v와 동일하지만 wire라는 신호가 선언되어 사용되었는데, wire는 모듈 내부 회로에서 사용되는 신호 가운데 조합회로를 위해 선언되어 활용되는 Type의 신호이다.

```
module gate4a
(
    input a, b, c, d,
    output y_a, y_b
);

wire and_ab;
wire and_cd, or_bc;

assign and_ab = a & b;
assign and_cd = c & d;
assign or_bc = b | c;

assign y_a = (and_ab | and_cd);
assign y_b = (a & d) & or_bc;

endmodule
```

〈그림 3.1.1.3.1 gate4a에 대한 Verilog HDL Code〉

■ Verilog HDL Code를 살펴보자.

1. 7번 Line에 wire선언이 새로 표현되었다.
   A. wire 선언은 조합회로의 결과로 생성된 신호가 모듈 내부에서만 활용될 때 사용된다.
   B. 단위 module 내에서 생성된 조합회로의 결과 신호들 가운데 출력신호가 아닌 내부적으로만 활용되는 신호에 대해 wire type을 선언하여 사용할 수 있다.
   C. wire type은 조합회로의 결과만 받을 수 있을 뿐이고, D-Flip Flop이나 Counter, Register처럼 평상시에 값을 유지하는 순차회로의 산출 결과 신호에 대해서는 적용할 수 없다.
   D. 표현형식은 7번 Line에서 보듯이 wire 선언 후 한 칸 띄고 나서 wire로 선언할 신호들의 이름을 나열하되, 선언할 신호가 하나이면 Semicolon으로 종료한다.
   E. 8번 Line과 같이 wire로 선언할 신호가 여럿이면 comma로 구분하고 마지막 신호선언 다음에 semicolon으로 마무리한다.
2. wire type에 값 전달하기
   A. 10번~12번은 선언한 wire type신호에 Bit Operation결과를 전달하는 문장으로 assign문을 사용한다.
3. wire type으로부터 값 전달받기
   A. 14번에서 보듯이 선언된 wire신호는 입력신호와 마찬가지로 다른 회로에 값을 전달하는 기능을 담당한다.
   B. y_a는 a, b를 and한 신호 and_ab와 c, d를 and한 신호 and_cd를 or처리하여 출력한다.
   C. 결과적으로 y_a의 동작은 앞 단원에서 살폈던 gate4에서의 y_a의 동작과 동일한 동작을 수행한다.
4. y_b 신호의 동작을 15번 Line에서 살펴보자.
   A. 먼저 괄호 속의 a, d를 and 처리한다.
   B. b, c를 or한 wire 신호 or_bc와 a, d를 and처리한 결과를 and처리하여 출력한다.
   C. 결과적으로 y_b신호는 앞 단원에서 살폈던 gate4에서의 y_b의 동작과 동일한 동작을 수행한다.

Digital 회로설계에 있어서 빈번하게, 그리고 유용하게 활용되는 wire type에 대해 선언하고 이를 사용하는 예를 살펴보았다. wire 신호는 반드시 조합회로의 결과 값을 받아야 하며, 입력이 변해도 값을 유지해야 하는 Register나 Counter 같은 순차회로의 결과는 받을 수 없음에 주의해야 한다.

3.1.2 Multiplexer 회로설계를 위한 Verilog HDL

이번 단원에서는 data선택을 위한 multiplexer를 구현하기 위해 필요한 Verilog HDL의 문법을 학습해 본다. 먼저 〈2:1〉 Multiplexer를 살펴보고 나서, 〈4:1〉Multiplexer와 Bus Type의 Data를 처리하기 위한 Verilog HDL의 문법을 살펴볼 것이다.

3.1.2.1 〈2:1 선택〉을 위한 Verilog HDL Code

다음의 그림에 mux2.v라는 이름의 Verilog HDL Code를 제시하였다.

```
1  module mux2
2  (
3      input d0, d1, sel,
4      output ya, yb
5  );
6
7  assign ya = (~sel & d0) | (sel & d1);
8
9  assign yb = (sel == 0) ? d0 : d1;
10
11 endmodule
```

〈그림 3.1.2.1.1 mux2에 대한 Verilog HDL Code〉

mux2 회로의 동작은 sel 신호의 값이 0일 때에는 출력에 d0신호가 전달되고, sel 신호의 값이 0이 아닐 때에는 출력에 d1이 전달되는 것이다. 이를 처리하기 위한 Verilog HDL의 문법이 7번과 9번 Line에 나타난다.

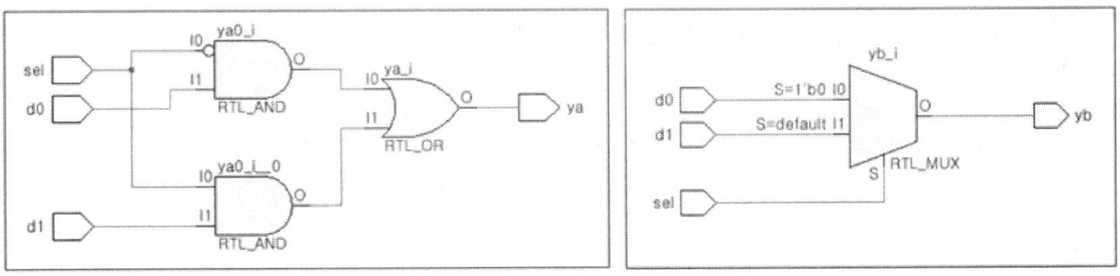

〈그림 3.1.2.1.2 bit-wise operator로 구현한 mux2회로도와 conditional operator로 구현한 mux2회로도〉

위의 좌측 그림에 나타난 bit-wise operator로 구현된 mux2 회로는 7번 Line의 ya값 생성에 대한 부분인데, 2과와 3과에서 학습했던 bit-wise operator들을 사용하여 mux를 구현한 것이다. 두 AND Gate의 동작을 보면 sel 값의 상태에 따라 한 쪽은 항상 0으로 차단되고 다른 쪽의 신호를 통과하도록 동작한다. sel 신호가 0일 때에는 d0가 ya로 전달되고, sel 신호가 1일 때에는 d1이 ya로 전달된다.

앞의 우측 그림에 나타난 conditional operator로 구현된 mux2회로는 9번 Line의 yb값 생성에 대한 부분인데, 새롭게 소개되는 Conditional Operator를 활용한 회로이다.

9번 Line에는 소개된 Verilog HDL에서는 2:1선택을 구현하기 위하여 몇 가지 Operator들이 사용되었다.

1. Conditional Operator : ?
   A. 물음표 기호는 Verilog HDL에서 조건에 따른 동작을 선택할 때 사용된다.
   B. 사용형식은 아래와 같다.

   (판단문) ? [참일 때의 선택] : [거짓일 때의 선택];

   C. 물음표 앞의 괄호 속에 설정된 판단 조건이 참이면 물음표 다음의 값인 d0가 선택되고, 거짓이면 Colon다음 값인 d1이 선택되어 출력 yb에 전달되며 문장의 마무리는 Semicolon으로 마무리한다.
   D. 위의 예는 두 가지 판단 조건일 경우에 대한 예시인데, 판단 조건이 다수 존재할 때에도 확장 적용이 가능하다. 확장적용의 예는 4:1 mux를 다루는 3.1.2.2단원에서 학습할 것이다.
2. 등가 판단 Operator : ==
   A. 괄호 속에 (sel == 0)는 sel 값이 0과 같은 가를 판단하는 것이다. 사용방법은 먼저 괄호를 열고 판단하고자 하는 신호의 이름에 이어서 equal mark를 연속 두 번 기입하고 비교할 값을 적고 괄호를 닫는다.
   B. 같지 않을 경우를 참으로 보려고 할 때에는 (sel != 0)으로 표시한다. 느낌표에 이어서 equal mark하나를 붙이는데, 같지 않으면 참으로 판단하게 된다.

Conditional Operator는 의미가 함축된 Operator를 사용하여 Digital 회로를 구현하는 Verilog HDL에서의 Operator의 특징을 잘 나타내는 것으로 조합회로 설계에 빈번하게 사용되는 유용한 Operator이므로 숙지하기 바란다.

Mux2에 대한 실습부분에서는 Simulation을 통해 입력 신호 d0, d1, sel의 변화에 따른 ya, yb 값의 변화에 대한 동작을 검증해 보고, RTL 회로와 FPGA Library로 mapping된 Synthesis결과 회로를 살펴본다.

3.1.2.2 〈4:1 선택〉을 위한 Verilog HDL Code

아래에 mux4.v라는 이름의 Verilog HDL Code를 제시하였다.

```
1  module mux4
2  (
3      input d0, d1, d2, d3,
4      input [1:0] sel,
5      output y
6  );
7
8  assign y = (sel == 0) ? d0 :
9             (sel == 1) ? d1 :
10            (sel == 2) ? d2 :
11             d3;
12
13 endmodule
```

〈그림 3.1.2.2.1 mux4에 대한 Verilog HDL Code〉

이번에 다룰 mux4 회로는 입력 d0, d1, d2, d3 가운데 하나의 신호를 선택하여 출력으로 전달하는 것이다. 입력 신호가 4개이므로 이들을 선택할 sel 신호도 4가지에 대한 선택을 하여야 하므로 2bit 신호로 설정하도록 한다.

Verilog HDL에서는 multi-bit신호를 간단하게 정의할 수 있도록 지원한다. 4번 Line에서 보듯이 2bit sel 입력신호에 대하여 대괄호를 열고 최상위 bit 신호에 대한 번호인 1을 기입하고 colon을 붙인 후 최하위 bit신호에 대한 번호 0을 붙여주고 대괄호를 닫으면 된다.

이와 같이 multi-bit로 구성되는 Bus신호를 간편하게 선언할 수 있어서, 같은 기능을 하는 회로에 대해서 Bus를 구성하는 bit의 수가 바뀔 때 간단하게 bus의 폭에 대한 부분만 수정하면 되므로 손쉽게 대응이 가능하다.

❙ Conditional Operator의 확장

1. 8번 Line을 보면 앞에서 살핀 2:1 mux에서와 같은 Conditional Operator를 사용하여 sel 신호가 0인가 판단하여 참일 때 d0를 출력 y로 전달하는 것을 알 수 있다. 그러나 괄호 속의 조건이 거짓일 때 처리해야 하는 내용은 Line 8번에는 기술되어 있지 않다. 거짓일 경우에 대해서는 새로운 조건에 대한 판단을 할 수 있도록 가능성을 열어둔 것이다.
2. 9번 Line은 8번 Line에서의 판단이 거짓일 경우 다시 Conditional Operator를 사용하여 sel 신호의 값이 1인가 판단하여 참일 때 d1을 출력 y로 전달하고 거짓일 때에는 다시 열어둔 채로 줄 바꿈을 한다.

3. 10번 Line에서는 다시 sel 신호의 값이 2인가를 판단하여 참이면 d2를 출력으로 전달한다.
4. 11번 Line은 앞의 조건들이 모두 거짓일 때에는 출력으로 d3를 전달하고 더 이상의 조건을 차단하고 semicolon으로 문장을 닫는다.

이렇게 구현된 Verilog HDL에 대한 회로는 아래와 같다.

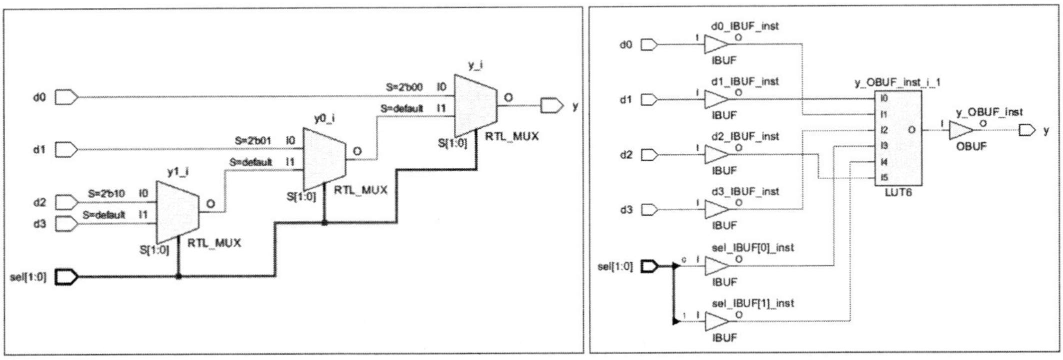

〈그림 3.1.2.2.2 mux4에 대한 RTL 회로도, Synthesis결과 회로도〉

좌측에 나타난 RTL 회로도에서는 2:1 Mux 3개가 Series로 연결되어 있는 것에 비해 우측의 Synthesis결과 회로에는 6 Input LUT인 LUT6 하나로 처리된 것을 알 수 있다. Artix-7 FPGA에서는 최대 6개의 입력에 대해서 까지는 하나의 LUT로 처리할 수 있어서 조합회로를 형성할 때 6 Input에 맞출 수 있다면 FPGA의 자원인 LUT수를 최적화 시킬 수 있어서 자원의 활용 효율을 높일 수 있으며 전달지연시간도 최소화 할 수 있다.

3.1.2.3 4bit bus Data에 대한 〈4:1 선택〉을 위한 Verilog HDL Code

아래에 mux4b.v라는 이름의 Verilog HDL Code를 제시하였다.

```
module mux4b
(
    input [3:0] d0,d1,d2,d3,
    input [1:0] sel,
    output [3:0] y
);

assign y = (sel == 0) ? d0 :
           (sel == 1) ? d1 :
           (sel == 2) ? d2 :
           d3;

endmodule
```

〈그림 3.1.2.3.1 mux4b에 대한 Verilog HDL Code〉

이번에 다룰 mux4b 회로는 4bit Bus입력 d0, d1, d2, d3가운데 하나의 신호를 선택하여 출력에 전달하는 것이다. 입력 Data신호가 4 bit Bus신호이고, 이들을 선택할 sel 신호도 4개의 입력 중 하나를 선택해야 하므로 2bit신호로 설정하여야 한다.

3번 Line에서 보듯이 bus 입력신호들에 대한 선언은 대괄호를 열고 4bit에서 최상위 bit신호에 해당하는 번호인 3을 기입하고 colon을 붙인 후 최하위 bit신호에 대한 번호 0을 붙여주고 대괄호를 닫으면 된다. d0, d1, d2, d3가 모두 4bit 입력이므로 한 line에서 한 번의 input 선언 및 한 번의 bus선언으로 처리하였다. 그러나 sel 신호는 2bit 신호이므로 4bit 입력과 구별되는 별도의 입력선언과 bus 폭(width)에 대한 선언이 필요하므로 line을 바꾸어서 별도로 선언하여야 한다. 출력신호인 y도 4bit신호를 전달받는 신호이므로 4bit bus로 선언되었다.

이와 같이 Verilog HDL에서는 Bus에 대한 처리를 간편하게 할 수 있어서, 같은 기능을 수행하는 회로에 대해서 Bus의 bit 수가 바뀔 때 간단하게 bus의 폭에 대한 부분만 수정하면 대응이 가능하다.

이렇게 구현된 Verilog HDL에 대한 RTL 회로는 아래와 같다.

RTL 회로도에서는 4bit Bus신호를 묶어서 표시하여서 회로도면을 깔끔하게 표현한 것을 확인할 수 있다.

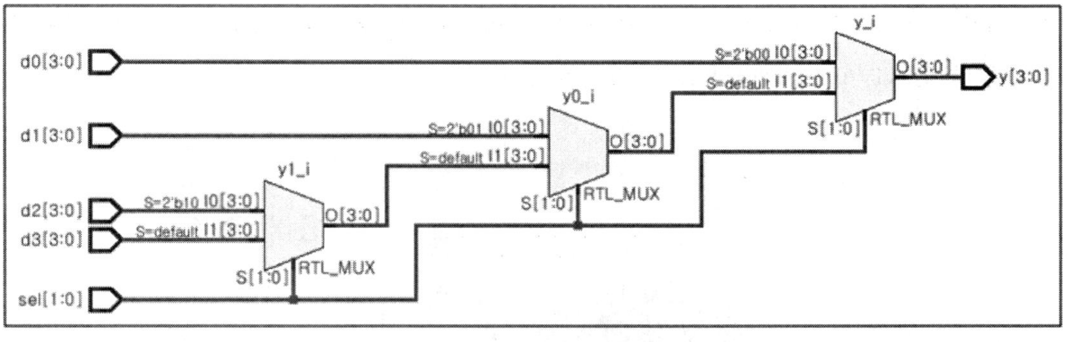

〈그림 3.1.2.3.2 mux4b에 대한 RTL 회로도〉

이제 학습한 조합회로들을 위한 Verilog HDL에 대하여 실습을 진행해 보자.

3.2 Gate, Multiplexer 구현을 위한 Verilog HDL 실습

이번 과의 실습에서는 다양한 조합회로들에 대하여 VIVADO Tool에서 Verilog HDL Code를 생성하고 Simulation을 실행해 보면서 Verilog HDL에 대한 회로 변환결과에 대해서도 살펴보는 실습을 진행할 것이다. 특히 회로설계에 있어서 매우 중요한 요소인 Simulation을 효과적으로 실행할 수 있는 방법들을 실습을 통해 습득하기로 한다.

이번 과에서는 Project를 새로 생성하지 않고, 앞 과에서 생성했던 comb_lab Project를 Open하여 활용하도록 한다.

3.2.1 Bitwise Operator들에 대한 실습

3.2.1.1 gate2.v에 대한 실습

3.1.1.1 단원에서 살펴보았던 gate2.v file을 VIVADO Tool에서 생성하여 Simulation을 진행하고 결과 회로를 살펴본다.

1. XILINX VIVADO Tool의 시작 : VIVADO Tool ICON( )을 Click하여 VIVADO Tool을 시작하면 VIVADO Tool의 초기 화면이 열린다.

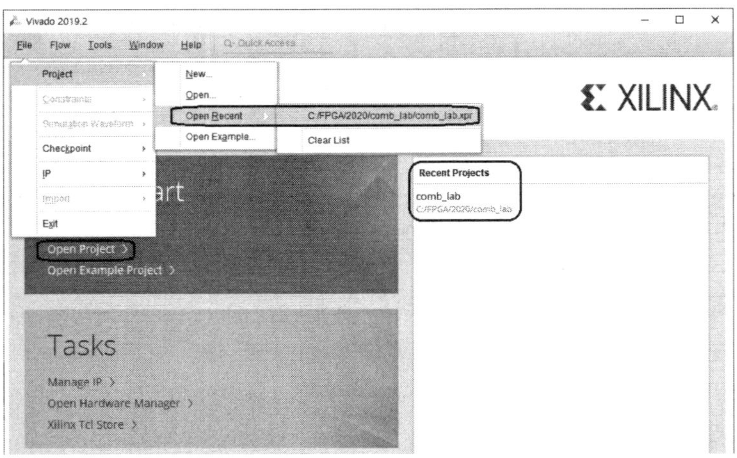

〈그림 3.2.1.1.1 기존 Project Open하기〉

2. comb_lab project Open하기 : 기존에 작업하던 Project를 Open하는 방법에는 3가지 방법이 있다.

A. 위의 그림과 같이 VIVADO Tool 초기 화면에서 좌측 상단 메뉴의 File을 Click하고 Cursor를 Project / Open Recent에 위치시키면 최근에 사용한 Project들의 List가 나오는데, 지난 과에서 사용했던 comb_lab을 선택하여 Click한다.

B. VIVADO Tool 우측의 Recent Projects영역에 있는 comb_lab의 위치에 Cursor를 놓고 Click한다.

C. VIVADO Tool 상단 좌측의 Quick Start영역에서 Open Project를 Click하고 comb_lab을 Click하여 comb_lab.xpr을 선택하고 하단의 OK Button을 Click 한다.

D. 이번에는 VIVADO 초기화면의 우측에 위치한 Recent Projects에서 comb_lab을 선택하고 Click하도록 하자.

3. gate2.v File 생성하기

A. comb_lab Project가 열리면 아래 그림과 같이 Sources영역의 and2 file을 Double Click하여 and2.v file을 Open한다.

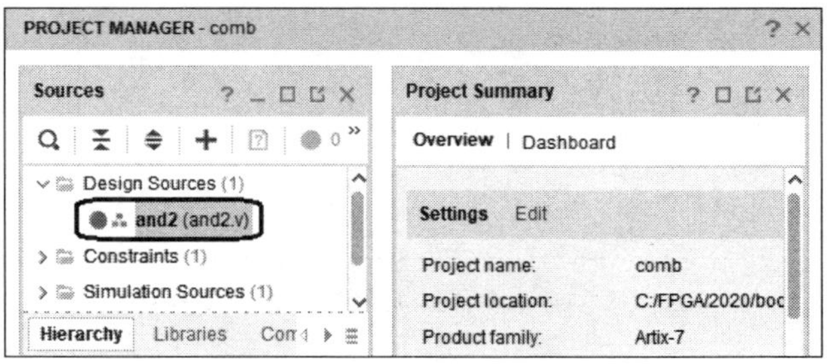

〈그림 3.2.1.1.2 and2.v file열기〉

B. and2.v file이 열리면 1번 Line의 module 이름 and2를 gate2로 바꾸고, VIVADO Tool좌측 상단의 메뉴에서 〈File/Text Editor/Save File As〉를 선택하여 Click한다.

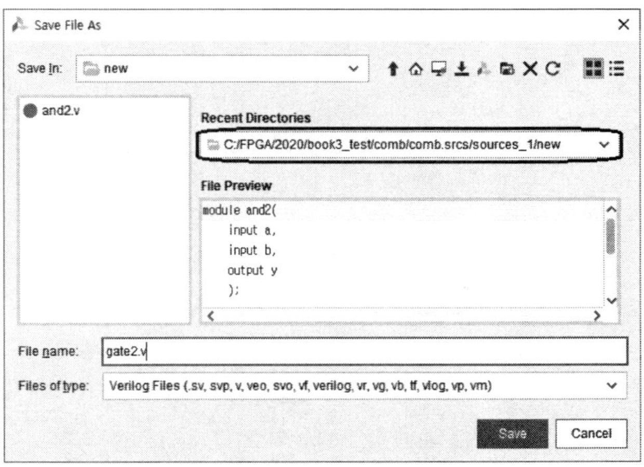

〈그림 3.2.1.1.3 다른 이름으로 Source File저장하기 위한 창〉

C. 앞의 그림과 같이 저장할 이름을 지정하는 창이 열리면 우측 상단에 현재 Directory의 위치를 살펴보라.

① 2과에서 VIVADO Tool이 and2.v를 생성할 때 comb_lab이라는 Project directory아래에 comb_lab.srcs/sources_1/new라는 Directory를 생성하고 여기에 and2.v를 생성하여 두었음을 알 수 있다.

D. 좌측하단에 File Name을 기입하는 칸에 gate2.v라고 기입하고 우측의 Save Button을 Click하여 같은 Directory에 gate2.v File라는 이름으로 저장한다.

E. Text Editor상단의 이름은 gate2.v로 바뀌었지만 아직 File의 내용은 and2.v의 내용이 그대로이므로 gate2.v의 내용을 아래와 같이 수정하여 저장한다.

```
module gate2
(
    input a, b,
    output y_not, y_and, y_or, y_xor, y_nand, y_nor
    );

assign y_not   = ~ a;
assign y_and   = a & b;
assign y_or    = a | b;
assign y_xor   = a ^ b;
assign y_nand  = ~(a & b);
assign y_nor  = ~(a | b);

endmodule
```

〈그림 3.2.1.1.4 gate2에 대한 Verilog HDL Code〉

F. gate2.v file을 Project Manager의 Source List에 올리기

① Project Manager의 Source영역의 빈 곳에 Cursor를 위치시키고 마우스 우측 버튼을 Click하여 Pop-Up창이 열리면 가장 아래 쪽의 Add Sources를 선택한다.

② Add Sources창이 열리면 위에서 두 번째 〈Add or create design sources〉를 선택하고 하단의 Next Button을 Click한다.

〈그림 3.2.1.1.5 Add or Create Design Sources창〉

③ 위의 그림과 같이 Add or Create Design Sources창이 열리면 중단 좌측의 Add Files를 선택한다.

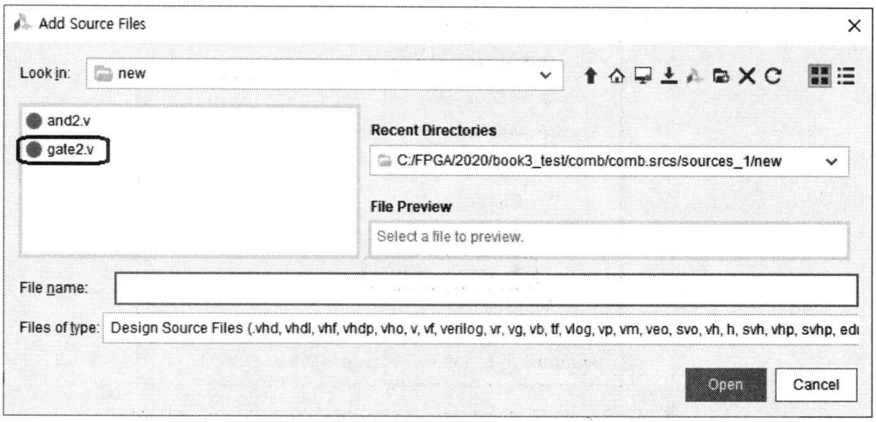

〈그림 3.2.1.1.6 gate2.v 추가를 위한 창〉

④ 위의 그림과 같이 Source File을 추가하기 위한 창이 열리면 좌측 상단에서 현재 Directory의 File들의 목록이 나오는데, gate2를 click하여 하단의 File name칸에 gate2가 나타나면 우측의 OK Button을 Click한다.

⑤ 다시 〈Add or Create Design Sources〉창이 열리면 현재시점에서는 더 이상 추가할 File이 없으므로 하단의 〈Finish〉 Button을 Click한다.

⑥ Sources영역에 gate2.v가 추가된 것을 확인할 수 있다.

G. Top module 변경하기 : Simulation과 Synthesis등 이후의 작업을 수행할 때 Top Module로 지정된 File을 기준으로 작업이 진행되는데, 이번 과에서는 gate2.v로 실습을 진행할 것이므로 Top Module을 기존의 and2에서 gate2로 변경하여야 한다.

① Sources영역에서 Cursor를 gate2에 위치시키고 우측 마우스 Button을 Click하고 새로 열리는 Pop-Up창에서 중단에 위치한 〈Set as Top〉을 Click한다.

② 다음의 〈그림 3.2.1.1.7〉을 보면 Design Sources쪽은 gate2가 Top Module로 변경된 것이 보이지만 Simulation Sources를 열어서 sim_1 아래를 살펴보면 Simulation을 위해서는 아직 and2가 Top Module로 설정되어 있음을 알 수 있다. Cursor를 simulation Sources영역 아래의 sim_1 아래에 있는 gate2에 위치시키고 마우스 우측 Button을 사용하여 gate2를 Top Module로 지정한다.

〈그림 3.2.1.1.7 Simulation Source에서 Top Design 설정하기〉

H. Simulation을 위한 Top Module도 gate2로 변경되었으면 Simulation을 진행한다.

4. gate2.v에 대한 Simulation 진행하기
   A. VIVADO Tool 좌측의 Flow Navigator영역에서 Simulation 아래에 있는 Run Simulation을 Click하고 가장 위에 있는 〈Run Behavioral Simulation〉을 Click하여 Simulation을 시작한다.

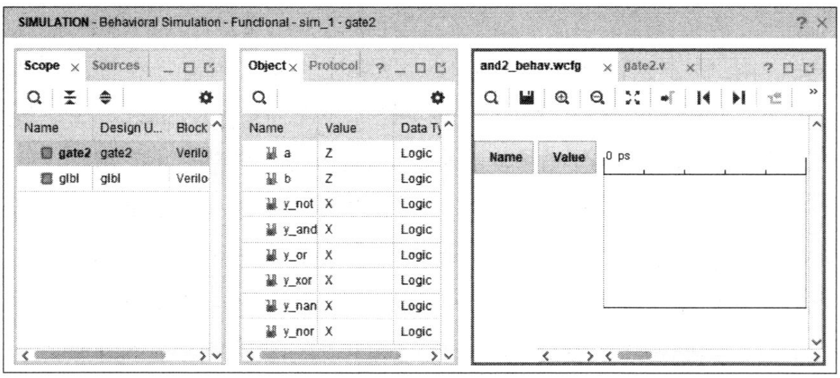

〈그림 3.2.1.1.8 gate2에 대한 Behavioral Simulation 창〉

   B. 위의 그림과 같이 gate2를 Simulation하기 위한 Behavioral Simulation 창이 열리는데 우측의 Waveform 창은 기존에 Simulation을 진행했던 and2_behav.scfg가 표시되어 있고 표시할 신호 영역은 공란으로 비어있는 것을 볼 것이다.
   C. gate2에 맞도록 Waveform창 교체 수정하기.
   ① VIVADO Tool좌측 상단 메뉴에서 File을 Click하고 Simulation Waveform 아래에서

Save Waveform Configuration As…을 Click한다.

② Project에 Waveform Configuration을 추가할 것인가를 묻는 창에서 Yes를 Click한다.

③ Waveform 창의 Tab이름이 gate2_behav.wcfg로 바뀌었음을 확인한다..

D. Waveform 창에 관측할 신호 올리기

① Behavioral Simulation영역 중앙의 Objects에서 가장 위의 신호 a를 Click한다.

② Shift Key를 누른 상태에서 가장 아래의 신호인 y_nor를 Click한다.

③ 신호전체가 선택되었음을 확인하고 선택된 신호 영역에 Cursor를 위치시킨 후 마우스 우측 Button을 Click하고 Pop-Up창이 열리면 가장 위에 있는 〈Add to Wave Window〉를 Click하고 Waveform창에 선택한 신호들이 추가되었음을 확인한다.

E. Simulation Time 0으로 되돌리기 :

① Simulation창 위에 있는 Restart Icon( )을 Click하여 Simulation Time을 0으로 되돌린다.

F. 입력 값 설정하기

① Objects영역에서 신호 a를 Click하여 선택하고 우측 마우스 Button을 누른 후 Force Clock을 선택한다.

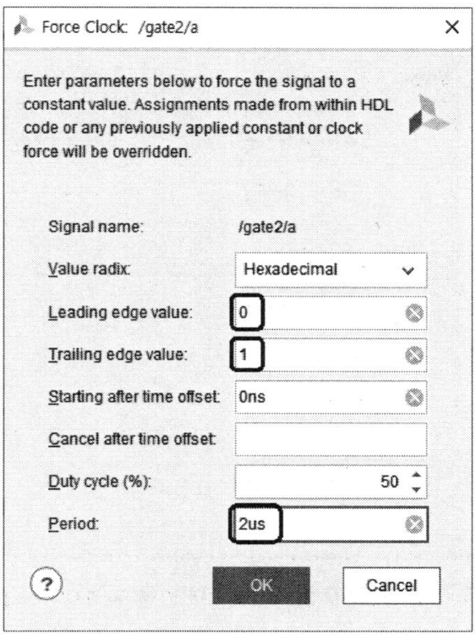

〈그림 3.2.1.1.9 Clock신호 설정 창〉

② 위의 그림과 같이 Clock신호를 설정하는 창이 열리면 앞부분 절반 동안의 값을 설정하는 Leading edge value항목을 0으로, 뒷부분 절반의 값을 설정하는 Trailing edge value는 1로 설정하고, 가장 아래의 주기 값에는 2us를 설정하여 신호 a를 처음 1us

동안은 0, 이어지는 1us동안은 1이 되는 2us주기의 신호로 설정한다.

③ 같은 방법으로 신호 b를 전반 2us동안 0, 후반 2us동안 1이 되는 4us주기의 신호로 설정한다.

G. Simulation Step Time값 설정하기

① Simulation창 위에 있는 1 us 영역에서 Time값을 1us로 설정한다.

H. Simulation Step진행하기

① Simulation창 위에 있는 Symbol을 Click하여 1us씩 총 4us를 진행해 본다.

② Waveform 창 상단에 있는 메뉴에서 Zoom Fit Symbol()을 Click하여 Simulation결과를 Waveform 창에 맞춘다.

I. Simulation결과 확인하기.

① Simulation결과 Waveform창에 다음과 같은 파형이 관측되었는가?

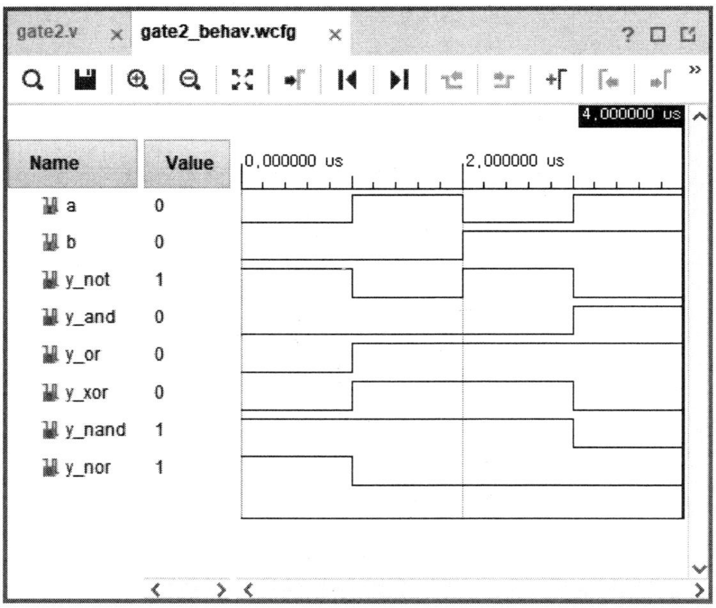

〈그림 3.2.1.1.10 gate2.v에 대한 Simulation 파형〉

② 입력 신호 a, b의 변화에 따라 각각의 출력 신호들의 동작이 정상인가를 확인해 본다.

③ Key Board에서 〈Ctrl + S〉를 누르거나 Waveform창 상단의 Symbol을 Click하여 파형 창의 정보를 저장한다.

J. Simulation Time값을 0으로 되돌려서 Simulation Step을 1us씩 다시 진행해 본다.

① Simulation창 위에 있는 을 Click하여 Simulation Time을 0으로 되돌린다.

② Simulation창 위에 있는 Symbol을 Click하여 1us씩 총 4us를 진행해 본다.

③ 설정했던 입력 값들이 여전히 유효함을 확인할 수 있다.

K. Source Code 수정해 보기

① Simulation창 우측의 영역 Waveform Tab에서 상단의 gate2.v Tab을 Click한다.

② 10번 Line의 내용을 y_xor = a ^ b; 에서 y_xor = ~(a ^ b); 로 수정한다.

③ Key Board에서 〈Ctrl + S〉를 눌러 수정된 gate2.v를 저장한다.

L. Simulation Time을 0으로 되돌려서 다시 Simulation을 4us진행해 본다.

① Source Code에서 y_xor의 값을 XNOR로 수정한 내용이 Simulation결과에 반영이 되었는가?

② 반영되지 않은 결과를 보았을 것이다.

③ Simulation Time을 0으로 되돌리는 것은 Simulation이 시작되었을 때를 기준으로 한 Source Code의 내용에 대해 다시 Simulation을 돌린다는 의미 일 뿐 Source Code의 수정된 내용을 반영하지는 못하기 때문이다.

M. Simulation새로 시작하기(Relaunch Simulation) : 수정된 내용을 반영하여 Simulation을 새로 시작하기

① Simulation 창 위에 있는 Relaunch Simulation Symbol( )을 Click하여 Simulation을 새로 시작한다.

② Simulation Time이 1us진행되어 있는데 입력 값은 모두 Z로 표시되어 입력에 대한 설정이 사라졌음을 알 수 있고, 그에 따라 출력 값도 모두 X로 표시됨을 알 수 있다.

③ 이런 현상은 gate2 module에 대한 Simulation을 시작할 때 VIVADO Tool이 기본적으로 생성해 준 gate2.tcl의 내용을 실행하기 때문이다.

5. my_gate2.tcl 작성하기 : 사용자도 자신만의 TCL File을 작성하여 Simulation에 활용할 수 있다

A. 먼저 VIVADO Tool좌측 상단 메뉴에서 File/Text Edition/Open File을 Click하고 Open할 File을 지정하는 창이 열리면 [c:/FPGA/2020/comb_lab/comb_lab.sim/sim_1/ behav/xsim] directory를 찾아 들어가서 gate2.tcl을 선택하고 우측 하단의 OK Button을 Click한다.

B. 아래 그림과 같이 gate2.tcl file이 열리는데 11번 Line을 보면 run 1000ns라는 명령이 있는데 이 명령 때문에 Simulation을 Relaunch했을 때 아직 Simulation이 1000ns가 진행된 것이고, gate2.tcl file에 입력을 설정하는 부분이 작성되어 있지 않기 때문에 되었기 입력이 Z, 출력이 X로 나타났던 것이다.

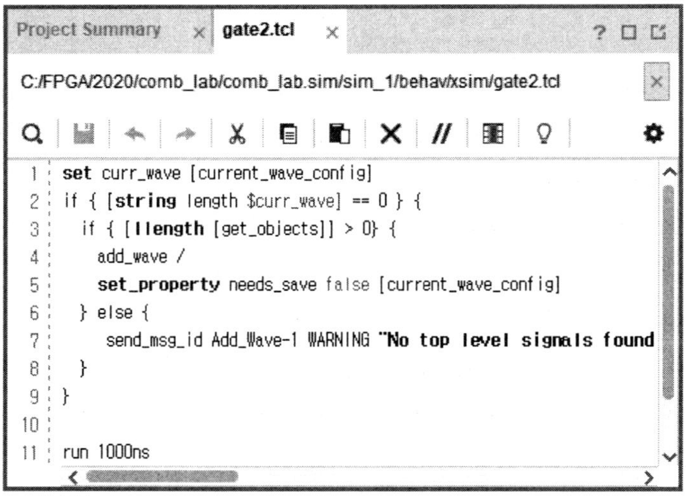

〈그림 3.2.1.1.11 gate2.tcl 창〉

C. gate2.tcl text editor에서 〈Ctrl + A〉Key를 눌러 선택한 후에 Delete Key를 눌러서 모두 삭제하고, text editor의 여백부분에 cursor를 놓고 우측 마우스 버튼을 누른 후 Save File As...를 선택하여 my_gate2.tcl로 저장한다.

D. Text Editor상단의 Tab이름이 my_gate2.tcl로 수정되었음을 확인한다.

E. Simulation창 위에 있는 ⏮을 Click하여 Simulation Time을 0으로 되돌린다.

F. 이 때 Simulation영역 하단의 TCL Console부분을 살펴보면 방금 전에 실행한 Simulation Time을 0으로 되돌려 Simulation이 다시 시작되었음을 알리는 restart명령이 보이고, Simulation이 다시 시작되었다는 것을 알려주는 Information : Simulation restarted표시가 보인다.

〈그림 3.2.1.1.12 TCL Console창〉

G. TCL Console창에서 restart 명령어 부분을 마우스로 선택하고 〈Ctrl + c〉를 눌러서 복사한 후에 my_gate2.tcl의 1번 Line에 〈Ctrl + v〉를 실행하여 붙여 넣기를 실행한다.

H. 입력신호 a에 Force Clock을 사용하여 0으로 시작하여 1us유지한 후 1로 바뀌어서 1us유지되는 2us주기의 반복신호를 설정하고 TCL Console의 내용을 살펴본다.

I. "add_force {/gate2/a} -radix hex {0 0ns} {1 1000000ps} -repeat_every 2000000ps"이라는 문장이 실행되었음을 확인하였으면 이 문장을 복사하여 my_gate2.tcl의 2번 Line에 복사해서 넣는다. 이 문장의 의미는 gate2 module에서 신호 a의 값을 0ns에서 0으로 설정하고 1000000ps에서 값을 1로 설정하며 매 2000000ps마다 반복한다는 의미이다. 이 문장에서 신호이름과 시간 단위를 아래의 그림인 〈그림 3.2.1.1.13 my_gate2.tcl〉의 2번 Line과 같이 수정한다.

J. 2번 Line에 수정한 내용을 복사하여 3번 Line에 복사하고 입력신호 이름을 a에서 b로 바꾸고 1us에서 1을 설정하던 것을 2us로 수정하고, 2us마다 반복하던 것을 4us로 수정한다. 즉 3번 문장을 입력신호 b에 4us주기의 신호로 설정하는 문장으로 변경한 것이다.

K. 4번 Line에는 run 4us를 Type한다.

L. 아래와 같은 Text File이 작성되었으면 〈Ctrl + s〉Key를 눌러서 my_gate2.tcl을 저장한다.

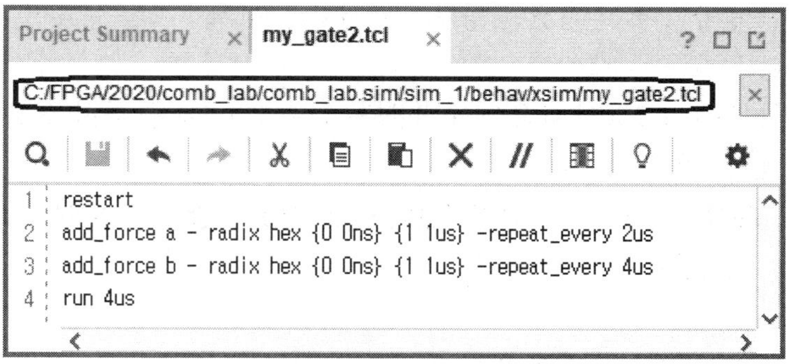

〈그림 3.2.1.1.13 my_gate2.tcl file〉

M. TCL Console의 아래쪽에 희미하게 Type a Tcl command here라고 적힌 칸이 보인다. 이 칸이 TCL Command를 입력하고 실행시키는 칸이다. 이 칸에서는 일부 DOS Command들을 포함한 Tcl Command들을 Type하여 실행시킬 수 있다.

N. tcl file을 실행하는 command는 source 〈TCL File〉인데, 실행할 TCL File의 위치로 이동한 후 source command를 실행하는 방법과, 〈source TCL file 위치/my_gate2.tcl〉을 실행하는 방법이 있다. 여기서는 후자의 방법을 적용해 보도록 한다.

① 위의 그림과 같이 my_gate2.tcl file에 대한 text editing 창 위의 Title 〈C:/FPGA/2020/comb_lab/comb_lab.sim/sim_1/behave/xsim/ my_gate2.tcl〉을 마우스로 drag하여 선택한다.

② 마우스 우측 버튼을 눌러 copy하여 my_gate2.tcl file의 위치와 file이름의 string을 복사한다.

③ tcl command창을 click하여 cursor를 위치시킨 후 source라고 type하고 한 칸 띄운 후 〈Ctrl + v〉하여 복사한 string을 붙여 넣기를 실행한다. 아래 그림을 참조할 것.

```
source C:/FPGA/2020/comb_lab/comb_lab.sim/sim_1/behav/xsim/my_gate2.tcl
```

④ enter key를 눌러 my_gate2.tcl을 실행하여 simulation을 진행한다.

O. Simulation이 다시 시작되고 이번에는 Source Code인 gate2.v에 수정한 내용이 반영되어 y_xor의 출력이 반전되었음을 확인할 수 있다.

P. Simulation을 Time 0부터 다시 시작하는 것을 restart라고 하는데 이는 Source Code의 수정 없이 Simulation의 입력 조건을 수정하여 같은 Source Code에 대한 Simulation을 실행할 때 유용하다.

① TCL Console창의 명령어 입력부분에 Cursor를 놓고 Key Board의 위쪽 화살표를 누르면 방금 전에 실행했던 명령이 표시되며 Enter Key를 누르면 이 명령이 다시 실행된다.

② 이 기능은 TCL File의 내용을 수정한 후 같은 TCL File을 다시 실행할 때 유용하게 사용될 수 있다.

Q. gate2.v file의 9번 line에서 반전시켰던 y_xor신호에 값을 설정하는 부분을 원상태로 복구하고 저장한다.

6. Simulation종료 후 다시 시작하기

A. Behavioral Simulation창의 우측 상단의 X 표시 Symbol을 Click하여 Simulation을 종료한다.

B. Simulation/Run Simulation을 Click하여 Behavioral Simulation을 실행한다.

C. 만일 Waveform창에 gate2_behav.wcfg창 이외에 다른 wcfg창이 열렸다면 Sources 아래에서 Simulation Sources 아래에 sim_1/Waveform_Configuration File에 복수개의 wcfg file이 등록되어 있기 때문이므로 현재 Simulation을 진행하는 gate2_behav.wcfg file을 제외한 wcfg file들은 마우스 좌측 버튼으로 선택한 후 Delete Key를 눌러 삭제하면 된다.

D. Simulation이 시작되고 Waveform 창이 나타나면 TCL Console창에서 key borar의 위쪽 화살표를 눌러서 source my_gate2.tcl file을 실행하고 Simulation이 4us까지 정상 실행되었음을 확인한다.

7. gate2에 대한 RTL 회로 살펴보기

A. Flow Navigator에서 RTL Analysis아래의 Open Elaborated Design을 실행하고

Schematic을 선택하여 RTL 회로도면을 Open해본다. 아래의 회로도면이 RTL Analysis 결과 회로도면이다. 6개의 Cell과 8개의 I/O, 8개의 Net를 사용하였으며 AND, OR XOR Gate에 Inverter들이 사용되었음을 알 수 있다.

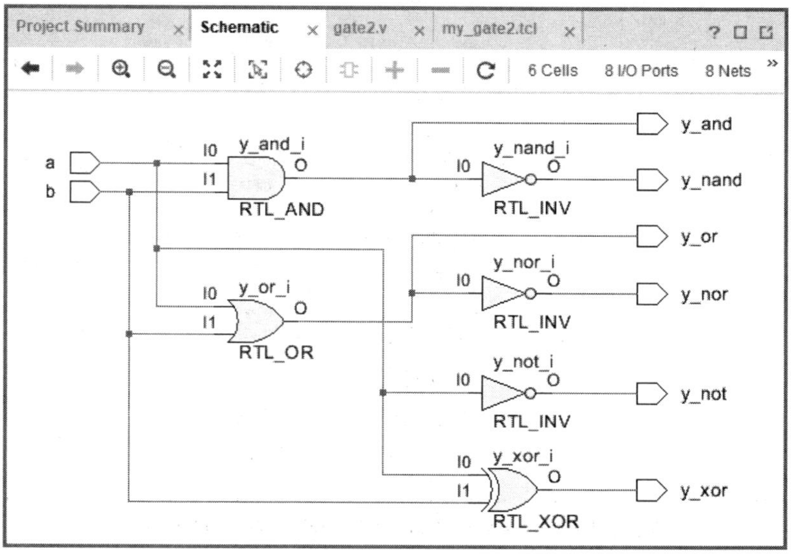

〈그림 3.2.1.1.14 gate2에 대한 RTL Analysis결과 회로도〉

8. gate2에 대한 Synthesis 회로도 살펴보기
   A. Flow Navigator에서 Synthesis아래의 Run Synthesis를 Click하면 Synthesis가 진행되는데 VIVADO Tool 우측 상단에 〈Running synth_design〉이라고 표시가 되고 그 우측에 취소를 원할 경우 Cancel할 수 있는 Button이 표시된다.
   B. Synthesis가 완료되면 Pop Up창에서 Open Synthesized Design을 선택한다.
   C. Synthesis결과 회로를 살펴보기 위하여 Flow Navigator좌측의 Synthesis 항목 아래의 Synthesized Design항목 가장 아래에 있는 Schematic을 Click하면 다음과 같이 Synthesis결과 회로도가 열린다.

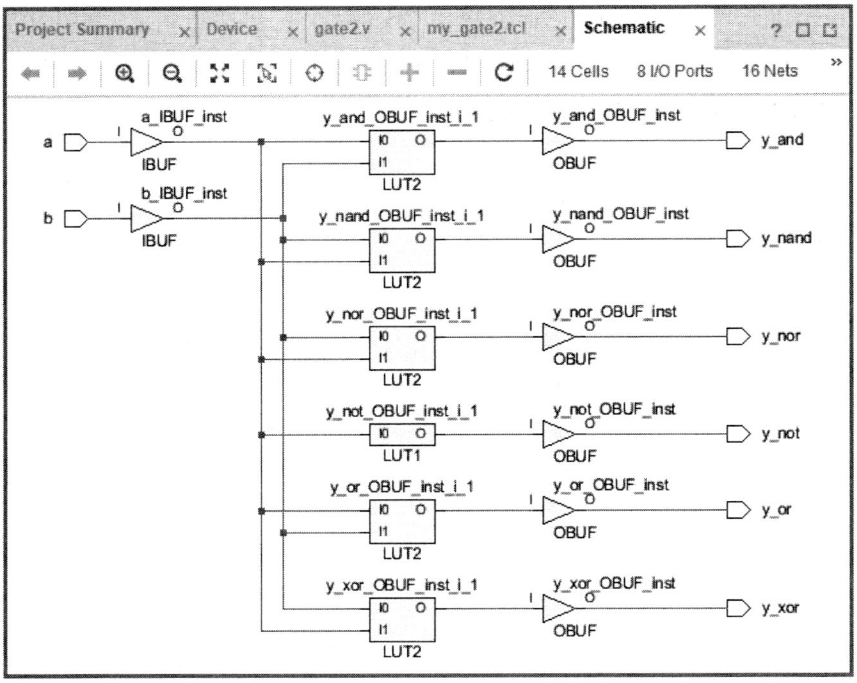

〈그림 3.2.1.1.15 Artix-7 Library로 Synthesis한 결과 회로도〉

D. 〈그림 3.2.1.1.15 Artix-7 Library로 Synthesis한 결과 회로도〉에서 회로자원에 대한 사용결과를 보면 14개의 Cell이 사용되었으며 I/O는 RTL Analysis와 같은 8개에 Net는 16개가 사용되었다.

E. 특징적인 것은 RTL Analysis에서는 서로 다른 Gate들이 Logic회로의 동작에 따라 배열되어 있음을 볼 수 있지만, Synthesis결과는 동일해 보이는 LUT들이 반복적으로 사용되어 있는 것이 보인다. 이는 FPGA에서 조합회로를 구현할 때 LUT내부에 어떤 내용을 담느냐에 의해 같은 LUT Library이지만 서로 다른 동작을 하게하는 독특한 방식에 의한 것이다. LUT의 동작에 대해서는 **부록** 2에 실린 LUT의 이해 부분을 참고하기 바란다.

9. VIVADO Tool의 종료

A. VIVADO Tool 우측 상단의 X Symbol을 Click하여 gate2에 대한 실습을 마친다.

이 단원의 실습을 통하여 Verilog HDL에서의 Bitwise Operator들의 동작을 Simulation을 통해 확인해 보았고, Simulation에서 TCL File을 통해 입력 값들을 설정하는 것을 Text File형태로 작성하였다가 source 명령을 통해 실행하는 방법을 익혔다.

또한 Source Code를 수정하지 않고 Simulation의 입력조건을 바꾸어서 Simulation을 Time 값 0부터 다시 시작하는 restart simulation과 Source Code가 수정되었을 때 Simulation을 다시

시작하는 relaunch simulation도 실습을 통해 익혔다.

이 단원에서 익힌 내용들을 반복학습을 통해 숙달될 때까지 연습해 두길 당부한다. 이 책은 진도가 나갈수록 Digital 회로설계를 위한 실무적 내용들을 학습하도록 구성되어 있으므로 각 단원에서 소개되는 Verilog HDL의 문법이나 VIVADO Tool사용법을 충분히 숙지하여 실제 회로설계에 필요한 내용들을 학습하는데 어려움이 없도록 대비하기 바란다.

3.2.1.2 gate4.V에 대한 실습

3.1.1.2 단원에서 살펴보았던 gate4.v file을 VIVADO Tool에서 생성하여 Simulation을 진행하고 결과 회로를 살펴본다. 이번 단원에서는 Tool을 사용하는 부분에 있어서 가급적이면 기억을 되살려서 실습을 진행하기 바란다. Tool을 숙달되게 사용할 수 있는 것도 Digital 회로설계에 있어서 매우 중요한 경쟁력이라 할 수 있다.

1. XILINX VIVADO Tool의 시작 : VIVADO Tool Icon을 Click하여 VIVADO Tool을 시작한다.
2. Comb_lab Project Open하기 : 기존에 작업하던 comb_lab Project를 Open한다.
3. gate4.v File생성하기
   A. gate2.v file을 Open하고 text editor의 여백부분에 Cursor를 두고 우측 마우스 버튼을 누르고 Save File As..를 사용하여 gate4.v로 저장한다.
   B. 아래의 그림과 같이 gate4.v의 내용을 수정한다.

```
module gate4
(
    input a, b, c, d,
    output y_a, y_b
    );

    assign y_a = (a & b) | (c & d);
    assign y_b = a & (b | c) & d;

endmodule
```

〈그림 3.2.1.2.1 gate4.v file 내용〉

   C. 수정된 gate4.v file의 내용을 저장한다.
4. gate4.v File을 Sources 창의 목록에 올리기
   A. Project Manager창에 있는 Sources의 목록에 gate4.v를 올린다.
5. gate4.v를 Top Module로 설정한다. (Set as Top)
   A. Design Sources와 Simulation Sources 양쪽 모두에 gate4.v를 Top Module로 설정한다.

6. Simulation 실행하기

A. Flow Navigator에서 Simulation아래의 Run Simulation/Run Behavioral Simulation을 선택하여 Simulation창을 Open한다.

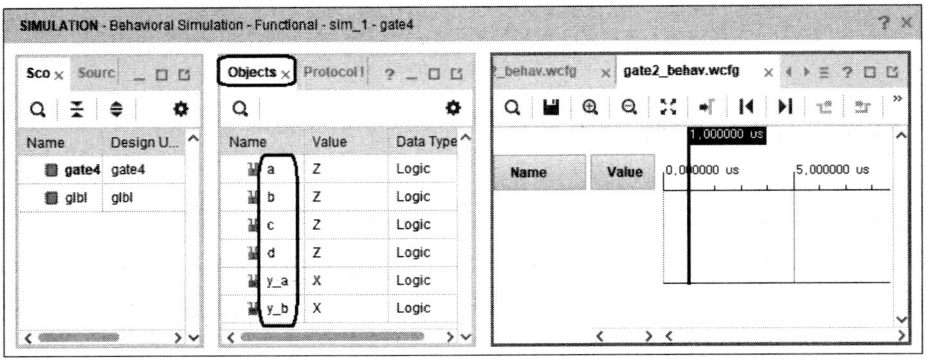

〈그림 3.2.1.2.2 gate4 Simulation 창〉

B. gate2_behav.wcfg를 gate4_behav.wcfg로 저장한다.

① File/Simulation waveform/save configuration as...를 활용한다.

C. Objects 창에 나타난 신호를 전부 선택하여 파형 창의 목록에 올린다. 〈Add to Wave Window〉.

D. 아래의 내용과 같이 my_gate4.tcl의 내용을 작성하여 저장한다.

① 첫 Line은 Simulation 다시 시작 명령 : restart

② 입력 a : 0, 1신호가 50%씩 교차하는 2us주기의 신호로 설정.

③ 입력 b : 0, 1신호가 50%씩 교차하는 4us주기의 신호로 설정.

④ 입력 c : 0, 1신호가 50%씩 교차하는 8us주기의 신호로 설정.

⑤ 입력 d : 0, 1신호가 50%씩 교차하는 16us주기의 신호로 설정

⑥ Run 16us

Project Summary | my_gate4.tcl

C:/FPGA/2020/comb_lab/comb_lab.sim/sim_1/behav/xsim/my_gate4.tcl

```
restart
add_force a - radix hex {0 0ns} {1 1us} -repeat_every 2us
add_force b - radix hex {0 0ns} {1 1us} -repeat_every 4us
add_force c - radix hex {0 0ns} {1 1us} -repeat_every 8us
add_force d - radix hex {0 0ns} {1 1us} -repeat_every 16us
run 16us
```

〈그림 3.2.1.2.3 my_gate4.tcl의 내용〉

E. gate4.v에 대한 Simulation실행

① my_gate4.tcl 문서작성기 창의 위에 있는 File의 위치와 이름이 표시된 칸을 Click하고 해당 위치와 File이름을 Copy한다. 〈Ctrl + C〉.

② TCL Console에서 "source" command를 기입한 후 한 칸 띄우고 〈Ctrl + v〉를 실행하여 복사해 두었던 TCL File의 위치를 삽입한 후 my_gate4.tcl file을 실행한다.

F. Simulation결과 파형이 아래와 같이 나타났는가 확인해 본다.

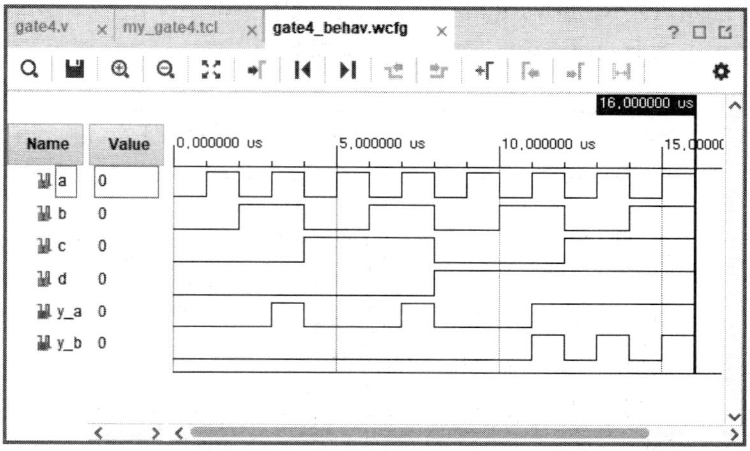

〈그림 3.2.1.2.4 my_gate4.tcl에 의해 실행된 gate4.v에 대한 Simulation결과〉

① 파형이 위의 그림과 다르면 그 원인을 추적하여 수정한다.

② 파형이 정상적으로 생성되었으면 Simulation 창을 닫고 Simulation을 종료한다.

7. RTL 회로도 확인하기

A. Flow Navigator/RTL Analysis/Open Elaborated Design/Schematic을 실행하여 RTL 회로도를 확인한다.

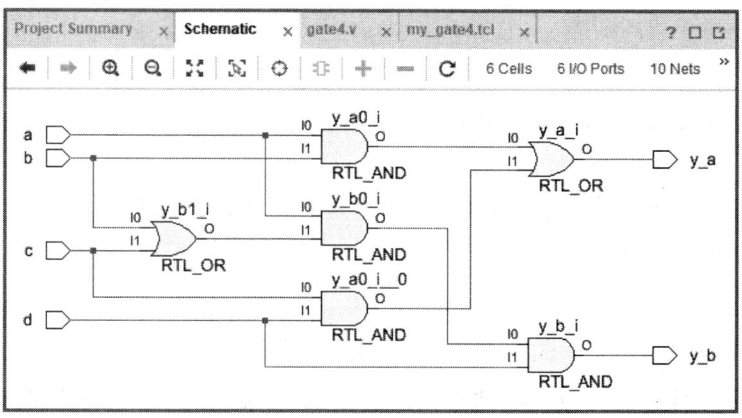

〈그림 3.2.1.2.5 gate4.v에 대한 RTL 회로도〉

B. 나타난 회로도와 Verilog HDL Code를 비교하여 보라.
① y_a신호에 대한 Gate동작은 Verilog HDL Code의 동작과 일치하는가?
② y_b신호에 대한 Gate동작은 Verilog HDL Code의 동작과 일치하는가?
C. Elaborated Design Window를 닫는다.

8. Synthesis결과 회로도 확인하기
A. Flow Navigator/Synthesis/Run Synthesis를 실행한다.
B. Synthesis가 완료되면 Schematic을 Open한다.

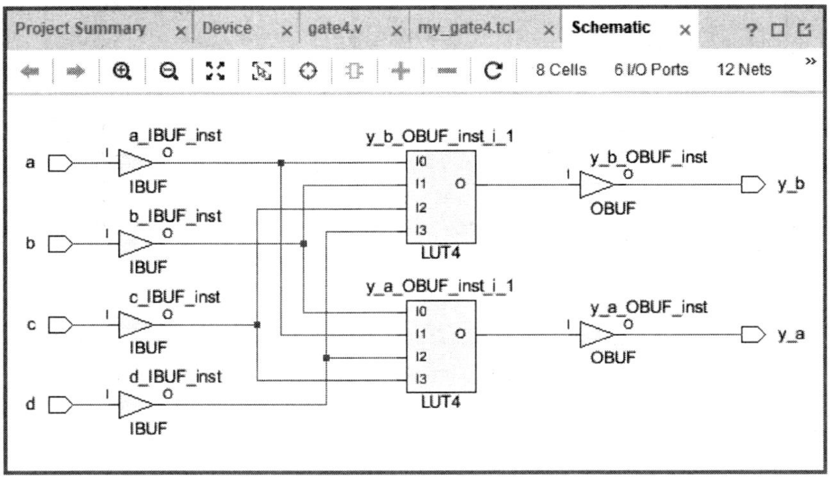

〈그림 3.2.1.2.6 gate4.v에 대한 Synthesis결과 회로도〉

① y_a, y_b모두 4 input 신호에 대한 조합회로이므로 LUT4로 처리되었음을 확인할 수 있다.
② Artix-7 FPGA에서는 최대 6 Input에 대한 조합회로까지 처리할 수 있도록 LUT6가 Library로 제공된다.

3.2.1.3 gate4a.v에 대한 실습

3.1.1.3단원에서 살펴보았던 gate4a.v에 대하여 Simulation을 실행해 보고 RTL 회로, Synthesis 결과 회로를 확인해본다.

1. gate4a.v에 대한 Verilog HDL Source code 작성하기
A. 다음에 제시된 gate4a.v의 내용으로 Verilog HDL Code를 작성한다.

```
module gate4a
(
    input a, b, c, d,
    output y_a, y_b
);

wire and_ab;
wire and_cd, or_bc;

assign and_ab = a & b;
assign and_cd = c & d;
assign or_bc = b | c;

assign y_a = (and_ab | and_cd);
assign y_b = (a & d) & or_bc;

endmodule
```

〈그림 3.2.1.3.1 gate4a.v에 대한 Verilog HDL Code〉

2. Simulation

A. Simulation진행 방법 및 Simulation입력 설정 file은 gate4.v에 대한 Simulation을 진행할 때와 동일하게 진행한다.

① Design Sources와 Simulation Sources 양쪽 모두에 gate4a.v를 Top Module로 Setting 한다.

② 입력조건이 동일하므로 〈my_gate4.tcl〉도 그대로 활용한다.

B. Simulation을 실행하고 결과를 확인한다.

① gate4a.v에 대한 Simulation결과 y_a신호와 y_b신호는 〈그림 3.2.1.2.4〉에 제시된 gate4.v에 대한 Simulation결과와 동일한가? 동일한 결과가 나와야 한다.

② 동일하지 않다면 먼저는 gate4a.v의 내용에 Typing 오류가 없었는가 확인해 보고, Simulation을 3.2.1.2단원의 실습 순서에 따라 다시 실행해 본다.

3. RTL 회로 확인

A. RTL Analysis/Elaborated Design/Schematic에서 RTL 회로를 생성하여 확인한다.

① gate4a.v에 대한 RTL 회로와 gate4.v에 대한 회로는 어떻게 다른가? 그 차이점을 아래에 기술해 보라.

4. Synthesis 회로 확인.

A. Synthesis를 실행하고 그 결과 회로를 확인한다.

B. gate_4v에 대한 Synthesis결과 회로와 gate4.v에 대한 Synthesis결과 회로를 비교하여 보라.

① RTL 회로는 두 Verilog HDL Code의 결과가 달랐는데, Synthesis결과 회로는 동일한 결과가 나타난 이유는 무엇인가?

② 물론 RTL 회로가 달랐다고 해서 동작이 다르다고 할 수는 없지만 Synthesis결과 회로가 정확하게 동일하게 나타난 이유는 4 Input을 받아들이는 조합회로에 대해서는 FPGA Library에서 LUT4로 처리되므로 LUT4가 y_a, y_b를 위해 각각 하나씩 사용되는 동일한 결과가 나타난다.

③ 그렇다면 y_a도 LUT4 하나로 처리되었고, y_b도 LUT4 하나로 처리되었으면 y_a와 y_b의 동작은 동일해야 하는 것 아닌가? 이 질문에 대한 답은 No.이다. LUT4는 고정된 동작을 수행하는 소자가 아니다. LUT4의 내용을 어떻게 채워 넣느냐에 따라 4입력에 대한 처리내용이 달라진다. LUT 관련한 자세한 사항은 **부록** 2에 수록한 LUT상세해설 부분을 참고하라.

이번 단원에서는 gate4.v File과 gate4a.v File을 사용하여 Verilog HDL에 대한 문법으로 Bitwise Operator에 대한응용, wire type신호에 대한 선언부분을 학습하였고, Simulation을 실행하는 몇 가지 방법들을 익혔으며, RTL 회로와 Synthesis를 실행하여 결과 회로를 확인하는 실습을 진행하였다.

3.2.2 Multiplexer 회로들에 대한 실습

이번 과의 실습에서는 Data Select를 위한 회로와, Multi-bit를 묶어서 사용하는 Bus로의 선언 등을 포함한 Multiplexer회로들에 대한 Verilog HDL의 문법들을 직접 구현해보고 이들 회로들의 동작을 검증하기 위한 Simulation 방법들을 익히고 Synthesis를 통해 어떤 형태의 회로로 구현이 되는 가를 관찰해 볼 것이다.

이번 과에서도 Project를 새로 생성하지 않고, 앞 과에서 생성했던 comb_lab Project를 Open하여 활용하도록 한다.

3.2.2.1 mux2.v에 대한 실습

3.1.2.1단원에서 살펴보았던 mux2.v file을 생성하여 Simulation을 진행하고 결과 회로를 살펴본다.

1. XILINX VIVADO Tool의 시작 : VIVADO Tool Icon을 Click하여 VIVADO Tool을 시작한다.
2. Comb_lab Project를 Open한다.
3. mux2.v File생성하기
   A. gate2.v file을 Open하여 mux2.v file로 저장한다.
   B. mux2.v file의 내용을 아래와 같이 수정하여 저장한다.

```
module mux2
(
    input d0, d1, sel,
    output ya, yb
);

assign ya = (~sel & d0) | (sel & d1);

assign yb = (sel == 0) ? d0 : d1;

endmodule
```

〈그림 3.2.2.1.1 mux2에 대한 Verilog HDL Code〉

   C. mux2.v file을 Project Manager의 Source List에 올린다.
   D. Top module을 mux2로 지정한다. (Design Source영역과 Simulation Source영역 모두)

4. mux2.v에 대한 Simulation진행하기
   A. Flow Navigator/Simulation/Run Simulation/Run Behavioral Simulation을 실행한다.
   B. Wave창을 mux2_behav.wcfg로 저장한다.
      ① Wave창을 저장하는 이유는 다음에 같은 module에 대한 Simulation을 다시 실행할 때 활용하기 위한 목적이다.
      ② 그런데, 이전에 저장했지만 이제는 사용하지 않는 Wave창들도 같이 열리게 되는 경우가 발생하기도 하는데 이는 Project Manager창에서 Sourc창에 있는 Simulation Sources 아래에 sim_1 아래에 Waveform Configuration Files 항목에 이전에 저장했던 내용들이 올라와 있기 때문이다.
      ③ mux2에 대한 waveform을 제외한 내용들을 삭제하고 Simulation을 종료한 후 다시 Simulation을 실행하면 mux2 waveform만 보일 것이다..

   C. Objects 영역의 모든 신호를 wave창의 관측 신호 목록에 올린다.
   D. my_mux2.tcl file을 생성한다.
      ① 첫 Line에는 restart

② d0는 2us주기의 50% 0, 1교차 반복신호를 설정한다.

③ d1은 4us주기의 50% 0, 1교차 반복신호를 설정한다.

④ sel은 16us주기의 50% 0, 1교차 반복신호를 설정한다.

E. my_mux2.tcl 문서작성기 창 위의 File위치와 File이름을 Click하여 선택하고 그 내용을 Copy한다.

F. TCL Console에서 "source" 명령을 기입하고 한 칸 띄운 후 〈Ctrl + v〉를 실행하여 복사해 두었던 TCL File의 위치를 삽입한 후 my_mux2.tcl file을 실행하고 Simulation결과가 아래와 같이 나타나는 가를 확인한다.

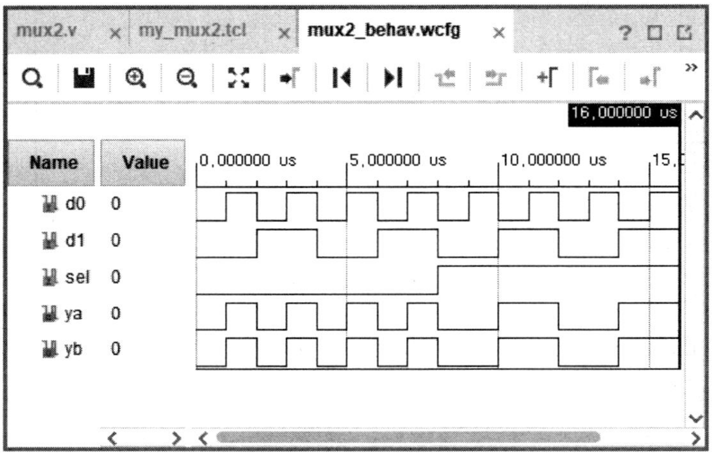

〈그림 3.2.2.1.2 mux2에 대한 Simulation결과〉

G. 위의 그림에서 보듯이 ya와 yb의 Simulation결과는 정확하게 일치한다. 같은 결과를 얻는 회로에 대해 어떤 coding style로 구현할 것인가는 사용자의 선택에 달린 것이지만, Conditional Operator는 신호의 흐름에 대해 판단하기가 좀 더 용이한 방식이므로 가급적이면 동작의 흐름을 쉽게 파악할 수 있는 동작적 모델링을 구현할 수 있는 Coding Style을 익혀두면 복잡도가 높은 회로에서의 제어회로를 설계하는 데에 유리하다.

H. Simulation창을 닫고 회로도 확인 과정을 진행한다.

5. RTL 회로 확인하기

A. VIVADO Tool의 Flow Navigator에서 RTL Analysis/Open Elaborated Design/Schematic을 Click하여 회로도를 Open하고 아래와 같이 두 가지 Type의 2:1 Mux가 구현된 것을 확인한다.

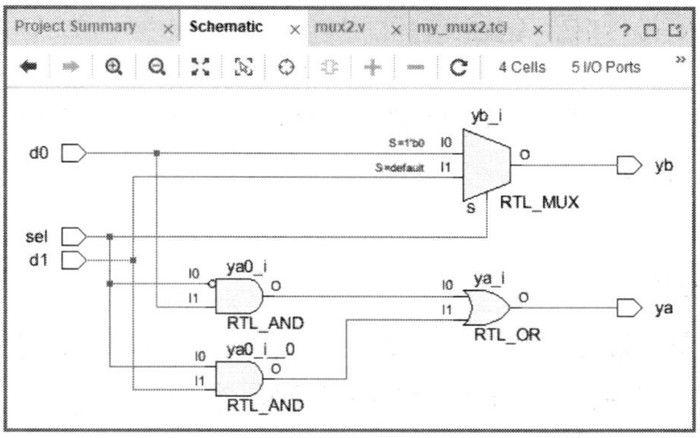

<그림 3.2.2.1.3 mux2에 대한 RTL 회로도>

6. Synthesis결과 회로도 확인하기
   A. VIVADO Tool의 Flow Navigator에서 Synthesis/Run Synthesis를 Click하여 Synthesis를 실행한다.
   B. Synthesis가 완료되면 Open Synthesized Design을 선택하고 Synthesis항목 가장 아래에 있는 Schematic을 Click하여 Synthesis결과 FPGA Library에 Mapping된 회로도를 Open 한다.

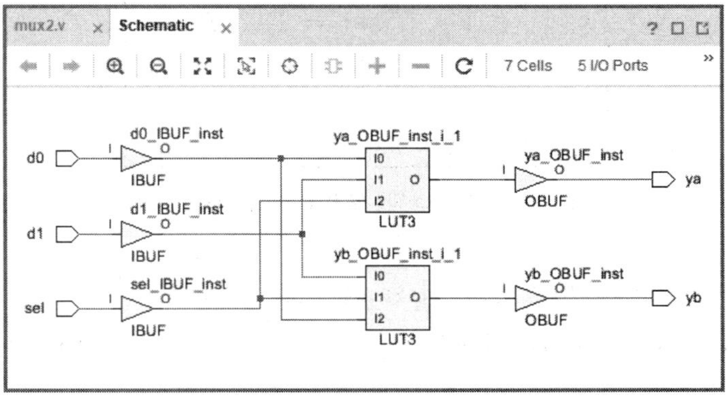

<그림 3.2.2.1.4 mux2에 대한 Synthesis결과 회로도>

   C. 위의 그림에서 보듯이 Synthesis결과 회로는 ya, yb에 대하여 LUT3가 각각 하나씩 사용된 회로를 얻게 된다.

이상의 실습을 통해 mux2회로를 활용하여 Simulation을 수행하는 방법과, RTL 회로도, Synthesis결과 회로도를 생성하고 비교하는 과정을 익혔다.

3.2.2.2 mux4.v에 대한 실습

3.1.2.2 단원에서 살펴보았던 mux4.v file을 VIVADO Tool에서 생성하여 Simulation을 진행하고 결과 회로를 살펴본다.

1. mux4.v File생성하기
   A. 3.2.2.1에서 실습했던 mux2.v file을 mux4.v라는 이름으로 저장한다.
   B. mux4.v file의 내용을 아래와 같이 수정하여 저장한다.

```
module mux4
(
    input d0,d1,d2,d3,
    input [1:0] sel,
    output y
);

assign y = (sel == 0) ? d0 :
           (sel == 1) ? d1 :
           (sel == 2) ? d2 :
           d3;

endmodule
```

〈그림 3.2.2.2.1 mux4에 대한 Verilog HDL Code〉

   C. mux4.v file을 Project Manager의 Source List에 올린다.
   D. mux4를 Design Sources와 Simulation Sources 양쪽 모두에 Top Module로 지정한다.

2. Simulation : mux4.v에 대한 Simulation은 생략하고, 다음에 이어지는 bus 신호입력을 위한 multiplexer인 mux4b.v에 대한 Simulation으로 대체한다.
3. RTL 회로 확인하기
   A. VIVADO Tool의 Flow Navigator에서 RTL Analysis/Open Elaborated Design/Schematic을 Click하여 회로도를 Open한다.
   B. 아래의 그림에서 보면 4:1 mux에 대한 RTL 회로에서는 3개의 〈2:1〉 mux cell이 사용되었음을 알 수 있다.

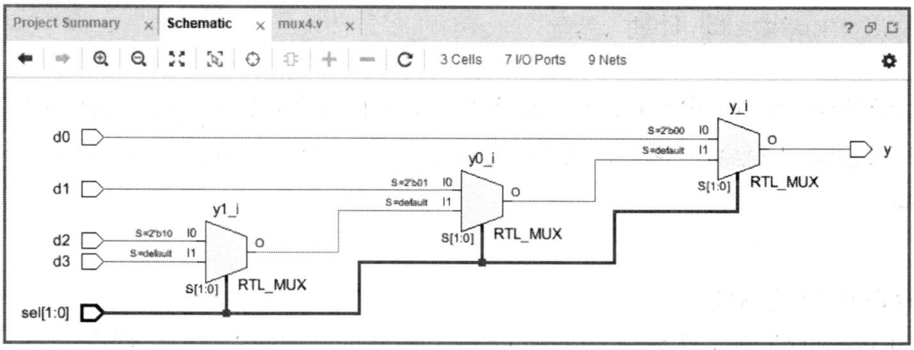

〈그림 3.2.2.2.2 mux4에 대한 RTL 회로도〉

4. Synthesis결과 회로도 확인하기
   A. VIVADO Tool의 Flow Navigator에서 Synthesis/Run Synthesis를 Click하여 Synthesis를 실행한다.
   B. Synthesis가 완료되면 Open Synthesized Design을 선택하고 Synthesis항목 가장 아래에 있는 Schematic을 Click하여 Synthesis결과 FPGA Library에 Mapping된 회로도를 Open 한다. 이 때 Synthesis 결과가 Out Of Date로 나오면 Synthesis를 다시 실행하도록 한다.

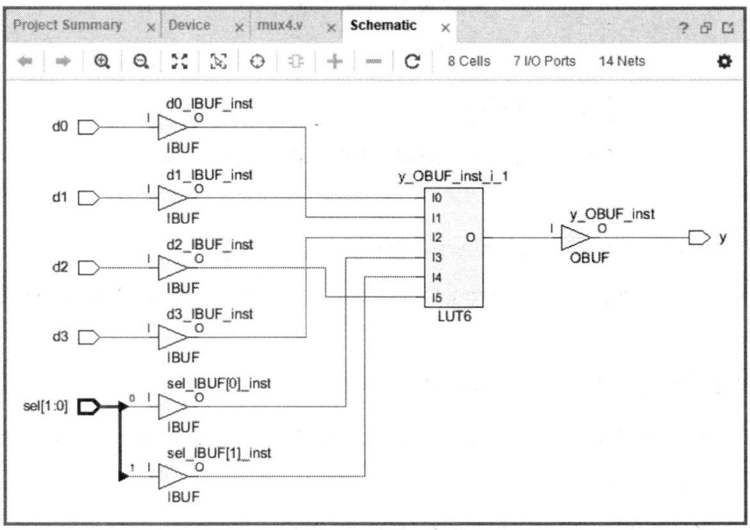

〈그림 3.2.2.2.3 mux4에 대한 Synthesis결과 회로도〉

   C. 위의 그림에서 보듯이 6개의 입력을 받아서 처리하는 조합회로에 대한 Synthesis 결과 회로는 6 Input LUT 하나를 사용하여 mux4가 구현되었음을 확인할 수 있다.

3.2.2.3 mux4b.v에 대한 실습

3.1.2.3단원에서 살펴보았던 mux4b.v file을 VIVADO Tool에서 생성하여 Simulation을 진행하고 결과 회로를 살펴본다. 새롭게 소개된 Bus Type에 대한 Simulation실습에 중점을 두고 진행한다.

1. mux4b.v File생성하기
   A. 3.2.2.2에서 실습했던 mux4.v file을 mux4b.v라는 이름으로 저장한다.
   B. mux4b.v file의 내용을 아래와 같이 수정하여 저장한다.

```
module mux4b
(
    input [3:0] d0,d1,d2,d3,
    input [1:0] sel,
    output [3:0] y
);

assign y = (sel == 0) ? d0 :
           (sel == 1) ? d1 :
           (sel == 2) ? d2 :
           d3;

endmodule
```

〈그림 3.2.2.3.1 mux4b에 대한 Verilog HDL Code〉

   C. mux4b.v file을 Project Manager의 Source List에 올린다..
   D. mux4b를 Design Sources와 Simulation Sources 양쪽 모두에서 Top Module로 지정한다.

2. mux4b.v에 대한 Simulation 실행하기
   A. Flow Navigator/Simulation/Run Simulation/Run Behavioral Simulation을 Click하여 Simulation을 시작한다.
   B. 만일 Waveform창에 입출력 신호가 나타나있지 않다면 Objects영역에 있는 신호들을 선택하여 우측 마우스 버튼을 눌러서 Add to Wave Window로 파형 관측창에 관측할 신호들을 올린다.
   C. mux4b를 Simulation하기 위한 Behavioral Simulation 창이 열리는데 입력신호들의 값이 Bus형태로 선언되었음을 알 수 있다.
      ① 4bit 신호의 범위는 십진수 기준으로는 0~15이고 16진수 기준으로는 0~9, a, b,

c, d, e, f 이다.

D. Bus 입력 신호에 입력 값 설정하기

① my_mux2.tcl을 open하여 my_mux4b.tcl로 저장한다.

② my_mux4b.tcl의 내용을 다음 그림과 같이 수정한다.

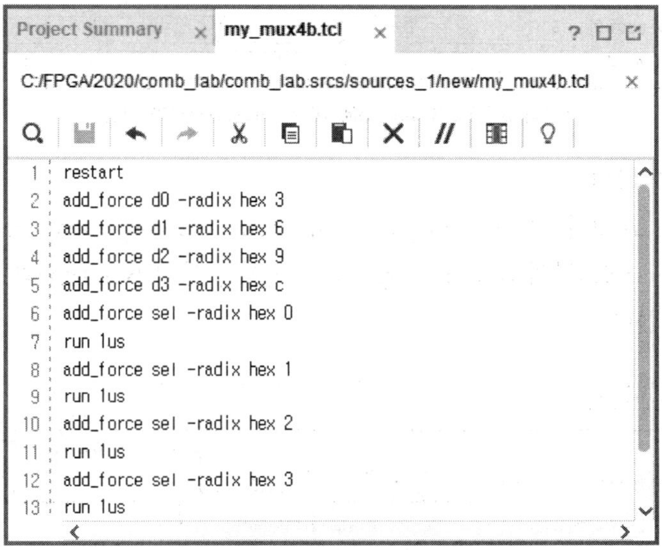

〈그림 3.2.2.3.2 my_mux4b.tcl file내용〉

③ my_mux4b.tcl file에 의한 동작은 처음 1us동안 d0, 이어서 매 1us마다 d1, d2, d3가 선택되도록 sel 신호를 변화시키면서 4us까지 Simulation을 진행하는 것이다.

E. TCL Command창에서 source 명령어를 사용하여 my_mux4b.tcl을 실행하여 Simulation을 진행한다.

F. Simulation이 4us까지 진행되고 나면 Waveform 창 상단의 Zoom Fit Symbol을 Click하여 아래와 같이 Waveform창을 정렬한다.

G. 다음의 파형에서 보면 sel 신호가 0~3으로 변화할 때 출력 값도 d0~d3로 순서대로 선택되어 출력됨을 확인할 수 있다.

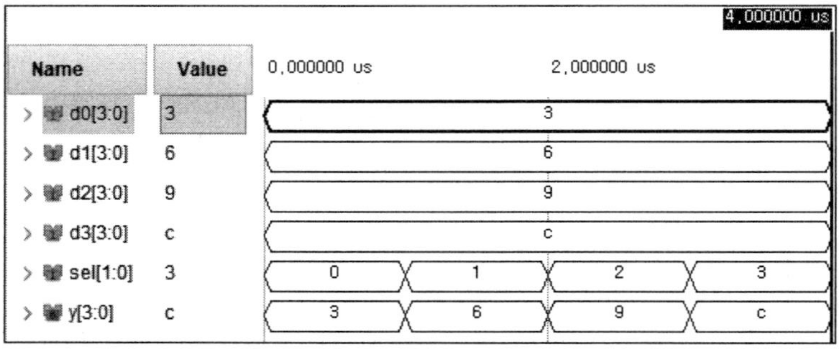

〈그림 3.2.2.3.3 mux4b에 대한 Simulation결과 파형〉

3. RTL 회로 확인하기

   A. VIVADO Tool의 Flow Navigator에서 RTL Analysis/Open Elaborated Design/Schematic을 Click하여 회로도를 Open하고 아래와 같이 Bus Type의 4:1 Mux가 구현된 것을 확인한다.

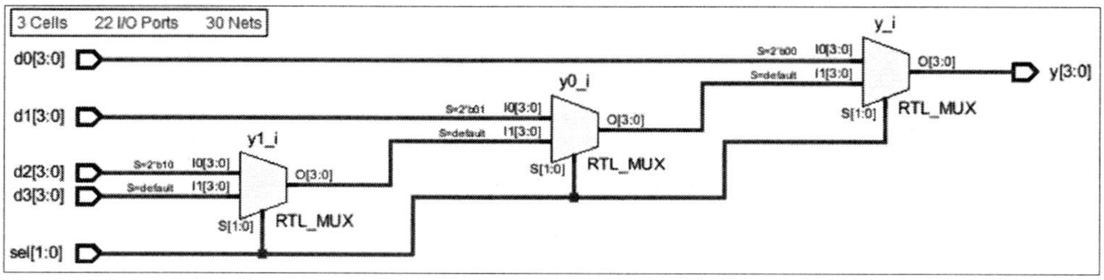

〈그림 3.2.2.3.4 mux4b에 대한 RTL 회로도〉

   B. 2:1 mux 4개가 결합된 Bus Type의 2:1 mux 3개에 대해서도 3개의 Cell을 사용하였다고 하는 점에 주목하고 Synthesis결과에서 사용된 Cell 숫자와 비교하여 보라.

4. Synthesis결과 회로도 확인하기

   A. VIVADO Tool의 Flow Navigator에서 Synthesis/Run Synthesis를 Click하여 Synthesis를 실행한다.

   B. Synthesis가 완료되면 Open Synthesized Design을 선택하고 Synthesis항목 가장 아래에 있는 Schematic을 Click하여 Synthesis결과 FPGA Library에 Mapping된 회로도를 Open한다.

   C. 다음 페이지의 그림에서 보면 회로가 매우 복잡해 보이고 사용된 Cell수도 26개로 매우 많은 것 같지만 I/O Port로 사용된 것을 제외하면 6 Input LUT 4개를 사용한 것을 알 수 있다.

   D. 이렇게 회로의 복잡도가 커지면 하나의 module에 모든 회로를 구현하는 것은 현실적으

로 어려워져서 회로의 크기가 큰 경우 또는 복잡도가 높을 경우에는 회로를 분할하여 하위 회로를 구현하고 이들을 묶어서 상위회로를 구현하는 형태로 설계를 진행하는 것이 설계하기도, 설계한 내용을 이해하기도 수월하다.

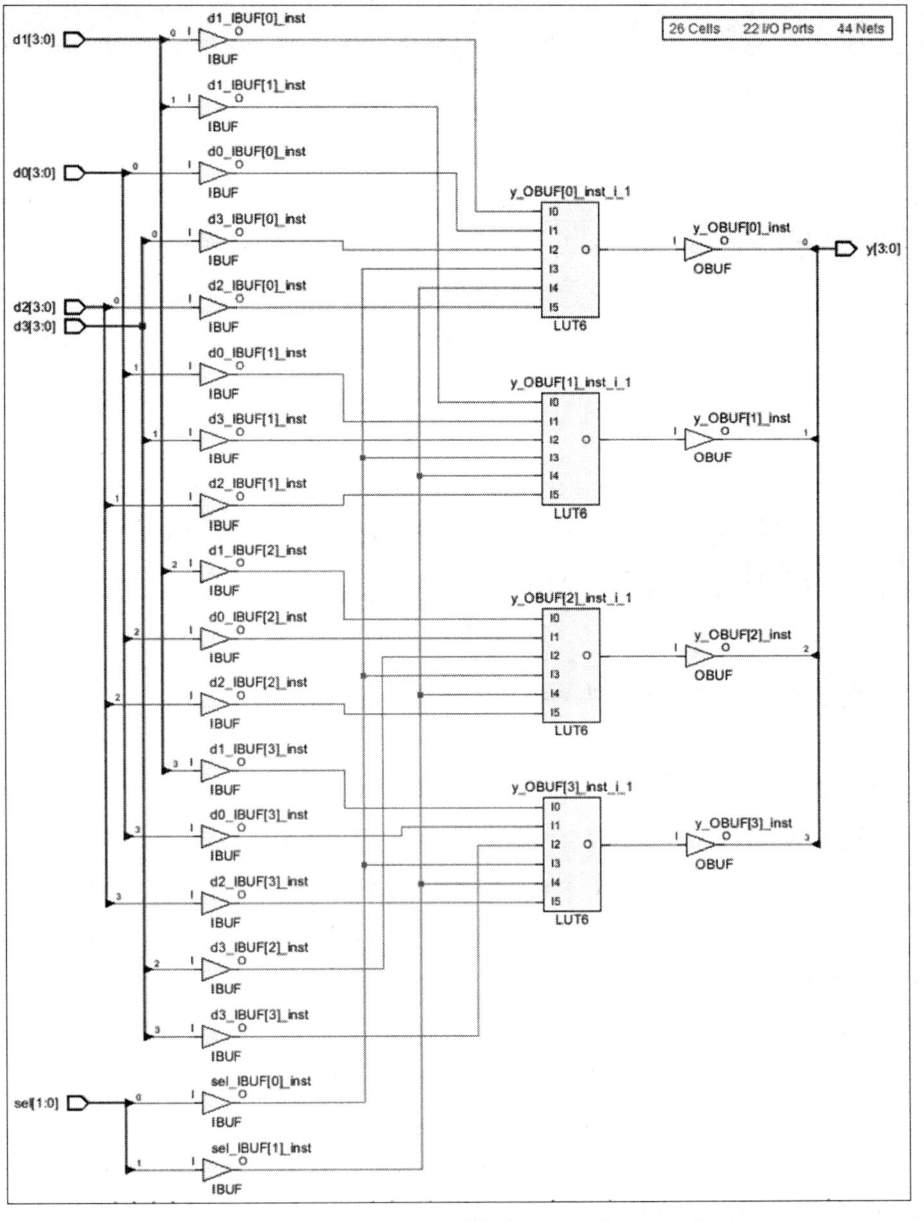

〈그림 3.2.2.3.5 mux4b에 대한 Synthesis결과 회로도〉

이상의 실습을 통해 mux4b회로를 활용하여 Simulation을 수행하는 방법과, RTL 회로도, Synthesis결과 회로도를 생성하고 비교하는 과정을 익혔다.

제 4 과 Verilog HDL 학습 3 : 조합회로2 (산술연산), 계층구조

이번 과에서는 산술연산을 위한 Verilog HDL 문법을 익힘으로 조합회로 구현에 필요한 Verilog HDL에 대한 학습을 마무리한다. 그리고 계층구조 설계를 지원하는 Verilog HDL문법을 알아보고, 조합회로를 마무리하면서 7 Segment Decoder를 Verilog HDL로 구현해 보는 과정을 개발 Flow를 따라 진행해 봄으로써 조합회로에 대한 Verilog HDL의 학습을 마무리하도록 한다.

4.1 산술연산과 7 Segment Decoder 구현을 위한 Verilog HDL 학습

4.1.1 산술연산을 위한 Verilog HDL 문법

Digital 회로에서 숫자를 연산할 때에는 최상위 bit를 sign bit로 사용할 것인가 아니면 크기 값으로 사용할 것인가에 따라 Signed 연산 혹은 Unsigned연산으로 구분된다.

Unsigned연산은 신호의 모든 bit의 값을 크기 값으로 보며 가장 작은 값이 0이고 가장 큰 값은 N bit의 신호의 경우 $(2^N - 1)$이 된다. 우리가 이미 사용하고 있는 수의 체계가 바로 Unsigned 연산체계이다. Unsigned연산에서 규정된 최댓값의 범위를 초과하거나 연산의 결과가 음수로 나타났을 경우에 대해서는 사용자가 별도의 부호 bit나 Carry bit를 설정하여야 한다.

그러나 Signed연산은 최상위 bit를 부호 bit로 활용하며 수의 범위도 가장 작은 값은 $-2^{(N-1)}$이고 가장 큰 값은 $(2^{(N-1)} - 1)$이며 0은 중간 값이 된다. Signed연산은 특히 Analog신호에서 추출한 Digital신호들을 받아서 연산을 할 때 매우 효율적으로 활용이 된다.

Verilog HDL에서도 Signed연산과 Unsigned연산이 모두 지원이 되지만, 사용자가 처리하려는 신호가 Signed연산이 적합한지 Unsigned연산이 적합한지를 잘 파악해서 미리 정의해 두고 설계를 시작하는 것이 매우 중요하며 특히 두 가지 연산을 혼용해서 사용할 경우에는 특별한 주의가 필요하다.

이번 실습에서는 우리에게 익숙한 Unsigned 연산을 중심으로 살펴보기로 한다.

Digital신호처리를 함에 있어서 가장 기본이 되는 덧셈, 뺄셈, 곱셈, 나눗셈의 4칙 연산은 실제 회로에서도 빈번하게 사용된다. 이 책을 학습하는 독자들도 Full Adder나 Half Adder와 같은 bit 단위의 덧셈 연산을 위한 Digital 회로설계를 학습한 경험이 있을 것이다. 처음 이런 개념을 접했을 때에는 그 구조를 이해하기도, 또한 bit단위의 Adder를 묶어서 8bit혹은 16bit Adder를 구현한다는 것이 쉽지 않은 일이었을 것이다.

그러나 Verilog HDL에서는 이들 4칙 연산을 위하여 산술 Operator를 지원하고 있어서 설계자는 간단하게 이들 4칙 연산 기능을 구현할 수 있다. 아래에 4칙 연산을 위한 Operator들의 표를 제시하였다.

산술 연산자 (Arithmetic Operators)				
번호	이름	Symbol	사용형식	내용
1	더하기	+	y = a + b;	a와 b를 더한 값을 y로 전달
2	빼기	-	y = a - b;	a에서 b를 뺀 값을 y로 전달
3	곱하기	*	y = a * b;	a와 b를 곱한 값을 y로 전달
4	나누기	/	y = a / b;	a를 b로 나눈 값을 y로 전달*

* 나눗셈은 정수부분만 처리함.

〈표 4.1.1.1 산술 연산자 표〉

위의 표에서 보는 것처럼 Verilog HDL에서의 산술연산자는 간단한 Symbol을 사용하여 처리하는데, a와 b, y의 bit수를 설정하는 것만으로 원하는 bit수의 입력과 출력을 갖는 산술연산회로를 구현할 수 있다.

아래에 arith8.v라는 이름으로 이들 산술연산자들을 적용한 Verilog HDL과 이들에 대한 RTL 회로도를 제시하였다. 입력 a와 b 그리고 출력 y를 모두 8bit로 설정하였다.

```
module arith8
(
    input [7:0] a,b,
    output [7:0] y_add, y_sub, y_mul, y_div
);

assign y_add = a + b;
assign y_sub = a - b;
assign y_mul = a * b;
assign y_div = a / b;

endmodule
```

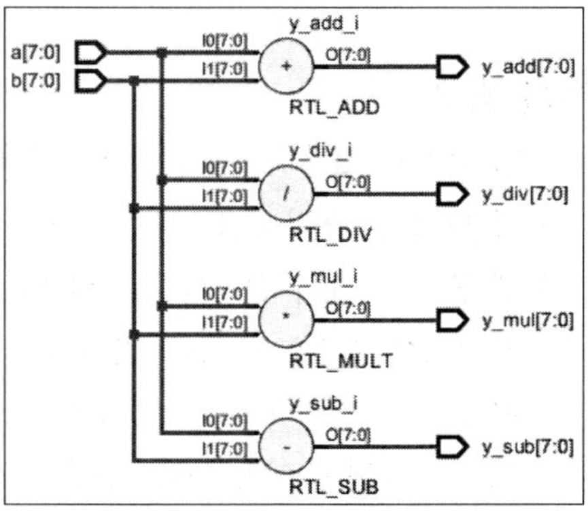

〈그림 4.1.1.1 산술연산자를 사용한 arith8에 대한 Verilog HDL Code및 RTL 회로도〉

이들 Operator들 가운데 나눗셈을 위한 Operator는 오랜 기간 동안 Simulation은 지원이 되었지만 회로로 구현하는 Synthesis Tool에서는 b의 값이 2^N 값일 경우에 대해서만 제한적인 지원을 실시하고 있었다. 그러나 Synthesis Algorithm의 발달로 지금 사용하는 VIVADO Tool에서는 b의 값에 관계없이 회로합성을 지원해 주고 있다.

이들 Operator들을 사용함에 있어서 주의할 점은 연산의 결과 값이 출력에 설정된 8bit 값으로 표현할 수 있는 범위를 벗어난 경우에 대한 처리는 자동으로 지원해 주지 않는다는 점이다. 8bit값인 두 입력 a와 b 그리고 8bit인 출력들이 표현할 수 있는 수의 범위는 십진수 기준으로 0~255까지이다.

▎덧셈의 경우

입력 a와 b가 모두 십진수 128이라면 출력은 십진수 256이 되어야 한다. 만일 출력이 9bit였다면 출력은 십진수 기준으로 0~511까지 표현할 수 있었을 것이고, 16진수 값으로 100을 출력하였을 것이다. 그러나 위의 회로에서 덧셈 결과 출력이 8bit로 설정되어 있으므로 8번 bit를 제외한 값이 출력되어 16진수로는 0을, 10진수로도 256에서 bit8값인 256을 뺀 0이 출력될 것이다.

이와 같이 덧셈 연산자를 사용할 때에는 출력을 입력의 bit보다 한 bit큰 값으로 설정을 하여 Overflow혹은 Carry bit로 설정해 주면 입력의 가장 큰 값에 대해서도 대응할 수 있다.

덧셈회로도 Hardware로 구현될 때에는 bit단위의 Adder들로 구현되어야 하므로 bit수가 큰 회로를 구성하고자 할 때 FPGA에서 제공하는 일반적인 Logic Library인 LUT로 구현할 경우에는 회로 Size도 늘어나지만 전달지연시간(Delay)의 증가도 커진다. 이를 개선하고 연산속도를 높이기 위하여 FPGA내부에 일반적인 Logic들을 위해 사용되는 Library인 LUT와 별도로 Carry Chain을 Library로 제공하고 있어서 LUT 자원을 절약하고 덧셈 회로의 속도를 높이도록 지원하고 있다.

▎뺄셈의 경우

뺄셈에서는 a가 b보다 큰 값일 때에는 양의 출력 값을 내지만 b가 a보다 큰 값일 경우에는 음의 값을 출력할 것이다. 예를 들어 a에 십진수로 99, b에 십진수로 100을 입력시키면 뺄셈 출력은 −1이 되어야 하지만 연산은 한자리 위의 값을 1 빌린 것으로 처리하고 (256 − 1)처리한 255를 출력할 것이다.

이와 같이 뺄셈 연산자를 사용할 때에도 a와 b의 크기를 파악하여 borrow bit를 사용자가 별도로 설정해 주어야 한다. 뺄셈의 경우도 덧셈기와 마찬가지로 FPGA 내부에 일반 LUT 외에 속도를 높이는 Library가 제공된다.

❙ 곱셈의 경우

곱셈의 경우 두 입력의 자릿수를 더한 만큼 출력의 자릿수를 늘려주어야 한다. 예를 들어 a에는 십진수로 100을 입력하고, b에는 10진수로 3을 입력하면 결과는 십진수로 300이 되지만 8bit범위를 벗어난 값을 제외하면 (300 - 256)을 한 44가 출력될 것이다.

곱셈의 경우도 입력의 크기의 모든 범위의 값에 대한 곱셈 결과를 모두 표시하려면 두 입력이 8bit인 경우 출력은 16bit로 확장하여야 한다.

곱셈회로는 덧셈회로나 뺄셈회로에 비해 구현하기 위한 algorithm도 복잡하고 그에 따라 구현되는 결과 회로도 크고 연산에 소요되는 지연시간도 길어서 일반회로로 구현하기에는 크기, 동작속도 측면에서 불리하다. 그러나 Digital 회로 설계를 하다 보면 고속의 곱셈연산이 필요한 경우가 종종 발생한다. 이를 위하여 FPGA 내부에 곱셈회로를 별도의 Hard Macro Library로 제공하고 있어서 고속의 곱셈연산을 지원하고 있다. 사용자가 곱셈 Operator를 사용하면 Synthesis Tool이 회로를 합성하는 단계에서 곱셈 Library를 자동으로 적용하게 되므로 사용자는 특별한 조치 없이 이들 Library를 활용한 고속 곱셈회로를 구현할 수 있다.

❙ 나눗셈의 경우

나눗셈의 경우는 소수점 이하의 값이 버려지는 회로로 구현이 될 것이다. 만일 사용자가 소수점 아래의 값이 필요하거나, 최소한 소수점 첫째 자리의 값에 대한 반올림을 원한다면 이에 대한 처리는 사용자가 스스로 이를 처리하기 위한 회로를 설계하여 사용하여야 한다.

사실, 나눗셈 회로가 곱셈회로보다 구현을 위한 algorithm이 더 난해하다. 비록 최근의 Synthesis Tool들이 나눗셈회로를 합성해서 구현해 주기는 하지만, 회로의 크기도 덧셈이나 뺄셈회로에 비해 매우 크고 특히 전달 지연시간이 매우 커서 속도가 늦어도 관계없는 Application에서는 활용이 가능하지만 고속 나눗셈이 필요할 경우에는 속도를 높이기 위한 별도의 Algorithm을 강구하여야 한다.

산술연산과 관련하여 합성된 회로의 크기와 지연속도 등과 관련한 사항들은 실습을 통해 살펴 볼 것이다.

4.1.2 계층구조 설계를 위한 Verilog HDL

이번 단원에서는 앞 단원에서 학습한 4칙 연산회로 arith8.v를 sub module로 사용하는 arith8_core.v를 통해 계층(hierarchy)구조의 회로설계를 위한 Verilog HDL문법을 익힌다.

지금까지 학습한 Digital 회로는 하나의 module에 구현할 수 있는 작은 크기의 회로들이었지만, 회로의 규모가 커짐에 따라 하나의 모듈로 처리하기에는 적합하지 않은 경우를 만나게 된다. 이럴 때 설계할 내용을 기능적인 측면과 회로의 양을 감안하여 하나의 모듈이 지나치게 커지지 않도록 적절한 크기로 분할하여 처리할 필요가 있다.

어느 정도의 크기가 되면 회로를 분할 할 것인가 하는 사항은 설계자의 능력과 개인적 성향에 따라 다를 수 있다. 경험이 많지 않을 때에는 크기가 크지 않은 회로라 할지라도 분할하여 처리하는 것이 회로를 이해하는데 유리하지만, 경험이 축적되고 회로를 파악하는 능력이 향상됨에 따라 하나의 모듈에 담을 회로의 양을 늘려가는 것이 바람직하다. 나름대로의 분할의 기준을 제시하자면 하나의 모듈에 담을 내용은 한 번 훑어보아서 전체의 내용이 눈에 들어오고 이해가 되는 정도로 하는 것이 좋다. 물론 개인의 능력에 따라 다른 기준이 될 것이다.

아래에 arith8_core.v에 대한 Block Diagram을 제시하였다.

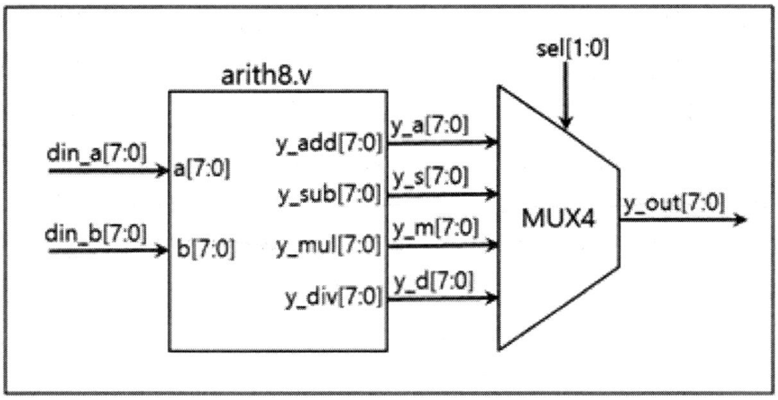

〈그림 4.1.2.1 arith8_core.v block diagram〉

계층구조설계에 있어서 상위 module인 arith8_core에서 하위 module인 arith8에 연결해주는 신호들에 대한 연결 관계에 유의해야 한다. 같은 신호가 연결되었지만 상위 module에서 사용되는 신호의 이름과 하위 module에서 사용되는 이름이 다를 경우에 서로 다른 이름을 mapping시킬 때 유의해야 한다.

〈그림 4.1.1.1〉에 표시된 하위 module인 arith8.v에서 사용된 신호이름과 위의 그림에 표시된 상위 module arith8_core.v에서 사용된 신호를 표로 정리해 보는 것도 도움이 된다.

신호이름	
하위모듈	상위모듈
a	din_a
b	din_b
y_add	y_a
y_sub	y_s
y_div	y_d
y_mul	y_m

〈표 4.1.2.1 상 하위 module간 신호 연결관계 표〉

아래에 arith8_core에 대한 Verilog HDL Code를 제시하였다.

```
module arith8_core
(
    input [7:0] din_a, din_b,
    input [1:0] sel,
    output [7:0] y_out
);

wire [7:0] y_a, y_s, y_m, y_d;

arith8 u_arith8_0
(
//.Sub Name (Current Name)
  .a        (din_a  ),
  .b        (din_b  ),
  .y_add    (y_a    ),
  .y_sub    (y_s    ),
  .y_mul    (y_m    ),
  .y_div    (y_d    )
);

assign y_out = (sel == 0) ? y_a :
               (sel == 1) ? y_b :
               (sel == 2) ? y_m :
                            y_d ;

endmodule
```

〈그림 4.1.2.2 계층구조를 갖는 arith8_core에 대한 Verilog HDL Code〉

■ 중요 Point에 대해서만 설명을 붙이도록 한다.

1. 8번 Line에서 선언한 wire 신호들은 Sub Module의 출력을 상위 회로에서 활용할 때 사용할 신호들이다. 하위 회로에서 사용한 신호와 이름은 다르게 설정해도 무방하지만 Bus신호의 경우 사용한 bit수는 반드시 일치하여야 한다. 혼란을 피하기 위하여 신호의 이름도 같게 맞춰주는 것이 바람직하지만 이번 예제에서는 상, 하위 신호이름의 배치에 대한 이해를 돕기 위하여 상위, 하위에서 사용한 이름을 서로 다르게 하였다.

2. 10번 Line에서 하위 module에 대한 선언을 하였다. 하위 module에 대하여 먼저 설계 및 Simulation이 완료된 상태에서 상위 module에 대한 설계를 진행하는 것이 바른 순서이다.
   A. 먼저 하위 module의 이름 〈arith8〉을 적는다.
   B. 한 칸 띄운 상태에서 상위 회로에서 지정하는 해당 module의 부품이름 〈u_arith8_0〉을 적는다. 첫 글자 u는 하위 부품이라는 under의 의미이고 arith8을 사용한 첫 번째 부품이라는 뜻이다. 같은 module을 상위에서 여럿 사용할 수 있으므로 이런 규칙으로 이름을 부여하는 것이 유용하다. 상위에서의 부품이름을 정하는 데 있어서 특별한 제한은 없지만 이해하기 쉽고, 시간이 지난 뒤에도 이 이름을 보고 어떤 내용인지 쉽게 떠올릴 수 있으면서 해당 module과의 연관성 있는 이름을 붙이는 것이 좋다.

3. 11번부터 19번까지 하위 회로와 상위 회로의 신호를 연결해 주는 mapping관계에 대해 기입한다.
   A. 먼저 괄호로 시작한다.
   B. 12번은 Comment로서 나열하는 신호의 앞 쪽에 오는 것이 하위 회로의 신호이름이고 이어서 괄호 안에 기입한 이름이 상위 회로에서 사용하는 이름임을 설명해 놓은 것이다.
   C. 13번에 산술연산 입력신호 a[7:0]에 대한 연결관계를 적었다.
      ① 먼저 하위 회로에서의 신호이름을 적는데, dot를 붙이고 하위 회로에서의 이름인 a를 적는다.
      ② 이어서 칸을 띄우는데 Space Bar나 Tab Key를 활용하여 보기 좋은 간격으로 벌린다.
      ③ 괄호를 열고 상위 회로에서의 이름인 din_a를 적고 괄호를 닫으면 되는데, 보기 좋도록 간격을 벌려 정렬하는 것이 좋다.
      ④ 끝으로 comma로 마무리하면 한 신호에 대한 연결이 완료된다.
   D. 같은 방식으로 18번까지 하위 회로와 상위 회로를 연결할 신호에 대한 연결 관계를 기록하는데, 18번 Line에서 보듯이 마지막 신호 연결 관계를 적은 뒤에는 더 이상의 연결 관계 표현이 뒤따르지 않으므로 comma가 없이 줄 바꿈을 하면 된다.

E. 19번 Line에서는 11번 Line에서 신호 연결 관계를 적기 시작하였음을 알리는 괄호 열기에 대응하여 연결 관계 적기에 대한 마무리를 뜻하는 괄호 닫기와 Semicolon으로 하위 module에 대한 기술을 완료한다.

4. 21번부터 24번까지는 sel[1:0]신호에 따라 덧셈, 뺄셈, 곱셈, 나눗셈의 출력 가운데 어떤 결과를 상위 회로의 출력으로 전달할 것인가를 선택하는 [4:1] Multiplexer회로이다.

계층구조와 관련하여 VIVADO Tool에서 어떻게 구현되는 가에 관한 사항들은 실습부분에서 좀 더 자세히 살펴보기로 한다.

실제 개발 현장에서는 회로가 단일 module로 구성되는 경우는 거의 없다. 설계가 완료된 하위 회로를 상위회로에서 활용하는 일은 설계 현장에서는 늘 발생하는 일과와 같으므로 계층구조 설계에 있어서 하위 module을 상위 회로에서 연결하는 규칙을 숙지하여 규모가 큰 회로에 대한 설계에 대응할 수 있기를 바란다.

4.1.3 Verilog HDL로 〈7 Segment Decoder〉 설계하기

이번 과에서는 그 동안 학습했던 Verilog HDL의 문법을 활용하여 7 Segment Decoder회로를 설계해 본다.

어떤 회로를 설계하려면 먼저 무엇을 할 것인가에 대한 정의를 명확히 해야 하며, 이를 위해서는 설계하려고 하는 대상의 특성과 내용을 상세히 파악하고 있어야 한다. 우리가 설계하고자 하는 내용은 4bit 기준의 16진수 값을 7 Segment Display Unit에 표시해 보는 것이다.

1과의 진법 부분에서 살펴본 것처럼 4bit의 값은 10진수로는 0~15까지 나타낼 수 있으며 16진수 값으로는 (0~9와 a, b, c, d, e, f)로 표현되어 한 자리의 16진수 값으로 표시할 수 있다. 이러한 16진수 한 자리의 값을 7 Segment로 표시하는 회로를 설계하고자 한다.

먼저 설계하고자 하는 대상인 7 Segment라는 소자에 대해 알아보자.

〈그림 4.1.3.1 Seven Segment Display Unit〉

7 Segment는 앞의 〈그림 4.1.3.1〉 좌측과 같이 7개의 표시단위(dot를 포함하면 8개)를 하나의 몸체에 배열하여 숫자를 표시하기 위한 목적으로 제작된 부품을 말한다. a, b, c, d, e, f, g의 7개의 표시소자를 어떻게 On/Off 시키느냐에 따라서 다양한 표시를 할 수 있다. 앞의 〈그림 4.1.3.1〉의 우측 부분에 16진수의 값을 표시하는 형태를 나타내었다.

7 Segment소자에는 전류를 흘려보내기 위한 Common Pin과 함께 실제로 a, b, c, d, e, f, g dot pin이 존재하여 이 Pin들에 값을 부여하여 해당 Lamp를 켜고 끄도록 제어한다. 전류의 방향에 따라 Common Anode Type인가 Common Cathode Type인가가 결정되며 이에 따라 On을 위한 조건이 High전압이 될 수도 있고, 반대로 Low전압을 인가할 때 Lamp가 켜질 수 도 있으므로 어떤 Type의 7 Segment를 선택할 것인가는 7 Segment Data Sheet를 살펴보고 결정해야 한다.

표시할 값			출력 값								
2진수	10진수	16진수	dot	g	f	e	d	c	b	a	16진수
0000	0	0	0	0	1	1	1	1	1	1	3f
0001	1	1	0	0	0	0	0	1	1	0	06
0010	2	2	0	1	0	1	1	0	1	1	5b
0011	3	3	0	1	0	0	1	1	1	1	4f
0100	4	4	0	1	1	0	0	1	1	0	66
0101	5	5	0	1	1	0	1	1	0	1	6d
0110	6	6	0	1	1	1	1	1	0	1	7d
0111	7	7	0	0	1	0	0	1	1	1	27
1000	8	8	0	1	1	1	1	1	1	1	7f
1001	9	9	0	1	1	0	1	1	1	1	6f
1010	10	a	0	1	0	1	1	1	1	1	5f
1011	11	b	0	1	1	1	1	1	0	0	7c
1100	12	c	0	1	0	1	1	0	0	0	58
1101	13	d	0	1	0	1	1	1	1	0	5e
1110	14	e	0	1	1	1	1	0	1	1	7b
1111	15	f	0	1	1	1	0	0	0	1	71

〈표 4.1.3.1 Seven Segment에 표시할 16진수 변환 표〉

위의 표에 16진수 입력 값을 7 Segment로 표시하기 위하여 a, b, c, d, e, f, g에 어떤 값을 출력해야 하는가에 대한 Table을 제시하였다. 일례로 표시할 값이 0일 때 dot를 포함한 8bit 출력값은 3f로 출력하면 된다.

설계할 회로의 이름을 16진수에 대한 7 Segment변환을 알 수 있도록 hex2seg.v라는 이름으로 하도록 하고, 입력은 4bit의 din[3:0]으로 하며 출력은 8bit의 seg_d[7:0]으로 정한다.

이렇게 회로이름이 정해지고 입출력이 정해지면 Verilog HDL의 틀을 아래와 같이 작성할 수 있다.

```
module hex2seg
(
    input [3:0] din,
    output [7:0] seg_d
);

endmodule
```

〈그림 4.1.3.2 hex2seg.v의 틀〉

이제 endmodule앞에 seg_d의 값을 생성하는 Verilog HDL Code를 작성하면 된다. din 값이 0과 같은가를 판별하는 판단조건 문을 사용하여 판단조건이 참이면 앞의 〈표 4.1.3.1〉의 Table에 해당되는 값을 출력에 전달하고 판단조건이 거짓이면 다음의 판단조건을 살피면서 십진수 기준으로 0부터 14까지를 판단하고 모두 해당되지 않을 경우에는 15에 해당하는 출력을 seg_d에 전달하는 Verilog HDL Code를 위해서 우리가 학습한 Verilog HDL문법 가운데 어떤 것을 적용하면 될까?

Conditional Operator를 사용하면 된다.

```
assign seg_d = (판단 문) ? [참일 때의 전달 값] : [거짓일 때의 전달 값];
```

❙ Verilog HDL에서 상수 값 설정하기

Verilog HDL에서 상수 값을 설정하거나 비교할 때 별도의 표시가 없으면 설계용 Tool은 10진수에 해당하는 값으로 인식한다. 그러나 필요에 따라서는 2진수 혹은 16진수의 값을 설정하거나 비교해야 할 필요가 발생한다. 이 때에 아주 간단한 규칙에 의해 진법 설정 및 값 설정을 할 수 있다.

10진수로 73에 해당하는 8bit의 값을 2진수, 10진수 16진수로 설정하는 형태를 아래에 표시하였다.

```
2진수 설정 assign y_bin = 8'b01011001;
10진수 설정 assign y_dec = 8'd73;
16진수 설정 assign y_hex = 8'h59;
```

설정 값이 시작되는 부분에 나타난 8이라는 숫자는 진법에 관계없이 8bit의 값을 표시할 것임을 뜻하는 것이다. apostrophe표시(')로 구분하고 나서 진법을 뜻하는 한 글자의 영문

alphabet이 뒤 따른다. b는 2진수 binary, d는 십진수 decimal, h는 16진수 hexadecimal의 첫 글자에 해당한다. 진법 표시에 이어서 해당 진법으로 표현된 원하는 값을 기입하면 된다.

Conditional Operator에 대한 Verilog HDL 문법이 잘 기억이 나지 않으면 앞과의 내용을 다시 살펴보면서 아래의 Verilog HDL을 채우고 실습을 진행하기 바란다.

```
module hex2seg
(
    input [3:0] din,
    output [7:0] seg_d
);
assign seg_d = (din == 4'h0) ? (8'h3f) :
               (din == 4'h1) ? (8'h06) :
                                      (8'h71) ;
endmodule
```

〈그림 4.1.3.3 hex2seg.v Verilog HDL Code〉

4.2 산술연산과 7 Segment Decoder 구현을 위한 Verilog HDL 실습

4.2.1. 산술연산회로 설계를 위한 Verilog HDL 실습

이번 단원에서는 4.1.1 단원에서 학습한 산술연산회로 설계를 위한 Verilog HDL에 대해 실습을 진행한다. 특히 이번 실습에서는 각각의 산술연산자들이 FPGA로 구현될 때 회로 합성 결과 회로의 크기와 지연시간에 대해 살펴볼 것이다.

모든 회로에 대해 구현된 회로의 크기와 지연시간을 전부 확인하는 것은 권할 사항은 아니지만 어떤 회로가 어느 정도의 크기와 지연시간이 발생하는가에 대해서는 대략적으로라도 파악해 둔 상태에서 전체회로의 크기와 동작속도에 대한 목표를 관리해 나가는 것은 필수사항이므로 이번 실습을 통해서 특정 module에 대한 회로크기와 지연속도를 알아보는 실습을 진행하도록 한다.

4.2.1.1 덧셈회로에 대한 실습

먼저 덧셈회로에 대하여 실습을 진행하도록 한다.

1. VIVADO Tool을 열고 comb_lab project를 open한다.
2. 기존에 사용했던 mux4b.v를 열고 add2b.v라는 이름으로 저장한다.
   A. Design Sources창에 올라있는 List가 많아서 번거로우면 사용하지 않을 지난 File들은 마우스로 선택하여 우측 버튼에서 Remove를 선택하여 List에서 삭제한다.
   B. Remove작업은 List에서만 내릴 뿐, 필요할 경우 다시 Add Sources를 통해 올릴 수 있다.
3. 아래와 같이 add2b.v의 내용을 수정하여 저장한다.

C:/FPGA/2020/comb_lab/comb_lab.srcs/sources_1/new/add2b.v

```
module add2b
(
    input [7:0] a, b,
    output [7:0] y
);

assign y = a + b;

endmodule
```

〈그림 4.2.1.1.1 add2b.v에 대한 Verilog HDL Code〉

4. Add Sources를 활용하여 Design Sources의 List에 add2b.v를 올린다.
5. Design Sources와 Simulation Sources에서 add2b.v를 Top module로 설정한다.
6. Flow Navigator/Simulation/Run Simulation/Run Behavioral Simulation을 Click하여 Simulation을 시작한다.
   A. Simulation창이 열리면 VIVADO Tool상단 메뉴에서 File/Simulation Waveform/Save Configuration As…를 선택하여 add2b_behav.wcfg로 저장한다.

7. Simulation에서 입력 값을 설정하는 Stimulus File인 TCL File을 작성한다.
   A. VIVADO Tool 상단 메뉴에서 File/Text Editor/Open File을 Click하여 Open할 File을 선택하는 창을 띄운다.
   B. C:/FPGA/2020/comb_lab/comb_lab.sim/sim_1/behav/ 아래에 있는 〈my_mux4b.tcl〉을 Open하여 〈my_add2b.tcl〉로 저장한다.
   C. 다음과 같이 〈my_add2b.tcl〉의 내용을 수정한다.

C:/FPGA/2020/comb_lab/comb_lab.srcs/sources_1/new/my_add2b.tcl

```
restart
add_force a -radix dec 50
add_force b -radix dec 100
run 1us
add_force a -radix dec 200
run 1us
```

〈그림 4.2.1.1.2 add2b.v file을 Simulation하기 위한 Simulation Stimulus File〉

8. Simulation 진행하기
   A. my_add2b.tcl 문서작성기 위의 file위치와 file이름이 적힌 부분을 Click하고 copy한다.
   B. TCL Command창에서 "source" 명령을 기입하고 한 칸 띄우고 〈Ctrl + v〉를 눌러서 file위치와 이름을 지정한 후my_add2b.tcl을 실행하여 Simulation을 진행한다.
   C. Simulation Wave창 상단 메뉴에서 Zoom Fit Symbol을 Click하여 전체 진행 파형을 관측한다.
   D. 아래의 그림과 같이 Wave창에서 신호이름 3개를 선택하고 마우스 우측 버튼으로 Radix/Unsigned Decimal을 선택한다.
      ① 신호이름을 전부 선택하는 방법은 먼저 가장 위의 신호 a를 마우스 좌측 버튼으로 선택하고 Shift Key를 누른 상태에서 Cursor를 신호 y에 놓고 마우스 좌측 버튼을 다시 Click하면 된다.

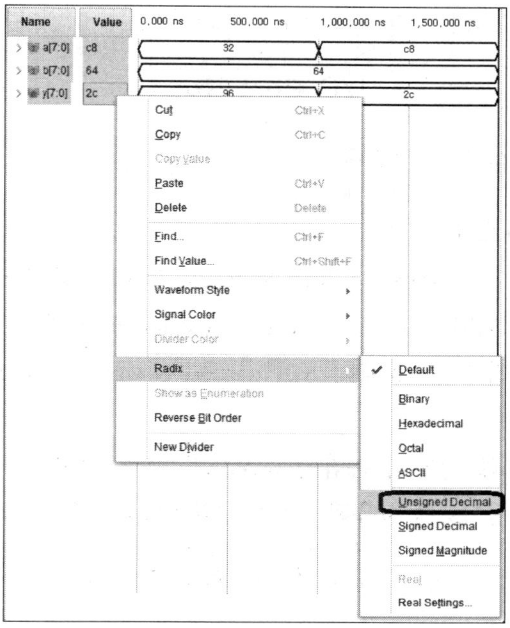

〈그림 4.2.1.1.3 신호 Radix변경〉

E. 변경된 Radix에 의해 표시된 Simulation결과 값을 살펴보라.

① 처음 1us의 입력에 대한 연산 결과는 예상과 일치하는가?

② 다음 1us의 결과 값은 예상과 일치하는가? 일치하지 않는다면 그 원인은 무엇인가?

9. RTL 회로 살펴보기

A. Flow Navigator / RTL Analysis / Elaborated Design을 Click하여 RTL 회로도를 살펴본다.

B. 나타난 회로도는 원하는 내용과 일치하는가?

① 혹시 ADD Symbol의 회로가 아니라면 Elaborated Design 상단에 현재 File이 최신이 아니므로 Reload 할 것인가에 대한 메뉴가 뜰 것이다. 이 때 Reload를 Click하면 Elaborate Design을 다시 실행하여 현재의 Top Module로 지정된 add2b.v에 대한 RTL 회로도가 열릴 것이다.

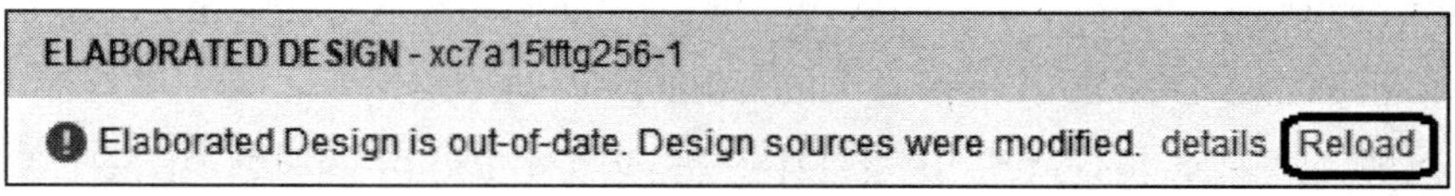

C. 여기서 사용된 Cell의 수와 I/O Port수 Net의 수는 어떤가?

Cell No. : ______ I/O Port No. : _____ Nets No. : _____

D. Elaborated Design창을 닫는다.

10. Synthesis회로 살펴보기.

A. Flow Navigator / Synthesis / Run Synthesis를 Click하여 Synthesis를 실행한다.

B. Synthesis가 완료되면 Open Synthesized Design을 선택한다.

C. Synthesis창이 열리면 Synthesis / Synthesized Design / Schematic을 Click하여 합성된 회로를 Open한다.

① RTL 회로에 비해 상당히 복잡한 회로도가 보일 것이다.

D. Synthesis결과 합성회로에 사용된 Cell의 수와 I/O Port수 Net의 수를 아래에 기록한다.

Cell No. : ______ I/O Port No. : _____ Nets No. : _____

E. 회로를 확대하여 살펴보라.

① LUT와 I/O Buffer 외에 다른 Library가 보이는가?

② 어떤 역할을 담당하는 Library인가?

F. Synthesis창을 닫는다.

11. Implementation 결과 살펴보기

A. Flow Navigator / Implementation / Run Implementation을 Click하여 Place & Route 작업을 실행한다.

① Implementation을 실행할 것인가를 묻는 Launch Runs 창이 열리면 하단의 OK를 Click한다.

② VIVADO Tool우측 상단에 현재 진행되고 있는 작업의 상태를 나타내는 창을 관찰하여 보라.

B. Implementation이 완료되었다는 창이 열리면 Open Implemented Design을 선택한 후 하단의 OK Button을 Click한다.

C. Synthesis창을 닫을 것인가를 묻든 창에서 하단의 Yes Button을 Click한다.

D. Implemented Design창이 열리면 Flow Navigator / Implementation / Open Implemented Design / Report Utilization을 Click한다.

① 어떤 이름으로 Report를 열 것인가 묻는 창에서 Tool이 지정한 이름을 그대로 두고 하단의 OK Button을 Click한다.

② 아래의 그림과 같이 FPGA내부의 자원을 얼마만큼 사용했는가를 확인할 수 있는 Utilization 창이 열린다.

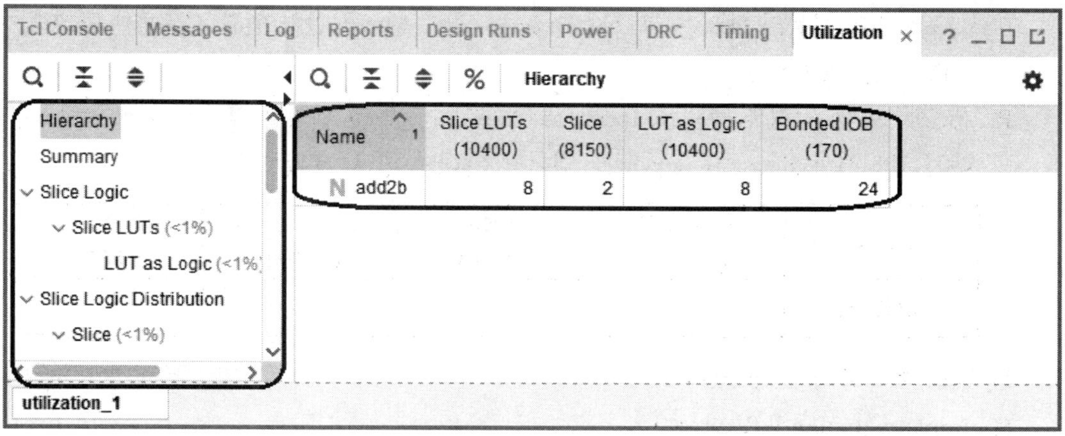

〈그림 4.2.1.1.4 Utilization Report 창〉

③ add2b module은 LUT를 10400개 가운데 8개를 사용하였음을 알 수 있다.

④ 위의 그림 좌측 창에서 다양한 자원들에 대한 활용 비율을 확인할 수 있다.

E. Timing Report를 살핀다.

① Report Timing Summary를 Click하고 Report를 저장할 이름을 묻는 창에서 Tool이 지정한 이름을 그대로 두고 하단의 OK Button을 Click한다.

② Report결과를 알려주는 창이 하단에 열리는데, 기본 Timing Report 창에는 주로 Flip Flop과 관련하여 Clock관련한 정보들이 보여지지만 조합회로에서는 Clock을 사용하지 않았으므로 아무런 정보가 보이지 않는다.

③ 아래의 그림과 같이 Timing Summary창 좌측 하단에서 Unconstrained Paths아래에 있는 NONE to NONE/Setup을 Click한다.

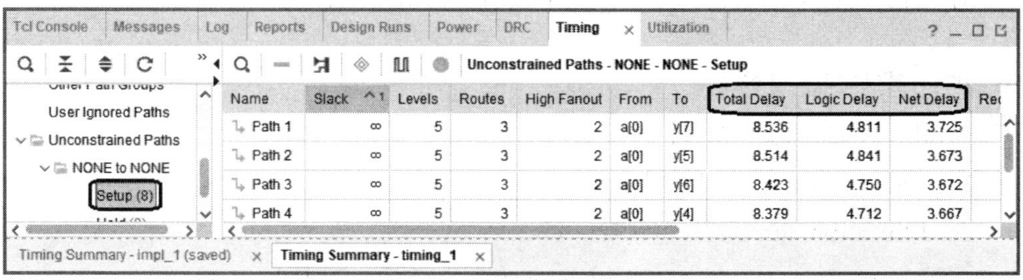

〈그림 4.2.1.1.5 Timing Report창〉

④ Report창 상단 중앙을 보면 Path들의 Delay가 어느 Point부터 어느 Point까지 인가를 알 수 있다. Path1을 보면 입력신호 a[0]부터 출력 y[6]까지의 전체 Delay가 8.740ns로 가장 큰 지연시간이 발생하는 Path이며, 그 중에 Logic Delay가 4.75ns, Net Delay가 3.99ns임을 보여준다. Logic Delay라 함은 순수하게 Logic역할을 담당하는 LUT나

Carry처리 부분의 Delay이고, Net Delay는 Logic Unit들 간의 연결 경로에서 발생하는 Delay를 의미한다.

F. add2b.v에서 입력과 출력을 16bit [15:0]으로 수정하여 저장한 후 Implementation을 다시 돌려서 Utilization Report를 열어서 아래의 칸을 채워보라.

Name	Slice LUT (10400)	Slice (8150)	LUT as Logic (10400)	Bonded IOB (170)
add2_16				

G. 8bit 결과와 비교해 보라.

H. Implementation창을 닫는다.

4.2.1.2 뺄셈회로에 대한 실습

덧셈회로에 적용했던 것과 동일한 실습을 실행해 보라.

1. add2b.v file을 sub2b.v로 저장한다.
2. 모듈이름을 sub2b로 수정하고 + Operator를 − Operator로 수정한다.
3. Add Sources를 활용하여 Design Sources의 List에 sub2b.v를 올린다.
4. Design Sources와 Simulation Sources에서 sub2b.v를 Top module로 설정한다.
5. Simulation을 실행한다.
   A. 입력조건은 덧셈 때와 동일하므로 my_add2b.tcl file을 그대로 적용하여 Simulation을 실행한다.
   B. 뺄셈 연산이 정상적으로 실행이 되었는지 확인한다.

6. RTL 회로도를 살핀다.
7. Synthesis회로도를 살핀다.
8. Implementation을 실행한다.
   A. Utilization Report를 살핀다.
      ① Implementation이 완료되면 Implemented Design 아래의 Report Utilization을 살펴서 아래에 기록한다.

Name	Slice LUT (10400)	Slice (8150)	LUT as Logic (10400)	Bonded IOB (170)
sub2_8				

   B. Timing Report를 살핀다.

① Report Timing Summary를 실행하여 가장 긴 Delay Path관련 정보를 아래에 기록한다.

출발점(From)	종착점(To)	Total Delay	Logic Dealy	Net Delay
		(ns)	(ns)	(ns)

C. Sub2b.v의 입력과 출력을 16bit로 수정하여 Implementation결과 Utilization을 확인한다.

Name	Slice LUT (10400)	Slice (8150)	LUT as Logic (10400)	Bonded IOB (170)
sub2_16				

D. 위에 기록한 뺄셈 회로의 결과는 덧셈회로의 결과와 어떻게 다른가? 그 이유는 무엇인가?

E. Implementation창을 닫는다.

4.2.1.3 곱셈회로에 대한 실습

덧셈, 뺄셈회로에 적용했던 것과 동일한 실습을 실행해 보라.

1. sub2b.v file을 mul2b.v로 저장한다.
2. 모듈이름을 mul2b로 수정하고 - Operator를 * operator로 수정한다.
3. Add Sources를 활용하여 Design Sources의 List에 mul2b.v를 올린다.
4. Design Sources와 Simulation Sources에서 mul2b.v를 Top module로 설정한다.
5. Simulation을 실행한다.
   A. 입력조건은 덧셈 때와 동일하므로 my_add2b.tcl file을 그대로 적용하여 Simulation을 실행한다.
   B. 곱셈 연산이 정상적으로 실행되었는지 확인한다.
      ① 연산의 결과가 8bit의 범위를 벗어나서 정상 연산결과인지 판별하기 어려우면 my_add2b.tcl file의 내용에서 a와 b의 값을 곱셈결과가 255보다 작거나 같은 값으로 수정하여 Simulation을 다시 실행해본다.
      ② source 명령을 다시 실행하는 간단한 방법을 소개한다. TCL Command창에 cursor를 두고 Click한 후에 key board에서 위쪽 화살표 key를 누르면 TCL Command중 직전에 실행했던 명령들이 순서대로 표시된다.
      ③ 앞서 실행했던 my_add2b.tcl에 대한 source ~~.tcl command가 보이면 Enter Key를 눌러 simulation을 실행한다
6. RTL 회로도를 살핀다.

7. Synthesis회로도를 살핀다.
   A. 회로의 복잡도가 어떻게 달라졌나?
8. Implementation을 실행한다.
   A. Utilization Report를 살핀다.
      ① Implementation이 완료되면 Implemented Design / Report Utilization을 실행하여 사용된 자원의 내역을 아래에 기록한다.

Name	Slice LUT (10400)	Slice (8150)	LUT as Logic (10400)	Bonded IOB (170)
mul2_8				

   B. Timing Report를 살핀다.
      ① Report Timing Summary를 실행하여 가장 긴 Delay Path관련 정보를 아래에 기록한다.

출발점(From)	종착점(To)	Total Delay	Logic Dealy	Net Delay
		(ns)	(ns)	(ns)

   C. mul2b.v file에서 두 입력의 bit수를 [7:0]에서 [15:0]으로 수정하고, 출력의 bit수는 [31:0]으로 수정하고, Implementation을 다시 실행하여 Utilization과 Timing을 다시 확인해 보라.
   D. bit수를 확장한 결과와 앞서 실행했던 8bit로의 결과는 어떻게 다른가? 그 이유는 무엇인가?
      ① 입력 bit수가 8bit, 출력 bit수도 8bit인 경우는 LUT사용량이나 Delay측면에서 과하지 않기에 Tool이 스스로 판단하여 일반 Logic 구현을 위한 Library인 LUT로 처리한 것이다.
      ② 입력과 출력 bit수가 16bit로 늘어난 것을 일반 Logic으로 구현하면 그 규모의 증가는 매우 커질 것이었지만 DSP48이라는 Hard Macro Library를 사용하여 LUT를 사용하지 않고도 구현이 가능했다.
   E. Implementation창을 닫는다.

4.2.1.4 나눗셈회로에 대한 실습

덧셈, 뺄셈, 곱셈회로에 적용했던 것과 동일한 실습을 실행해 보라.

1. mul2b.v file을 div2b.v로 저장한다.
2. 모듈이름을 div2b로 수정하고 * Operator를 / operator로 수정한다.
3. Add Sources를 활용하여 Design Sources의 List에 div2b.v를 올린다.
4. Design Sources와 Simulation Sources에서 div2b.v를 Top module로 설정한다.

5. Simulation을 실행한다.
   A. 입력조건은 덧셈 때와 동일하므로 my_add2b.tcl file을 그대로 적용하여 Simulation을 실행한다.
   B. 나눗셈 연산이 정상적으로 실행되었는지 확인한다.
      ① 연산의 결과가 8bit의 범위를 벗어나서 판별하기 어려우면 my_add2b.tcl file의 내용에서 a와 b의 값을 나눗셈결과가 0~255 사이의 값이 되도록 수정하여 simulation을 다시 실행해 본다.
      ② 위쪽 화살표 key를 활용하여 앞서 실행했던 my_add2b.tcl에 대한 source ~~.tcl command가 보이면 Enter Key를 눌러 simulation을 실행한다.
6. RTL 회로도를 살핀다.
7. Synthesis회로도를 살핀다.
8. Implementation을 실행한다.
   A. Utilization Report를 살핀다.
      ① Implementation이 완료되면 Implemented Design / Report Utilization을 실행하여 사용된 자원의 내역을 아래에 기록한다.

Name	Slice LUT (10400)	Slice (8150)	LUT as Logic (10400)	Bonded IOB (170)
div2_8				

   B. Timing Report를 살핀다.
      ① Report Timing Summary를 Click하여 Implementation결과 Timing Report내용을 살펴서 가장 긴 Path의 Total Delay, Logic Delay, Net Delay를 기록한다.

출발점(From)	종착점(To)	Total Delay	Logic Dealy	Net Delay
		(ns)	(ns)	(ns)

   C. div2b.v에서 입력과 출력의 bit수를 16bit로 늘려서 Implementation을 돌린 후에 Utilization과 Timing Report를 확인해 보라.

Name	Slice LUT (10400)	Slice (8150)	LUT as Logic (10400)	Bonded IOB (170)
div2_16				

      ① 가장 긴 Net Delay는 얼마인가? ____________________ns

   D. 나눗셈 회로에서 입출력이 8bit일 때와 16bit일 때의 결과는 어떻게 다른가? 그 이유는 무엇인가?

F. Implementation창을 닫는다.

4.2.1.5 arith8.v에 대한 실습

덧셈, 뺄셈, 곱셈, 나눗셈 회로를 하나의 모듈에 결합한 arith8.v에 대한 실습을 진행해 본다.

1. div2b.v file을 arith8.v로 저장한다.
2. 다음의 그림과 같이 arith8.v의 내용을 수정한다.

```
module arith8
(
    input [7:0] a,b,
    output [7:0] y_add, y_sub, y_mul, y_div
);

assign y_add = a + b;
assign y_sub = a - b;
assign y_mul = a * b;
assign y_div = a / b;

endmodule
```

3. Add Sources를 활용하여 Design Sources의 List에 arith8.v를 올린다.
4. Design Sources와 Simulation Sources에서 arith8.v를 Top module로 설정한다.
5. Simulation을 실행한다.
   A. 입력조건은 덧셈 때와 동일하므로 my_add2b.tcl file을 그대로 적용하여 Simulation을 실행한다.
   B. 4가지 연산이 정상적으로 실행되었는가 확인한다.
      ① my_add2b.tcl file의 내용을 수정해 가면서 Simulation을 다시 실행해 본다.
6. RTL 회로도를 살핀다.
7. Synthesis회로도를 살핀다.
8. Implementation을 실행한다.
   A. Utilization Report를 살핀다.
      ① Implementation이 완료되면 Implemented Design / Report Utilization을 실행하여 사용된 자원의 내역을 아래에 기록한다.

Name	Slice LUT (10400)	Slice (8150)	LUT as Logic (10400)	Bonded IOB (170)
arith8				

LUT No. ______________	LUT사용 비율 ______________%

B. Timing Report를 살핀다.

① Report Timing Summary를 실행하여 가장 긴 Delay Path관련 정보를 아래에 기록한다.

출발점(From)	종착점(To)	Total Delay	Logic Dealy	Net Delay
		(ns)	(ns)	(ns)

C. arith8.v에서 입력과 출력의 bit수를 16bit로 늘려서 Implementation을 돌린 후에 Utilization과 Timing Report를 확인해 보라.

D. arith8회로에서 입력이 8bit일 때와 16bit일 때의 결과는 어떻게 다른가? 그 이유는 무엇인가?

E. Implementation 창을 닫는다.

4.2.2 계층구조 설계를 위한 Verilog HDL 실습

이번 단원에서는 4.1.2 단원에서 학습한 계층구조 설계를 위한 Verilog HDL에 대한 실습을 진행한다.

1. VIVADO Tool을 열고 comb_lab project를 open한다.
2. 기존에 사용했던 arith8.v를 열고 arith8_core.v라는 이름으로 저장한다.
3. 아래와 같이 arith8_core.v의 내용을 수정하여 저장한다.

```
module arith8_core
(
    input [7:0] din_a, din_b,
    input [1:0] sel,
    output [7:0] y_out
);

wire [7:0] y_a, y_s, y_m, y_d;

arith8 u_arith8_0
(
//.Sub Name (Current Name)
  .a        (din_a  ),
  .b        (din_b  ),
  .y_add    (y_a    ),
  .y_sub    (y_s    ),
  .y_mul    (y_m    ),
  .y_div    (y_d    )
);

assign y_out = (sel == 0) ? y_a :
               (sel == 1) ? y_b :
               (sel == 2) ? y_m :
                            y_d ;

endmodule
```

〈그림 4.2.2.1 add2b.v에 대한 Verilog HDL Code〉

4. Add Sources를 활용하여 Design Sources의 List에 arith8_core.v를 올린다.
5. Design Sources와 Simulation Sources에서 arith8_core.v를 Top module로 설정한다.
6. Flow Navigator/Simulation/Run Simulation/Run Behavioral Simulation을 Click하여 Simulation을 시작한다.
   A. Simulation창이 열리면 기본적으로 Objects창에는 현재 Simulation을 진행하고 있는 module의 신호들에 대한 List가 보인다.
   B. Simulation창 좌측의 Scopes창을 보면 arith8_core아래에 u_arith8_0라는 sub module이 존재함이 표시된다.
      ① u_arith8_0를 click해 보면 Objects창에는 sub module에서 사용되는 신호들에 대한 List가 표시된다.
      ② Objects창에 나타난 신호 List가운데 Simulation에서 관측하고 싶은 신호를 선택하여 우측 마우스 버튼을 누른 후 "Add to Wave Window"를 사용하여 해당 신호를 Wave Window의 관측 List에 올린다.
      ③ 만일 모든 신호를 관측하고 싶으면 TCL Console에서 〈add_wave *〉를 입력하고 Enter를 입력하면 된다.
   C. Wave Window에 있는 신호들은 기본적으로 16진수로 표시되는데 이를 10진수 표시로

변경하려면 해당신호를 선택하여 우측 마우스 버튼을 누르고 Radix를 Unsigned Decimal로 변경하면 된다.

D. Wave Window의 신호들에 대한 정리가 마무리 되었으면 VIVADO Tool상단 메뉴에서 File/Simulation Waveform/Save Configuration As…를 선택하여 arith8_core_behav.wcfg로 저장한다.

7. Simulation에서 입력 값을 설정하는 Stimulus File인 TCL File을 작성한다.

A. VIVADO Tool 상단 메뉴에서 File/Text Editor/Open File을 Click하여 Open할 File을 선택하는 창을 띄운다.

B. C:/FPGA/2020/comb_lab/comb_lab.sim/sim_1/behav/ 아래에 있는 〈my_add2b.tcl〉을 Open하여 〈my_arith8_core.tcl〉로 저장한다.

C. 다음과 같이 〈my_arith8_core.tcl〉의 내용을 수정한다.

```
restart
add_force din_a -radix dec 50
add_force din_b -radix dec 3
add_force sel -radix hex 0
run 1us
add_force sel -radix hex 1
run 1us
add_force sel -radix hex 2
run 1us
add_force sel -radix hex 3
run 1us
```

〈그림 4.2.2.2 arith8_core.v file을 Simulation하기 위한 Simulation Stimulus File〉

8. Simulation 진행하기

A. my_arith8_core.tcl file에 대한 문서작성기 위의 File 위치 및 이름 칸을 Click하여 복사한다.

B. TCL Command 창에서 “source” 명령을 활용하여 복사한 위치의 my_arith8_core.tcl을 실행하여 Simulation을 진행한다.

C. Simulation Wave창 상단 메뉴에서 Zoom Fit Symbol을 Click하여 전체 진행 파형을 관측한다.

① 각각의 산술연산의 결과 값은 정확하게 산출되었는가?

② 최종 출력 y_out의 값은 sel 신호의 변화에 따라 개별 산술연산의 결과 값이 잘 선택되었는가?

③ Wave Window에 나열된 신호 가운데 y_out을 마우스 우측 버튼으로 선택하고 Pop

Up Menu에서 Signal Color에 Cursor를 위치시키면 지정할 색상 표가 나타나는데, 변경하고 싶은 색을 선택하여 마우스 좌측 버튼으로 Click한다.

④ 이와 같이 각각의 신호들에 대해 파형에서 표시되는 색을 수정할 수 있는데, 입력 신호 Group, 출력 신호 Group, 특정 의미의 신호… 와 같이 각각의 신호들의 표시 색상에 따라 의미를 부여하면 Simulation 파형을 관측하는데 유용하게 활용될 수 있다.

⑤ 이렇게 수정된 Wave Window의 내용을 wcfg file로 저장해 두면 다음에 Simulation을 진행할 때 이 내용들을 불러서 Simulation을 진행할 수 있다.

D. Simulation창을 닫는다.

9. RTL 회로 살펴보기

A. Flow Navigator/RTL Analysis/Elaborated Design을 Click하여 RTL 회로도를 살펴본다.

① [2:1] Multiplexer 3개와 u_arith8_0 가 보일 것이다.

② Schematic창 상단의 zoom fit symbol을 Click하면 zoom area기능을 실행할 수 있으므로 u_arith8_0 부분을 마우스 좌측 버튼으로 누른 상태에서 마우스를 이동한 후 마우스 버튼을 띄어서 zoom area를 실행해 본다.

③ u_arith8_0를 확대해 보면 좌측 상단에 십자 모양의 사각형이 보이는데 이는 sub module회로도를 펼쳐 볼 수 있다는 의미이다. 이 십자 모양의 사각형을 마우스 좌측 버튼으로 Click하여 Sub Module u_arith8_0의 회로도를 살펴보라.

④ 마이너스 모양으로 바뀐 좌측 상단 사각형을 다시 누르면 Sub Module의 회로도가 닫힌다.

B. Arith8_core에 사용된 Cell의 수와 I/O Port수 Net의 수는 어떤가?

Cell No. : ______ I/O Port No. : ______ Nets No. : ______

C. Elaborated Design창을 닫는다.

10. Synthesis회로 살펴보기.

A. Flow Navigator/Synthesis/Run Synthesis를 Click하여 Synthesis를 실행한다.

B. Synthesis가 완료되면 Open Synthesized Design을 선택한다.

C. Synthesis창이 열리면 Synthesis/Synthesized Design/Schematic을 Click하여 합성된 회로를 Open한다.

① RTL 회로에 비해 상당히 복잡한 회로도가 보일 것이다.

D. Synthesis결과 합성회로에 사용된 Cell의 수와 I/O Port수 Net의 수를 아래에 기록한다.

Cell No. : ______ I/O Port No. : _____ Nets No. : _____

E. Synthesis창을 닫는다.

11. Implementation 결과 살펴보기

A. Flow Navigator/Implementation/Run Implementation을 Click하여 Place & Route작업을 실행한다.

B. Implemented Design창이 열리면 Flow Navigator/Implementation/Implemented Design/Report Utilization을 Click하고 사용된 FPGA 자원들에 대한 내역을 기록한다.

① Arith8_core에서 사용한 자원과 Sub Module이 사용한 자원을 구분하여 기록해 본다.

Name	Slice LUT (10400)	Slice (8150)	LUT as Logic (10400)	Bonded IOB (170)
arith8_core				
u_arith8_0				

C. Timing Report를 살핀다.

① Report Timing Summary를 실행하여 가장 긴 Delay Path관련 정보를 아래에 기록한다.

출발점(From)	종착점(To)	Total Delay	Logic Dealy	Net Delay
		(ns)	(ns)	(ns)

D. Implementation창을 닫는다.

4.2.3. Seven Segment Decoder 설계를 위한 Verilog HDL 실습

이번 단원에서는 4.1.3 단원에서 학습한 Seven Segment Decoder 설계를 위한 Verilog HDL 실습을 진행한다.

이론 학습 부분에서 제시되었던 hex2seg.v를 완성하였는가? 아직 완성하지 못하였다면 〈그림 4.1.3.3 hex2seg.v Verilog HDL Code〉의 나머지 경우에 대한 Code를 완성하고 실습을 진행하기 바란다.

충분히 노력해 보았는데도 도저히 마무리가 어려운 경우에는 이 실습의 가장 뒷부분에 제시된 hex2seg.v code를 참조하되 지금 바로 그 Code를 보는 것은 본인의 실력을 쌓는데 오히려 해가 될 뿐임을 기억하라.

1. VIVADO Tool을 열고 comb_lab project를 open한다.
2. 기존에 사용했던 Verilog HDL Code 하나를 열어서 hex2seg.v라는 이름으로 저장한다.

3. 〈그림 4.1.3.3 hex2seg.v Verilog HDL Code〉를 참조하여 hex2seg.v code를 완성한다.
4. Add Sources를 활용하여 Design Sources의 List에 hex2seg.v를 올린다.
5. Design Sources와 Simulation Sources에서 hex2seg.v를 Top module로 설정한다.
6. Simulation시작하기
   A. Flow Navigator/Simulation/Run Simulation/Run Behavioral Simulation을 Click하여 Simulation을 시작한다.
   B. Wave Window에 관측하려는 hex2seg.v의 신호가 보이지 않으면 Objects의 신호 List를 선택하여 Add Wave Window를 실행하여 Wave List에 din[3:0]과 seg_d[7:0]을 올린다.
   C. File/Simualtion Waveform/Save Configuration As...를 선택하여 Waveform 설정 값을 hex2seg. wcfg로 저장한다.
   D. 이제 Simulation 입력 값을 설정하는 TCL File을 작성해 보자.
      ① din값을 십진수로 0~15까지 1씩 증가하는 입력을 작성하고자 한다. DIN[0]를 2us주기 신호로, DIN[1]을 4us, DIN[2]를 8us, DIN[3]를 16us주기의 신호로 설정하도록 Clock 신호로 설정하고 16us를 진행하면 모든 입력이 경우에 대해 변환 결과를 확인할 수 있다.
      이 단계를 스스로 진행할 수 있는 사람은 Simulation을 스스로 진행해 보기 바란다.
      ② 스스로 하기 어려운 사람은 C:/FPGA/2020/comb_lab/comb_lab.sim/sim_1/behave 아래에 있는 my_로 시작하는 TCL File을 하나 열고 my_hex2seg.tcl 이라는 이름으로 저장한다.
      ③ my_hex2seg.tcl의 내용을 아래와 같이 수정한다.

```
restart
add_force din[0] -radix hex {0 0ns} {1 1us} -repeat_every 2us
add_force din[1] -radix hex {0 0ns} {1 2us} -repeat_every 4us
add_force din[2] -radix hex {0 0ns} {1 4us} -repeat_every 8us
add_force din[3] -radix hex {0 0ns} {1 8us} -repeat_every 16us
run 16us
```

〈그림 4.2.3.1 hex2seg.v를 simulation하기 위한 Stimulus File〉

7. Simulation 진행하기
   A. my_hex2seg.tcl file에 대한 문서작성기 위의 File 위치 및 이름 칸을 Click하여 복사한다.
   B. TCL Command 창에서 "source" 명령을 활용하여 복사한 위치의 my_hex2seg.tcl을 실행하여 Simulation을 진행한다.
   C. Simulation Wave창 상단 메뉴에서 Zoom Fit Symbol을 Click하여 전체 진행 파형을

관측한다.

① Wave Window 상단에 있는 Zoom In, Zoom Out Button과 하단의 좌, 우 Scroll Bar를 이용하여 16진수 기준으로 din값 0부터 f까지 이동하면서 출력 seg_d의 값을 확인한다.

② din각각의 값이 〈표 4.1.3.1 Seven Segment에 표시할 16진수 변환 표〉의 내용과 일치하는 가 확인한다.

③ 일치하지 않으면 hex2seg.v file의 내용을 살펴보고 어느 부분이 일치하지 않는 가 살펴본 후에 수정할 부분을 수정하고 나서 Simulation을 다시 실행해 보도록 한다.

④ din값에 따른 seg_d의 값이 일치하면 Simulation을 마친 후에 회로도 확인 실습을 진행한다.

D. Simulation창을 닫는다.

8. RTL 회로 살펴보기

A. Flow Navigator/RTL Analysis/Elaborated Design을 Click하여 RTL 회로도를 살펴본다.

① 어떤 형태로 구성되었는지 형태를 살펴보고, 뒤에 Synthesis 결과와 비교해 본다.

B. 여기서 사용된 Cell의 수와 I/O Port수 Net의 수는 어떤가?

Cell No. : ______ I/O Port No. : _____ Nets No. : _____

C. Elaborated Design창을 닫는다.

9. Synthesis회로 살펴보기.

A. Flow Navigator/Synthesis/Run Synthesis를 Click하여 Synthesis를 실행한다.

B. Synthesis가 완료되면 Open Synthesized Design을 선택한다.

C. Synthesis창이 열리면 Synthesis/Synthesized Design/Schematic을 Click하여 합성된 회로를 Open한다.

① RTL 회로에 비해 오히려 단순화된 회로도가 보일 것이다.

② 출력신호 seg_d의 모든 신호들은 4bit입력으로부터 생성된 것이므로 LUT4를 하나씩 사용하였다

D. Synthesis결과 합성회로에 사용된 Cell의 수와 I/O Port수 Net의 수를 아래에 기록한다.

Cell No. : ______ I/O Port No. : _____ Nets No. : _____

10. Implementation 결과 살펴보기

A. Flow Navigator/Implementation/Run Implementation을 Click하여 Place & Route작업

을 실행한다.

B. Implemented Design창이 열리면 Flow Navigator/Implementation/Implemented Design/Report Utilization을 Click하고 사용된 FPGA자원들에 대한 내역을 기록한다.

Name	Slice LUT (10400)	Slice (8150)	LUT as Logic (10400)	Bonded IOB (170)
hex2seg				

C. Timing Report를 살핀다.

① Report Timing Summary를 실행하여 가장 긴 Delay Path관련 정보를 아래에 기록한다.

출발점(From)	종착점(To)	Total Delay	Logic Dealy	Net Delay
		(ns)	(ns)	(ns)

D. Implementation창을 닫는다.

아래 〈그림 4.2.3.2〉에 완성된 hex2seg.v code를 도시하였으니 참고하기 바란다.

```
module hex2seg
(
    input [3:0] din,
    output [7:0] seg_d
);

assign seg_d = (din == 4'h0) ? (8'h3f) :
               (din == 4'h1) ? (8'h06) :
               (din == 4'h2) ? (8'h5b) :
               (din == 4'h3) ? (8'h4f) :
               (din == 4'h4) ? (8'h66) :
               (din == 4'h5) ? (8'h6d) :
               (din == 4'h6) ? (8'h7d) :
               (din == 4'h7) ? (8'h27) :
               (din == 4'h8) ? (8'h7f) :
               (din == 4'h9) ? (8'h6f) :
               (din == 4'ha) ? (8'h5f) :
               (din == 4'hb) ? (8'h7c) :
               (din == 4'hc) ? (8'h58) :
               (din == 4'hd) ? (8'h5e) :
               (din == 4'he) ? (8'h7b) :
                               (8'h71) ;

endmodule
```

〈그림 4.2.3.2 완성된 hex2seg.v code〉

4과의 실습을 마침으로 조합회로를 설계하는데 필요한 필수적인 Verilog HDL에 대한 학습을 모두 마무리한다.

이어지는 5과에서는 D-Flip Flop, Counter같은 순차회로(Sequential Logic)설계를 위한 Verilog HDL을 익혀보도록 한다.

제 5 과 Verilog HDL 학습 4 : 순차회로 (D-FF, Register, Counter)

이번 과에서는 순차회로설계를 위한 Verilog HDL 문법과 사용방법들을 학습하고, 실습을 통해서는 유용한 Simulation 방법들을 새롭게 익히며, 구현되는 회로도를 살펴보고 Implementation결과 Report들을 살펴보게 될 것이다.

순차회로란 Clock에 의해 Data를 Catch하고 다음 Clock이 발생할 때까지 그 값을 유지하는 회로를 말한다. 우리가 잘 아는 D-Flip Flop, Register, Counter 등이 여기에 해당한다. 실제 Digital 회로에서는 순차회로 단독으로 사용되는 경우는 거의 없고, 대부분의 경우 앞에서 학습한 조합회로와 결합하여 사용된다.

5.1 순차회로 설계를 위한 Verilog HDL 학습

순차회로에서 사용되는 D-Flip Flop, Register, Counter들을 설계하기 위한 Verilog HDL의 문법을 살펴보자.

5.1.1 D-Flip Flop 구현을 위한 Verilog HDL Code

5.1.1.1 단일 D-Flip Flop을 위한 Verilog HDL Code

D-Flip Flop에 대한 동작의 설명은 1.2.2.1 단락을 참조하기 바란다. 아래의 그림에 D-Flip Flop에 대한 회로를 제시하였다. 그림에서 rst신호가 Flip Flop의 몸체에 동그라미로 연결되어 있는데, 동그라미는 Not Gate를 뜻하며, Low일 때 출력 qout을 clear시키는 동작을 수행할 것을 의미한다.

```
1  module d_ff
2  (
3  input   rst, clk,
4  input   din,
5  output  reg qout
6  );
7
8  always@(negedge rst, posedge clk)
9      if (rst == 0)
10         qout <= 0;
11     else
12         qout <= din;
13
14 endmodule
```

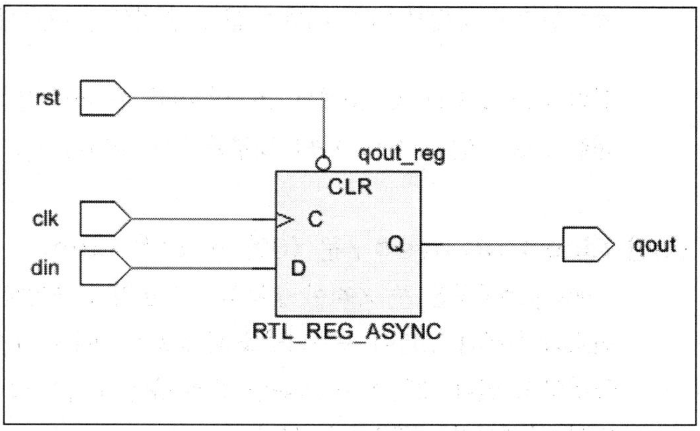

〈그림 5.1.1.1 D-Flop Flop에 대한 Verilog HDL Code와 회로도〉

위의 그림에서 좌측에 제시된 D-Flip Flop을 위한 Verilog HDL을 새롭게 소개된 내용을 중심으로 살펴보자.

❙ 5번 Line : reg type선언

output선언과 output신호 이름 사이에 reg라는 문구가 새로 등장하였다. reg는 신호의 성격을 규정하는 신호의 type으로, 조합회로에서 소개되었던 wire와 대비되는 type이다. reg type은 D-Flip Flop이나 Register, Counter와 같이 Clock등에 의해 설정된 값의 상태를 유지해야 하는 신호를 정의할 때 사용된다.

❙ wire type

wire type은 조합회로의 결과를 받는 신호 가운데 해당 module의 출력을 제외한 내부에서 값을 받아서 내부의 다른 회로에 값을 전달하는 용도의 신호에 적용된다. 조합회로의 특성상 어떤 입력이든 해당회로의 입력이 변하면 그에 따라서 회로의 연산 결과가 바로 영향을 받아서 회로의 결과 값을 유지할 수 없는 신호 가운데 출력을 제외한 내부 신호에 대해서 wire로 신호의 type을 선언한다.

❙ reg type

reg type은 결과에 직접적으로 영향을 미치는 조건이 아닌 상태일 때에는 결과 값을 유지해야 하는 회로에서 적용이 되는데, reg type은 내부에서 활용되는 신호뿐만 아니라 출력신호에 대해서도 적용된다. D Flip Flop과 같이 신호를 생성하는데 직접적으로 영향을 미치는 Clock, Asynchronous Clear나 Asynchronous Reset에 의해서만 상태가 변하고, 그 이외의 입력에 대해서는 입력의 상태가 바뀌어도 영향을 받지 않고 다음 Clock이나 Asynchronous

제어신호의 상태가 변할 때까지 값을 유지하는 신호에 대한 Type을 규정할 때 사용된다.

위의 Verilog HDL Code에서 qout에 대한 reg 선언은 출력에 대한 선언인데, 내부 신호에 대한 reg 선언은 이번 과의 뒷부분에서 소개하기로 한다.

▌8번 Line : always@구문 (8번 ~ 12번 Line)

always@구문은 주 목적이 순차회로의 동작을 표현하기 위해 도입된 구문으로 괄호 안의 신호의 상태의 조건이 충족되었을 때 always@에 이어지는 일련의 문장들이 동작을 하도록 규정하고 있다. if문이나 case문 같은 유용한 구문들이 always@에 의해 선언된 구문의 범위 안에서만 사용될 수 있다.

사용법은 always@에 이어 괄호를 열고, 괄호 안에는 always문의 동작을 실행시키는 직접적 근거를 제공하는 신호들을 나열하고 괄호를 닫음으로써 always문의 첫 번째 Line이 종료되는데, 괄호속의 신호에 변화가 있을 때에만 always문이 실행되며, 이렇게 괄호속에 나열된 신호들을 sensitivity list라고 한다. D-Flip Flop에 대한 Verilog HDL Code에서는 always@구문의 괄호 안에 rst신호와 clk신호가 사용되었다. rst신호 앞에는 negedge라는 조건 구문이 붙어 있는데 이는 negative edge를 줄인 것으로 rst신호가 Low상태에서 rst에 대한 동작을 한다는 의미이다. clk 앞에 붙어있는 posedge는 positive edge를 줄인 것으로 clk신호의 rising edge에서 always@구문이 작동한다는 의미이다.

always@구문의 첫 줄인 8번 Line에서는 단지 rst신호와 clk신호가 어떤 상태가 되었을 때 always@구문이 작동하는가에 대한 정의를 내린 것이다.

always@구문이 언제 마무리 되는 가에 대한 정의된 표현은 따로 없고 always@에 의해 작동되는 회로 동작에 대한 문장들이 마무리 되었을 때 always@구문도 같이 종료되는 형태여서 언제 always@구문이 언제 끝나는가에 대해 익숙해지기까지는 조금 혼란이 있을 수 있다. 그러나 어느 정도 익숙해지고 나면 큰 어려움 없이 사용할 수 있게 될 것이므로 본 교재에서 제시되는 Verilog HDL의 설명들을 차분하게 따라서 실습하다 보면 자연스럽게 익히게 될 것이다. 우선 위의 D-Flip Flop에서는 always@ 다음에 시작된 if문이 마무리 되면서 always@구문도 완료되는 형태로 작성되었다.

▌9번 Line : if 문

if문은 always@구문과 함께 사용할 수 있는 구문으로 참인가 거짓인가를 판별하여 그에 따른 동작을 선택하는 구문이다. 기능적으로는 조합회로에서 소개되었던 conditional operator와 동등한 기능을 수행한다.

사용형식은 아래와 같다.

```
if (1st 조건 판단 문)
 1st 실행 구문
else if (2nd 조건 판단 문)
 2nd 실행 구문
else
 기타 실행구문
```

위의 구문에서와 같이 첫 번째 조건 판단 문이 참이면 첫 번째 실행구문을 실행하고, 거짓이면 이어지는 if 문의 다음 내용에 따라 판단을 다시 하게 된다. 이렇게 if 문은 참, 거짓 가운데 하나를 선택하는 [2:1]선택을 조건의 순서에 따라 실행하게 하는데, 이어지는 else if 문이 몇 개 이어질 지에 대한 숫자에는 제한이 없다. 또한 마지막 조건 판단으로 모든 경우의 수에 대한 판단이 다 다뤄져서 별도로 나머지 경우를 판단할 필요가 없을 때에는 else가 생략될 수 있다.

위의 D-Flip Flop의 경우를 살펴보면 1st 판단조건으로 rst가 0인가를 판별하여 참이면 qout의 상태는 0이 된다. 이어서 다른 조건 판단 없이 else가 따르는데 그 의미는 앞에서 선언한 alwyas@(negedge rst, posedge clk)에서 이 always구문은 rst가 Low일 때와 Clock의 Rising Edge에서만 구동하도록 설정되어 있는데 rst이 0인 경우를 1st 조건 판단에서 다루었으므로 나머지 모든 경우로 처리하는 else구문이 오더라도 clock의 rising edge에서만 실행된다는 의미이다.

예리한 사람은 조합회로에서 사용된 assign문에서는 신호처리 결과를 전달할 때 equal신호를 하나 붙였었는데 여기에서는 qout에 왼쪽 부등호에 이어서 equal이 붙어있는 것을 느꼈을 것이다. always@구문에서도 equal을 하나만 사용하여 값을 전달하는 경우도 가능하다. always@구문에서 값을 전달할 때 equal을 하나 붙여서 전달하는 형태를 Blocking전달이라 하고 <= 형태로 전달하는 형태를 Non-Blocking전달이라고 한다.

순차회로에서는 Blocking형태냐, Non Blocking형태의 신호전달이냐에 따라서 그 값이 전달되는 Timing이 달라질수 있다. Blocking형태의 신호전달을 사용하게 되면 우리가 생각하는 D-Flop Flop들로 구성된 회로를 구현하려는 것과 다른 형태의 결과를 얻게 될 수 있다. Non-Blocking형태를 사용하면 크게 신경 쓰지 않아도 우리가 알고 있는 순차회로의 결과를 얻게 된다. Blocking형태의 신호전달을 사용한다는 것은 그 Blocking형태의 신호전달에서 정의한 신호전달 Timing을 의도적으로 사용한다는 뜻인데, 굳이 Blocking형태의 신호전달을 사용하지 않아도 Non-Blocking형태의 신호전달에 의해서도 개념의 혼란 없이 원하는 순차회로를 얻을 수 있다.

순차회로에서는 Non-Blocking을 사용한다고 생각하고 설계하면 아무 문제가 없으므로 굳이 Blocking형태의 신호전달과 Non Blocking형태의 신호전달의 차이점에 대해서는 이 교재에서는 따로 설명하지 않겠다.

If 문의 마무리는 마지막 조건 판단 문 이후의 실행 문이 마무리되면서 같이 마무리된다.

위의 D-Flip Flop의 예에서는 12번 Line에서 qout에 din을 전달해 주는 구문으로 해당 실행 문, if문, always@구문이 함께 마무리 된다.

always@구문이 끝나고 나면 다른 always@구문이 선언될 수도 있고, assign문이 사용될 수 도 있다. always@구문은 D-Flip Flop이나 Counter, Register등과 같이 같은 Clock, Reset신호에 의해 구동되는 단위 회로를 설계하는데 사용된다. 실제로 모든 순차회로는 always@구문에 의해 구동된다.

5.1.1.2 D-Flip Flop을 응용한 Edge 검출을 위한 Verilog HDL Code

이번에는 1bit입력신호의 Edge를 검출하는 회로를 살펴보자. 실제 Digital 회로를 설계할 때 자주 활용되는 유용한 회로이며 또한 순차회로를 위한 Verilog HDL문법을 학습함에 있어서도 중요한 내용을 포함하고 있다.

```
module edge_det
(
input   rst, clk,
input   din,
output  redge, fedge
);
reg q0,q1;
always@(negedge rst, posedge clk)
    if (rst == 0)
        begin
            q0 <= 0;
            q1 <= 0;
        end
    else
        begin
            q0 <= din;
            q1 <= q0;
        end
assign redge = q0 & ~ q1;
assign fedge = q1 & ~ q0;
endmodule
```

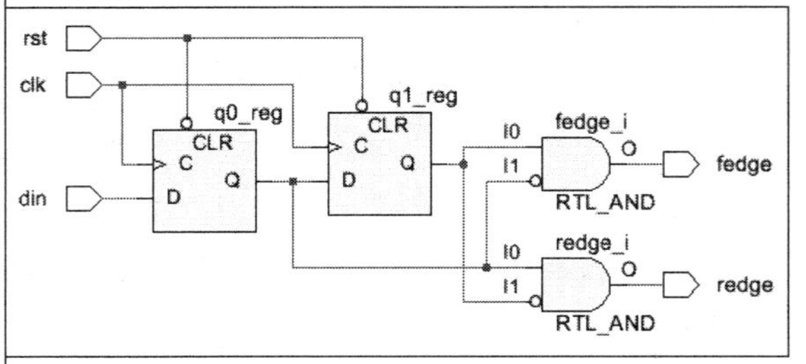

〈그림 5.1.1.2 Edge Detect회로에 대한 Verilog HDL Code와 회로도〉

회로의 동작은 우측 회로도에서와 같이 din신호를 두 개의 D-Flip Flop으로 Shift시킨 후에 두 신호 q0와 q1에 대해서 한 쪽을 not gate로 반전시켜서 and한 것이다. 이에 대한 Verilog HDL의 문법을 살펴보자.

▌10번 Line : 순차회로에서 동일조건하에서 복수의 신호 전달을 위한 begin ~ end

always@구문에 의해 순차회로를 위한 구문이 시작되면 특정 조건이 충족되었을 때 지정하는 신호에 값을 전달하게 되는데, 동일한 조건하에서 복수의 신호에 대한 값을 전달하게 될 때 begin으로 시작하고 복수의 전달할 신호에 대한 전달구문을 이어서 작성하고 마지막 전달 구문 다음에 end로 마감하면 된다.

이러한 begin ~ end 구문은 if문이나 case문 등 특정한 조건에 대한 판단을 하여 그 판단 결과에 따라 어떤 신호처리를 해야 하는 구문에서 활용된다. 앞에서 살펴보았던 D-Flip Flop같이 단일 전달구문을 사용하는 경우에도 begin ~ end를 사용하면 같은 조건에서 처리하는 구문의 시작점과 끝점을 명확하게 구분할 수 있는 유용한 면이 있다.

위의 Edge Detect회로에서는 11번과 12번 Line에서 동일한 reset조건에서 q0와 q1이 0로 설정되었으며, 16번과 17번 Line에서는 Clock의 Rising Edge라는 동일 조건하에서 q0는 din을 받고, q1은 q0을 받는다. 이 때 clock의 rising edge에서 q0와 q1이 동시에 값을 전달받고는 즉시 조건이 완료된다. 그리고 이 책의 도입부에 소개한 것과 같이 D-Flip Flop은 Clock이 발생한 순간 DIN을 받아들이지만 실제로 받아들인 값이 출력에 반영될 때까지 전달지연시간이 발생하므로 같은 Clock이 발생했을 때 din값이 q0를 통과하여 q1까지 전달되는 일은 없다고 본다.

이렇게 q0와 q1이 생성되면 이들 신호를 조합회로에서 학습한 assign문을 이용하여 Edge검출을 위한 Gate회로를 19번과 20번에 구성하였다.

Verilog HDL에서 assign문에 의한 신호전달 회로들과 always@에 의해 구현된 회로들은 각각 독립적이면서 또한 동시에 결과를 생성한다. 마치 회로도에서 각각 따로 구성된 회로부품들과 같은 독립적인 회로라고 보면 된다.

5.1.2 Register를 위한 Verilog HDL Code

Register에는 Parallel Input을 받아서 Clock으로 Catch하여 Parallel Output으로 출력해 주는 형태의 Register와 Serial 입력을 받아서 Shift시켜주는 Shift Register가 대표적이다.

5.1.2.1 Parallel In Parallel Out Register를 위한 Verilog HDL Code

아래의 그림과 같이 8bit입력을 받아서 8bit 값을 출력하는 8bit Register는 단순히 D-Flip Flop 8개를 병렬로 묶은 것으로 입력과 출력의 bit수를 8bit로 확장한 것이다. 원하는 bit폭을 맞추기 위해서는 Data bit의 MSB번호인 7을 원하는 값으로 수정해 주기만 하면 된다.

```
module reg8
(
input   rst,clk,
input   [7:0] din,
output  reg [7:0] qout
);

always@(negedge rst, posedge clk)
    if (rst == 0)
        qout <= 0;
    else
        qout <= din;

endmodule
```

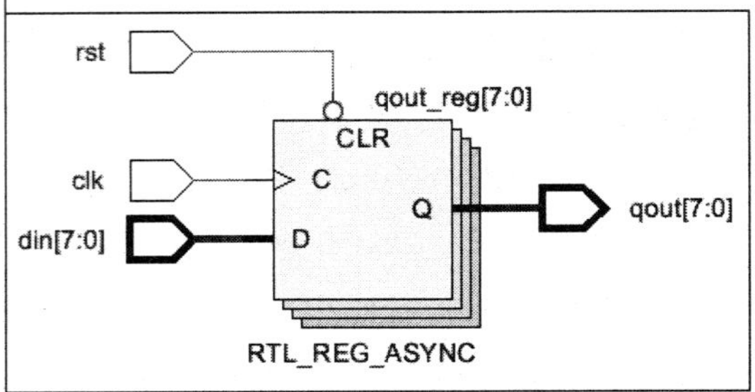

〈그림 5.1.2.1 8bit register reg8.v에 대한 Verilog HDL Code와 회로도〉

D-Flip Flop과 달라진 부분은 입력과 출력을 8bit Bus로 선언한 부분인데, 출력에 대한 bus선언이 신호 type선언인 reg선언 다음에 온다는 것 만 유의하면 그리 어려운 내용은 없을 것이다.

5.1.2.2 Serial In Parallel Out Shift Register를 위한 Verilog HDL Code

Serial Input을 받아서 Shift시켜서 8bit의 parallel신호로 출력하는 Shift Register의 동작과 이를 구현하기 위한 Verilog HDL구문을 살펴보자. 먼저 회로도를 살펴보면 아래의 오른 쪽 그림과 같이 Serial Input sdin을 받아서 매 clock마다 D-Flip Flop하나씩 Serial Shift를 거치는 8bit shift register회로를 구성하고 D-Flip Flop들의 출력 중 가장 먼저 들어온 신호를 최상위 bit(msb)로 하여 pq[7:0]을 출력하는 회로이다.

```
module sr8
(
input   rst, clk,
input   sdin,
output  reg [7:0] pq
);

always@(negedge rst, posedge clk)
    if (rst == 0)
        pq <= 0;
    else
        pq <= {pq[6:0],sdin};

endmodule
```

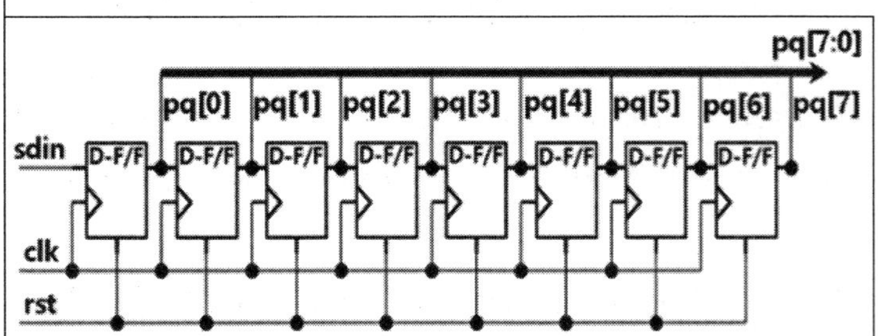

〈그림 5.1.2.2 Serial In Parallel Out Shift Register에 대한 Verilog HDL과 회로도〉

앞 그림의 좌측에 제시된 Verilog HDL Code에서 새로 소개된 구문을 살펴보자.

▎12번 Line : Concatenation

Digital 회로에서 개별 bit들을 병렬로 묶어서 bus를 구성할 때 concatenation이라는 구문을 사용한다. 사용형식은 중괄호를 열고 결합하고자 하는 신호를 최상위 bit부터 순서대로 나열하되 나열할 신호간의 구분은 comma를 삽입하여 처리하고 마지막 신호 나열이 끝나면 중괄호를 닫으면 된다.

위의 Code에서는 pq[6]를 최상위 bit로 하여 pq[0]까지 순서대로 배열하고 최하위 bit에 sdin을 결합하는 Code로 구성하였는데, 매 Clock이 발생할 때마다 pq[7:0]은 한자리씩 상위bit방향으로 이동하는 회로가 구성된다.

concatenation에서 결합되어지는 신호로는 bus이거나 bit이거나 제한이 없으되 주의할 사항은 좌측에 전달받을 신호의 bit수와 우측 중괄호 속에 나열된 신호들의 bit수의 합이 일치되어야 한다는 점이다.

VHDL문법에 익숙한 사람은 출력 pq[7:0] 중에서 일부가 내부에서 다시 사용되는 것에 대해 어색할 것이다. VHDL에서는 출력신호로 규정된 신호는 Feedback해서 내부의 다른 회로에 사용될 수 없으므로 내부에서 활용하기 위해서는 별도의 신호를 선언해 주어야 하는데 비해서 Verilog HDL에서는 출력으로 선언된 신호라 하더라도 자유롭게 내부 신호로 활용될 수 있다는 점은 Coding하는데 있어서의 번거로움을 줄여주는 Verilog HDL의 편리성 중 하나이다.

5.1.3 Counter를 위한 Verilog HDL Code

순차회로에서 가장 많이 사용되는 회로 중의 하나가 Counter이다. Counter는 사용용도에 따라 다양한 형태의 Counter가 구성될 수 있다. 구성형태가 달라도 사용되는 구문은 주로 if문이 사용된다.

5.1.3.1 8bit binary counter

가장 기본이 되는 Counter가 binary Counter인데, 아래에 8bit binary counter에 대한 Verilog HDL Code와 회로도를 제시하였다.

```
module cnt8
(
input   rst, clk,
output  reg [7:0] qout
);

always@(negedge rst, posedge clk)
    if (rst == 0)
        qout <= 0;
    else
        qout <= qout + 1;

endmodule
```

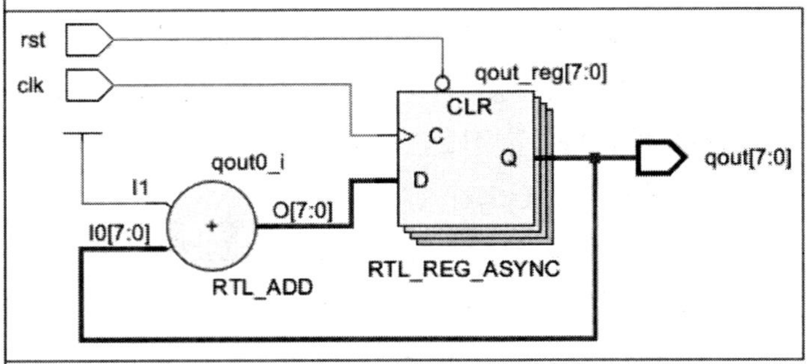

〈그림 5.1.3.1 8bit binary counter에 대한 Verilog HDL Code와 회로도〉

위의 우측 그림에 제시된 RTL 회로도에 나타난 것처럼 8bit Register의 현재 출력 값에 1을 더한 값을 다시 Register의 입력으로 인가해 주는 것이 binary counter이다. 8bit counter이기에 rst신호가 Low일 때 0으로 시작하여 매 Clock마다 1씩 증가하다가 십진수로는 255, 16진수로는 ff가 되면 다시 0으로 돌아가서 계속 Count Up하는 Counter이다.

위의 Counter는 Count Up하는 증가 Counter이지만 더하기 기호를 빼기 기호로 바꾸면 0 다음의 값은 십진수로 255가 되고 1씩 감소하여 0이 될 때까지 감소하다가 다시 255부터 계속 1씩 감소하는 형태의 Down Counter를 구성할 수 있다.

5.1.3.2 Edge Detect회로를 활용한 Pulse counter

외부에서 Pulse입력을 받아서 Pulse의 Rising Edge에서 Count Up하는 8bit Counter를 검토해 보자. 외부 입력의 Rising Edge를 검출하는 회로를 〈5.1.1.2단원〉에서 이미 학습하였으므로 이 부분을 적용해 본다. pls입력을 받아서 2단의 D-Flip Flop을 거치면서 pl0와 pl1신호를 생성하고 pl0가 1, Pl1이 0이 되는 Rising Edge에서 counter값인 qout이 증가하는 회로를 Verilog HDL로 구성하여 보자.

```
1  module cnt_pls8
2  (
3  input   rst, clk,
4  input   pls,
5  output  reg [7:0] qout
6  );
7
8  reg pl0, pl1;
9  wire redge;
10
11 always@(negedge rst, posedge clk)
12     if (rst == 0)
13         begin
14             pl0 <= 0;
15             pl1 <= 0;
16             qout <= 0;
17         end
18     else
19         begin
20             pl0 <= pls;
21             pl1 <= pl0;
22             if (redge == 1)
23                 qout <= qout + 1;
24         end
25
26 assign redge = (pl0 & ~pl1);
27
28 endmodule
```

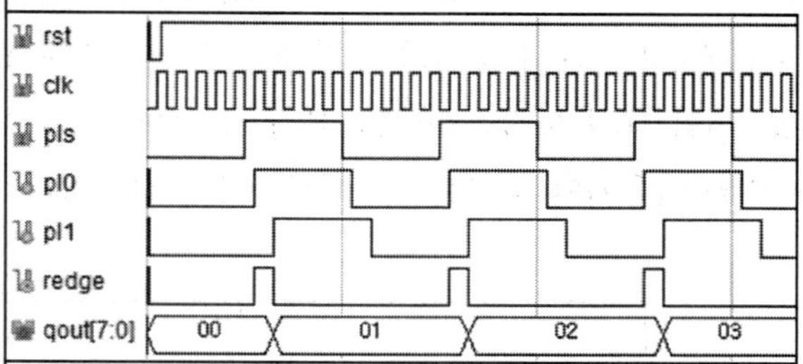

〈그림 5.1.3.2 8 bit Pulse Edge Counter에 대한 Verilog HDL Code와 Timing Chart〉

이번 Verilog HDL Code에서는 새로 소개되는 Verilog HDL문법은 따로 없지만, 눈 여겨 볼 부분은 clock의 rising edge일 때 19번에서 시작한 begin이 end로 마무리될 때까지인 20번부터 23번 Line까지를 포함한다는 점이다. 이와 같이 구문의 시작과 끝을 구분하는 용도로 begin과 end를 잘 활용하면 Code를 누가 봐도 이해하기 쉽도록 정렬하는데 매우 유용하다.

5.1.3.3 Counter 동작의 우선순위

이번 Code에서는 조건에 따라 여러 가지 동작을 수행하는 Counter를 살펴본다. 아래에 이번에 설계할 Counter가 수행해야 할 동작들을 나열하였다.

1. 200진 Counter : Counter의 동작 범위는 0~199까지 Count 한다.
2. Up or Down : 증가 또는 감소를 선택한다.
3. 동기 Reset Counter : Reset조건이 충족되면 Clock의 Rising Edge에서 Reset.
4. Count Enable : Enable신호가 High일 때만 동작한다.
5. Load Enable : Counter의 현재 값을 외부에서 받아들이기.

이상의 5가지 동작 조건들 가운데 복수의 조건이 동시에 발생할 경우 어떤 동작을 먼저 처리할 것인가에 대한 우선순위를 부여해야 하는데, 설계자가 구현하고자 하는 회로의 특성에 맞도록 우선순위를 설정해야 한다. Load Enable이 활용되는 사례는 시계회로에서 시간 값을 수정하고자 할 때와 같이 외부에서 설정한 값으로 현재의 Counting값을 변경하고자 할 때 사용할 수 있다.

이번에 검토하는 Counter 회로에서는 Count Enable을 최우선으로 처리하고 이어서 동기 Reset, Load Enable, Up or Down의 순서대로 처리하도록 하자.

Count Up일 때의 동작은 0~199까지 증가하다가 199 다음 값은 0이 되도록 설정해야 하고, Count Down일 때의 동작은 199에서 0까지 감소하다가 0 다음 값은 199가 되도록 설정해야 한다.

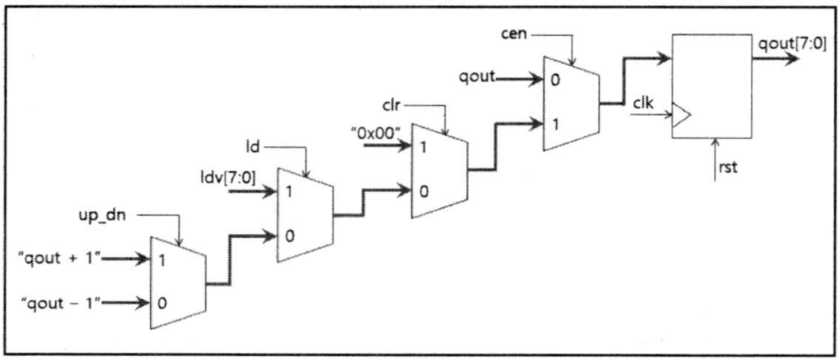

〈그림 5.1.3.3.1 Counter 동작에 대한 우선순위 설정〉

위의 그림에 우선순위에 따른 Counter동작의 개요를 도시하였다. 그림에서 보는 것과 같이 우선순위가 앞서는 조건이 충족되었을 때에는 차순위의 조건들은 출력에 영향을 미치지 못한다. 이에 대한 Verilog HDL Code는 아래와 같다.

```
module cnt_priority
(
input   rst,clk,
input   cen,clr,
input   ld,up_dn,
input   [7:0] ldv,
output  reg [7:0] qout
);

always@(negedge rst, posedge clk)
begin
    if (rst == 0)
        qout <= 0;
    else
        if (cen == 0)
            qout <= qout;
        else if (clr == 1)
            qout <= 0;
        else if (ld == 1)
            qout <= ldv;
        else if (up_dn == 1)     // Count Up
            if (qout >= 199)
                qout <= 0;
            else
                qout <= qout + 1;
        else
            if ((qout == 0) | (qout > 199))
                qout <= 199;
            else
                qout <= qout - 1;
end

endmodule
```

〈그림 5.1.3.3.2 우선순위가 설정된 Counter에 대한 Verilog HDL Code〉

5.1.3.4 if 문과 case문

이번 Code에서는 순차회로에서 if문과 함께 가장 자주, 유용하게 활용되는 case문을 살펴본다.

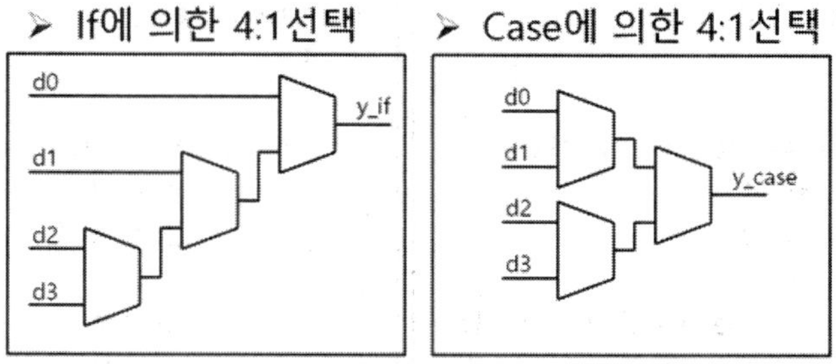

〈그림 5.1.3.4.1 if문에 의한 선택형태와 case문에 의한 선택 형태〉

위의 그림 좌측에서 보듯이 if문이 참이냐 거짓이냐의 판별에 의한 2:1선택이었다면, case문은 지정한 신호의 값에 따라 다수의 경우를 동등한 우선순위로 선택한다는 차이가 있다. if문도 N가지 선택을 할 수 있지만 첫 번째 선택한 신호에서 출력까지의 도달 path는 2:1 Mux 1단이지만, 가장 마지막에 선택되는 d3는 3단을 거쳐야 하므로 어떤 선택조건이냐에 따라 입력으로부터 출력까지의 경로가 달라지면서 전달지연시간도 편차가 발생한다.

이에 비해 case문의 경우 모든 선택의 경우에 있어서 입력으로부터 출력까지의 경로가 균일하게 배분이 된다. 따라서 모든 입력으로부터 출력까지의 전달지연시간에 있어서 FPGA 내부에서 배치, 배선의 조건에 따른 편차는 발생할 수 있지만 이론적으로는 차이가 발생하지 않는다.

그렇다고, Case문이 반드시 더 좋은 회로라고 단정할 수는 없다. 위의 회로도 이전 부분에서 d0가 d3에 비해 상대적으로 더 큰 지연요소가 포함된 회로라고 한다면 if문을 적절하게 활용하는 것이 오히려 전체적인 시간관리에 있어서는 더 좋은 결과를 얻을 수 있다.

이와 같이 설계자는 지금 설계하는 모듈 뿐 아니라 현재의 모듈로 공급되는 신호의 특성들, 그리고 현재 모듈에서 생성하는 신호를 전달 받을 회로의 특성들도 파악하면서 종합적인 관점에서 설계를 진행하는 것이 중요하다.

아래에 if 문에 의해 4:1 Data Selection을 한 결과를 Register로 catch하여 출력하는 Verilog HDL Code와 case문에 의해 4:1 data selection을 한 결과를 Register로 catch하여 출력하는 Verilog HDL code를 제시하였다.

```
module sel_if
(
input    rst, clk,
input    [1:0] sel,
input    [7:0] d0, d1, d2, d3,
output   reg [7:0] y_if
);

always@(negedge rst, posedge clk)
    if (rst == 0)
        y_if <= 0;
    else
        if      (sel == 0) y_if <= d0;
        else if (sel == 1) y_if <= d1;
        else if (sel == 2) y_if <= d2;
        else               y_if <= d3;

endmodule
```

```
1  module sel_case
2  (
3  input    rst, clk,
4  input    [1:0] sel,
5  input    [7:0] d0, d1, d2, d3,
6  output   reg [7:0] y_case
7  );
8
9  always@(negedge rst, posedge clk)
10     if (rst == 0)
11         y_case <= 0;
12     else
13         case (sel)
14             2'd0    :  y_case <= d0;
15             2'd1    :  y_case <= d1;
16             2'd2    :  y_case <= d2;
17             default :  y_case <= d3;
18         endcase
19
20 endmodule
```

〈그림 5.1.3.4.2 if문과 case문에 의한 Data Selection Verilog HDL Code〉

▌case구문

위의 그림 우측에서 13번 Line부터 18번 Line까지가 case구문에 해당한다. Case선언으로 시작하여 endcase로 마무리한다.

▌13번 Line : case선언과 선택을 위한 신호 지정

case 선언 후에 소괄호를 열고 선택의 기준이 되는 신호이름을 적고 소괄호를 닫는다.

▌14번 ~16번 Line : 선택 실행

지정한 값과 기준신호의 값이 일치하면 Colon 이후의 구문을 실행한다. 비교할 값에 대한 표현은 몇 bit신호인가를 기입하고 apostrophe를 붙여주고 표시할 값이 10진수 이면 d, 16진수이면 h, 2진수이면 b를 붙인 후에 각 진법에 해당되는 값을 적고 colon을 붙이면 판단을 위한 구문이 완성된다.

이렇게 기록한 값과 기준신호 값이 일치하면 colon이후에 오는 문장을 실행하게 되는데, colon 이후에 기입할 문장은 신호 전달 문이어도 좋고, 또 다른 선택 문(if문이나 case문)이어도 좋다. 단, 복수의 문장이 같은 case선택에 의해 실행될 때에는 begin과 end로 영역에 대한 구분을 해 주어야 한다.

14번이 먼저 기술되었다고 해서 if문에서처럼 먼저 실행되지 않으며, 모든 조건들은 동등한 우선순위를 갖는다.

❙17번 Line : 나머지 경우에 실행

Case구문에서 앞에서 설정한 선택의 조건들이 일치하지 않을 때 기타의 모든 경우를 Cover하기 위하여 default에 이어서 colon을 붙여주고 Verilog HDL문장을 기록하면 선택 신호에 의해 발생할 수 있는 모든 경우의 수를 Cover하게 된다. if문에서의 else와 같은 역할이다.

❙18번 Line : case문의 마무리 endcase

마지막 Line에 endcase를 붙여줌으로써 case문을 닫는다. if문이 따로 종료되는 선언이 없었던 것에 비해서 case문은 마무리를 위한 선언이 반드시 붙어야 한다.

❙For Loop문에 대하여..

C언어에서는 if문과 함께 for loop문이 많이 활용되지만, for loop문은 Verilog HDL이나 VHDL같은 Digital 회로를 합성하는 데에는 적합하지 않은 구문이다. for loop문은 Clock이 발생하지 않아도 조건이 충족될 때까지 반복해서 동작을 수행을 해야 하는데, Digital 회로에서는 Clock이 발생하지 않은 상태에서 조건에 따라 반복적으로 작업을 진행하는 회로를 구성하는 것이 조합회로에는 적합하지 않은 형태이다. for loop문을 사용하여 code를 작성하였을 경우 Simulation은 실행될 수 있지만 RTL Level의 Synthesis Tool에서는 for loop문에 대한 회로합성을 지원하지 않는 경우가 많다. 최근에는 RTL Level보다 상위개념에서 회로합성을 해 주는 Tool들이 소개되고 있으나 Verilog HDL을 처음 학습하는 단계에서는 RTL Level의 개념에 대해 정확하게 이해하는 것이 중요하며, RTL Level에서의 Verilog HDL을 충분히 숙지한 후 상위개념의 회로합성에 대해 설계능력을 확장해 나가는 것이 바람직하다. 본 교재가 목적하는 바가 RTL회로에 대한 Verilog HDL 학습을 지원하는 것이므로 본 교재에서는 for loop문은 다루지 않도록 한다.

이상으로 순차회로 설계를 하는데 반드시 알아야 할 Verilog HDL문법은 다 학습하였다. 실습을 통해 학습한 내용들을 구현하는 방법들을 익히도록 하자.

5.2 순차회로 설계를 위한 Verilog HDL 실습

이번 단원에서는 D-Flip Flop, Register, Counter 등 Clock에 의해 값을 Catch하는 순차회로에 대해 앞선 5.1단원에서 학습한 Verilog HDL의 구문들을 실습하게 된다. 이를 위해 새로운 Project를 생성하여 작업을 진행할 것이다.

5.2.1 D-Flop Flop에 대한 Verilog HDL 실습

이번 단원에서는 D-Flip Flop 구현을 위한 Verilog HDL을 학습하도록 한다. 먼저 하나의 D-Flip Flop 구현을 위한 Verilog HDL을 학습하고, 이어서 D-Flip Flop을 활용한 신호의 edge detect 회로를 Verilog HDL로 구현하는 것에 대해 살펴보자.

5.2.1.1 단일 D-Flop Flop에 대한 Verilog HDL 실습

순차회로에 대한 실습을 위하여 순차논리회로(Sequential Logic Circuit)라는 이름을 상징하는 seq_lab이라는 Project를 생성하여 실습을 진행 한다.

▎신규 Project생성

VIVADO Tool을 열고 상단 메뉴에서 File/Project/New 항목을 선택하여 c:/fpga/2020 directory에 seq_lab이라는 이름으로 RTL project를 생성한다. 이번에는 Add Source를 하지 않고 Next Button을 Click하고 Target Device를 선택하는 Default Part선택 창에서 〈Artix-7〉 Family, 〈ftg256〉 package, 〈-1〉 speed를 선택하고 하단의 part선택 창에서 〈xc7a15tftg256-1〉을 선택하여 Project를 생성한다.

▎D-Flip Flop Verilog HDL File생성

새로 생성된 Project창이 열리면, D-Flip Flop에 대한 Verilog HDL File을 새로 작성하도록 한다.

1. VIVADO창 상단의 Menu Tab에서 File/Text Editor/New File을 Click한다.
2. 새로운 File의 위치를 지정하는 창이 열리는데, 현재 위치가 seq_lab directory가 되며 아래의 그림과 같이 VIVADO Tool이 기본적으로 생성해 놓은 directory와 file들이 보인다.

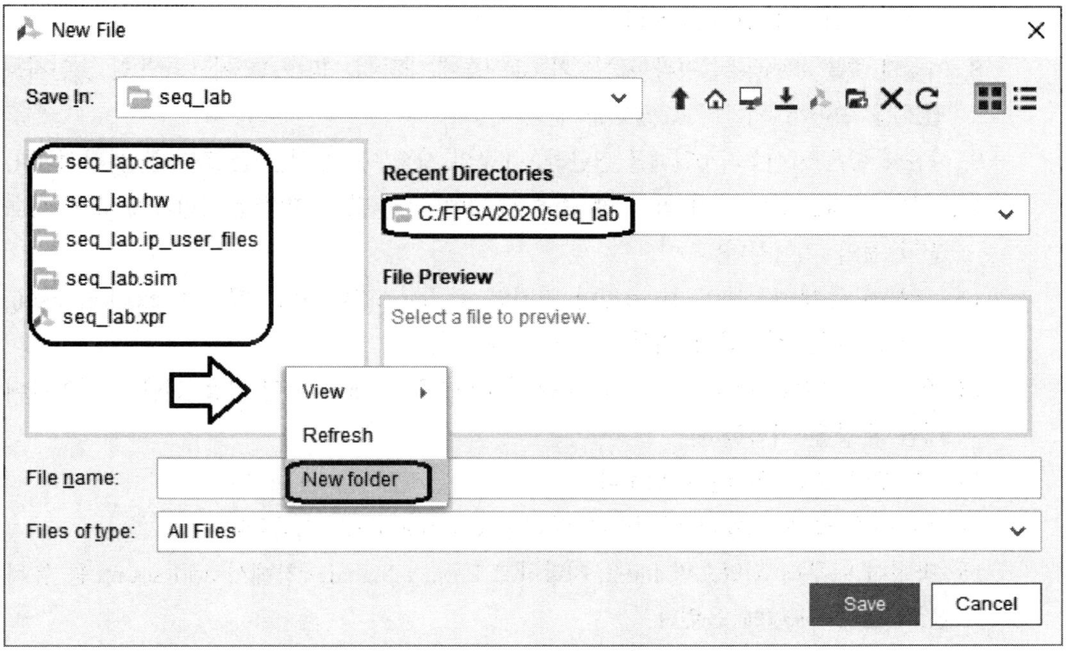

〈그림 5.2.1.1.1. 신규 File위치 지정을 위한 창〉

3. 위의 그림에서 왼쪽 부분 화살표가 있는 부분에 Cursor를 위치시키고 우측 마우스 Button을 Click하여 Pop up Menu하단의 〈새 폴더〉를 선택한다.
4. 생성할 폴더의 이름을 〈HDL_seq_lab〉라고 입력하고 우측 하단에 나타난 〈Open〉 Button을 Click한다.
5. HDL_seq_lab 폴더창이 열리면 하단에 File Name을 적는 칸에 〈C:/FPGA/2020/seq_lab/HDL_seq_lab/d_ff.v〉이렇게 입력하고 우측 하단의 Save Button을 Click하면 VIVADO Tool창에 d_ff.v라는 이름의 빈 Text File이 열린다.

❙ D-Flip Flop Verilog HDL Code작성

아래의 안내에 따라서 d_ff.v file을 직접 작성해 본다.

1. 첫째 줄에 module선언을 하고 모듈이름으로 d_ff를 적는다.
2. 둘째 줄에는 입·출력 신호 List를 시작하는 괄호열기를 한다.
3. 셋째 줄에는 rst, clk 신호에 대한 입력선언을 기록한다.
4. 넷째 줄에는 din 신호에 대한 입력선언을 적는다.
5. 다섯째 줄에는 출력신호인 qout에 대한 선언을 하되 reg type에 대한 선언을 같이 한다. 마지막 List에는 comma가 생략되는 점에 유의한다.
6. 여섯째 줄에는 입출력 List작성이 끝났으므로 괄호 닫기와 Semicolon을 기입한다.

7. 일곱째 줄은 한 칸 비워둔다.
8. 여덟째 줄은 always@선언과 rst신호와 clk신호에 대하여 어떤 edge에서 구동할 것인지를 괄호를 열어서 기록하고 괄호를 닫는다.
9. 아홉째 줄은 rst신호가 0일때를 판단하는 if문의 시작부분과 첫 판단 조건 문을 작성한다.
10. 열째 줄에는 rst조건이 참일 때 출력 qout에 어떤 값을 전달할 것인가에 대한 신호 전달 문을 기록한다.
11. 열한째 줄에는 if문의 첫 조건이 거짓일 때 (rst조건이 아닐 때) 즉, clock의 rising edge일 때를 정의하기 위한 else문을 적는다.
12. 열 둘째 줄에는 clock의 rising edge일 때 출력 qout에 어떤 값을 전달할 것인가에 대한 문장을 기록한다.
13. 열 셋째 줄은 한 칸 비워둔다.
14. 열 넷째 줄은 모듈의 마지막을 알리는 endmodule을 기록한다.
15. 작성이 마무리 되었으면 file을 저장하고 Project Manager창에서 add source를 통해 d_ff.v를 project에 올린다.
16. 만일 작성한 d_ff.v file에 문법 오류가 있다면 아래의 그림에서와 같이 Syntax Error Files(#)이라는 폴더가 보일 것이다. 그러면 하단의 Message Tab을 열어서 오류의 원인을 살펴보고 수정하여 Syntax Error File이라는 폴더가 보이지 않도록 한다.
17. 아래의 **〈그림 5.2.1.1.2. 문법 오류 메시지 확인을 위한 창〉**의 Code에서의 오류는 12번 Line의 끝에 semicolon이 누락된 오류의 경우이다. 14번 Line의 물결 모양 밑줄이 그 주변에 문법오류가 있음을 알려준다.
18. 오류의 원인을 찾기 어려운 사람은 아래의 그림 우측 영역에 제시된 code를 참조하되 12번 줄 끝에 semicolon만 붙여서 사용하면 된다.

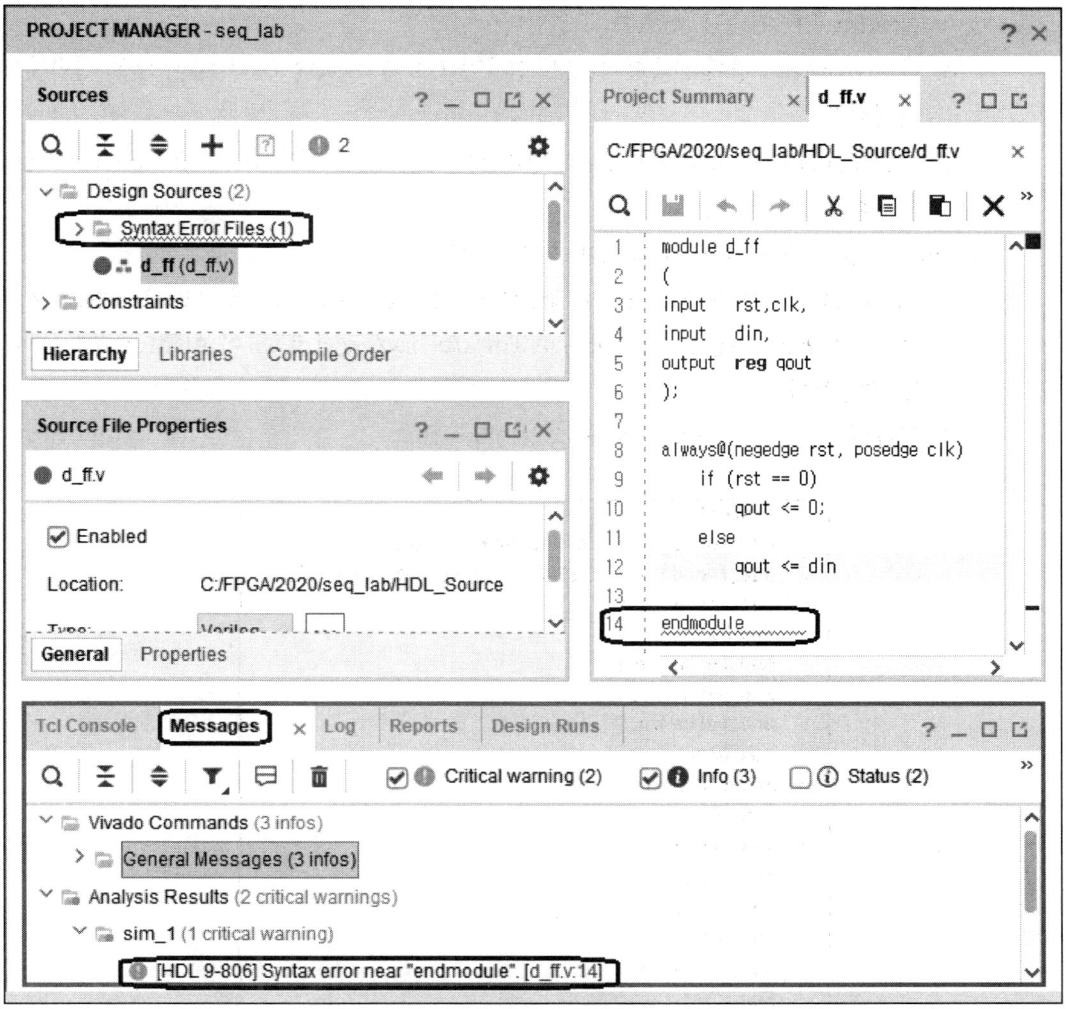

〈그림 5.2.1.1.2. 문법 오류 메시지 확인을 위한 창〉

실습이 진행되어 갈수록 가급적이면 본인 스스로 code를 작성하는 습관을 들이도록 훈련하기 바란다.

d_ff.v Code의 작성이 마무리되고 문법오류가 수정되었으면 Simulation을 진행하도록 하자.

❙ d_ff.v에 대한 Simulation

1. d_ff.v를 Top module로 설정한다.
   A. Design Sources와 Simulation Sources양 쪽 모두에 Top Module로 설정한다.
2. Simulation Tool을 구동한다.
   A. Flow Navigator/Simulation/Run Simulation/Run Behavioral Simulation

3. waveform창에 관측할 신호를 확인한다.
   A. 만일 waveform 창에 관측할 신호가 없다면 TCL Console에 〈add_wave *〉을 입력하여 실행한다.
   B. File/Simulation waveform/save configuration As..를 선택하여 d_ff_behav.wcfg로 저장한다.
4. my_d_ff.tcl file을 아래의 순서에 따라 작성한다.
   A. VIVADO Tool좌측 상단 menu tab에서 File/Text Editor/New File을 선택한다.
   B. C:/FPGA/2020/seq_lab/seq_lab.sim/sim_1/behav/my_d_ff.tcl 이 이름으로 File을 새로 생성한다.
   C. 아래와 같이 tcl file의 내용을 작성한다.

```
1  restart
2  add_force rst {1 0ns} {0 1ps} {1 100ns}
3  add_force clk {0 0ns} {1 50ns} -repeat_every 100ns
4  add_force din 0
5  run 200ns
6  add_force din 1
7  run 100ns
8  add_force din 0
9  run 10ns
10 add_force din 1
11 run 100ns
12 add_force din 0
13 run 100ns
14 add_force din 1
15 run 10ns
16 add_force din 0
17 run 100ns
18 add_force din 1
19 run 200ns
```

〈그림 5.2.1.1.3 d_ff.v simulation을 위한 stimulus file〉

① 첫 줄은 TCL File이 구동될 때마다 Simulation을 Time 0부터 시작하기 위한 restart를 입력한다.

② 두 번째 줄은 simulation시작지점에서 rst이 작동하도록 1ps위치에서 rst신호의 falling edge가 발생하도록 하고 100ns에서 1이 되어 정상동작을 하도록 설정되었다.

③ 3번 Line은 50ns Low, 50ns High가 반복되는 10MHz Clock을 설정하였다.

④ 이어서 din의 값을 바꿔가면서 Simulation을 진행하였다.

D. my_d_ff.tcl file에 대한 Text Editor창 위의 File위치와 이름 영역을 Click한 후 복사한다.

E. TCL Command창에서 "source"명령과 복사한 위치 값을 활용하여 my_d_ff.tcl을 실행하여 Simulation을 진행한다.

F. simulation결과 파형이 아래와 같이 관측되었는가?

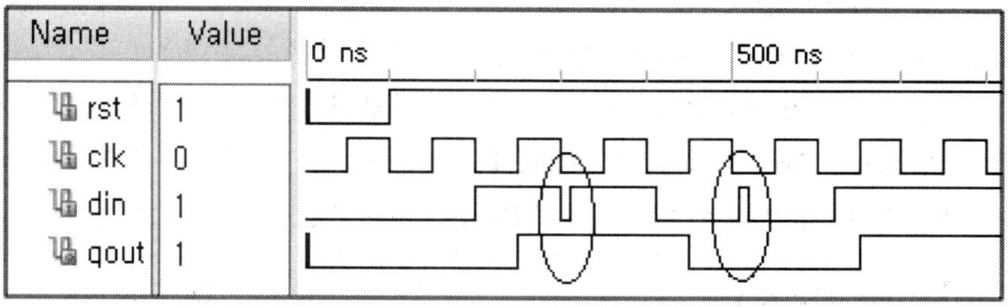

〈그림 5.2.1.1.4 d_ff.v에 대한 simulation결과 파형〉

G. 위의 그림에서 동그라미 부분에 보면 입력 din에 glitch성 짧은 pulse가 삽입되었지만 clock의 영향이 없는 위치에서 발생한 것이므로 출력 qout에는 이런 잡음 성향의 신호가 걸러졌음을 볼 수 있다.

H. 이와 같이 D-Flip Flop같은 순차회로에서는 조합회로의 출력에 발생할 수 있는 Noise성 신호들을 Clock에 의해 걸러내어 안정적 신호를 확보하는 특성이 있어서 이를 잘 활용한 동기화 설계(synchronized design)는 회로의 동작을 안정화 시키는 중요한 역할을 한다.

5. Behavioral Simulation창을 닫고 Simulation을 종료한다.

❙ d_ff.v에 대한 회로도 확인

1. Flow Navigator/RTL Analysis/Open Elaborated Design을 실행하여 RTL 회로도를 확인한다.

2. Flow Navigator/Synthesis/Run Synthesis를 실행한 후 회로도를 확인한다.

   A. 모든 입력 Port가 Input Buffer에 해당하는 IBUF를 거쳐 내부 Logic에 연결됨을 확인하라.

   B. Clock Port인 CLK에는 IBUF 다음에 BUFG를 거쳐서 Flip Flop의 Clock 단자로 연결됨을 확인한다.

   C. BUFG는 FPGA 내부에서 다수의 Flip Flop이나 Register들의 Clock을 동시에 구동할 수 있도록 Drive Power를 확대한 Clock전용 Buffer로 FPGA에는 이와 같은 Clock을 위한 전용 Port를 갖춰놓고 있으므로 Clock으로 구동되는 신호에는 이들을 활용하는 것이 Clock의 Fan Out문제를 해결하는 방법이다.

BUFG를 활용하는 방법에 대해 더 알기 원한다면 〈부록 12〉를 참고하기 바란다.

❙ d_ff.v에 대한 Utilization및 Timing Report 확인

1. Flow Navigator/Implementation/Run Implementation을 실행한다.
2. Report Utilization을 선택하여 그 결과를 살핀다.
   A. D-Flip Flop하나를 사용하였으므로 Slice, LUT모두 하나만 사용한 결과를 볼 것이다.
3. Report Timing Summary를 실행하여 그 결과를 살핀다.
   A. Unconstrained Paths/None to None 아래에 있는 Setup항목과 Hold항목을 살핀다.
   B. Setup Time에서 가장 Delay가 긴 path는 어디서부터 어디까지인가?
   C. 가장 긴 Path에 대한 Total Delay Logic Delay와 Net Delay를 기록하라

Total Delay ______________ns Logic Delay __________ns
Net Delay ______________ns

Implemented Design창을 닫는다.

5.2.1.2 Edge Detect회로에 대한 실습

Edge Detect회로에 대한 Verilog HDL Code를 작성하고 Simulation, 회로도 확인, Implementation결과 Report를 확인하는 실습을 진행한다.

❙ Edge Detect회로에 대한 Verilog HDL Code작성

1. File/Text Editor/New File을 선택하여 seq_lab/HDL_seq_lab directory에 edge_det.v file을 신규로 생성한다.
2. Edge Detect회로에 대한 개요을 정리해 보자.
   A. 입력
      ① rst : Low일 때 Flip Flop의 출력을 0으로 묶어두는 Reset입력.
      ② clk : 10MHz Clock입력
      ③ din : edge를 검출할 신호 입력
   B. 출력
      ① redge : din신호의 rising edge에서 1 clock 구간동안 1을 출력하고 그 외에는 0을 출력.
      ② fedge : din신호의 falling edge에서 1 clock구간동안 1을 출력하고 그 외에는 0을 출력.
   C. 내부신호
      ① q0 : din입력을 Clock으로 catch한 d-flip flop출력신호.
      ② q1 : q0신호를 clock으로 catch한 d-flip flop출력신호

D. 동작개요

① 입력 din을 2단의 flip flop을 거치도록 하여 q0, q1을 생성한다.

② q0, q1을 조합하여 redge신호와 fedge신호를 assign문을 사용하여 생성한다.

E. 아래에 rst, clk, din, q0, q1, redge, fedge에 대한 예상 Timing Chart를 작성해 보라.

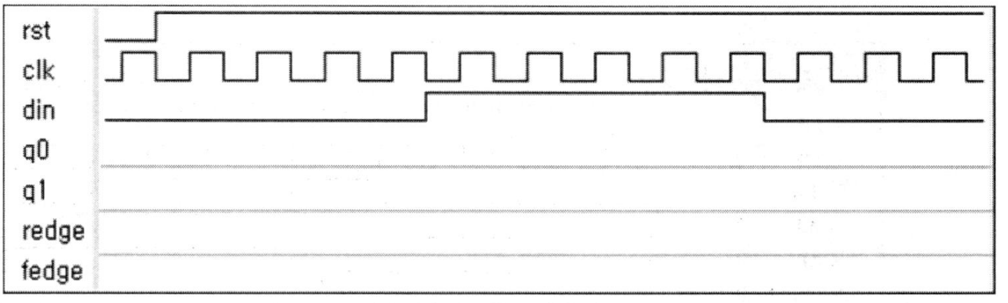

〈그림 5.2.1.2.1 Edge Detect 동작예상 Timing Chart〉

F. redge와 fedge신호를 생성하기 위하여 q0와 q1의 어떤 상태를 조합해야 하는가?

G. 이상의 자료들을 바탕으로 edge_det.v code를 완성해 보라.

① 최소한 5분이상은 스스로 하도록 노력해 보고 그래도 어려움을 겪는 사람은 단원 5.1.1.2의 〈그림 5.1.1.2〉를 참조하여 edge_det.v code를 완성하라.

▍Edge Detect회로에 대한 Simulation

1. edge_det.v code를 VIVADO Tool에 Add한다.
2. edge_det.v file을 Top Module로 지정한다.

A. Design Sources와 Simulation Sources 양쪽 모두에 Top Module로 지정한다.

3. 위의 그림과 같은 입력이 설정되도록 my_edge_det.tcl file을 작성한다.

A. Clock신호의 주기는 100ns로한다.

B. DIN신호는 1us주기로 500ns Low, 500ns High인 신호로 설정한다.

C. TCL File도 가급적 스스로 작성토록 한다.

① 5분 이상은 스스로 작성해 보고, 그래도 어려움을 겪는 사람은 d_ff.v에 대한 simulation 때 작성했던 my_d_ff.tcl의 내용을 참조하여 din만 1us주기의 신호로 수정하여 my_edge_det.tcl로 저장한다.

② simulation진행시간은 1.5us로 한다. : run 1.5us

D. TCL Console에서 〈source my_edge_det.tcl〉을 실행하여 Simulation결과 파형을 관찰한다.

① redge는 q0가 High이고 q1이 Low인 위치, 즉 din의 rising edge에서만 1을 출력하고 나머지 영역에서는 0을 유지하는가?

② fedge는 q1이 High이고 q0가 Low인 위치, 즉 din의 falling edge에서만 1을 출력하고 나머지 영역에서는 0을 유지하는가?

③ 관측결과 edge검출동작을 정상적으로 수행하지 못하였다면 Simulation결과 파형을 분석하여 오류의 원인을 찾아 수정하고 Simulation을 다시 실행하여 아래의 파형과 같은 실행결과가 나올 때까지 오류를 수정하는 작업을 반복한다.

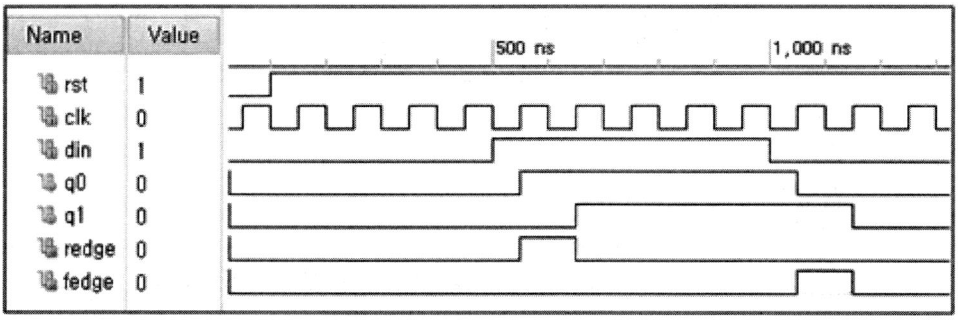

〈그림 5.2.1.2.2 Edge Detect 회로에 대한 Simulation결과 파형〉

❙ Edge Detect회로에 대한 회로도 확인

1. Flow Navigator / RTL Analysis / Elaborated Design을 실행하고 Schematic을 열어서 RTL 회로를 확인한다.
2. Synthesis를 실행하고 Synthesis결과에 대한 Schematic을 열어서 Synthesis결과 회로를 확인한다.

❙ Edge Detect회로에 대한 Utilization및 Timing Report확인

1. Implementation을 실행하고 Implemented Design을 열어 Report를 확인한다.

   A. Utilization 결과를 확인하고 LUT수와 Register(Flip Flop)의 수를 기록하라.

   LUT No. ________________ Slice Register No ____________

   B. Timing Report에서 가장 Delay가 큰 Path는 어디부터 어디까지인가?

   C. Logic Delay와 Net Delay를 기록하라.

   Total Delay ______________ns Logic Delay ___________ns
   Net Delay ______________ns

   D. 앞에서 살폈던 D Flip Flop의 결과와 어떻게 다른가?

2. Implemented Design창을 닫는다.

5.2.2 Register를 위한 Verilog HDL 실습

이번 단원에서는 Register 구현을 위한 Verilog HDL을 학습하도록 한다. 먼저 Parallel In Parallel Out Register 구현을 위한 Verilog HDL을 학습하고, 이어서 Serial In-Parallel Out Shift Register 회로를 Verilog HDL로 구현하는 것에 대해 살펴보자.

5.2.2.1 Parallel in Parallel Out Register회로에 대한 실습

8bit Parallel in Parallel Out Register회로에 대한 Verilog HDL Code를 작성하고 Simulation, 회로도 확인, Implementation결과 Report를 확인하는 실습을 진행한다. 8bit Parallel in Parallel Out Register는 D-Flip Flop을 8개 병렬로 묶은 것이므로 Bus로 처리된 Register의 Simulation을 통한 동작확인과 회로확인, Implementation결과를 확인하는 실습을 진행한다.

❙ 8bit Parallel in Parallel Out Register reg8.v 대한 Verilog HDL Code작성

8bit Parallel in Parallel Out Register에 대한 Verilog HDL code를 작성하는 가장 간단한 방법은 1bit D-Flip Flop d_ff.v를 복사하여 사용하는 방법이다.

1. File/Text Editor/Open File을 선택하여 seq_lab/HDL_seq_lab directory에 앞선 실습 때 작성했던 d_ff.v file을 Open한다.
2. File/Text Editor/Save File As…를 통해 reg8.v라는 이름으로 저장한다.
3. module이름을 d_ff에서 reg8로 바꾼다.
4. din input을 8bit input으로 수정한다. input [7:0] din,
5. qout output을 reg type의 8bit output으로 수정한다 output reg [7:0] qout
6. 다른 항목은 수정할 것이 없으므로 이상의 수정한 내용을 저장한다.
7. Add Source를 실행하거나 ⟨Alt + A⟩를 눌러서 reg8.v를 Project Manager창의 Sources에 올린다.
8. reg8.v를 VIVADO Tool에서 Top Module로 설정한다.
   A. Design Sources와 Simulation Sources양쪽 모두에서 reg8.v를 선택하고 우측 마우스 버튼을 누르고, pop up menu에서 Set As Top을 선택함을 통해 reg8.v를 Top Module로 설정한다.

❙ 8bit Parallel in Parallel Out Register reg8.v에 대한 Simulation

Simulator를 구동하고, my_d_ff.tcl을 수정하여 my_reg8.tcl로 저장하여 활용한다.

1. Flow Navigator/Simulation/Run Simulation/Run Behavioral Simulation을 선택하여 Simulator를 구동한다.
2. Waveform Window에 신호들의 List가 나타났는가를 살핀다.

A. Waveform Window에 관측할 신호가 보이지 않으면 TCL Console에서 〈add_wave *〉을 입력하고 Enter Key를 눌러 관측할 신호들에 대한 List를 띄운다.

B. File/Simulation Waveform/Save Configuration As..를 실행하여 Waveform Window에 대한 설정내용을 reg8_behav.wcfg로 저장한다.

3. File/Text Editor/Open File을 실행하고 seq_lab/seq_lab.sim/sim_1/behav아래에 있는 my_d_ff.tcl을 열고 File/Text Editor/Save File As…를 선택하여 my_reg8.tcl로 저장한다.
4. my_reg8.tcl의 내용 가운데 din부분을 bus값 설정으로 수정한다.
   A. add_force din 0 → add_force din -radix hex 2a
   B. add_force din 1 → add_force din -radix unsigned 50
5. my_reg8.tcl 문서편집기 위의 file위치와 이름이 표시된 칸을 click하고 내용을 복사한다.
6. TCL Command 창에서 "source"명령과 복사한 위치 값을 활용하여 my_reg8.tcl을 실행하여 Simulation을 진행한다.
7. Simulation결과 파형을 관측하여 정상동작을 하지 않았다면 오류를 찾아서 수정하여 다시 Simulation을 실행해 보고, 정상동작을 하였다면 TCL File의 din설정을 실험하고 싶은 형태로 수정해 보면서 Simulation을 다시 실행해 본다.
8. Simulation 창을 닫고 Simulation을 종료한다.

▎8bit Parallel in Parallel Out Register reg8.v에 대한 회로도 확인

1. Flow Navigator / RTL Analysis / Elaborated Design을 실행하고 Schematic을 열어서 RTL 회로를 확인한다.
2. Synthesis를 실행하고 Synthesis결과에 대한 Schematic을 열어서 Synthesis결과 회로를 확인한다.

▎8bit Parallel in Parallel Out Register reg8.v에 대한 Utilization및 Timing Report 확인

1. Implementation을 실행하고 Implemented Design을 열어 Report를 확인한다
   A. Utilization 결과를 확인하고 LUT수와 Register(Flip Flop)의 수를 기록하라.

LUT No. ________________ Slice Register No ____________

   B. Timing Report에서 가장 Delay가 큰 Path는 어디부터 어디까지인가?
   C. Logic Delay와 Net Delay를 기록하라

Total Delay ______________ns   Logic Delay __________ns
Net Delay ______________ns

   D. 앞에서 살폈던 D Flip Flop의 결과와 어떻게 다른가?

5.2.2.2 Serial in Parallel Out 8bit Shift Register회로에 대한 실습

Serial in 8bit Parallel Out Register회로에 대한 Verilog HDL Code를 작성하고 Simulation, 회로도 확인, Implementation결과 Report를 확인하는 실습을 진행한다. Serial in 8bit Parallel Out Register는 D-Flip Flop을 8개 직렬로 묶어서 Shift Bus로 처리한 회로이다. Simulation을 통한 동작확인과 회로확인, Implementation결과를 확인하는 실습을 진행한다.

❙ Serial in Parallel Out 8bit Shift Register sr8.v에 대한 Verilog HDL Code작성

Serial in Parallel Out 8bit Shift Register는 Serial Input sdin을 받아서 Parallel Output pq[7:0]을 출력한다. reg8.v를 복사하여 활용하도록 한다.

1. HDL_seq_lab directory에 있는 reg8.v File을 Open하여 sr8.v로 저장한다.
2. Parallel Input이었던 din을 serial Input sdin으로 수정한다.
   A. "input [7:0] din,"을 "input sdin,"으로
3. parallel output의 이름을 qout[7:0]에서 pq[7:0]으로 수정한다.
   A. 모든 qout을 찾아서 pq로 수정한다.
4. pq에 값을 전달하는 부분에 concatenation을 적용하여 Shift up register에 대한 code를 작성한다.
   A. pq <= {pq[6:0], sdin};
5. 이상의 수정내용을 저장한다.
6. sr8.v를 Project Manager에 add한다. 〈Alt + A〉
7. sr8.v를 Top Module로 설정한다. 〈Design Sources, Simulation Sources〉

❙ Serial in Parallel Out 8bit Shift Register sr8.v에 대한 Simulation

my_reg8.tcl file을 복사하여 활용하도록 한다.

1. Flow Navigator/Simulation/Run Simulation/Run Behavioral Simulation을 선택하여 Simulator를 구동한다.
2. Waveform Window에 신호들의 List가 나타났는가를 살핀다.
   A. Waveform Window에 관측할 신호가 없으면 TCL Console에서 〈add_wave *〉을 입력하고 Enter Key를 눌러 관측할 신호들에 대한 List를 띄운다.
   B. File/Simulation Waveform/Save Configuration As..를 실행하여 Waveform Window에 대한 설정내용을 sr8_behav.wcfg로 저장한다.
3. seq_lab/seq_lab.sim/sim_1/behave 아래에 있는 my_reg8.tcl을 open하여 my_sr8.tcl로 저장한다.

4. my_sr8.tcl file내용 중 din관련 부분을 전부 삭제한다.
5. sdin을 4us주기에 2us는 0, 2us는 1인 주기성 신호로 설정한다.
   A. add_force sdin {0 0ns} {1 2us} -repeat_every 4us
6. Simulation을 5us 진행하도록 하는 명령을 마지막 line에 추가한다.
   A. run 5us
7. TCL Console에서 my_sr8.tcl을 실행하여 Simulation결과를 확인한다.
   A. my_sr8.tcl 문서편집기 위의 file위치와 이름이 표시된 칸을 click하고 내용을 복사한다.
   B. TCL Command 창에서 "source"명령과 복사한 위치 값을 활용하여 my_sr8.tcl을 실행하여 Simulation을 진행한다.
8. Simulation결과가 기대했던 내용과 일치하는가?
   A. 다른 입력형태에 대한 Simulation을 원하면 TCL File에서 sdin의 형태를 수정하여 다시 simulation을 실행해 보라.
9. Simulation 창을 닫고 Simulation을 마친다.

Serial in Parallel Out 8bit Shift Register sr8.v에 대한 회로도 확인

1. Flow Navigator / RTL Analysis / Elaborated Design을 실행하고 Schematic을 열어서 RTL 회로를 확인한다.
2. Synthesis를 실행하고 Synthesis결과에 대한 Schematic을 열어서 Synthesis결과 회로를 확인한다.

Serial in Parallel Out 8bit Shift Register sr8.v에 대한 Utilization및 Timing Report 확인

1. Implementation을 실행하고 Implemented Design을 열어 Report를 확인한다
   A. Utilization 결과를 확인하고 LUT수와 Register(Flip Flop)의 수를 기록하라.

LUT No. ________________ Slice Register No ____________

   B. Timing Report에서 가장 Delay가 큰 Path는 어디부터 어디까지인가?
   C. Logic Delay와 Net Delay를 기록하라

Total Delay ______________ns Logic Delay __________ns
Net Delay ______________ns

   D. 앞에서 살폈던 reg8.v의 결과와 어떻게 다른가?

5.2.3 counter를 위한 Verilog HDL에 대한 실습

이번 단원에서는 Verilog HDL을 활용한 Counter 회로를 구현하기 위한 실습을 진행한다.

5.2.3.1 8bit binary counter에 대한 실습

단원 5.1.3.1에서 살폈던 8bit binary counter에 대한 실습을 진행한다.

▌8bit binary counter cnt8.v에 대한 Verilog HDL Code작성

8bit binary counter는 rst와 clk를 받아서 qout[7:0]을 출력한다. 가장 유사한 입출력 Port를 갖는 reg8.v를 복사하여 활용하도록 한다.

1. HDL_seq_lab directory에 있는 reg8.v File을 Open하여 cnt8.v로 저장한다.
2. Parallel Input이었던 din을 삭제한다.
3. qout에 값을 전달하는 부분에 현재의 qout에 1을 더하는 code를 작성한다.
   A. qout <= qout + 1;
4. 이상의 수정내용을 저장한다.
5. cnt8.v를 Project Manager에 add한다. 〈Alt + A〉
6. cnt8.v를 Top Module로 설정한다. 〈Design Sources, Simulation Sources〉

▌8bit binary counter cnt8.v에 대한 Simulation

my_reg8.tcl file을 복사하여 활용하도록 한다.

1. Flow Navigator/Simulation/Run Simulation/Run Behavioral Simulation을 선택하여 Simulator를 구동한다.
2. Waveform Window에 신호들의 List가 나타났는가를 살핀다.
   A. Waveform Window에 관측할 신호가 보이지 않으면 TCL Console에서 〈add_wave *〉을 입력하고 Enter Key를 눌러 관측할 신호들에 대한 List를 띄운다.
   B. File/Simulation Waveform/Save Configuration As..를 실행하여 Waveform Window에 대한 설정내용을 cnt8_behav.wcfg로 저장한다.
3. seq_lab/seq_lab.sim/sim_1/behave 아래에 있는 my_reg8.tcl을 open하여 my_cnt8.tcl로 저장한다.
4. my_cnt8.tcl file내용 중 din관련 부분을 전부 삭제한다.
   A. 입력이 rst와 clk만 필요하므로 다른 입력에 대한 설정은 불필요하다.
5. Simulation을 2us진행하는 명령을 마지막 Line에 추가한다.

   A. run 2us.

6. TCL Console에서 my_cnt8.tcl을 실행하여 Simulation결과를 확인한다.
   A. my_cnt8.tcl 문서편집기 위의 file위치와 이름이 표시된 칸을 click하고 내용을 복사한다.
   B. TCL Command 창에서 "source"명령과 복사한 위치 값을 활용하여 my_cnt8.tcl을 실행하여 Simulation을 진행한다.
7. Simulation결과가 기대했던 내용과 일치하는가?
8. Zoom fit를 실행하여 현재까지 진행된 Simulation Time전체를 Waveform에 나타나도록 한다.
9. Waveform Window에서 qout을 선택하여 우측마우스 버튼을 눌러서 radix를 unsigned로 변경한다.
10. qout을 다시 선택하여 우측마우스 버튼을 눌러서 waveform style을 선택하고 analog로 변경한다.
    A. 파형이 어떻게 달라졌는가?
11. qout을 다시 선택하여 우측마우스 버튼을 누르고 waveform style을 선택하여 analog setting를 선택한다.

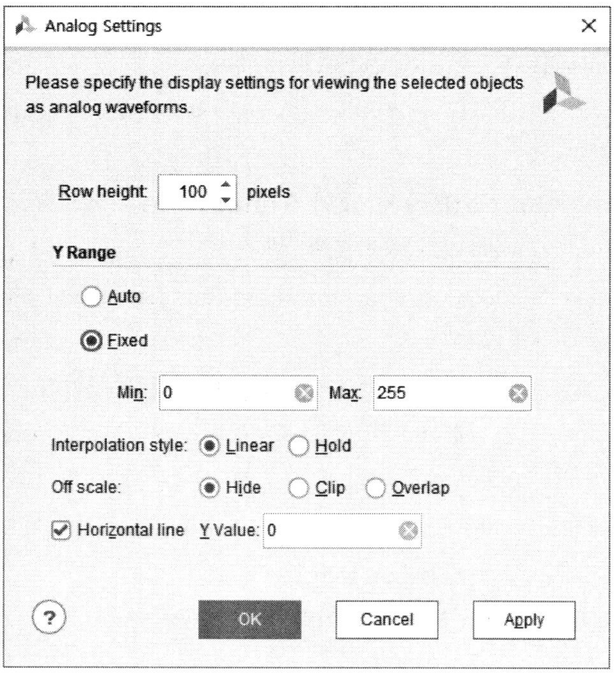

〈그림 5.2.3.1 Analog Waveform Setting을 위한 창〉

    A. Row Height는 화면에서 보이는 qout신호의 Y축 방향 높이를 뜻한다. 수직 높이를 변경하고 싶으면 이 값을 변경해 보라.

B. Y Range는 해당 신호의 값의 크기를 Tool이 자동으로 맞출지 아니면 사용자가 설정한 값으로 고정할 것인가를 선택하는 값인데, 8bit인 qout의 최댓값이 255이므로 0~255로 설정한다.

C. 하단의 OK를 Click한다.

12. TCL Console에서 run 100us를 실행하고, Zoom Fit를 통해 전체 Simulation Time에 대한 파형을 살펴보라.
13. Simulator에서 이와 같은 Analog 파형 관측기능은 Analog신호를 Digital로 변환하여 처리하는 Digital 신호처리회로 설계에 있어서 매우 유용한 도구가 된다.
14. Simulation 창을 닫고 Simulation을 마친다.

❙ 8bit binary counter cnt8.v에 대한 회로도 확인

1. Flow Navigator / RTL Analysis / Elaborated Design을 실행하고 Schematic을 열어서 RTL 회로를 확인한다.
2. Synthesis를 실행하고 Synthesis결과에 대한 Schematic을 열어서 Synthesis결과 회로를 확인한다.

❙ 8bit binary counter cnt8.v에 대한 Utilization및 Timing Report 확인

1. Implementation을 실행하고 Implemented Design을 열어 Report를 확인한다

A. Utilization 결과를 확인하고 LUT수와 Register(Flip Flop)의 수를 기록하라.

LUT No. ________________ Slice Register No ____________

B. Timing Report에서 가장 Delay가 큰 Path는 어디부터 어디까지인가?

C. Logic Delay와 Net Delay를 기록하라

Total Delay ______________ns Logic Delay __________ns
Net Delay ______________ns

D. 앞에서 살폈던 reg8.v의 결과와 어떻게 다른가?

5.2.3.2 Pulse counter에 대한 실습

단원 5.1.3.2에서 살폈던 Pulse입력의 Rising Edge에서 Count Up하는 8bit binary counter에 대한 실습을 진행한다.

Pulse edge검출 counter cnt8_pls.v에 대한 Verilog HDL Code작성

Pulse edge counter는 rst와 clk, pls입력을 받아서 qout[7:0]을 출력한다. 가장 유사한 입출력 Port를 갖는 cnt8.v를 복사하여 활용하도록 한다.

1. HDL_seq_lab directory에 있는 cnt8.v File을 Open하여 cnt8_pls.v로 저장한다.
2. pls Input을 입력 설정부분에서 rst, clk설정 다음 line에 추가한다.
   A. input pls,
3. pls edge detect회로에서 사용하였던 2단 Flip Flop에 의한 shift register를 구현한다.
   A. 모듈선언과 입출력 선언에 대한 괄호닫기와 semicolon다음 Line에 두 개의 register에 대한 선언을 한다.
   B. reg pl0, pl1;
   C. always@구문의 if (rst == 0) 다음 Line에 begin을 설정하여 복수의 전달 문에 대한 처리의 시작을 선언한다.
   D. 다음의 두 줄에 pl0 <= 0;와 pl1 <= 0;를 추가하고 다음 줄에는 qout <= 0;을 위치시킨다.
   E. 다음 줄에 end로 복수 전달 문 나열을 닫는다.
   F. else 다음 줄에도 begin으로 복수 전달 문 시작을 선언한다.
   G. 이어지는 두 Line에 pl0 <= pls;와 pl1 <= pl0;를 추가한다.
   H. 다음 줄에는 count up이 pls의 rising edge에서만 발생하도록 선택하는 if문을 추가한다.
   I. if (pl0 & ~pl1)
      ① 위의 문장은 괄호 속의 내용이 참인가를 판단하게 되는데, 내용이 1이 될 때를 참으로 보기 때문에 ((pl0 & ~pl1) == 1)과 같은 결과를 얻게 된다.
   J. if문 다음 줄에 if(pl0 & ~pl1)에 의해 선택되었을 때 Count Up하는 구문을 위치시킨다.
      ① qout <= qout + 1;
   K. 다음 줄에 end를 추가하여 복수 전달 문을 닫는다.
4. 이상의 수정내용을 저장한다.
   A. 만일 5분 고민 후에도 code작성에 어려움을 느끼면 <그림 5.1.3.2>에 제시된 cnt8_pls.v를 참조하여 code작성을 마무리하고 저장한다.
5. cnt8_pls.v를 Project Manager에 add한다. <Alt + A>
6. cnt8_pls.v를 Top Module로 설정한다. <Design Sources, Simulation Sources>

Pulse edge검출 counter cnt8_pls.v에 대한 Simulation

가장 유사한 Simulation입력 설정 file인 my_sr8.tcl file을 복사하여 활용하도록 한다.

1. Flow Navigator/Simulation/Run Simulation/Run Behavioral Simulation을 선택하여 Simulator를 구동한다.

2. Waveform Window에 신호들의 List가 나타났는가를 살핀다.
   A. Waveform Window에 관측할 신호가 보이지 않으면 TCL Console에서 〈add_wave *〉을 입력하고 Enter Key를 눌러 관측할 신호들에 대한 List를 띄운다.
   B. File/Simulation Waveform/Save Configuration As..를 실행하여 Waveform Window에 대한 설정내용을 cnt8_pls_behav.wcfg로 저장한다.
3. seq_lab/seq_lab.sim/sim_1/behave 아래에 있는 my_sr8.tcl을 open하여 my_cnt8_pls.tcl로 저장한다.
4. my_cnt8_pls.tcl file내용 중 sdin의 이름을 pls로 수정한다.
   A. pls의 주기가 4us로 설정되었으므로 매 4us마다 pls신호의 rising edge에서 count up을 행할 것이다..
5. Simulation을 40us진행하는 명령을 마지막 Line에 추가한다.
   A. run 40us.
6. TCL Console에서 my_cnt8_pls.tcl을 실행하여 Simulation결과를 확인한다.
   A. my_cnt8_pls.tcl 문서편집기 위의 file위치와 이름이 표시된 칸을 click하고 내용을 복사한다.
   B. TCL Command 창에서 "source"명령과 복사한 위치 값을 활용하여 my_cnt8_pls.tcl을 실행하여 Simulation을 진행한다.
7. Simulation결과가 pls의 rising edge에서 Counter값이 정상적으로 증가하는가?
8. Zoom fit를 실행하여 현재까지 진행된 Simulation Time전체를 Waveform에 나타나도록 한다.
9. TCL Console에서 run 100us를 실행하고, Zoom Fit를 통해 전체 Simulation Time에 대한 파형을 살펴보라.
10. 입력 조건을 달리하여 Simulation하고 싶은 내용이 있으면 원하는 형태로 TCL File을 수정하여 실행해 본다.
11. Simulation 창을 닫고 Simulation을 마친다.

❙ Pulse edge검출 counter cnt8_pls.v에 대한 회로도 확인

1. Flow Navigator / RTL Analysis / Elaborated Design을 실행하고 Schematic을 열어서 RTL 회로를 확인한다.
2. Synthesis를 실행하고 Synthesis결과에 대한 Schematic을 열어서 Synthesis결과 회로를 확인한다.

❙ Pulse edge검출 counter cnt8_pls.v에 대한 Utilization및 Timing Report 확인

1. Implementation을 실행하고 Implemented Design을 열어 Report를 확인한다.
   A. Utilization 결과를 확인하고 LUT수와 Register(Flip Flop)의 수를 기록하라.

LUT No. ________________ Slice Register No ____________

   B. Timing Report에서 가장 Delay가 큰 Path는 어디부터 어디까지인가?
   C. Logic Delay와 Net Delay를 기록하라

Total Delay ______________ns Logic Delay __________ns
Net Delay ______________ns

   D. 앞에서 살폈던 cnt8.v의 결과와 어떻게 다른가?

5.2.3.3 Counter 동작의 우선순위에 대한 실습

단원 5.1.3.3에서 살폈던 Counter 동작의 우선순위에 대해 살펴보는 실습을 진행한다. 이번 실습에서는 if 문에서의 우선순위에 따른 Counter의 동작에 대해 살펴본다.

❙ Verilog HDL Code작성

단원 5.1.3.3의 〈그림 5.1.3.3.1〉에 제시된 Block Diagram과 〈그림 5.1.3.3.1〉에 제시된 Verilog HDL Code를 참조하여 우선순위 설정을 위한 Verilog HDL Code를 작성한다. 모듈 이름은 cnt_priority로 한다.

❙ Simulation

아래의 TCL File을 참조하여 Simulation을 진행한다.

```
restart
add_force rst -radix hex {1 0ns} {0 1ps} {1 75ns}
add_force clk -radix hex {0 0ns} {1 50ns} -repeat_every 100ns

add_force ldv -radix dec 195
add_force cen 0
add_force clr 0
add_force ld 0
add_force up_dn 1

run 200ns
add_force cen 1
run 500ns
add_force clr 1
run 100ns
add_force clr 0
run 500ns
add_force ld 1
run 100ns
add_force ld 0
run 1us
add_force up_dn 0
run 1us
```

〈그림 5.2.3.4.1 my_cnt_priorty.tcl file〉

위의 TCL File로 Simulation을 실행하면 아래와 같은 Simulation결과 파형이 나올 것이다.

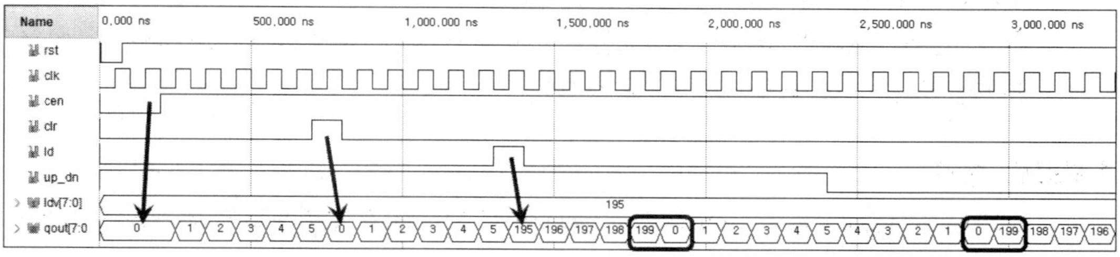

〈그림 5.2.3.4.2 cnt_priorty.v에 대한 Simulation결과 파형〉

위의 파형에서 가장 왼쪽에 표시된 화살표에서 보듯이 Simulation이 시작되고 Asynchronous Reset신호인 rst가 High가 되어도 cen신호가 Low인 구간에서는 Counter는 동작하지 않는다.(현재 값을 유지)

두 번째 화살표에서는 Counter 동작이 진행되는 도중에 Synchronous Reset신호인 clr신호가 High가 되면 Clock의 Rising Edge에서 Counter의 값이 Clear되어 0이 된다.

세 번째 화살표에서는 ld신호가 High가 되었을 때 Clock의 Rising Edged에서 외부에서 인가되는 8bit의 값인 ldv[7:0]의 값이 Counter의 현재 값으로 설정되는 것을 알 수 있다.

up_dn신호가 High인 동안 Counter가 증가하다가 199에 도달하면 다음 값이 0으로 바뀌면서 200진 Counter로서의 동작을 정상적으로 수행함을 알 수 있다. 그리고 up_dn신호가 Low가 된 이후에는 Count Down을 실행하여 1씩 감소되다가 Counter의 값이 0이 되면 다음 값을 Counter의 최대 값인 199로 설정하여 200진 Down Counter로서의 동작을 실행하게 된다.

5.2.3.4 if문과 case문에 대한 실습

단원 5.1.3.4에서 살폈던 if문과 case문의 차이에 대해 살펴보는 실습을 진행한다. 이번 실습에서는 if문과 case문에 의한 4:1 MUX와 Register에 대한 Verilog HDL Code에 대하여 각각 RTL 회로와 Synthesis결과 회로를 살펴보고 그 차이점을 알아본다.

▌Verilog HDL Code작성

단원 5.1.3.4의 〈그림 5.1.3.4.2〉에 제시된 sel_if.v와 sel_case.v를 각각 작성한다.

〈Alt + A〉 Key를 눌러서 sel_if.v와 sel_case.v를 Project Manager에 add한다.

sel_if.v를 Top Module로 설정하고 sel_if.v에 대한 실습을 진행하고, 이어서 sel_case.v를 Top Module로 설정하여 sel_case.v에 대한 실습을 진행한다.

Simulation

Simulation을 통한 동작확인은 이번 실습에서는 소개하지 않는다. 바로 다음단계인 회로도 확인 실습을 진행해도 좋고, 이 회로들의 동작을 확인하기 위한 Simulation 과정을 스스로 진행해 보는 것도 좋은 경험이 될 것이다.

회로도 확인

1. Flow Navigator / RTL Analysis / Elaborated Design을 실행하고 Schematic을 열어서 RTL 회로를 확인한다.
   A. if문에 의해 생성된 RTL 회로도와 Case문에 의해 생성된 RTL 회로도를 아래에 그려본다.

〈if문에 의해 생성된 RTL 회로〉 〈case문에 의해 생성된 RTL 회로도〉

2. Synthesis를 실행하고 Synthesis결과에 대한 Schematic을 열어서 Synthesis결과 회로를 확인한다.
3. Synthesis결과 회로도는 Elaborated결과 회로도인 RTL회로도와 어떻게 다른가? 그 이유는 무엇인가?

if문과 case문에 대한 Utilization및 Timing Report 확인

1. Implementation을 실행하고 Implemented Design을 열어 Report를 확인한다.
   A. Utilization 결과를 확인하고 LUT수와 Register(Flip Flop)의 수를 기록하라.

sel_if.v의 결과 LUT No. ________________
Slice Register No _____________

sel_case.v의 결과 LUT No. ________________
Slice Register No _____________

B. Timing Report에서 가장 Delay가 큰 Path는 어디부터 어디까지인가?
C. Logic Delay와 Net Delay를 기록하라

sel_if.v의 결과 Total Delay ______________ns
Logic Delay ___________ns Net Delay____________ns

sel_case.v의 결과 Total Delay ______________ns
Logic Delay ___________ns Net Delay____________ns

D. sel_if.v의 결과와 sel_case.v의 결과는 어떻게 다른가? 그 이유는 무엇인가?
① Synthesis결과 구현된 내용을 살펴보면서 파악해 보기 바란다.
② Artix-7 FPGA에서는 6 Input까지의 입력을 받아서 조합회로를 처리하는 LUT6를 지원하는데, 4:1 MUX의 경우 입력 4 port와 선택 신호 2port를 받아서 선택 결과를 내 주면 되므로 if문이건, Case문이건 관계없이 LUT6 하나에 의해 한 bit신호에 대한 선택회로를 구현해 주므로 sel_if.v와 sel_case.v의 결과는 동일하게 나타나게 된다.

이제 조합회로와 순차회로 설계에 필요한 필수적인 Verilog HDL의 문법은 다 학습하였다. Verilog HDL 문법의 모든 내용을 다 소개한 것은 아니지만 지금까지 학습한 내용들로도 조합회로와 순차회로에 대한 설계를 수행하는 데에는 아무런 어려움을 느끼지 않을 것이다.

Verilog HDL로 직접 설계하는 조합회로나 순차회로 외에 XILINX사에서 제공하는 IP들(Memory류나 특정 기능의 회로들)을 활용하는 방법을 〈부록 8〉에 수록하였으니 이 부분을 학습해 두는 것도 유용할 것이다.

6과부터 시작되는 Part 3에서는 FPGA에 구현한 회로를 실습용 PCB에 Download하여 Hardware로서의 동작을 실행하기 위하여 필요한 XILINX Tool사용법과 실습할 PCB의 Hardware들을 점검하고 살펴보는 학습과 실습을 진행하게 될 것이다.

Verilog HDL과 XILINX Tool은 Digital 회로를 설계하고 Hardware로 구현하기 위해 익혀야 할 도구(Tool)로서의 역할을 제공하지만, 좋은 도구가 있다고 해서 좋은 회로가 구현되는 것은 아니다. 그 도구를 잘 활용하여 Digital 회로설계를 하기 위한 절차와 방법들에 대해 익히게 될 Part 3와 Part4를 통해 Digital 회로설계를 실제적으로 수행하는 과정과 방법에 대해 습득하게 될 것이다.

Part 3

Verilog HDL로 구현하기

Part 3

Verilog HDL로 구현하기

Part 3에서는 Part 2에서 학습한 Verilog HDL과 VIVADO Tool사용법을 활용하여 FPGA Chip에 구현해 보는 과정을 학습한다.
이를 위하여 XILINX FPGA Chip이 장착된 실습용 장비를 사용할 것이며, 실습용 장비에 사용된 Hardware들과 FPGA Chip간의 연동 동작에 대한 Test를 진행할 것이다.
또한 XILINX에서 제공하는 Integrated Logic Analyzer기능을 활용하여 동작중인 실습장비상의 FPGA Chip내부의 회로의 동작에 대한 관측을 실습을 통해 학습해 본다.

Part 3의 목차

제 6 과 실습장비 Hardware 익히기 1 : LED, 7 Segment

이번 과에서는 먼저 Tact Switch와 Rotary Switch, LED들을 활용하여 Hardware 실습을 하는 과정을 살펴보고, 그 후에 Counter를 구성하여 실습용 보드에 장착된 LED에 Counter값을 표시하도록 하는 실습과, Counter값을 7 Segment에 표시하는 실습을 진행할 것이다. 이 과의 실습을 통해 FPGA로 설계한 회로를 Hardware 보드에서 동작시키는 과정을 익힘과 아울러 실습 장비의 Hardware에 대한 파악을 하는 실습을 진행할 것이다.

Simulation과 Synthesis단계를 거쳐 Digital 회로설계의 전반부를 마친 회로에 대하여 Hardware 보드를 통한 동작의 검증을 위해서는 아래에 소개할 몇 단계의 작업을 거쳐야 한다. "hw_check"라는 이름의 새로운 Project를 생성하여 실습을 진행한다. 이때 Target FPGA Device는 실습장비에서 사용한 XC7A15T-FTG256 Chip으로 지정한다.

1. Pin Assign : FPGA내부회로와 PCB상에 지정된 FPGA Port와의 연결 작업.
2. Implementation : 설정된 입출력 Pin들에 맞춰 회로에서 사용된 자원들을 FPGA의 내부 구조에 맞도록 배치(Place)하고 이들을 연결하기 위한 신호선에 대한 배선(Route)작업.
3. Bit Stream File생성 : FPGA에 Download하기 위하여 FPGA가 인식할 수 있는 형태인 bit stream file을 생성하는 작업.
4. Program : Bit Stream File을 FPGA에서 작동시키기 위하여 FPGA에 Download하는 작업.

6.1 Tact Switch와 LED 표시 실습

이번 단락에서 실습할 내용은 보드에 장착된 2개의 Tact Switch를 누르는데 따른 4가지의 상태 변화를 LED로 표시하는 실습이다. 이를 위해서 활용될 Hardware는 아래와 같다.

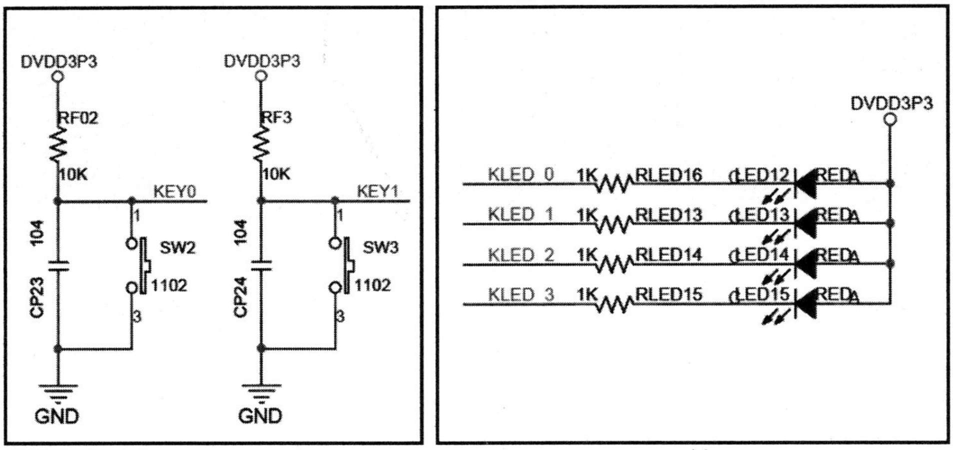

Tact Switch 회로　　　　　　　　　　LED 회로

〈그림 6.1.1 Tact Switch값 LED 표시를 위한 회로〉

FPGA입력으로는 KEY0, KEY1 두 신호가 사용되고, 출력으로는 KLED0~KLED3의 4개의 LED가 사용된다.

Tact Switch의 동작을 살펴보면, SW2와 SW3는 한 쪽이 Ground에 묶여 있고, 다른 쪽은 10K Ohm저항을 거쳐 3.3V 전원에 연결되어 있다. Key0와 Key1은 FPGA의 입력 Port로 연결되는데, Switch를 누르지 않았을 때에는 Key0나 Key1은 3.3V에서 공급해 주는 전원에 의해 Digital적으로 High로 인식된다. Switch를 누르게 되면 Key0, Key1이 Ground에 직접 연결되므로 Digital적으로 Low로 인식된다. 즉, 누르면 Low, 떼면 High가 되도록 회로도가 구성되어 있다는 것을 기억하라.

LED의 동작을 살펴보자. LED는 3.3V의 전원으로부터 LED를 거쳐 1k Ohm저항을 통하여 FPGA에 연결된다. FPGA측에서 High(3.3V)를 출력하면 LED양단의 전압이 같으므로 전류가 흐르지 않아서 LED는 켜지지 않는다. FGPA측에서 Low(0V)를 출력하면 3.3V 전원과 Ground 사이가 LED와 1k Ohm저항을 통해 연결된 형태여서 LED가 켜진다. 즉, FPGA가 Low를 출력하면 LED가 켜지고, High를 출력하면 LED가 꺼진다는 것을 기억하라.

❙ 설계를 위한 동작내용 정리

설계할 회로의 개략적 구상을 정리하는 단계에서는 제어해야 할 동작들을 Digital 회로의 어떤 요소들로 구성할 것인가에 대한 윤곽을 정리하면서 누락된 내용이 없는 가를 전체적으로 살피는 단계이다. 이 단계를 거치면서 제어해야 할 동작들을 구성하기 위해 필요한 Digital 회로의 기능들에 대한 정의를 내리고, 필요할 경우 특정기능을 별도의 sub module로 설정할 것인가에 대한 판단도 함께 가늠해 보는 단계이다.

■ 각 LED들의 동작에 필요한 내용들을 개략적으로 정리해 본다.

1. KLED0 : Key0가 눌려지면(Low가 되면) KLED0가 켜진다.(Low를 출력.)
2. KLED1 : Key1이 눌려지면(Low가 되면) KLED1이 켜진다.(Low를 출력.)
3. KLED2 : OR LED, Key0나 Key1 둘 중 하나 또는 둘 다 눌렀을 때, KLED2가 켜진다.(Low를 출력.)
4. KLED3 : AND LED, Key0와 Key1 모두 눌러야 KLED3가 켜진다.(Low를 출력.)

이상의 내용을 진리표로 정리하면 아래와 같다.

입력상태				Key0에 반응		Key1에 반응		OR Function		AND Function	
동작	전압상태	동작	전압상태	동작	전압상태	동작	전압상태	동작	전압상태	동작	전압상태
Key1		Key0		KLED0		KLED1		KLED2		KLED3	
뗀다	High	뗀다	High	Off	High	Off	High	Off	High	Off	High
뗀다	High	누른다	Low	On	Low	Off	High	On	Low	Off	High
누른다	Low	뗀다	High	Off	High	On	Low	On	Low	Off	High
누른다	Low	누른다	Low	On	Low	On	Low	On	Low	On	Low

〈표 6.1.1 Tact Switch값 LED 표시회로에 대한 진리표〉

■ 각 LED들이 켜져야 할 때의 입력과의 관계를 정리해 본다.

1. KLED0 : KLED0가 켜지기 위한 출력전압의 상태인 Low 전압상태는 Key0가 눌렸을 때의 전압상태와 일치한다. 즉, KLED0는 Key0의 상태 값을 그대로 받으면 된다.
2. KLED1 : KLED1이 켜지기 위한 출력전압의 상태인 Low 전압상태는 Key1이 눌렸을 때의 전압상태와 일치한다. 즉, KLED1은 Key1의 상태 값을 그대로 받으면 된다.
3. KLED2 : KLED2는 OR Function, 즉 Key0나 Key1 둘 중 하나 또는 둘 다 눌렀을 때 KLED2가 켜진다.(Low를 출력.) 이 얘기는 둘 다 누르지 않았을 때만 꺼지도록 출력을 설정하면 된다. 둘 다 누르지 않았을 때, 다시 말해서 Key1, Key0 모두 High가 입력될 때 KLED2는 High를 출력하고, 둘 중 어느 하나 또는 둘 다 눌려지면, 즉 둘 중 하나라도 Low가 있다면 KLED2는 Low를 출력해야 한다. 이를 Logic상태로 정리해 보면 Key1, Key0의 전압상태가 둘 다 high일 때에만 KLED2는 High를 출력하고, 둘 중 하나라도 Low가 있다면 KLED2는 Low를 출력해야 한다. 이와 같이 동작적으로는 둘 중 하나의 Key만 눌러도 KLED2가 켜지는 OR Functin이지만, Logic적으로는 두 입력이 모두 High일 때 High를 출력하고 둘 중 하나라도 Low이면 Low를 출력하는 AND Function이 된다.
4. KLED3 : 동작 상태로는 Key0와 Key1 모두 눌러야 KLED3가 켜지는 AND Function이지만, Logic적으로는 두 Port 중 하나라도 High이면 High를 출력하고 두 Port 모두 Low가 입력되어야 Low를 출력하는 OR Function이 된다.

이와 같이 FPGA에 연결된 회로가 어떤 입력상태일 때 어떤 동작을 하는가를 잘 파악하고 있어야 회로가 원하는 정확한 동작을 시킬 수 있다.

■ 작업할 Project의 생성

1. VIVADO Tool을 구동한다.
2. Creat New Project를 선택하여 아래의 내용에 따라 새로운 Project를 생성한다.
   A. Project Name : hw_check
   B. Device : XC7A15T-FTG256 Speed Grade 1

▌Tack Switch 값 LED로 표시하는 회로설계

이번 회로는 기능적으로는 특이한 것이 없으므로 아래의 Verilog HDL Code를 살펴보는 것으로 설계에 대신한다.

```
1  module button_and_led
2  (
3  input   key0,     // Switch2
4  input   key1,     // Switch3
5  output  led0,     // kled0 (div_led)
6  output  led1,     // kled1 (mul_led)
7  output  led_or,   // kled3 (sub_led)
8  output  led_and   // kled3 (add_led)
9  );
10
11 assign led0 = key0;
12 assign led1 = key1;
13 assign led_or = key0 & key1;
14 assign led_and = key0 | key1;
15
16 endmodule
```

〈그림 6.1.2 Tact Switch값 LED 표시를 위한 회로에 대한 Verilog HDL Code〉

앞에서 살핀 내용에 따라 Verilog HDL Code를 작성하였는데, 13번 Line에서 보면 동작적으로는 OR Function이지만 Logic Level 기준으로는 AND Function이 된 것과, 14번 Line에서와 같이 동작적으로는 AND Function이지만 Logic적으로는 OR Function으로 구현되었음에 유의하기 바란다.

hw_check directory아래에 HDL_hw_check라는 directory를 생성하고 그 아래에 〈그림 6.1.2〉의 내용을 button_and_led.v file로 작성하여 Add Sources와 Set as Top을 실행한다.

▌Tack Switch 값 LED로 표시하는 회로에 대한 RTL 회로확인

RTL Analysis를 실행하고 Schematic을 Open하여 RTL 회로를 확인한다.

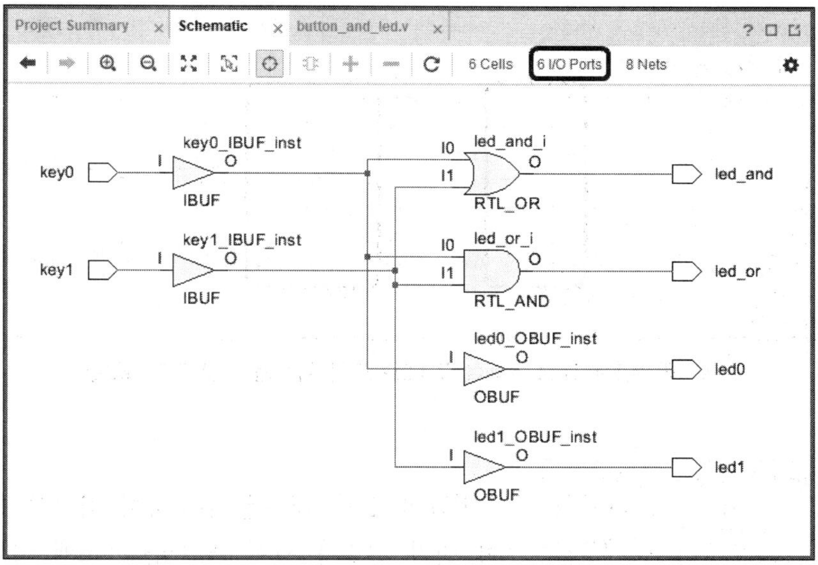

〈그림 6.1.3 Tact Switch값 LED 표시 회로에 대한 RTL 회로〉

RTL회로 상단에 [6 I/O Ports]를 click하면 하단에 입출력 Port에 대한 설정을 할 수 있는 창이 열린다.

▌Input & Output Port 설정하기

Input과 Output Port는 PCB의 다른 부품들과 FPGA를 연결해 주는 Pin이다. FPGA 내부에 구현한 회로가 PCB와 연동하여 정상적인 동작을 하기 위해서는 FPGA의 각각의 Pin마다 기본적으로 2가지 항목을 설정해 주어야 한다.

1. Pin번호 : FPGA의 각 Port마다 PCB에서 원하는 부품과 연결된 바른 Pin 위치에 해당하는 Pin 번호를 부여해 주어야 한다.

2. Interface 전압 Level : PCB에 연결된 다른 부품의 전압 Level과 맞춰주어야 하는데, XILINX FPGA는 다양한 전압 Level에 대한 Interface가 가능하도록 지원하고 있어서 그 중에서 해당 Pin이 PCB에서 어떤 전압 Level의 부품에 연결되었는지 파악하여 맞춰주어야 한다. 본 교재의 실습에 사용되고 있는 JFK-100A Board는 모든 Interface전압을 3.3V에 맞춰서 PCB를 제작하였으므로 Interface전압은 LVCMOS33으로 맞춰주면 된다.

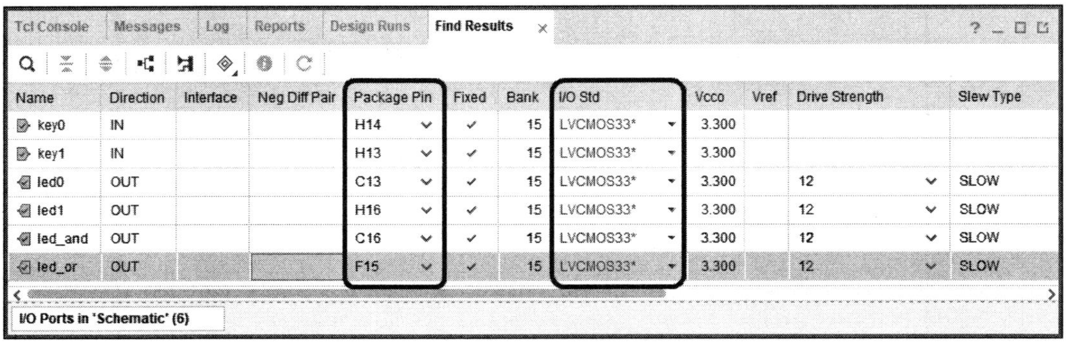

〈그림 6.1.4 Tact Switch값 LED 표시 회로에 대한 RTL 회로〉

Port Name	Pin No.	I/O Std
key0	H14	LVCMOS33
key1	H13	LVCMOS33
led0	C13	LVCMOS33
led1	H16	LVCMOS33
led_and	C16	LVCMOS33
led_or	F15	LVCMOS33

왼쪽의 표의 내용을 참고하여 각각의 Port에 대하여 위의 그림과 같이 Package Pin에 각각의 Port에 맞는 번호를 입력해 주고, I/O Std칸에도 우측의 아래 꺽쇠를 Click하여 LVCMOS33을 선택해 주면 된다.

Port들에 대한 설정을 마쳤으면 VIVADO Tool 좌측 상단의 Floppy Disc모양의 Icon을 Click하거나 상단 menu에서 File/Constraints/Save 를 선택하여 설정한 내용을 Constraints File로 저장한다.

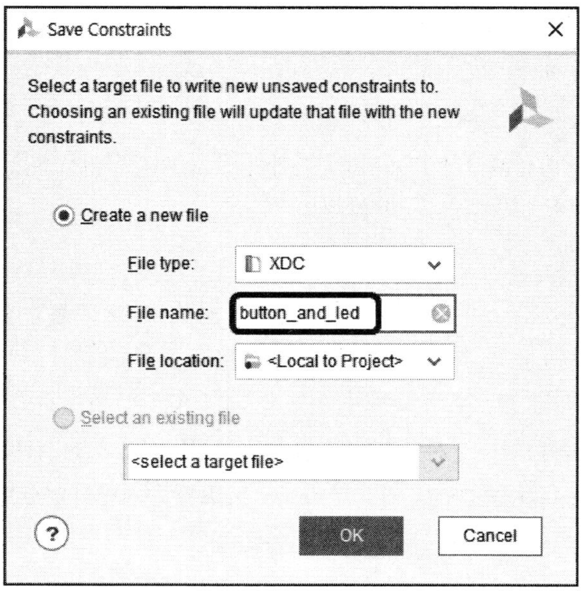

〈그림 6.1.5 Pin 설정 내용을 Constraints File로 저장하기 위한 창〉

앞의 그림 6.1.5와 같은 창이 열리면 File name에 button_and_led라고 입력한 후 아래의 OK Button을 Click하면 button_and_led.xdc 라는 이름의 Constraints File이 새로 생성된다. 이때 File이 저장되는 위치는 기본적으로 현재 프로젝트 아래에 저장되는데, File Location항목을 선택하여 사용자가 원하는 위치에 저장할 수 있다.

xdc file에 대한 저장을 마치면 아래의 그림과 같이 Sources 창에 Constraints항목 아래에 button_and_led.xdc file이 더해진 것을 볼 수 있다.

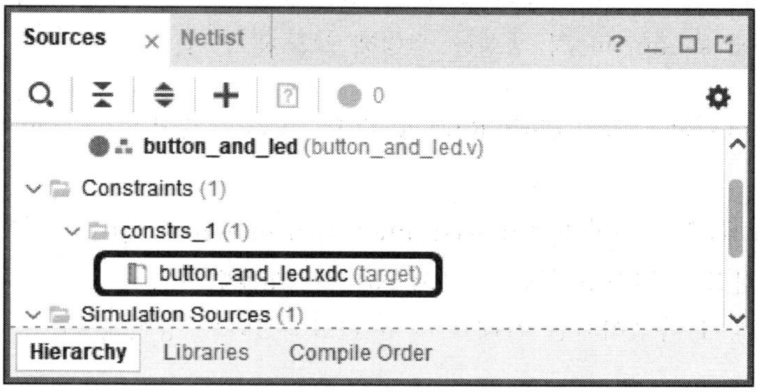

〈그림 6.1.6 Pin 설정 내용을 담은 button_and_led.xdc File〉

button_and_led.xdc를 double click하여 File을 열어보면 아래의 그림과 같이 Port에 대한 설정이 반영된 Text File이 나타난다.

```
set_property PACKAGE_PIN H14 [get_ports key0]
set_property PACKAGE_PIN H13 [get_ports key1]
set_property PACKAGE_PIN C13 [get_ports led0]
set_property PACKAGE_PIN H16 [get_ports led1]
set_property PACKAGE_PIN C16 [get_ports led_and]
set_property PACKAGE_PIN F15 [get_ports led_or]
set_property IOSTANDARD LVCMOS33 [get_ports key0]
set_property IOSTANDARD LVCMOS33 [get_ports key1]
set_property IOSTANDARD LVCMOS33 [get_ports led0]
set_property IOSTANDARD LVCMOS33 [get_ports led1]
set_property IOSTANDARD LVCMOS33 [get_ports led_and]
set_property IOSTANDARD LVCMOS33 [get_ports led_or]
```

〈그림 6.1.6 Pin 설정 내용을 담은 button_and_led.xdc File〉

위의 그림에서 보듯이 하나의 Port에 대해 두 가지 설정, PACKAGE_PIN 항목에 Pin번호와 IOSTANDARD항목에 Interface 전압에 대한 설정을 해야 한다. 지금까지의 Port설정 방법처럼

Tool의 GUI를 활용하여 설정하는 방법이 있고, 또 한 가지 방법은 사용한 Pin의 번호를 확인한 후 Text Editor를 활용하여 xdc file을 직접 작성하는 방법이다. 한 번 작성해 둔 xdc file을 copy하여 Port의 이름만 수정해 주는 것이 유용한 방법이다. 다음 단원의 실습에서는 Text Editor를 활용하는 방법을 소개할 예정이다.

❙ bit stream file 생성 및 실습 장비에서의 동작확인

이번 회로는 매우 간단한 회로이므로 Synthesis와 Implementation 과정에 대한 자세한 설명은 생략하고 바로 bit stream file의 생성을 실행해 보도록 한다.

1. Flow Navigator에서 하단의 PROGRAM AND DEBUG 아래에 있는 Generate Bitstream을 Click한다
   - A. VIVADO Tool이 Synthesis와 Implementation을 순서대로 실행한다.
2. Project를 저장할 것인가를 묻는 창에서 Save를 Click한다.
3. Bitstream 생성이 마무리되면 아래와 같이 완료되었다는 창이 뜬다.

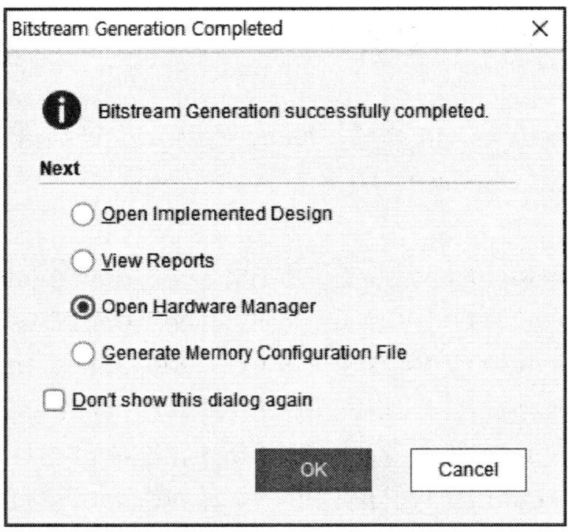

〈그림 6.1.7 Bitstream이 완료되었음을 알리는 창〉

4. 위의 그림과 같이 Open Hardware Manager를 선택하고 하단의 OK를 Click한다.
5. Hardware연결
   - A. 실습장비에 전원 Adapter를 연결한다.(아직 전원 Switch를 켜지는 않는다.)
   - B. 아래의 그림과 같이 JTAG-HS3 Program장비를 실습장비에 연결하고 USB Cable로 Program장비와 PC를 연결한다.

〈그림 6.1.8 Program장비 연결 사진〉

C. 실습장비의 전원 스위치를 On시킨다. (전원 스위치 옆에 있는 전원이 인가되었음을 알리는 전원 LED가 켜질 것이다.)

6. VIVADO Tool에서 Flow Navigator/Program and Debug/Open Hardware Manager/Open Target을 Click한다.

A. Pop Up Menu가 열리면 Auto Connect를 Click한다.

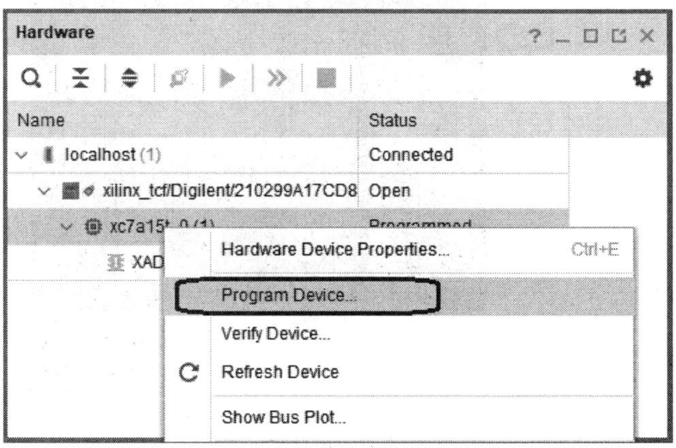

〈그림 6.1.9 Target Device와 연결된 상태를 보여주는 Hardware Manager 창〉

7. 위의 그림과 같이 Hardware Manager창이 열리면 Target Device인 xc7a15t_0를 선택하고 우측 마우스 버튼을 눌러 Pop Up Menu에서 Program Device를 선택한다.

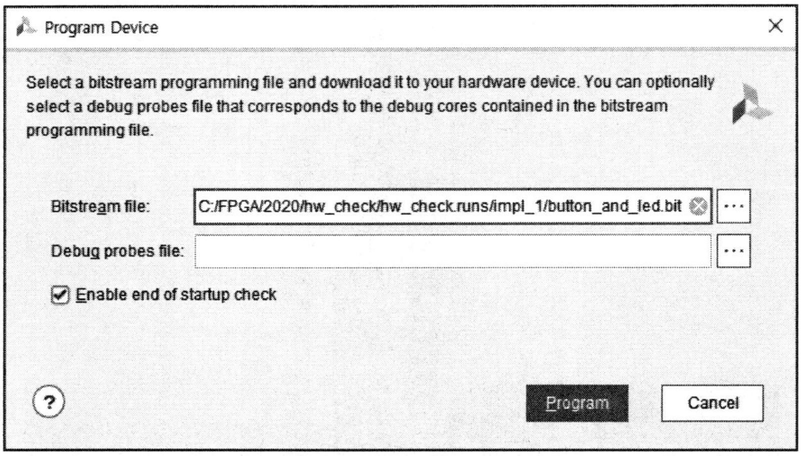

〈그림 6.1.10 Program Device 창〉

8. 위의 그림과 같이 Program Device창이 열리면 Program할 대상 File이 button_and_led.bit임을 확인하고 하단의 Program을 Click한다.
9. 프로그램이 완료되었으면 보드의 동작을 점검해 보자.

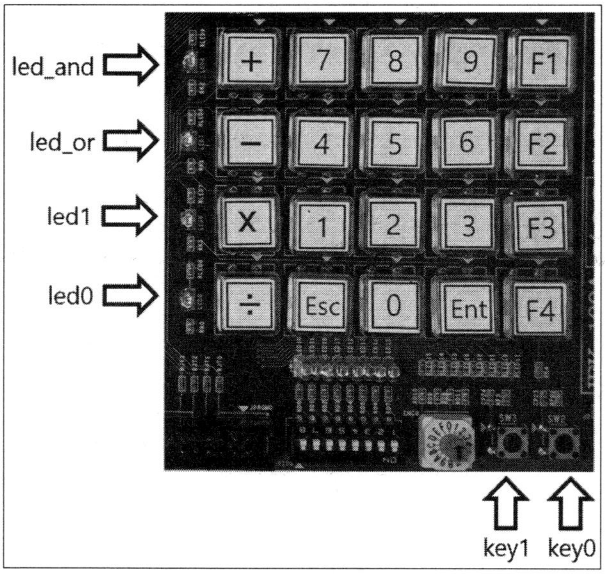

〈그림 6.1.10 Program Device 창〉

A. 실습장비 우측 하단에 있는 두 Tact Switch중 우측의 것이 FPGA의 key0 Port에 연결되어 있고, 좌측의 것이 key1 Port에 연결되어 있으며, key matrix좌측의 4개의 LED들이 각각 led0, led1, led_or, led_and Port에 연결되어 있다.
B. 먼저 key0를 눌러보자. led0와 led_or가 켜질 것이다. led0는 key0에 직접 연결되어 있어서

key0가 눌렸을 때 켜지는 것이고, led_or는 두 key중 하나 또는 둘 다 눌렸을 때 켜지는 것이므로 이들 두 LED가 켜지면 정상동작을 하는 것이다.

C. 이제 key1을 눌러보자. led1과 led_or가 켜질 것이다. led1은 key1에 직접 연결되어 있어서 key1이 눌렸을 때 켜지는 것이고, led_or는 두 key중 하나 또는 둘 다 눌렸을 때 켜지는 것이므로 이들 두 LED가 켜지면 정상동작을 하는 것이다.

D. 이번에는 두 key를 동시에 눌러보자. 네 개의 LED가 전부 켜지면 정상동작을 하는 것이다. led0와 led1은 각각 key0, key1이 눌려졌으므로 켜지는 것이고, led_or는 둘 중 하나 이상의 key가 눌려졌으므로 켜지는 것이며, led_and는 두 key가 모두 눌려졌으므로 켜지는 것이다.

이상의 실습을 통해 설계한 회로의 입출력을 실습장비의 Board 회로도에 연결된 FPGA Pin에 할당하고 Synthesis/Implementation을 거쳐 Bitstream File을 생성하여 보드상의 FPGA에 Program하여 동작을 확인하는 과정을 익혔다. 만일 Hardware상에 어떤 문제가 없었다면 모든 실습의 과정이 정상적으로 진행되었을 것이다.

실습이 정상적으로 마무리되었다는 것은 실습에 사용된 보드 상의 부품들이 모두 정상적으로 동작하고 있다는 것을 검증한 것이다.

실습과정 중에 설명된 내용과 다른 부분이 있으면 그 것이 XILINX VIVADO Tool에서의 문제인지 Program장비를 통해 FPGA에 Program하는 과정에서의 문제인지, 아니면 Program은 되었는데 보드 동작에서의 문제인지 문제의 범위를 좁히면서 원인을 찾아 해결하는 노력을 기울여 보라.

오류를 발견하고 그 원인이 되는 범위를 좁혀나가면서 오류의 원인을 찾아내어 수정하는 일이 설계하는 작업 못지않게 중요하다. 오류를 해결하는 능력 또한 경험에 따라서 비례적으로 증가하지만, 설계과정에서 어느 부분이 어떻게 동작해야 하는가에 대한 명확한 정의가 내려져있고, 이를 충분히 숙지하고 있다면 오류의 범위를 좁혀나가면서 그 원인을 찾아내는 시간이 크게 단축될 수 있을 것이다.

6.2 Rotary Switch와 LED 표시 실습

이번 단락에서 실습할 내용은 보드에 장착된 Rotary Switch에서 지시하는 값, 16진수로 0~F의 값을 4개의 LED로 표시하는 실습이다. Project는 앞 단락에서 사용했던 hw_check project를 그대로 사용한다.

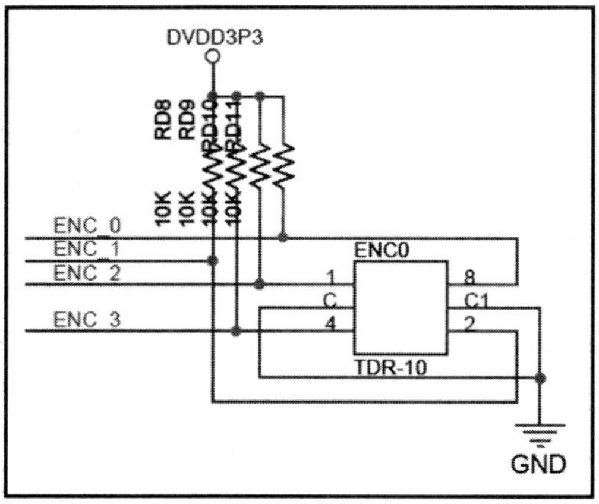

Rotary Switch(Encoder) 회로

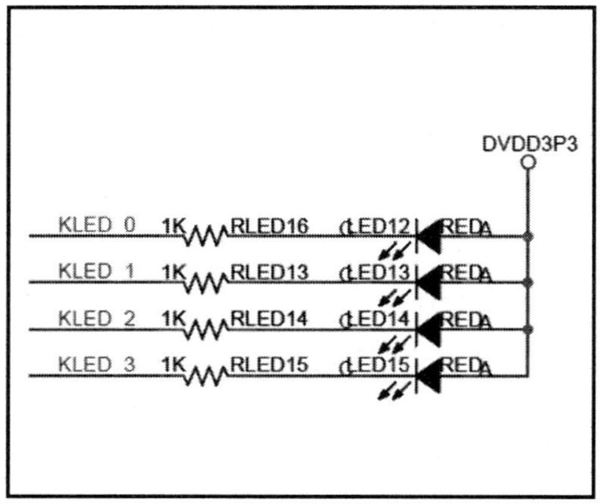

LED 회로

이번 실습에서 사용할 LED들은 앞의 실습에서 다루었던 LED들을 그대로 사용한다. Rotary Switch는 내부에 4개의 Switch를 포함하고 있는데, 앞의 그림의 좌측 회로도와 같이 구성을 하면 Rotary Switch에 연결된 ENC[3:0]의 신호가 FPGA에 연결된다.

❙ 설계를 위한 동작내용 정리

Rotary Switch는 Encoder라고도 부르는데, 화살표가 지시하는 16진수 값이 4bit의 ENC[3:0] 신호에 Mapping 된다.

Rotary Switch회로의 Common Pin 2개가 Ground에 묶여 있는데, enc0~enc3 Pin들은 Pull-Up저항을 통해 3.3V 전원에 연결되어 있다. Rotary Switch를 돌림에 따라서 0을 가리킬 때에는 enc0~enc3 모든 Pin이 Common Ground와 Open 상태가 되어 4개 Pin모두 High상태가 된다. 오른쪽 표에 Rotary Switch가 지시하는 값과 그때 FPGA에 인가되는 enc[3:0]의 값을 정리하였다. 흔히 알고 있는 16진수 값 0~F에 대한 2진수의 상태가 반전된 모습이라고 할 수 있다.

지시 값	enc[3]	enc[2]	enc[1]	enc[0]
0	High	High	High	High
1	High	High	High	Low
2	High	High	Low	High
3	High	High	Low	Low
4	High	Low	High	High
5	High	Low	High	Low
6	High	Low	Low	High
7	High	Low	Low	Low
8	Low	High	High	High
9	Low	High	High	Low
A	Low	High	Low	High
B	Low	High	Low	Low
C	Low	Low	High	High
D	Low	Low	High	Low
E	Low	Low	Low	High
F	Low	Low	Low	Low

이들 enc[3:0]을 받아서 LED로 표시하고자 할 때 표시할 값이 0일 때는 kled[3:0]의 모든 led가 꺼지고, 표시 값이 1일 때는 kled[0]만 켜지는 식으로 해서 F값에 대해서는 모든 led가 켜지도록 설계하자.

LED를 끄려고 할 때 High 출력을, 켜려고 할 때 Low 출력을 내보내야 하는 것을 감안하면 enc[3:0]의 각 입력 Port가 그대로 kled[3:0] 출력 Port에 1:1로 연결되면 된다. 이러한 내용을 반영한 encoder_and_led.v라는 이름으로 Code를 아래에 표시하였다. encoder_and_led.v file을 작성하여 HDL_hw_check directory아래에 저장해 둔다.

```
module encoder_and_led
(
input   [3:0] enc,  // Rotary Switch
output  [3:0] kled  // leds beside key matrix
);

assign kled = enc;

endmodule
```

〈그림 6.2.1 encoder_and_led.v file〉

좌측에 표시된 encoder_and_led.v file을 Project Manager의 Source창에 Add하고, 이 File을 Set As Top을 활용하여 Top Design으로 지정한다.

▌Input & Output Port 설정하기

우측의 표에 enc[3:0]과 kled[3:0]의 각 Pin들에 대한 Pin번호와 Interface 전압 Level을 정리하였다. 이 표를 참고하여 Port에 대한 설정 File인 xdc File을 작성해 보자. 먼저 앞의 실습에서 작성하였던 button_and_led.xdc file을 복사하여 encoder_and_led.xdc로 저장한다.

Port Name	Pin No.	I/O Std
enc[0]	J15	LVCMOS33
enc[1]	H12	LVCMOS33
enc[2]	J16	LVCMOS33
enc[3]	F12	LVCMOS33
kled[0]	C13	LVCMOS33
kled[1]	H16	LVCMOS33
kled[2]	C16	LVCMOS33
kled[3]	F15	LVCMOS33

encoder_and_led_xdc file을 열어서 아래의 내용과 같이 Port 이름 부분을 수정한다.

```
set_property PACKAGE_PIN J15 [get_ports {enc[0]}]
set_property PACKAGE_PIN H12 [get_ports {enc[1]}]
set_property PACKAGE_PIN J16 [get_ports {enc[2]}]
set_property PACKAGE_PIN F12 [get_ports {enc[3]}]
set_property PACKAGE_PIN C13 [get_ports {kled[0]}]
set_property PACKAGE_PIN H16 [get_ports {kled[1]}]
set_property PACKAGE_PIN C16 [get_ports {kled[2]}]
set_property PACKAGE_PIN F15 [get_ports {kled[3]}]

set_property IOSTANDARD LVCMOS33 [get_ports {enc[0]}]
set_property IOSTANDARD LVCMOS33 [get_ports {enc[1]}]
set_property IOSTANDARD LVCMOS33 [get_ports {enc[2]}]
set_property IOSTANDARD LVCMOS33 [get_ports {enc[3]}]
set_property IOSTANDARD LVCMOS33 [get_ports {kled[0]}]
set_property IOSTANDARD LVCMOS33 [get_ports {kled[1]}]
set_property IOSTANDARD LVCMOS33 [get_ports {kled[2]}]
set_property IOSTANDARD LVCMOS33 [get_ports {kled[3]}]
```

〈그림 6.2.2 encoder_and_led.xdc file〉

❙ bit stream file 생성 및 실습 장비에서의 동작확인

1. Flow Navigator에서 하단의 PROGRAM AND DEBUG / Generate Bitstream을 선택하여 encoder_and_led.bit file을 생성한다.
2. Open Hardware Manager / Open Target을 선택하여 Program 할 Target FPGA를 선택하는 창을 연다.
3. xc7a15t FPGA를 선택하고 우측 마우스 버튼을 눌러 Program Device를 선택한 후 encoder_and_led.bit가 선택되었음을 확인하고 하단의 Program을 선택한다.
4. Program이 완료되면 동작을 확인한다.
   A. Rotary Switch의 화살표가 0을 가리키도록 설정하고 Key Matrix 좌측의 4개의 LED가 모두 꺼졌음을 확인한다.
   B. Rotary Switch의 화살표를 1에 맞추고 4개의 LED중 가장 아래의 LED만 켜졌음을 확인한다.
   C. 같은 방법으로 2~F까지 설정을 변경하면서 Rotary Switch가 지시하는 값과 LED에 표시되는 내용이 일치하는가 확인한다.

원하는 대로 동작이 이뤄지지 않았으면 오류의 내용을 관찰하여 그 원인을 추적해 보고 오류를 수정해서 다시 시도해 보길 바란다.

6.3 Counter값 LED로 표시하기 실습

이번 단락에서 실습할 내용은 보드에 장착된 10MHz 크리스탈 Oscillator에서 공급되는 Master Clock을 FPGA내부에서 분주하여 보드에 장착된 16개의 LED로 Counter값을 표시하는 실습이다. 이를 위해서 활용될 Hardware는 아래와 같다.

1. Tact Switch 2 : 이 Switch를 눌렀을 때 Counter값을 Clear시킨다.
2. Tact Switch 1 : 이 Switch를 누를 때마다 Count를 진행하거나, 잠시 멈춤(Pause) 동작을 교대로 반복한다.
3. Rotary Switch : 이 Switch에 의해 출력할 Counter 값의 분주 비율을 다르게 설정한다.
4. LEDs : 16개의 LED에 Counter 값을 표시함으로써 Counter 동작이 정상적으로 이루어지는가를 확인한다.

❙ 설계를 위한 동작내용 정리

설계할 회로의 개략적 구상을 정리하는 단계에서는 제어해야 할 동작들을 Digital 회로의 어떤 요소들로 구성할 것인가에 대한 윤곽을 정리하면서 누락된 내용이 없는 가를 전체적으로 살피는 단계이다. 이 단계를 거치면서 제어해야 할 동작들을 구성하기 위해 필요한 Digital 회로의 기능들에 대한 정의를 내리고, 필요할 경우 특정기능을 별도의 sub module 로 설정할 것인가에 대한 판단도 함께 가늠해 보는 단계이다.

■ 동작에 필요한 내용들을 개략적으로 정리해 본다.

1. 전원이 켜지면 Counter의 초기 값은 0으로 Setting한다.(Reset 조건)
2. Count/Pause 모드 설정 Flag를 생성한다.
   A. Tact Switch 1을 누를 때마다 반전되는 신호를 생성하기 위하여 Tact Switch 1이 눌려지는 Edge를 검출한다.
   B. Tact Switch 1의 Push Edge마다 Count Mode Flag를 반전(Toggle)시킨다.
3. Tace Switch 2가 눌려진 때에는 Counter값을 0으로 Clear한다.
4. Rotary Switch의 설정 값에 따라 16개의 LED를 구동할 16bit의 출력의 분주비를 설정한다.
   A. Rotary Switch는 10진수로 0~15까지, 16진수로는 0~F까지의 선택이 가능하므로 Counter의 출력도 16가지 서로 다른 분주비를 구현해 볼 수 있다.
5. 16bit의 출력 Count신호와 LED Port와 연결한다.

❙ LED Display를 위한 Counter 회로설계

■ 입력신호

1. rst : Low Active Master Reset
2. clk : 10MHz Master Clock
3. kclr : Clear Key Input
4. ksel : Count / Pause Mode선택 Key Input
5. enc[3:0] : 분주비 설정을 위한 Rotary Switch입력.

■ 출력신호

1. tled[3:0] : 16bit출력 Counter값 중에서 최상위 4bit의 Counter값{15:12}을 표시할 4개의 LED
2. kled[3:0] : 16bit출력 Counter값 중에서 차상위 4bit의 Counter값{11:8}을 표시할 4개의 LED
3. led[7:0] : 16bit출력 Counter값 중에서 하위 8bit의 Counter값{7:0}을 표시할 8개의 LED

■ 주요 내부 생성신호

1. cnt_md : 1일 때 Count, 0일 때 Pause동작을 하도록 제어하기 위한 신호.
2. qout[15:0] : LED로 출력할 16bit의 Counter값

이렇게 정리한 내용으로 구현하고자 하는 회로에 대한 개념이 정리가 되었는가? 우리가 Part 2에서 학습한 Verilog HDL로 위의 내용들을 구현할 수 있는 윤곽이 잡히는가? 설계를 시작하기 위한 기준은 설계할 내용에 대해 자신이 알고 있는 방법을 어떻게 적용하여 설계할 수 있을지 감이 잡히는가이다. 설계의 경험과 개인의 편차에 따라 차이가 날 수 있지만 본인 스스로가 윤곽이 잡혔으면 스스로 설계에 도전해 보기 바란다.

처음 설계를 접하는 사람들을 위하여 조금 더 회로의 동작을 정리해보자.

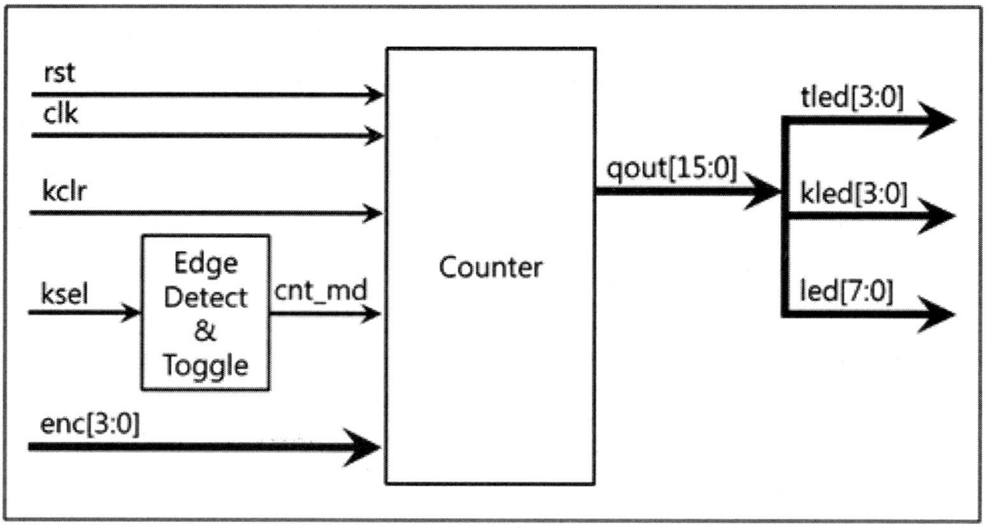

〈그림 6.3.1 LED Test를 위한 회로 Block Diagram〉

앞의 그림에서 cnt_md신호는 Tact Switch가 눌려졌을 때 Edge검출회로를 통해 생성하도록 하면 될 것이라는 윤곽이 잡혔을 것이다. 아직 윤곽이 잡히지 않은 부분이 있는가? 아마도 enc[3:0]신호에 의해 counter출력 16bit을 어떻게 결정하는가 하는 부분이 남아있을 것이다.

■ **분주비 결정 방법**

분주비는 2분주에서부터 최대 2의 16승인 65536분주까지를 2의 지수형태로 총 16가지의 분주비를 선택하도록 하자. 분주비를 어떻게 결정할 것인가에는 대략 두 가지 접근방법이 있을 것이다.

1. Count Enable 신호 활용 : Count Enable 신호가 1일 때에만 Counter가 동작하도록 Counter를 설계하고 Count Enable신호를 분주비에 맞춰 생성하는 방법.
2. 단일 Counter 구성 후 출력 선택 : counter 자체를 32bit counter로 설계하고 분주비에 따라 출력할 값을 선택하는 방법.

두 가지 중 어떤 것이 더 낫다 못하다 평하기는 쉽지 않다. 회로의 크기와 전력 소모 측면에 있어서는 1번이 조금 나은 측면이 있지만, 간단한 접근으로 빠른 시간 내에 결과를 얻을 수 있는 측면에서는 2번 방법이 더 나은 접근이다. 이와 같이 내가 얻으려는 결과가 저전력, 작은 크기의 회로인가 아니면 빠른 시간 안에 결과를 보아야 할 것인가 아니면 우선순위에 두어야 할 다른 항목이 있는가에 따라 어떻게 접근할 것인가를 선택하여 진행하면 된다. 다만 어떤 접근 방법들이 있는가에 대해서는 설계 단계에서 충분히 검토하여 설계자의 상황에 가장 적합한 접근 방법을 찾는 과정은 설계자가 원하는 사양에 맞춘 최적의 회로를 구현하기 위하여 반드시 거쳐야 할 과정이다.

이번 실습에서는 2번 방법을 따라 진행할 것이지만 스스로 1번 방법으로 접근하여 결과를 얻어 보는 것도 좋은 경험이 될 것이다.

■ Hardware파악하기

설계에 착수하기 전에 외부와 연결되는 신호들의 외부적 상황이 어떤 상태인가를 파악해 두어야 한다. 이번 실습에서 외부와 연결되는 신호들(rst, clk, key0, key1, enc[3:0], led)의 실습 장비 보드에서의 회로도를 살펴본다.

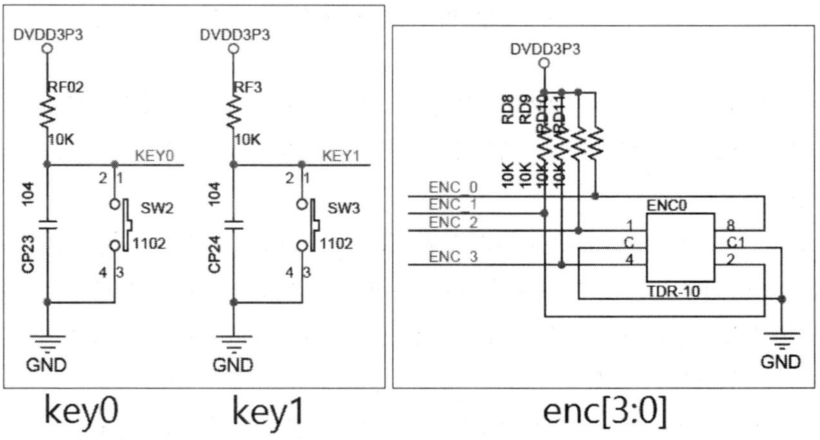

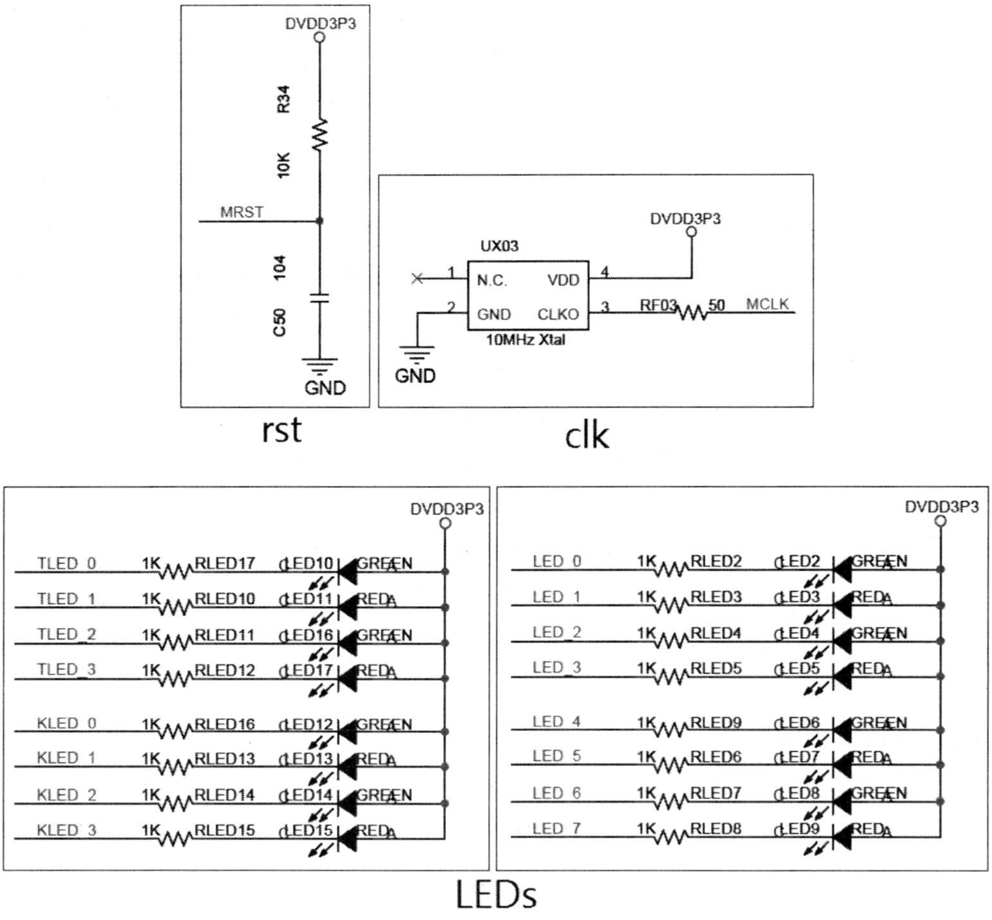

〈그림 6.3.2 입출력 신호들에 대한 회로구성〉

1. rst : 전원이 켜지면 Capacitor가 충전되기 전에는 Low상태에 있다가 Capacitor가 충전이 되면서 High로 전환되는 신호이다. 초반 Low일 때 FPGA 내부의 신호들의 초기상태를 지정한다.
2. clk : 3.3V 크리스탈 발전기에 의해 생성된 10MHz Clock입력신호.
3. key0, key1 : Key가 눌려지면 FPGA와 연결되는 key0, key1신호가 GND와 Short가 되므로 Low상태가 되었다가 Key를 눌렀던 것을 해제하면 Pull-up저항에 의해 High가 된다. 즉, 눌렀을 때 0, 떼면 1이 된다.
4. enc[3:0] : Rotary Switch에서 0~F까지 설정되는 값에 따라서 4개 pin에 인가되는 전압이 결정되는데, 아래의 Table과 같은 값을 갖는다.

Rotary Switch 설정 값	FPGA에 인가되는 값
0	1111
1	1110
2	1101
3	1100
4	1011
5	1010
6	1001
7	1000

Rotary Switch 설정 값	FPGA에 인가되는 값
8	0111
9	0110
A	0101
B	0100
C	0011
D	0010
E	0001
F	0000

〈표 6.3.1 Rotary Switch 설정 값 Table〉

5. LED들은 FPGA에 연결된 신호들이 High일 때 꺼지고, Low일 때 켜지는 구조이다. 그러므로 해당 LED를 키려면 해당 Port를 0으로 출력해야 하는 Low Active동작을 한다.

FPGA상에서 각 Pin들이 연결되는 Port에 대한 자료는 Pin할당하는 부분에서 제시될 것이다.

■ 작업할 Project의 생성

1. Project는 hw_check project를 그대로 사용한다.
   A. Project Name : hw_check
   B. Device : XC7A15T-FTG256 Speed Grade 1

■ Verilog HDL Code 작성

앞에서 정리한 내용을 기준으로 스스로 Verilog HDL code를 작성할 수 있는 사람은 cnt_led.v라는 이름으로 작성하여 다음 단계인 Simulation단계에 도전해 보기 바란다. 하다가 막히면 아래의 내용을 참조하는 한이 있어도 본인이 고민을 한 후에 안내를 참조하는 것이 자신의 설계 능력을 향상시키는 길이므로 가급적이면 스스로 도전하는 길을 권장하는 바이다.

1. File/Text Editor/New File을 선택하고 hw_check/HDL_hw_check라는 directory 아래에 cnt_led.v라는 file을 생성한다.
2. 모듈 name cnt_led에 아래의 내용에 따라 입·출력 선언을 한다.
   A. 입력
      ① rst, clk, key0, key1 : 1bit 입력
      ② enc[3:0] : 4bit 입력

B. 출력

① kled[3:0] : qout[15:12]에 해당하는 LED 구동 출력.

② tled[3:0] : qout[11:8]에 해당하는 LED 구동 출력.

③ led[7:0] : qout[7:0]에 해당하는 LED 구동 출력.

```
module cnt_led
(
    input           rst, clk,
    input           key1, key0,     // krst, ksel
    input   [3:0]   enc,
    output  [3:0]   kled, tled,
    output  [7:0]   led
);
```

〈그림 6.3.3 cnt_led에 대한 모듈 및 입출력 선언〉

3. 내부에서 활용할 신호들에 대한 선언

A. Key0, key1을 내부적으로 받아서 처리할 wire신호 선언

① Key0는 ksel, key1은 krst로 내부에서 활용되므로 입력을 받을 신호를 wire로 선언한다.

② 이렇게 내부에서 사용할 이름을 따로 설정하는 이유는 PCB상의 회로에서 연결되는 신호이름을 FPGA 입력 pin으로 선언하는 것이 외부 Interface에서의 혼선을 피하기 위함이지만, 내부에서 사용할 이름을 직접 입력으로 선언해도 무방하다. 단 이번 실습에서는 외부에서의 입력을 회로도에서의 이름에 맞추고 내부적으로 사용할 이름을 따로 선언하여 사용하도록 한다.

B. ksel 신호의 edge를 검출하기 위하여 2단 D-Flip Flop으로 catch하기 위한 k0, k1을 reg로 선언한다.

C. ksel 신호의 edge마다 Toggle되어 Count/Pause를 선택할 신호 cnt_md를 reg로 선언한다.

D. 32bit counter신호 cnt를 reg로 선언한다.

E. 16bit출력을 선택하는 신호 qout을 reg로 선언한다.

```
wire krst, ksel;

reg k0, k1;
reg cnt_md;

reg [31:0] cnt;
reg [15:0] qout;
```

〈그림 6.3.4 내부 생성 신호들에 대한 선언〉

4. 내부 동작 제어용 신호 생성.

내부 회로에서 가장 중요한 부분은 cnt_md신호의 상태에 따라 내부 Counter를 구동하고, enc[3:0]의 값에 따라 출력할 값을 선택하는 부분이지만, 이들을 제어하기 위한 신호를 생성하는 것 또한 중요하다. 각각의 신호들을 어떻게 생성할 것인지에 대한 방향이 섰으면 설계를 시작하자. 내부 신호들 가운데 어느 것부터 생성하느냐도 설계의 흐름상 매우 중요하다.

A. key0, key1을 krst와 ksel에 전달하는 Code를 작성한다.

① key0과 key1이 눌렸을 때 0이 되는 Low Active신호인 점을 감안하여 High Active에 익숙한 설계자라면 ksel이 값을 전달 받을 때 반전시켜 받는 것도 검토해 볼 만한 요소이다.

B. key0이 눌려질 때의 ksel 신호의 edge를 검출하고 그 edge마다 반전하는 신호인 cnt_md를 생성하는 Logic을 구현한다.

〈그림 6.3.6 32bit counter회로〉

```
// assign input for internal signal
assign ksel = ~key0;
assign krst = key1;

// ksel rising edge detect & cnt_md generation
always@(negedge rst, posedge clk)
if (rst == 0)
    begin
        k0 <= 0;
        k1 <= 0;
        cnt_md <= 0;
    end
else
    begin
        k0 <= ksel;
        k1 <= k0;
        if (k0 & ~k1)
            cnt_md <= ~cnt_md;
    end
```

〈그림 6.3.5 내부 제어신호 생성〉

5. krst와 cnt_md에 따라 제어되는 32bit counter Logic구현

krst신호가 0이면 counter값이 0이 되고, cnt_md가 1일때에만 Count하고, cnt_md가 0일 때에는 현재 값을 유지하는 회로를 설계한다. 이 때 krst와 cnt_md중 어느 신호에 우선순위를 둘 것인가도 미리 정해 두어야 한다. cnt_md에 우선순위를 둔다면 cnt_md가 0일 때에는 krst가 0이 되어도 counter값이 0이 되지 않는다. 어떤 것이 옳고 그른 것이 아니라, 설계자의 의도가 무엇이냐에 따라 결정된다. 이번 회로에서는 krst가 0이되면 cnt_md가 어떤 상태이건 관계없이 counter 값이 0이 되도록 한다.

```
// 32bit Counter
always@(negedge rst, posedge clk)
begin
    if (rst == 0)
      cnt <= 0;
    else
        if (krst == 0) // Reset by Tact Switch
            cnt <= 0;
        else if (cnt_md == 1)
            cnt <= cnt + 1;
end
```

〈그림 6.3.6 32bit counter회로〉

6. 32bit counter값 중, enc[3:0]에 의해 출력 값을 선택하는 회로

값을 선택하기 위하여 case문을 사용하도록 한다. 〈표 6.1.1〉에 제시한 Enc 값과 FPGA Port에 인가되는 값에 대한 Table을 기준으로 출력 값 16bit에 대한 분주 값을 선택한다. case문에서 qout을 선택하는 판단기준이 되는 신호는 enc 값을 반전하여 사용하였다.

```
// Output Selection
always@(negedge rst, posedge clk)
if (rst == 0)
   qout <= 0;
else
    case (~enc)
        4'hf     :   qout <= cnt[31:16];
        4'he     :   qout <= cnt[30:15];
        4'hd     :   qout <= cnt[29:14];
        4'hc     :   qout <= cnt[28:13];
        4'hb     :   qout <= cnt[27:12];
        4'ha     :   qout <= cnt[26:11];
        4'h9     :   qout <= cnt[25:10];
        4'h8     :   qout <= cnt[24:09];
        4'h7     :   qout <= cnt[23:08];
        4'h6     :   qout <= cnt[22:07];
        4'h5     :   qout <= cnt[21:06];
        4'h4     :   qout <= cnt[20:05];
        4'h3     :   qout <= cnt[19:04];
        4'h2     :   qout <= cnt[18:03];
        4'h1     :   qout <= cnt[17:02];
        default  :   qout <= cnt[16:01];
    endcase
```

〈그림 6.3.7 case문을 활용한 qout 선택회로〉

7. 출력 Port값 할당회로

```
// FPGA Output Port Assign
assign tled = ~qout[15:12];
assign kled = ~qout[11:8];
assign led = ~qout[7:0];
```

〈그림 6.3.8 FPGA출력 Port 값 할당회로〉

8. 마지막은 endmodule로 마무리하고 저장한다.
9. add sources를 활용하여 cnt_led.v file을 project manager에 올린다.
10. cnt_led.v를 Design Souces와 Simulation Sources 양쪽에 Top Module로 설정한다.

■ cnt_led.v Simulation

rst신호와 clk설정, key0와 key1값 설정, enc[3:0]값을 설정하는 tcl file을 작성하여 직접 Simulation에 도전해보기 바란다. 필요할 경우 앞선 실습에서 사용했었던 tcl file을 참조하여 진행해 보라. 생각하는 만큼, 고민하는 만큼 내 자산이 된다. 교재를 참고하지 않고 Tool을 사용할 수 있을 정도가 될 때까지 훈련이 필요하다.

■ cnt_led.v RTL 회로 확인하기

RTL Analysis/Open Elaborated Design을 실행한 후 schematic을 열어서 RTL 회로로는 어떻게 구현되었는지 확인해 본다.

■ Pin 할당 및 동작 확인

1. Pin 할당하기 : 다음 Page에 표시한 〈표 6.3.2〉를 참조하여 I/O Port에 대한 설정을 직접 실행해 보라. GUI를 활용하건, Text Editor를 활용하건 관계없이 사용된 모든 Port에 대하여 Pin번호와 Interface 전압 Level이 설정된 cnt_led.xdc file을 생성하면 된다. 각자 자신에게 더 적합하다고 생각되는 방법으로 시도해 보기 바란다.

Port Name	Pin No.	Voltage Type	Port Name	Pin No.	Voltage Type
clk	D4	LVCMOS33	led[7]	D14	LVCMOS33
key0	H14	LVCMOS33	led[6]	C14	LVCMOS33
key1	H13	LVCMOS33	led[5]	E13	LVCMOS33
rst	D3	LVCMOS33	led[4]	E12	LVCMOS33
enc[3]	F12	LVCMOS33	led[3]	F14	LVCMOS33
enc[2]	J16	LVCMOS33	led[2]	F13	LVCMOS33
enc[1]	H12	LVCMOS33	led[1]	G14	LVCMOS33
enc[0]	J15	LVCMOS33	led[0]	G12	LVCMOS33
kled[3]	C16	LVCMOS33	tled[3]	C9	LVCMOS33
kled[2]	F15	LVCMOS33	tled[2]	D9	LVCMOS33
kled[1]	H16	LVCMOS33	tled[1]	D10	LVCMOS33
kled[0]	C13	LVCMOS33	tled[0]	C11	LVCMOS33

〈표 6.3.2 cnt_led pin assign〉

2. xdc file 올리기 : cnt_led.xdc file의 저장이 완료되면 cnt_led.xdc file을 Project Manager의 Source창에서 Add Source / Add or Create Constraints를 선택하여 아래의 그림과 같이 constraints List에 올린다. 다른 xdc file들은 Remove를 이용하여 제거한다.

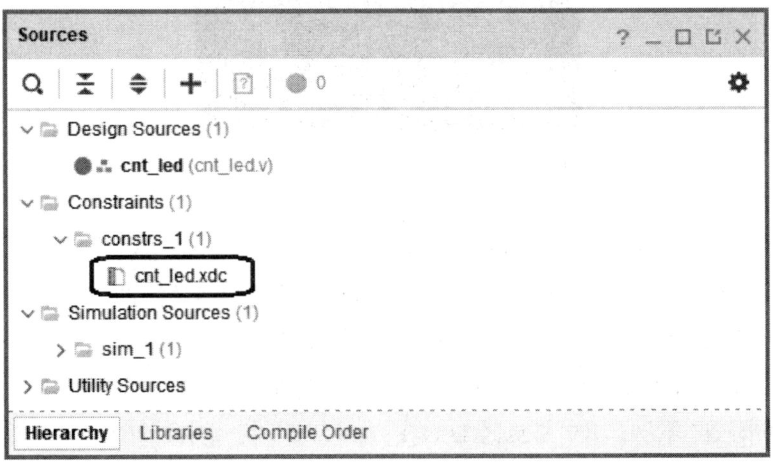

〈그림 6.3.9 cnt_led.xdc가 채택된 constraints list창〉

3. Bitstream file생성하기 : Flow Navigator/Run Implementation을 실행하면 Synthesis와 Implementation이 연이어 실행된다.
4. Implementation이 완료되면 완료를 알리는 Pop-Up창에서 Generate Bitstream을 선택하거나, VIVADO Tool에서 Flow Navigator/Program and Debug/Generate Bistream을 실행한다.
   A. Bitstream 생성이 완료되면 View Report를 선택하여 하단의 Report창에서 결과를 살펴본다.
5. Hardware연결
   A. 실습장비에 전원 Adapter를 연결한다.
   B. 실습장비의 전원 스위치를 On시킨다.
6. Target Open하기 : VIVADO Tool에서 Flow Navigator/Program and Debug/Open Hardware Manager/Open Target을 Click한다.
   A. Pop Up Menu가 열리면 Auto Connect를 Click한다.
7. Program하기 : Hardware Manager창이 열리면 Target Device인 xc7a15t_0를 선택하고 우측 마우스 버튼을 눌러 Pop Up Menu에서 Program Device를 선택하고 Program할 File이 cnt_led.bit file임을 확인한 후 하단의 Program Button을 Click하여 FPGA에 대한 Program을 실행한다.
8. Program Device창이 열리면 Bitstream file이 cnt_led.bit로 선택되었는지 확인하고 하단의 Program Button을 Click하여 PCB상의 FPGA에 대한 Program을 실행한다.
9. Program이 완료되었으면 보드의 동작을 점검한다.
   A. 초기상태는 Counter값이 0이므로 모든 LED가 꺼져있을 것이다.

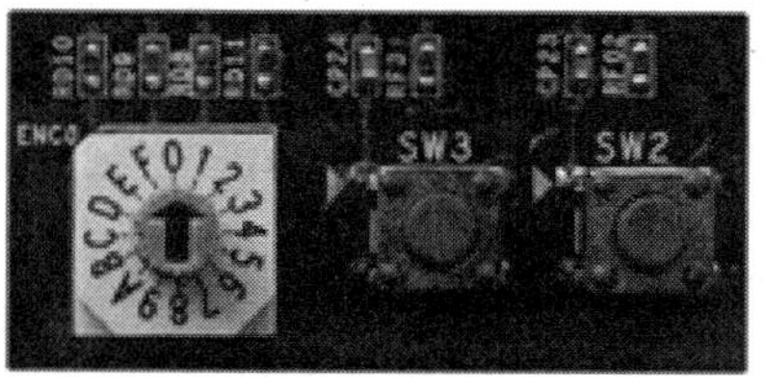

〈그림 6.3.10 Rotary Switch와 Tact Switch〉

   B. Rotary Switch를 0의 위치를 가리키도록 손잡이로 조절한다.
   C. Rotary Switch우측에 있는 Tact Switch중 우측에 있는 SW2를 한 번 눌러본다.
   D. 마치 모든 LED가 다 켜진 것처럼 보일 것이다. 이는 Rotary Switch가 0일 때에는 Counter의 분주비가 너무 낮아서 출력으로 선택되는 16bit의 값이 상대적으로 고속으로 변하기 때문에 육안으로는 LED가 꺼지고 켜지는 지를 확인할 수 없기 때문이다.
   E. SW2를 다시 한 번 눌러본다.

① Counter의 동작이 Pause 상태가 되고 그 때의 값이 고정된 형태로 LED의 꺼지고 켜진 모습들이 보일 것이다.

F. SW2를 다시 누르고 Rotary Switch를 1, 2, 3 이렇게 F까지 돌려본다.

① Rotary Switch가 지시하는 값이 증가할수록 분주비가 커지면서 선택된 출력 값의 변화속도가 느려지는 것을 확인할 수 있다.

G. Rotary Switch를 F에 두고 SW2를 다시 눌러본다.

① Counting동작이 멈추고 LED의 On/Off상태가 고정될 것이다.

H. SW3를 눌러본다.

① Counter가 0으로 Reset되고 모든 LED가 꺼질 것이다.

I. SW2를 눌러본다.

① 다시 Counter가 증가하는 것을 LED의 On/Off의 형태변화로 알 수 있을 것이다.

이상의 실습을 통해 설계한 회로의 입출력을 실습장비의 Board 회로도에 연결된 FPGA Pin에 할당하고 Synthesis/Implementation을 거쳐 Bitstream File을 생성하여 보드상의 FPGA에 Program하여 보드상에서 동작을 확인하는 과정을 익혔다. 만일 Hardware상에 어떤 문제가 없었다면 모든 실습의 과정이 정상적으로 진행되었을 것이다.

실습이 정상적으로 마무리되었다는 것은 실습에 사용된 보드 상의 부품들이 모두 정상적으로 동작하고 있다는 것을 검증한 것이다.

실습과정 중에 설명된 내용과 다른 부분이 있으면 그 것이 XILINX VIVADO Tool에서의 문제인지 Program장비를 통해 FPGA에 Program하는 과정에서의 문제인지, 아니면 Program은 되었는데 보드 동작에서의 문제인지 문제의 범위를 좁히면서 원인을 찾아 해결하는 노력을 기울여 보라.

오류를 발견하고 그 원인이 되는 범위를 좁혀나가면서 오류의 원인을 찾아내어 수정하는 일이 설계하는 작업 못지않게 중요하다. 오류를 해결하는 능력 또한 경험에 따라서 비례적으로 증가하지만, 설계과정에서 어느 부분이 어떻게 동작해야 하는가에 대한 명확한 정의가 내려져 있고, 이를 충분히 숙지하고 있다면 오류의 범위를 좁혀나가면서 그 원인을 찾아내는 시간이 크게 단축될 수 있을 것이다.

6.4 Seven Segment 표시하기 실습

이번 단락에서는 Seven Segment에 대한 실습을 진행한다. 먼저 한 Digit에 표시할 값을 여러 Digit에서 선택적으로 표시하는 실습을 하고, 이어서 서로 다른 값을 여러 Digit에 동시에 표시하는 Seven Segment 활용에 대한 실습을 진행할 것이다.

6.4.1 Seven Segment 표시하기 실습

이번 단락에서 실습할 내용은 보드에 장착된 8digit의 Seven Segment에 16진수 값 0~F까지를 표시해 보는 실습을 진행할 것이다. 이를 통해 7 Segment의 작동원리와 Multi-Digit에 대한 표시를 어떻게 하는 것인가에 대해 파악하게 될 것이다.

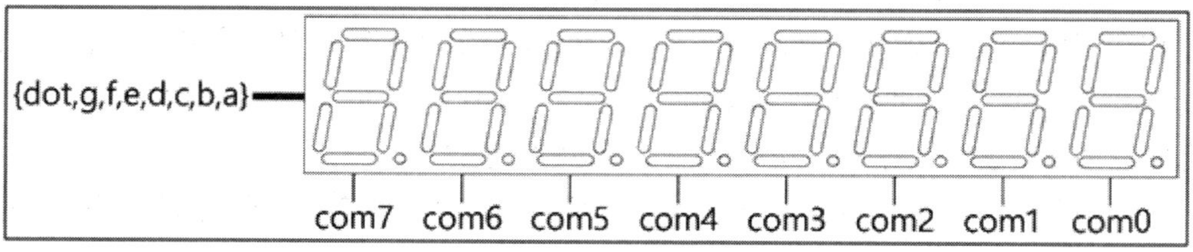

〈그림 6.4.1.1 : 7 Segment pin 연결 개념도〉

위의 그림에 8 digit seven segment 소자에 연결되는 pin에 대한 연결 개념도를 제시하였다. 각각의 digit에 있는 LED들에 값을 설정하는 {dot, g, f, e, d, c, b, a} Port는 8개 digit에 공통적으로 연결되어 있고, 각 digit마다 Com Port가 연결되어 있다. 특정 위치의 digit에 값을 표시하려면 해당 digit의 com port를 On시키면 된다. 만일 이 때 복수의 com port를 on시키면 복수의 Digit에 같은 값이 표시될 것이다.

이제 이번 단원에서 실습할 내용을 정리해보자.

■ 두 개의 주요 입력에 따른 동작을 아래에 정리하였다.

1. Rotary Switch : 0~F 가운데 어떤 값을 표시할 것인가를 선택한다.
2. DIP[7:0] : 8개의 Digit가운데 어떤 Digit에 Rotary Switch가 지정한 값을 표시할 것인가를 선택한다.

이 내용은 Clock이 반드시 필요한 것은 아니지만 Clock에 의해 구동되는 순차회로로 설계를 진행한다.

▌설계를 위한 동작내용 정리

어떤 내용을 설계할 것인가에 대해 정리하는 단계이다.

동작에 필요한 내용들을 개략적으로 정리해 본다.

1. 전원이 켜지면 Register들의 초기 값은 0으로 Setting한다.(Reset 조건)
2. Rotary Switch의 값을 읽어서 해당 숫자에 맞는 7 Segment 값에 해당하는 seg_d[6:0]의 값을 출력한다.
3. Tact Switch SW2의 값을 읽어서 눌려졌으면(0이면) dot를 키는 값을 seg_d[7]으로 출력한다.
4. dip[7:0]을 받아서 On(0으로 입력됨)되어있는 번호에 해당하는 Digit가 켜지도록 seg_com[7:0]신호를 출력한다.

▌7 Segment 표시 회로설계

먼저 입력신호와 출력신호를 빠짐없이 나열하고, 동작내용 정리한 것을 참고로 하여 설계를 구체화해 나간다. 최종 출력신호를 입력으로부터 직접 생성하기 어려운 경우(대부분의 경우가 여기에 해당) 중간단계의 신호들을 적절하게 정의하여 생성하고, 이를 활용하여 최종 출력신호를 생성하도록 한다.

■ 입력신호

1. rst : Low Active Master Reset
2. clk : 10MHz Master Clock
3. key0 : dot on/off를 위한 tact switch Key Input
4. enc[3:0] : 표시 값(0~F) 설정을 위한 Rotary Switch입력.
5. dip[7:0] : 표시 값을 display할 digit선택을 위한 Switch입력
   A. DIP Switch에는 [8:1]로 표시되어 있으나 내부적으로 [7:0]으로 처리함.

■ 출력신호

1. seg_d[7:0] : 7 segment에 장착된 dot, a~g까지의 LED를 켜고 끄는 출력 data값.
2. seg_com[7:0] : 7 segment의 각 digit마다 전류가 흐르도록 부착되어 있는 com port를 제어하여 해당 digit가 켜질 수 있도록 선택하는 제어값 출력.

■ 주요 내부 생성 신호

이번 실습에서 설계할 회로에는 특별히 중간 신호를 설정하지 않아도 될 정도로 간단한 회로이다. 단지 7 Segment에서 사용되는 a~g까지의 7개의 신호와 dot를 분리하여 처리하기 위하여 segd[6:0]신호를 설정하였다.

■ 스스로 도전하기

이 교재의 궁극적인 목표는 이 책을 통해 학습하는 사람이 자기가 설계하고자 하는 내용을 스스로 설계할 수 있도록 하는 과정을 익히게 하는 것이다. 어떤 과정을 거쳐서 어떻게 자료를 정리해서 설계의 과정을 밟을 것인가에 대해 소개하면서 스스로 설계에 도전해 보기를 권하는 이유도 스스로 설계할 수 있는 설계의 과정을 익히게 하기 위함이다. 쉽지는 않겠지만 이제까지 설명한 내용을 바탕으로 Verilog HDL Code를 직접 작성해 보고 보드 테스트까지의 과정을 스스로 도전해 보기를 권한다.

■ Hardware파악하기

이번 실습에 사용할 외부 Port가운데 enc[3:0]과 key0는 앞선 실습에서 이미 알아보았으므로 새롭게 사용할 dip[7:0]신호와 seg_d[7:0]신호, seg_com[7:0]신호에 대하여 FPGA외부에서의 연결 상황과 각각의 FPGA상의 Pin번호를 알아보도록 한다.

1. rst : 전원이 켜지면 Capacitor가 충전되기 전에는 Low 상태에 있다가 Capacitor가 충전이 되면서 High로 전환되는 신호이다. 초반 Low일 때 FPGA 내부의 신호들에 초기상태를 지정한다.
2. clk : 3.3V 크리스탈 발진기에 의해 생성된 10MHz Clock입력신호.
3. key0 : sw2가 눌려지고 key0 port에 0이 입력되면 7 Segment의 dot에 불이 들어오고 Key가 해제되면 dot에 불이 꺼진다.
4. enc[3:0] : Rotary Switch에서 0~F까지 설정되는 값에 따라서 4개 pin에 인가되는 전압이 결정되는데, 아래의 Table과 같은 값을 갖는다.

Rotary Switch 설정 값	FPGA에 인가되는 값
0	1111
1	1110
2	1101
3	1100
4	1011
5	1010
6	1001
7	1000

Rotary Switch 설정 값	FPGA에 인가되는 값
8	0111
9	0110
A	0101
B	0100
C	0011
D	0010
E	0001
F	0000

〈표 6.4.1.1 Rotary Switch 설정 값 Table〉

5. dip[7:0]은 enc에 의해 설정된 16진수값이 표시될 digit를 8개의 7 Segment Digit가운데 선택하는 Switch로 하나의 switch가 on되면 해당 digit에 표시값이 표시된다. FPGA의 입력 Pin의 전압은 switch가 on되었을 때 Low Voltage 즉, 0값이 입력된다.

6. seg_d[7:0] : dot를 최상위로 하여 g, f, e, d, c, b, a의 순으로 7 segment의 해당 LED를 켜고 끄는 제어 값을 출력한다. 1의 값이 출력될 때 켜진다.
7. seg_com[7:0] : 1의 값이 출력될 때 해당 digit가 켜진다.

FPGA상에서 각 Pin들이 연결되는 Port에 대한 자료는 Pin할당하는 부분에서 제시될 것이다.

■ 작업할 Project

1. Project는 hw_check project를 그대로 사용한다.
2. VIVADO Tool을 구동하여 hw_check project를 선택한다.

■ Verilog HDL Code 작성

앞에서 정리한 내용을 기준으로 스스로 Verilog HDL code를 작성할 수 있는 사람은 seg_test.v라는 이름으로 작성하여 다음 단계인 Simulation단계에 도전해 보기 바란다. 하다가 막히면 아래의 내용을 참조하는 한이 있어도 본인이 고민을 한 후에 안내를 참조하는 것이 자신의 설계 능력을 향상시키는 길이므로 가급적이면 스스로 도전하는 길을 권장하는 바이다.

1. File/Text Editor/New File을 선택하고 hw_check/HDL_hw_check라는 directory 아래에 seg_test.v라는 file을 생성한다.
2. 모듈 name seg_test에 아래의 내용에 따라 입·출력 선언을 한다.
   A. 입력
      ① rst, clk, key0 : 1bit 입력
      ② enc[3:0] : 4bit Rotary Switch입력. segment에 표시할 16진수값을 선택
      ③ dip[7:0] : 8bit 입력. segment값을 표시할 segment의 digit 위치를 선택.
   B. 출력
      ① seg_d[7:0] : segment의 LED를 켜고 끄기 위한 구동신호 출력을 reg type으로 선언.
      ② seg_com[7:0] : segment의 값이 표시될 위치를 선택하는 제어신호 출력을 reg type으로 선언

```
module seg_test
(
input   rst,clk,
input   key0,        // kdot
input   [3:0] enc,
input   [7:0] dip,
output  reg [7:0] seg_d,seg_com
);
```

〈그림 6.4.1.2 seg_test.v에 대한 모듈 및 입출력 선언〉

3. 내부에서 활용할 신호들에 대한 선언
   A. key0을 내부적으로 받아서 처리할 wire신호 선언
      ① kdot라는 이름으로 key0입력을 받기위한 신호를 wire로 선언한다.
   B. enc[3:0]을 받아서 반전하여 din이라는 이름으로 받기 위한 wire신호 선언.
      ① Rotary Switch에 0을 선택했을 때 FPGA의 Port enc[3:0]에는 〈표 6.4.1.1〉에서와 같이 반전된 값으로 입력되므로 내부에서는 Rotary Switch에 표시된 내용과 일치시킨 값으로 받아들이기 위하여 enc를 반전시킨 값을 din으로 받는다.
      ② 〈단원 4.1.3〉에서 hex2seg 변환 Verilog HDL을 소개할 때 4bit입력을 din으로 사용했으므로 여기서도 din을 받아서 표시값을 생성하도록 한다.
   C. 7bit의 segment 표시를 위한 LED 출력값을 생성하기 위하여 segd[6:0]신호를 wire로 선언한다.

```
wire kdot;
wire [3:0] din;
wire [6:0] segd;
```

〈그림 6.4.1.3 내부 생성 신호들에 대한 선언〉

4. 내부 동작 제어용 신호 생성.
   내부 회로에서 가장 중요한 부분은 enc[3:0]의 값에 따라 segment에 표시할 값을 선택하는 부분이다. 이 부분에 대한 변환 Table은 단원 4.1.3의 〈표 4.1.3.1〉에 제시된 내용을 참조하여 code를 작성해 보기 바란다.
   A. key0를 받아서 반전하여 kdot로 전달하는 Code를 작성한다.
      ① key0신호도 Tact Switch가 눌리지 않았을 때가 1, 눌렸을 때가 0으로 입력되므로 내부에서 눌렸을 때를 1로 보는 신호로 처리하기 위하여 kdot값에 key0를 반전하여 전달한다.
   B. enc[3:0]을 받아서 반전하여 din[3;0]으로 전달하는 code를 작성한다.
   C. din[3:0]을 받아서 segment에 표시할 값으로 변환하고 segd로 전달하는 code를 작성한다.

```
// assing input to internal signal
assign kdot = ~key0;
assign din = ~enc;

// hex to segment converting
assign segd = (din == 4'h0) ? (7'h3f) :
              (din == 4'h1) ? (7'h06) :
              (din == 4'h2) ? (7'h5b) :
              (din == 4'h3) ? (7'h4f) :
              (din == 4'h4) ? (7'h66) :
              (din == 4'h5) ? (7'h6d) :
              (din == 4'h6) ? (7'h7d) :
              (din == 4'h7) ? (7'h27) :
              (din == 4'h8) ? (7'h7f) :
              (din == 4'h9) ? (7'h6f) :
              (din == 4'ha) ? (7'h5f) :
              (din == 4'hb) ? (7'h7c) :
              (din == 4'hc) ? (7'h58) :
              (din == 4'hd) ? (7'h5e) :
              (din == 4'he) ? (7'h7b) :
                              (7'h71) ;
```

〈그림 6.4.1.4 내부 제어신호 생성〉

D. seg_d[7:0]값과 seg_com[7:0]값을 출력하는 code를 작성한다.

① seg_d[7:0]은 kdot를 최상위 bit에 위치시키고 이어서 segd[6:0]을 배열하는 code를 concatenation구문을 사용하여 작성한다.

② seg_com[7:0]은 din[7:0]을 그대로 전달하는 code가 된다.

③ seg_d[7:0], seg_com[7:0] 두 신호 모두 8bit register를 사용하여 clock의 rising edge에서 data를 catch한다.

④ 마지막은 endmodule로 마무리한다.

```
// Output Selection
always@(negedge rst, posedge clk)
if (rst == 0)
    begin
        seg_d <= 8'h00;
        seg_com <= 8'h00;
    end
else
    begin
        seg_d <= {kdot,segd};
        seg_com <= dip;
    end

endmodule
```

〈그림 6.4.1.5 출력신호 생성회로와 module마무리를 위한 endmodule이 포함된 code〉

5. add sources를 활용하여 seg_test.v file을 project manager에 올린다.
6. seg_test.v를 Design Souces와 Simulation Sources 양쪽에 Top Module로 설정한다.

■ seg_test.v Simulation

rst신호와 clk설정, key0값 설정, enc[3:0]값과 dip[7:0]을 설정하는 tcl file을 작성하여 직접 Simulation에 도전해 보기바란다. 필요할 경우 앞선 실습에서 사용했었던 tcl file을 참조하여 진행해 보라. 생각하는 만큼, 고민하는 만큼 내 자산이 된다. 교재를 참고하지 않고 Tool을 사용할 수 있을 정도가 될 때까지 반복 훈련이 필요하다.

이번 Simulation에서는 Rotary Switch의 값이 설정되었을 때 Segment에 표시될 값으로의 변환이 잘 이루어졌는가를 확인하기만 하면 다른 입력들은 출력으로 그대로 전달하는 내용이므로 Simulation을 생략해도 무방하다.

Simulation 입력설정

1. clk신호 : 10MHz(100ns) Clock으로 설정한다.
2. enc[3:0] : 0~F까지의 16진수 값을 인가한다.

Simulation 결과 확인

1. enc값이 반전되어 din에 전달되었는가?
2. din값과 segd값은 〈표 4.1.3.1〉의 변환 Table과 일치한 결과를 보이는가?

도움이 필요할 경우 앞선 실습에서 활용하였던 TCL File을 참조하여 my_seg_test.tcl file을 작성하여 활용하는 방법을 따르기를 권한다.

■ seg_test.v RTL 회로 확인하기

RTL Analysis / Open Elaborated Design을 실행한 후 schematic을 열어서 RTL 회로로는 어떻게 구현되었는가 확인해 본다.

■ Pin 할당하기

이번 실습에서는 .xdc file을 활용한 pin할당 방법을 소개한다.
먼저 입출력으로 사용된 Pin들이 PCB에서는 실제로 어떤 Pin들에 연결되었는가를 확인하고 FPGA Pin할당에서 그에 맞게 Pin No.를 지정해 주어야 한다.

Port Name	Pin No.	Voltage Type	Port Name	Pin No.	Voltage Type
clk	D4	LVCMOS33	seg_d[7]	A13	LVCMOS33
key0	H14	LVCMOS33	seg_d[6]	B12	LVCMOS33
rst	D3	LVCMOS33	seg_d[5]	A12	LVCMOS33
enc[3]	F12	LVCMOS33	seg_d[4]	B11	LVCMOS33
enc[2]	J16	LVCMOS33	seg_d[3]	B15	LVCMOS33
enc[1]	H12	LVCMOS33	seg_d[2]	A15	LVCMOS33
enc[0]	J15	LVCMOS33	seg_d[1]	B14	LVCMOS33
dip[7]	N16	LVCMOS33	seg_d[0]	A14	LVCMOS33
dip[6]	M14	LVCMOS33	seg_com[7]	D8	LVCMOS33
dip[5]	M15	LVCMOS33	seg_com[6]	C8	LVCMOS33
dip[4]	L13	LVCMOS33	seg_com[5]	H11	LVCMOS33
dip[3]	M16	LVCMOS33	seg_com[4]	G11	LVCMOS33
dip[2]	L14	LVCMOS33	seg_com[3]	A9	LVCMOS33
dip[1]	K13	LVCMOS33	seg_com[2]	B9	LVCMOS33
dip[0]	K12	LVCMOS33	seg_com[1]	A10	LVCMOS33
			seg_com[0]	B10	LVCMOS33

〈표 6.4.1.2 seg_test에 대한 pin 할당표〉

PIN할당을 위한 Text File은 확장자 .xdc file인데 이 file안에 한 pin에 대해 두 가지 사항을 반드시 기술해야 한다. 하나는 해당 pin의 pin번호이고, 다른 하나는 해당 pin의 interface 전압관련 정보이다. 아래에 일부 pin에 대한 pin 번호 할당, 전압정보를 기술한 내용을 제시하였으니 이를 참고하여 위의 표에 나열된 모든 입출력에 대한 pin정보를 seg_test.xdc라는 이름으로 저장한다.

File/Text Editor/New File로 새 Text File을 열고, 작성한 후 저장하는 위치는 hw_check directory아래에 저장한다.

```
set_property PACKAGE_PIN D3 [get_ports rst]
set_property PACKAGE_PIN D4 [get_ports clk]
set_property PACKAGE_PIN H14 [get_ports key0]
set_property IOSTANDARD LVCMOS33 [get_ports rst]
set_property IOSTANDARD LVCMOS33 [get_ports clk]
set_property IOSTANDARD LVCMOS33 [get_ports key0]

set_property PACKAGE_PIN J15 [get_ports {enc[0]}]
set_property PACKAGE_PIN H12 [get_ports {enc[1]}]
set_property PACKAGE_PIN J16 [get_ports {enc[2]}]
set_property PACKAGE_PIN F12 [get_ports {enc[3]}]
set_property IOSTANDARD LVCMOS33 [get_ports {enc[0]}]
set_property IOSTANDARD LVCMOS33 [get_ports {enc[1]}]
set_property IOSTANDARD LVCMOS33 [get_ports {enc[2]}]
set_property IOSTANDARD LVCMOS33 [get_ports {enc[3]}]
```

〈그림 6.4.1.6 Pin 할당을 위한 seg_test.xdc 일부〉

그림에서 보듯이 xdc file에서 기술하는 내용은 하나의 pin에 대하여 두 가지 항목을 설정한다. 하나는 Package에서의 pin번호, 다른 하나는 해당 Pin의 Interface 전압조건 설정이다.

■ Pin번호 설정

1. set_property로 시작한다.
2. PACKAGE_PIN을 기입하여 Pin번호 설정 항목임을 선언한다.
3. 해당 Pin번호를 기입한다.
4. 대괄호를 열고 get_ports라고 기입하고 한 칸 벌인 후에 입출력 신호 이름을 기입한 후 대괄호를 닫는다.
   A. 개별 신호의 경우에는 회로에서 사용한 이름을 기입하고 대괄호를 닫으면 된다.
   B. bus신호의 경우 각각의 bit에 대하여 개별적으로 pin번호를 지정한다.
   C. bus신호에 대한 사용자 이름 설정은 중괄호를 열고 bus이름을 적고 대괄호를 열어 해당 신호의 bus에서의 bit No.를 기록하고 대괄호를 닫고 중괄호를 닫는다.

■ 전압 Interface 표준 설정

1. set_property로 시작한다.
2. IOSTANDARD를 기입하여 Interface 전압표준 설정 항목임을 선언한다.
3. 실습장비에서 사용한 3.3V CMOS에 해당하는 LVCMOS33을 기입한다.
4. 대괄호를 열고 get_ports라고 기입하고 회로에서 사용한 pin name을 기입한 후 대괄호를

닫는다.

A. 개별 신호의 경우에는 회로에서 사용한 이름을 기입하고 대괄호를 닫으면 된다.

B. bus신호의 경우 각각의 bit에 대하여 개별적으로 pin번호를 지정한다.

C. bus신호에 대한 사용자 이름 설정은 중괄호를 열고 bus이름을 적고 대괄호를 열어 해당 신호의 bus에서의 bit No.를 기록하고 대괄호를 닫고 중괄호를 닫는다.

모든 입출력 pin 31개에 대하여 Pin 번호와 Interface 전압표준의 두 가지 항목을 기입하고 File을 저장한다.

■ Implementation및 Board Test

1. seg_test.xdc file을 constraint file로 지정하기.

A. seg_test.xdc file의 저장이 마무리되면 Project Manager창에서 add sources를 통해 Add or Create Constraints를 선택한다.

B. Add or Create Constrains창이 열리고 앞선 실습에서 사용했던 cnt_led.xdc가 현재의 constraints file list에 보일 것이다.

C. 하단의 Add Files 버튼을 누르고 방금 전에 저장했던 seg_test.xdc file을 선택하여 추가한다.

D. 다시 Add or Create Constraints창이 보이면 하단의 Finish 버튼을 Click한다.

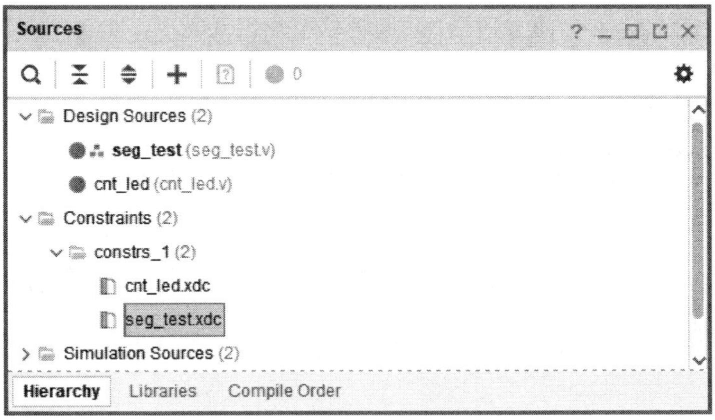

〈그림 6.4.1.7 복수의 Constraint file이 표시된 창〉

E. 〈그림 6.4.1.7〉과 같이 Constraints아래를 보면 앞서 사용했던 cnt_led.xdc와 새로 올린 seg_test.xdc등 2개의 constraint file이 보일 것이다. 이 때 seg_test.xdc file을 click하여 선택하고 마우스 우측 버튼을 눌러 Set as Target Constraints File을 선택한다.

2. seg_test.xdc file이 target constraint로 설정되었음을 확인하였으면 Flow Navigator/Program and Debug/Generate Bitstream을 실행하여 Synthesis와 Implementation, Bitstream File생성을 연이어 실행한다.

3. Hardware연결
   A. 실습장비에 전원 Adapter를 연결한다.(아직 전원 Switch를 On시키지는 않는다.)
   B. JTAG-HS3 Program장비를 실습장비에 연결하고 USB Cable로 Program장비와 PC를 연결한다.
   C. 실습장비의 전원 스위치를 On시킨다.(전원이 인가되었음을 알리는 LED가 켜질 것이다.)

4. VIVADO Tool에서 Flow Navigator/Program and Debug/Open Hardware Manager/Open Target을 Click한다.
   A. Pop Up Menu가 열리면 Auto Connect를 Click한다.

5. Hardware Manager창이 열리면 Program할 Target Device인 xc7a15t_0를 선택하고 우측 마우스 버튼을 눌러 Pop Up Menu에서 Program Device를 선택한다.

6. Program Device창이 열리면 Bitstream file이 seg_test.bit로 선택되었는가 확인하고 만일 선택되지 않았다면 아래의 그림과 같이 bitstream file 우측의 사각형 모양 Button을 Click하고 File을 지정하기 위한 탐색창이 열리면 seg_test.bit file을 선택한다.

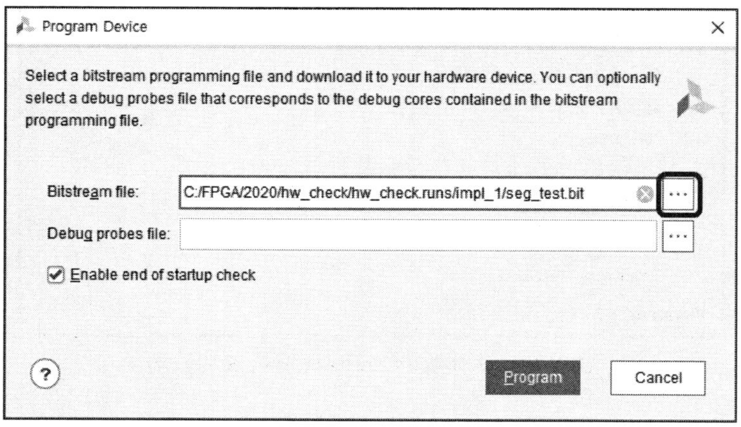

〈그림 6.4.1.8 Program Device창에서 Bitstream file지정하는 모습〉

7. seg_test.bit file이 지정이 되었으면 하단의 Program Button을 눌러 FPGA로 Download하는 Program을 진행한다.

8. Program이 완료되었으면 보드의 동작을 점검한다.
   A. 7 Segment에 값이 표시된 Digit가 있는가?
   B. 만일 모든 Digit가 꺼져있다면 DIP[7:0]이 모두 On되어 있는가 살펴보고, DIP Switch를 Off방향으로 하나씩 이동해 본다.
   C. 7 Segment에 어떤 값이 표시되었는가?
   D. Rotary Switch가 지정하는 값과 7Segement에 표시된 값이 일치하는가?
   E. Rotary Switch를 돌려가면서 설정값과 표시값이 일치하는가 관찰한다.
   F. Key0에 해당하는 SW2 Tact Switch를 눌러서 7 Segment의 dot가 켜지는가 확인한다.
   G. 8개 DIP Switch 전부를 Off로 둔다.
      ① 모든 Digit에 같은 값이 표시되는가?
   H. 하나의 DIP Switch만 남겨두고 다른 7개의 DIP Switch는 On시킨다.
      ① 하나의 7 segment만 켜져있는가?
      ② 이 때 밝기는 어떤가?
      ③ 다수의 Digit를 켰을 때와 어떤 차이가 있는가

만일 Hardware상에 어떤 문제가 없었다면 모든 실습의 과정이 정상적으로 진행된 것이다. 실습이 정상적으로 마무리되었다는 것은 실습에 사용된 보드 상의 부품들이 모두 정상적으로 동작하고 있다는 것을 검증한 것이다.

실습과정 중에 설명된 내용과 다른 부분이 있으면 그것이 Verilog HDL Code의 문제인지 XILINX VIVADO Tool에서의 문제인지 Program장비를 통해 FPGA에 Program하는 과정에서의 문제인지, 아니면 Program은 되었는데 보드 동작에서의 문제인지 문제의 범위를 좁히면서 원인을 찾아 해결하는 노력을 기울여 보라.

6.2.2 multi-digit segment 표시하기 실습

6.2.1단락에서 단일 표시 값에 대해 표시할 Digit를 선택하는 실습을 했다면, 이번 단락에서는 서로 다른 Digit에 서로 다른 값들을 표시하는 실습을 진행할 것이다.

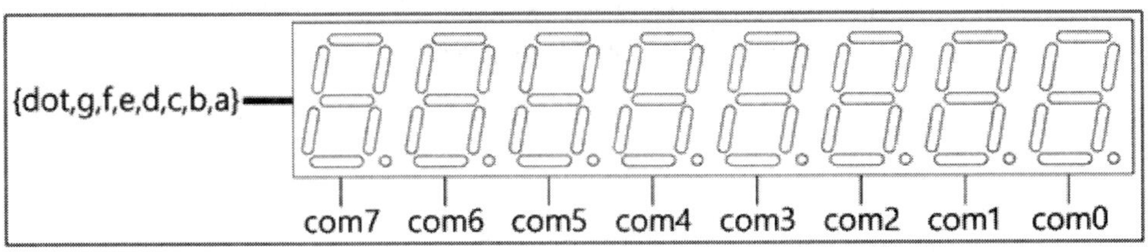

〈그림 6.4.2.1 : 8 digit seven segment pin 연결 개념도〉

8 digit 7 segment pin연결 개념도를 다시 살펴보자. 표시할 값 segment data{dot, g, f, e, d, c, b, a}는 8 digit에 공통으로 연결되어 있다. 그러므로 각 digit마다 서로 다른 값을 표시하려면 digit 0번부터 digit 7번까지 각 digit에 해당하는 내용이 출력될 때 해당 digit의 com port를 on시키고 다른 digit의 com port는 off시키는 작업을 반복적으로 실행해야 한다. 즉 일정한 표시주기를 정하고 표시주기 한 주기를 1/8로 분할하여 0번부터 7번까지의 com port를 돌아가면서 하나만 on시키고 그와 동시에 on되는 digit에 표시할 값을 segment data에 인가하면 된다.

❙ 설계할 회로에 대한 정의

어떤 회로를 설계할 것인가에 대한 정의를 내리는 단계이다. 외부에서 어떤 입력을 받아서 어떤 출력을 생성할 것인가에 대하여 동작 중심으로 기술해 보는 것이 유용하다.

회로의 동작을 정의해 보자. 전원이 켜지면 8개의 segment Digit에 "01234567"을 표시한다. 8개의 Digit에 서로 다른 값을 표시하기 위하여 표시 주기를 정하고, 한 표시주기를 1/8분할하여 각각의 Digit에 대한 값을 해당 Digit에 출력한다. 표시주기를 조절하기 위하여 Rotary Switch를 활용할 것이다.

key0를 누를 때마다 모든 Digit의 표시 값이 1씩 증가하는 Display를 구현하고자 한다. 이를 위해 key0가 눌러진 횟수를 Count하는 4bit Counter를 사용하기로 한다. 이 counter 신호의 이름을 kcnt[3 : 0]이라 정한다. 아래에 kcnt[3 : 0]의 값에 따른 표시 값을 정리한 표를 제시하였다.

kcnt 값 (16진수)	8digit 표시 값
0	01234567
1	12345678
2	23456789
3	3456789a
4	456789ab
5	56789abc
6	6789abcd
7	789abcde

kcnt 값 (16진수)	8digit 표시 값
8	89abcdef
9	9abcdef0
a	abcdef01
b	bcdef012
c	cdef0123
d	def01234
e	ef012345
f	f0123456

〈표 6.4.2.1 kcnt 값에 따른 Segment표시 값 Table〉

▌설계를 위한 동작내용 정리

어떤 내용을 설계할 것인가에 대해 정리하는 단계이다.

동작에 필요한 내용들을 개략적으로 정리해 본다.

1. Key0가 눌려지는 edge를 검출하여 4bit의 counter인 kcnt[3:0]를 증가시킨다.
2. 8개의 digit에 각각 출력할 8개의 4bit 신호를 kcnt의 값에 따라 생성한다.
3. 8개의 digit에 서로 다른 값을 표시해야 하므로 1/8 균등 시분할하여 seg_com[7:0]을 제어하는 회로를 구성한다.
   A. 8 digit 모두를 표시하기 위한 표시 주기를 정해야 하며, 표시주기가 정해지면 그 주기를 8등분하여 하나의 digit당 표시 주기의 1/8만큼의 시간을 할당하면 된다.
4. 시간 분할 제어에 맞추어 각각의 digit로 출력하기 위하여 8개의 4bit 16진수 값 가운데 하나의 4bit값을 선택하는 회로를 구성한다.
5. 선택된 4bit의 16진수 값을 segment에 표시할 값으로 변환하는 회로를 구성한다.

전체회로의 동작을 떠올리면서 이렇게 개략적으로 정리한 내용에서 추가하거나 빼야 할 내용이 있는지 점검한다.

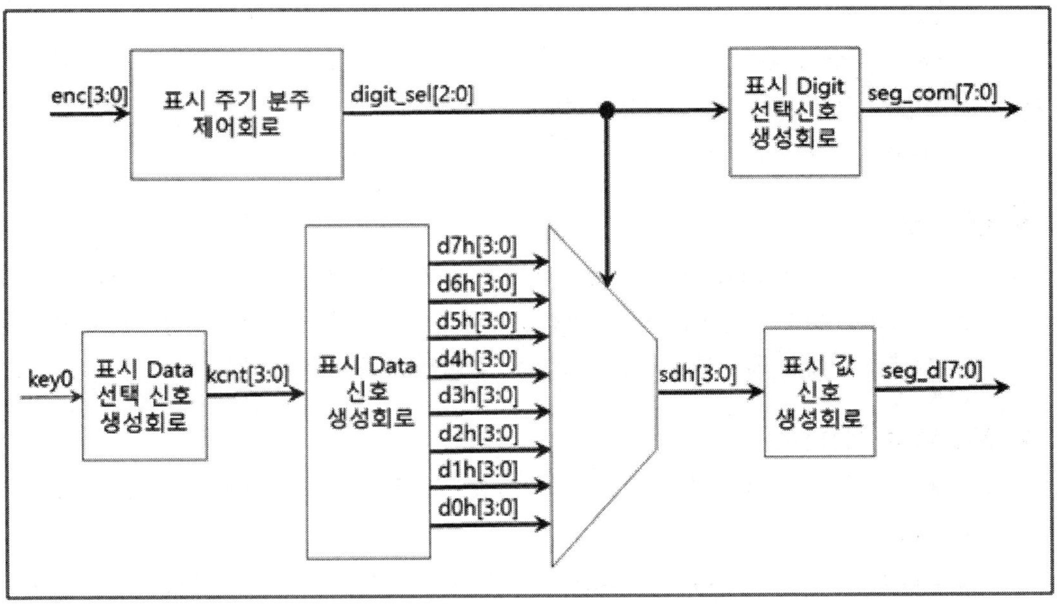

〈그림 6.4.2.2 multi digit display에 대한 Block Diagram〉

설계할 내용과 신호의 흐름에 대한 파악을 위해 위와 같이 Block Diagram으로 정리하는 것도 도움이 된다.

	표시 주기							
digit_sel[2:0]	0	1	2	3	4	5	6	7
표시할 값	1	2	3	4	5	6	7	8
seg_com[7:0]	01	02	04	08	10	20	40	80
seg_d[7:0]	06	5b	4f	66	6d	7d	27	7f

〈그림 6.4.2.3 표시 주기 한주기에 대한 출력 값 Timing Chart〉

위의 그림은 표시 주기 한 주기에 대하여 8등분한 Time에 따라 표시할 값과 선택할 Segment에 대한 Timing Chart를 정리한 것이다. 이와 같이 확실하게 정리가 되지 않은 부분에 대해서는 Timing Chart로 정리해 두는 것도 설계의 내용을 구체화하는데 유용하다.

multi-digit segment 표시 회로설계

■ 입력신호

1. rst : Low Active Master Reset
2. clk : 10MHz Master Clock
3. key0 : 출력 표시 값 설정을 위한 Key Pulse입력
4. enc[3:0] : 표시 주기 선택을 위한 Rotary Switch입력.

■ 출력신호

1. seg_d[7:0] : 7 segment에 장착된 dot, g~a까지의 LED를 켜고 끄는 출력 data값.
2. seg_com[7:0] : 7 segment의 각 digit마다 전류가 흐르도록 부착되어 있는 com port를 제어하여 해당 digit가 켜질 수 있도록 선택하는 제어값 출력.

■ 주요 내부 생성신호

1. k0, k1 : key0의 Edge를 검출하기 위하여 key0신호를 반전하여 Shift 시키는 2단 D-Flip Flop.
2. kcnt[3:0] : key0가 눌려지는 edge를 검출하여 16진수로 0~f까지, f 다음은 다시 0부터 증가하는 Counter.
3. d0h[3:0]~d7h[3:0] : 〈표 6.2.2.1〉에 근거하여 kcnt의 값에 따라 segment로 출력할 8자리를 구성하는 8개의 4bit 16진수 값.
4. sdh[3:0] : 8개의 d0h[3:0]~d7h[3:0] 중에서 digit_sel[2:0]에 의해 선택된 현재 Timing에서 segment로 출력할 값.

5. tcnt[17:0] : 8digit에 대한 표시주기 선택을 위한 18bit Counter
6. digit_sel[2:0] : 8개의 digit 가운데 현재 표시할 digit에 출력 값을 선택하기 위하여 enc[3:0]에 의해 설정된 값에 따라 tcnt중 3bit를 선택하여 0~7로 출력하는 3bit 신호.

■ 스스로 도전하기

이제까지 설명한 내용을 바탕으로 Verilog HDL Code를 직접 작성해 보고 보드 테스트까지의 과정을 스스로 도전해 보기를 권한다.

■ Hardware파악하기

이번 실습에서는 새로 소개된 외부 입·출력 신호가 없으므로 이 단계는 생략한다.

■ 작업할 Project

1. Project는 hw_check project를 그대로 사용한다.
2. VIVADO Tool을 구동하여 hw_check project를 선택한다.

■ Verilog HDL Code 작성

앞에서 정리한 내용을 기준으로 스스로 Verilog HDL code를 작성할 수 있는 사람은 multi_disp.v라는 이름으로 작성하여 다음 단계인 Simulation단계에 도전해 보기 바란다. 하다가 막히면 아래의 내용을 참조하는 한이 있어도 본인이 고민을 한 후에 안내를 참조하는 것이 자신의 설계 능력을 향상시키는 길이므로 가급적이면 스스로 도전하는 길을 권장하는 바이다.

1. File/Text Editor/New File을 선택하고 hw_check/HDL_hw_check라는 directory 아래에 multi_test.v라는 file을 생성한다.
   - A. seg_test.v를 열어서 multi_disp.v로 저장하여 수정해도 된다.
2. 모듈 name을 multi_disp로 기입하고 아래의 내용에 따라 입·출력 선언을 한다.
   - A. 입력
     - ① rst, clk, key0 : 1bit 입력
     - ② enc[3:0] : 4bit Rotary Switch입력. segment 표시주기 선택
   - B. 출력
     - ① seg_d[7:0] : segment의 LED를 켜고 끄기 위한 구동신호 출력을 reg type으로 선언.
     - ② seg_com[7:0] : segment의 값이 표시될 위치를 선택하는 제어신호 출력을 reg type으로 선언

```
module multi_disp
(
input   rst,clk,
input   key0,
input   [3:0] enc,
output  reg [7:0] seg_d,seg_com
);
```

〈그림 6.4.2.4 multi_disp.v에 대한 모듈 및 입출력 선언〉

3. 내부에서 활용할 신호들에 대한 선언
   A. Key0의 edge검출을 위한 reg k0, k1선언.
   B. Key0 push No. Count를 위한 counter로 reg kcnt[3:0] 선언
   C. 각 Digit에 표시할 값에 대한 4bit 16진수 값 8개에 대한 wire선언
   D. 8개의 4bit 값 중 지금 바로 출력하도록 선택된 4bit값 sdh[3:0]에 대한 reg 선언.
   E. 표시주기 선택을 위한 18bit counter tcnt[17:0]에 대한 reg선언
   F. 표시주기 내에서 digit선택을 위한 신호 digit_sel[2:0]에 대한 reg선언.
   G. 7bit의 segment 표시를 위한 LED출력값을 생성하기 위한 신호 segd[6:0]을 wire로 선언한다.

```
reg k0,k1;
reg [3:0] kcnt;
wire [3:0] d7h,d6h,d5h,d4h,d3h,d2h,d1h,d0h;
reg [3:0] sdh;

reg [17:0] tcnt;
reg [2:0] digit_sel;

wire [6:0] segd;
```

〈그림 6.4.2.5 내부 생성 신호들에 대한 선언〉

4. 내부 동작 제어용 신호 생성.
   A. 표시주기 설정을 위한 18bit분주 counter와 enc값에 따라 tcnt값중 3bit를 취하여 digit선택을 위한 digit_sel[2:0]신호를 생성하는 code를 작성한다.

```
// tcnt & digit_sel generation
always@(negedge rst, posedge clk)
if (rst == 0)
    begin
        tcnt <= 0;
        digit_sel <= 0;
    end
else
    begin
        tcnt <= tcnt + 1;
        case(~enc)
        4'h0    :   digit_sel <= tcnt[02:00];
        4'h1    :   digit_sel <= tcnt[03:01];
        4'h2    :   digit_sel <= tcnt[04:02];
        4'h3    :   digit_sel <= tcnt[05:03];
        4'h4    :   digit_sel <= tcnt[06:04];
        4'h5    :   digit_sel <= tcnt[07:05];
        4'h6    :   digit_sel <= tcnt[08:06];
        4'h7    :   digit_sel <= tcnt[09:07];
        4'h8    :   digit_sel <= tcnt[10:08];
        4'h9    :   digit_sel <= tcnt[11:09];
        4'ha    :   digit_sel <= tcnt[12:10];
        4'hb    :   digit_sel <= tcnt[13:11];
        4'hc    :   digit_sel <= tcnt[14:12];
        4'hd    :   digit_sel <= tcnt[15:13];
        4'he    :   digit_sel <= tcnt[16:14];
        default :   digit_sel <= tcnt[17:15];
        endcase
    end
```

〈그림 6.4.2.6 표시주기 선택용 counter와 digit_sel선택〉

① enc값이 0이면 10MHz 1 clock마다 1 digit를 표시하고, enc값이 증가할수록 표시주기는 길어진다.

② 보드 Test에서 enc값을 변화시켜보면서 display가 어떻게 변하는 가 확인해 보라.

B. key0의 edge를 검출하여 kcnt를 구동하는 Code를 작성한다.

```
// key0 Edge Detect & KCNT Generation
always@(negedge rst, posedge clk)
if (rst == 0)
    begin
        k0 <= 0;
        k1 <= 0;
        kcnt <= 0;
    end
else
    begin
        k0 <= ~key0;
        k1 <= k0;
        if (k0 & ~k1)
            kcnt <= kcnt + 1;
    end
```

〈그림 6.4.2.7 key0 edge 검출 및 kcnt 구동부〉

C. kcnt[3:0]을 받아서 각 digit에 표시할 값에 대한 16진수 값을 생성하는 code를 작성한다.

① 가장 좌측 digit에는 kcnt와 같은 값을, 우측으로 한 칸 이동할 때마다 1씩 증가하는 값을 표시한다.

```
// d#h Generation
assign d7h = kcnt;
assign d6h = kcnt + 1;
assign d5h = kcnt + 2;
assign d4h = kcnt + 3;
assign d3h = kcnt + 4;
assign d2h = kcnt + 5;
assign d1h = kcnt + 6;
assign d0h = kcnt + 7;
```

〈그림 6.4.2.8 kcnt값에 따라 각 digit에 표시할 값 설정〉

D. 표시할 digit를 선택하는 신호인 digit_sel의 값에 따라서 8개의 4bit 16진수 값 중 4bit값 하나를 선택하는 code를 작성한다.

① case구문을 활용한다.

```
// sdh Selection
always@(negedge rst, posedge clk)
if (rst == 0)
    sdh <= 0;
else
    case(digit_sel)
    3'h0     :   sdh <= d0h;
    3'h1     :   sdh <= d1h;
    3'h2     :   sdh <= d2h;
    3'h3     :   sdh <= d3h;
    3'h4     :   sdh <= d4h;
    3'h5     :   sdh <= d5h;
    3'h6     :   sdh <= d6h;
    default :   sdh <= d7h;
    endcase
```

〈그림 6.4.2.9 8개 표시할 값 중 현재시점에서 출력할 값을 선택하는 code〉

E. 현재시점에서 출력할 값으로 선택된 16진수 값 sdh[3:0]을 받아서 segment에 표시할 값으로 변환하고 segd로 전달하는 code를 작성한다.

① 앞선 실습에서 사용했던 code를 재활용하는 것도 한 방법이다.

```
// hex to segment converting
assign segd = (din == 4'h0) ? (7'h3f):
              (din == 4'h1) ? (7'h06):
              (din == 4'h2) ? (7'h5b):
              (din == 4'h3) ? (7'h4f):
              (din == 4'h4) ? (7'h66):
              (din == 4'h5) ? (7'h6d):
              (din == 4'h6) ? (7'h7d):
              (din == 4'h7) ? (7'h27):
              (din == 4'h8) ? (7'h7f):
              (din == 4'h9) ? (7'h6f):
              (din == 4'ha) ? (7'h5f):
              (din == 4'hb) ? (7'h7c):
              (din == 4'hc) ? (7'h58):
              (din == 4'hd) ? (7'h5e):
              (din == 4'he) ? (7'h7b):
                              (7'h71);
```

〈그림 6.4.2.10 표시할 16진수에서 seven segment 표시값으로 변환하는 code〉

F. seg_d[7:0] 값과 seg_com[7:0] 값을 출력하는 code를 작성한다.

① seg_d[7:0]에서 dot는 항상 꺼지도록 최상위 bit는 1bit의 0값을 위치시키고, 이어서 segd[6:0]을 배열하는 code를 concatenation구문을 사용하여 작성한다.

② seg_com[7:0]은 digit_sel 값에 따라 표시할 digit하나만 On시키는 값을 출력한다. case 구문활용

```
// Output Selection
always@(negedge rst, posedge clk)
if (rst == 0)
    begin
        seg_d <= 8'h00;
        seg_com <= 8'h00;
    end
else
    begin
        seg_d <= {1'b0,segd};
        case(digit_sel)
        3'h0    :   seg_com <= 8'h01;
        3'h1    :   seg_com <= 8'h02;
        3'h2    :   seg_com <= 8'h04;
        3'h3    :   seg_com <= 8'h08;
        3'h4    :   seg_com <= 8'h10;
        3'h5    :   seg_com <= 8'h20;
        3'h6    :   seg_com <= 8'h40;
        default :   seg_com <= 8'h80;
        endcase
    end
```

〈그림 6.4.2.11 출력 신호 생성 code〉

G. Multi digit 표시를 위한 모든 code가 작성되면 마지막 Line은 endmodule로 마무리한다.

5. add sources를 활용하여 multi_disp.v file을 project manager에 올린다.
6. multi_disp.v를 Design Souces와 Simulation Sources 양쪽에 Top Module로 설정한다.

multi_disp.v Simulation

rst신호와 clk설정, key0값 설정, enc[3:0]값을 설정하는 tcl file을 작성하여 직접 Simulation에 도전해보기 바란다.

■ Simulation 입력 값 설정

1. Clock은 10MHz(100ns)로 설정한다.
2. enc값을 0으로 설정한다.
3. Key0를 simulation편의를 위하여 1ms주기의 pulse신호로 정의한다.

■ Simulation 결과 확인

1. tcnt[17:0]이 10MHz로부터 정상적으로 분주되는 가 확인한다.
2. enc[3:0]값을 바꾸면 바뀐 값에 따라 digit_sel[2:0]의 내용이 정상적으로 변하는가?
   A. enc값이 f(스위치 표시 값은 0이지만 FPGA에 인가될 때는 전압이 반전되므로)일 때 가장 짧은 시간에 바뀌고, enc값이 감소할수록 digit_sel가 변하는 주기가 길어지는지 확인한다.
3. Key0값이 Low로 떨어질 때 kcnt[3:0]의 값이 증가하는지 확인한다.
4. kcnt값의 변화에 따라 8개의 16진수 값 d7h~d0h가 연동하면서 변하는지 확인한다.
5. digit_sel 값의 변화에 따라 d7h~d0h의 값 중에 하나가 sdh로 바르게 선택되는지 확인한다.
6. 선택된 sdh값에 따른 segment 변환 값인 segd의 값은 맞는 Pattern 변환이 이루어졌는가?
   A. 〈표 4.1.3.1〉의 7 segment 변환표에 표시된 내용과 일치하는가?
7. digit_sel의 값에 따른 seg_com값의 변화는 정상적인가?
   A. 〈그림 6.4.2.3〉에 나타난 digit_sel 값과 seg_com값의 변화와 일치하는지 점검한다.

위의 항목들 가운데 일치하지 않는 부분이 있으면 Verilog HDL Code를 살펴보고 원인을 찾아서 수정한 후에 Simulation을 다시 진행해 본다.
필요할 경우 앞선 실습에서 사용했었던 tcl file을 참조하여 진행해 보라. 생각하는 만큼, 고민하는 만큼 내 자산이 된다. 교재를 참고하지 않고 Tool을 사용할 수 있을 정도가 될 때까지 훈련이 필요하다.
이상의 내용이 Simulation을 통해 검증되었으면 회로도 확인 단계로 진행한다.

■ multi_disp.v RTL 회로 확인하기

RTL Analysis/Open Elaborated Design을 실행한 후 schematic을 열어서 RTL 회로로는 어떻게 구현되었는가 확인해 본다.

■ Pin 할당하기

이번 실습에서는 앞선 실습에서 활용했던 입출력 신호 가운데 dip[7:0]만 사용하지 않았고 추가된 pin은 없으므로, 앞에서 작성했던 seg_test.xdc file을 Open하여 multi_disp.xdc file로 저장하고, dip[7:0]관련한 사항 두 곳, package pin 번호 선언부분과 IOSTANDARD 선언부분에서 dip[7:0]에 해당하는 내용을 삭제하고 저장한다.

■ Implementation및 Board Test

1. multi_disp.xdc file을 constraint file로 지정하기.
   A. multi_disp.xdc file의 저장이 마무리되면 Project Manager창에서 add sources를 통해 Add or Create Constraints를 선택한다.
   B. Add or Create Constrains창이 열리면 하단의 Add Files 버튼을 누르고 방금 전에 저장했던 multi_disp.xdc file을 선택하여 추가한다.
   C. 다시 Add or Create Constraints창이 보이면 하단의 Finish 버튼을 Click한다.
   D. 새로 추가한 multi_disp.xdc file을 click하여 선택하고 마우스 우측 버튼을 눌러 Set as Target Constraints File을 선택한다.

2. multi_disp.xdc file이 target constraint로 설정되었음을 확인하였으면 Flow Navigator/Program and Debug/Generate Bitstream을 실행하여 Synthesis와 Implementation, Bitstream File 생성을 연이어 실행한다.

3. Hardware연결
   A. 실습장비에 전원 Adapter를 연결한다. (아직 전원 Switch를 On시키지는 않는다.)
   B. JTAG-HS3 Program장비를 실습장비에 연결하고 USB Cable로 Program장비와 PC를 연결한다.
   C. 실습장비의 전원 스위치를 On시킨다. (전원이 인가되었음을 알리는 LED가 켜질 것이다.)

4. VIVADO Tool에서 Flow Navigator/Program and Debug/Open Hardware Manager/Open Target을 Click한다.
   A. Pop Up Menu가 띄면 Auto Connect를 Click한다.

5. Hardware Manager창이 열리면 Program할 Target Device인 xc7a15t_0를 선택하고 우측 마우스 버튼을 눌러 Pop Up Menu에서 Program Device를 선택한다.

6. Program Device창이 열리면 Bitstream file이 multi_disp.bit로 선택되었지 확인하고 만일 선택되지 않았다면 bitstream file 우측의 사각형 모양 Button을 Click하고 File을

지정하기 위한 탐색창이 열리면 multi_disp.bit file을 선택한다.

7. multi_disp.bit file이 지정이 되었으면 하단의 Program Button을 눌러 FPGA로 Download 하는 Program을 진행한다.

8. Program이 완료되었으면 보드의 동작을 점검한다.
   A. 7 Segment에 01234567이 표시되는가?
      ① 만일 표시된 형태가 숫자를 알아보기 어렵거나 깜빡임이 심하면 Rotary Switch의 값을 돌려가면서 시각적으로 가장 보기 편한 상태를 선택하고 그 때의 Rotary Switch의 값을 기록한다.

      Rotary Switch Value = ______________

   B. 7 segment값의 표시가 적절한 표시주기로 선택되었으면 key0에 해당하는 SW2를 눌러보라.
      ① 한 번 누를 때마다 각각의 digit가 1씩 증가한 값을 나타내는가?
   C. SW2를 계속 눌러보면서 다시 01234567이 표시될 때가지 진행하면서 표시 값에 오류가 있는지 확인한다.

만일 Hardware상에 어떤 문제가 없었다면 모든 실습의 과정이 정상적으로 진행되었을 것이다. 실습이 정상적으로 마무리되었다는 것은 실습에 사용된 보드 상의 부품들이 모두 정상적으로 동작하고 있다는 것을 검증한 것이다.

실습과정 중에 설명된 내용과 다른 부분이 있으면 그것이 Verilog HDL의 문제인지 XILINX VIVADO Tool에서의 문제인지 Program장비를 통해 FPGA에 Program하는 과정에서의 문제인지, 아니면 Program은 되었는데 보드 동작에서의 문제인지 문제의 범위를 좁히면서 원인을 찾아 해결하는 노력을 기울여 보라.

제 7 과 실습장비 Hardware 익히기 2: Key matrix

이번 과에서는 4x5 Key Matrix를 활용한 Key Pad 입력을 처리하여 입력된 Key 값을 순차적으로 7 Segment에 표시해주는 실습을 진행할 것이다. 이번 실습을 통해 Key Scan과 관련한 Algorithm을 구현하는 과정에서 Test Bench를 활용하여 Simulation을 진행하는 방법들을 익힐 것이며, Hardware를 Check하는 과정에서 내부 회로의 동작을 Monitoring하도록 VIVADO Tool에서 제공하는 Internal Logic Analyzer의 활용법도 익힐 것이다.

이번 과에서는 그 동안 학습했던 내용들을 종합적으로 활용하게 될 것이다. 먼저 key matrix에 대한 동작원리를 파악하고, key scan을 통해 key 값을 추출하는 회로에 대한 설계와 simulation을 진행할 것이며, 이어서 key scan에서 추출한 key 값을 받아서 8digit의 7 segment에 순차적으로 뿌려주는 회로를 설계하여 추가하고, 보드 Test를 진행할 것이다.

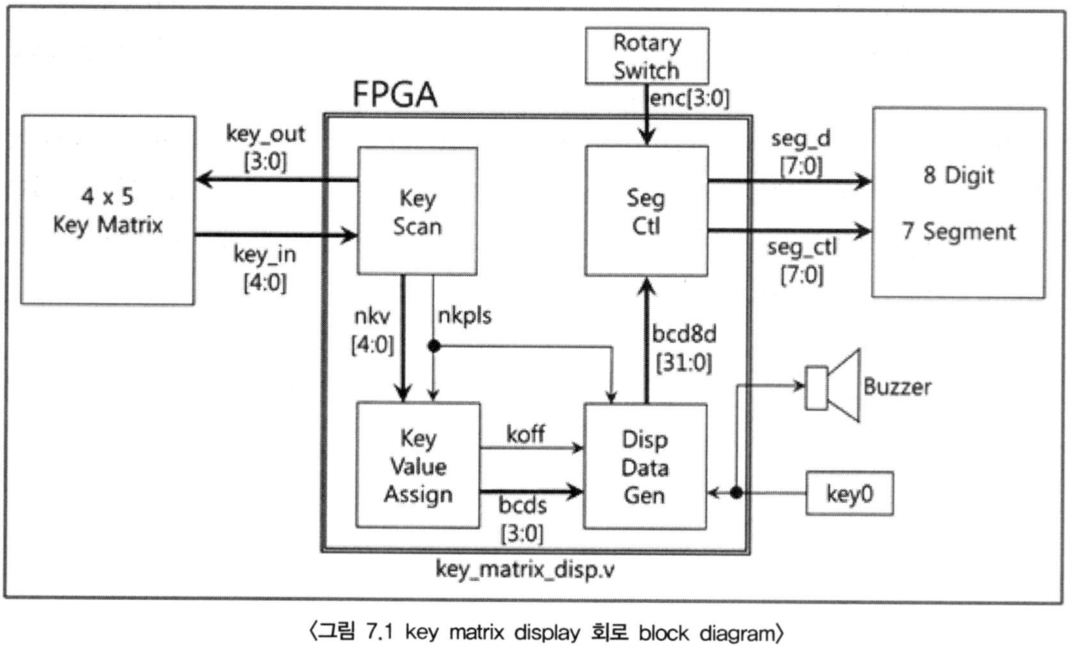

〈그림 7.1 key matrix display 회로 block diagram〉

Top Down Design

회로설계를 시작하는 단계에서는 전체 회로가 담당할 기능에 대한 개념 정리에서부터 외부와의 Interface 조건 등을 감안하여 상위 Level에서부터 시작하는 개념적 접근을 해야 하며, 전체 기능에 대한 개념이 정리가 되었으면 이를 바탕으로 처리해야 할 전체 기능들을 회로의 규모와 성격을 감안하여 몇 개의 Sub Module로 분할한다.

이 때 각 Sub Module들이 담당해야 할 기능에 대한 분배와 각 Sub Module들이 외부와 주고받을 주요 신호들에 대한 정의도 함께 정리하여 위와 같이 Block Diagram으로 정리하는 것이 도움이 된다.

〈그림 7.1〉에 20개의 key로 구성된 key matrix를 통해 입력되는 key 값을 검출하고 그 가운데 숫자 key를 받아들여 8 digit 7 segment에 display하는 회로에 대한 block diagram을 제시하였다. FPGA 내부에서 처리할 기능을 4개의 sub module로 분할하여 구성하였다.

1. Key Scan Module

A. 1ms 간격으로 Key Matrix를 점검하여 어떤 Key가 눌려졌는가를 검출한 후 20회 이상 동일한 key 값이 들어오면 nkpls 신호를 One Shot Pulse(1회 발생하는 짧은 Pulse)로 생성하고 그 때의 Key 값을 출력한다.

B. 새롭게 받아들인 안정된 Key 값을 nkv[4:0]으로 출력하는데 이 때의 key값은 20개의 key 중 어떤 key가 눌려졌는가를 나타내는 것으로 숫자 key에 부착된 번호와는 무관하다.

C. key 값 nkv에는 20개의 key에 대한 값으로 1~20이 할당되었고, nkpls가 발생했는데 nkv가 0이면 바로 직전까지 어떤 Key가 눌려져 있다가 새롭게 안정된 Key 값이 들어왔는데 그 값이 아무 key도 눌려지지 않은 상태에 해당되는 Key 값이라는 것, 즉 key off가 발생하였다는 것을 의미한다.

Key Mark	Key 번호	nkv[4:0]
나누기	key1	1
Esc	key2	2
0	key3	3
Ent	key4	4
F4	key5	5
곱하기	key6	6
1	key7	7
2	key8	8
3	key9	9
F3	key10	10

Key Mark	Key 번호	nkv[4:0]
빼기	key11	11
4	key12	12
5	key13	13
6	key14	14
F2	key15	15
더하기	key16	16
7	key17	17
8	key18	18
9	key19	19
F1	key20	20

〈그림 7.2 보드상의 Key Marking과 회로상의 Key번호 Table〉

2. Key Value Assign Module

A. nkpls와 nkv[4:0]을 받아서 nkpls의 rising edge에서의 nkv값을 판별하고, 숫자 key가 눌려졌을 때 해당 숫자 값을 bcds[3:0]으로 출력한다.

① 위의 그림에서 nkv[4:0]값이 숫자 Marking Key에 해당될 때 숫자 값을 bcds[3:0]으로 출력한다.

② 숫자 Key 이외의 Key가 눌려졌을 때에는 16진수로 f를 bcds[3:0]으로 출력하여 숫자 key와 구별한다.

③ nkv[4:0]값이 7이면 1번 숫자 key가 눌려진 것이고, 19일 때에는 9번 숫자 key가 눌려진 것이다.

B. 같은 key를 계속 누르고 있어도 그 key 값을 1회만 받아들이기 위하여 아무 key도 눌려지지 않은 상태, 즉 key off 여부를 check하여 koff 신호로 출력한다.

① 1번 Key를 한 번 길게 눌러도 1값을 한 번만 받아들이고, 짧게 두 번 눌러도 1값을 두 번 받아들이기 위하여 도중에 key off가 된 것을 check해야 함.

3. Display Data Generation Module

A. nkpls, koff신호와 bcds[3:0]을 받아서 nkpls의 rising edge에서의 koff 상태와 bcds 값을 check하여 유효숫자 key가 한 번 눌려졌을 경우에만 8digit의 BCD register를 상위 Digit방향으로 한 digit씩 이동하도록 한다.

B. 8digit의 BCD값을 bcd8d[31:0]으로 출력한다.

C. Clear key인 Key0가 눌려졌을 때에는 8digit의 display 값이 모두 off되어 표시되지 않도록 BCD출력 값들을 ffffffff로 설정한다.

① Segment control module에서 숫자가 아닌 값은 표시하지 않고 off하도록 처리한다.

4. Segment Control Module

A. 8 digit의 BCD값인 bcd8d[31:0]를 받아서 segment표시 값으로 변환하여 enc[3:0]에 의해 선택된 표시주기에 따라서 8 digit의 7 segment로 출력한다.

5. Buzzer Control

A. Key off를 제외한 모든 key가 눌려졌을 때 짧은 buzzer음을 발생시킨다. (30ms동안)

B. Clear key인 key0는 누르고 있는 동안 계속 buzzer음을 발생시킨다.

이제 Top Down식 접근에 의해 전체적 기능에 대한 정리와 기능들에 대한 Partition이 마무리 되었으면 정리된 내용을 바탕으로 Sub Module들에 대한 설계를 bottom level부터 하나씩 설계하면서 전체를 완성하는 Bottom Up설계를 진행하도록 한다.

7.1 Key Scan 제어회로 설계하기

Key Scan회로를 설계하기 위해서는 먼저 FPGA에 연결된 외부의 key matrix hardware를 파악하여야 한다.

❙ Matrix Hardware 파악하기

Key Matrix는 다수의 Tact Switch를 Matrix 형태로 배치하여 적은 Interface Pin을 사용하면서도 더 많은 수의 Key를 Check할 수 있도록 고안된 효율적인 key check 방법이지만, 어느 Key가 눌려졌는가를 Check하기위하여 FPGA(또는 MICOM)에서 Key Scan이라는 방식을 통해 어느 Key가 눌려졌는가를 확인해야 한다. 하나의 port에 하나의 key를 연결하여 사용하는 방식은 check하고자 하는 Key Port 값이 High인지 Low인지만 확인하면 되기 때문에 key의 Check하는 방법은 간단하지만, check해야 할 key 수만큼 FPGA의 Port 수가 늘어나기 때문에 Check해야 할 Key의 수가 많아지면 Key Matrix 방식을 사용하는 것이 바람직하다.

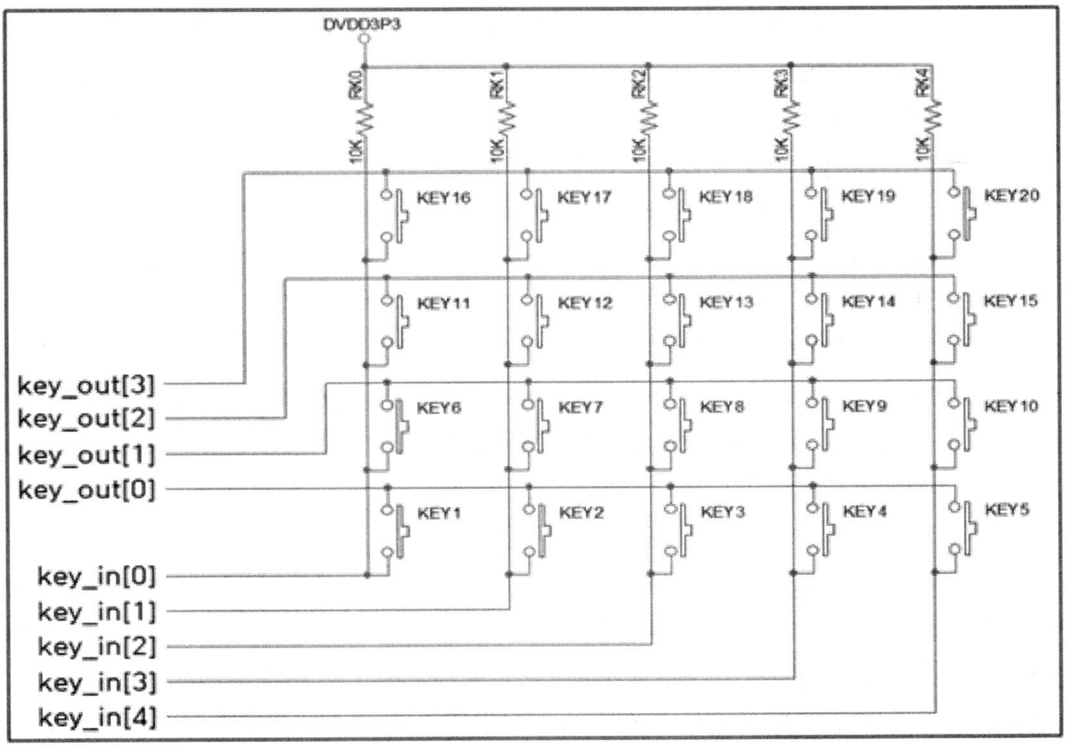

〈그림 7.1.1 4x5 Key Matrix 회로도〉

위의 그림에서 보듯이 4×5 Key Matrix의 구조는 4개의 key_out port와 5개의 key_in port가 수평, 수직으로 교차하면서 하나의 교차점마다 하나씩의 key가 수평과 수직선에 연결되어 있는 구조이다. Key_in port들은 각각 pull up저항에 의해 3.3V 전원에 연결되어 있어서 아무런 key가 눌려져 있지 않으면 key_in port의 상태는 High가 된다. 그리고 key가 눌려졌을 때에는 key_in port가 key_out port와 short가 되기 때문에 key_out port의 상태에 따라 key_in port의 상태가 결정된다.

❙ Key Matrix Scan 방식

Key Scan은 Key들의 상태를 check하는 것인데, 위의 4×5 Key Matrix를 Scan하는 방식을 순서에 따라 살펴본다.

1. 대기상태 : 모든 key_out port들을 High로 출력한다. 이 때에는 Key가 눌려도 key_out port가 high이므로 key_in port는 항상 High가 된다.
2. 첫째 줄 Check : key_out[0]만 Low로 출력하고 나머지 key_out port들은 High로 출력한다.
   A. 이 때에는 key1~key5가운데 눌려진 key가 있을 경우 key_in port가운데 해당 key와 연결된 port만 Low가 입력되고, 다른 Port는 High가 입력된다.
   B. Key6~key20은 눌려지더라도 High상태가 전달되므로 key_in port는 High가 유지된다.
   C. Key_in port가운데 Low로 입력되는 Port가 있으면 key1~key5가운데 해당 key가 눌려진 것으로 판단한다.
3. 둘째 줄 Check : key_out[1]만 Low로 출력하고 나머지 key_out port들은 High로 출력한다.
   A. Key_in port가운데 Low로 입력되는 Port가 있으면 그 위치에 따라 Key6~key10 중 하나가 눌려진 것으로 판단한다.
4. 셋째 줄 Check : key_out[2]만 Low로 출력하고 나머지 key_out port들은 High로 출력한다.
   A. Key_in port가운데 Low로 입력되는 Port가 있으면 그 위치에 따라 Key11~key15 중 하나가 눌려진 것으로 판단한다.
5. 넷째 줄 Check : key_out[3]만 Low로 출력하고 나머지 key_out port들은 High로 출력한다.
   A. Key_in port가운데 Low로 입력되는 Port가 있으면 그 위치에 따라 Key16~key20 중 하나가 눌려진 것으로 판단한다.

이렇게 key scan cycle을 한 cycle을 거치고 나면 key1~key20 가운데 어떤 key가 눌려졌는가에 대한 결과를 얻을 수 있다. 이때 아무런 key도 눌려지지 않은 경우와 두 개 이상의 key가 눌려진 경우도 함께 판단하여 연속된 key 입력을 위한 판단의 근거로 활용한다.

일반적으로 key scan은 사람이 손으로 key를 누르는 속도를 감안하여 1ms마다 한 번씩 실행하고, 이때 얻은 key값이 연속해서 20회(20ms) 같은 값이 검출되어야 안정적인 key 입력으로 받아들인다. 20회가 되기 전에 key 값이 바뀌면 key가 안정적으로 눌리지 않은 것으로 간주하여 유효한 key 값으로 받아들이지 않도록 한다.

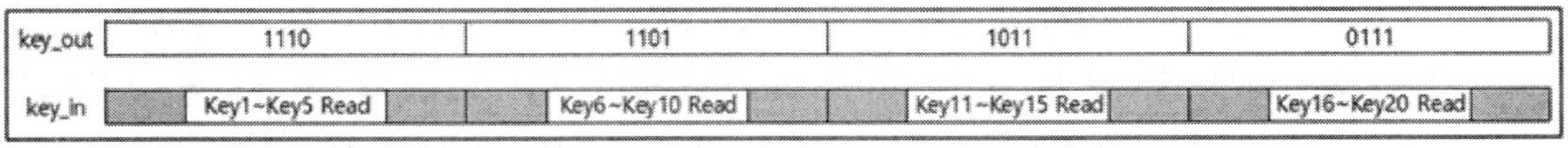

〈그림 7.1.2 key scan 1 cycle timing 개념도〉

1 cycle의 key scan구간 내에서도 key out을 설정한 후 안정적인 key in 값을 읽기 위하여 Timing Margin을 설정할 필요가 있다. Board의 Master Clock이 10MHz이므로 1ms주기의 key scan cycle은 충분히 여유가 있는 Timing이다.

❙Key Scan 1 Cycle에 대한 제어

key scan 한 주기를 나타내는 1ms 주기의 pulse인 pls1k의 Rising Edge마다 4개 줄의 Key의 상태를 순서대로 한 줄씩 읽어서 점검하고 처리하는 작업을 실행하는 key scan 1 cycle에 대한 순서를 정리해 본다.

1. 첫째 줄 Scan
   A. Key scan 1 cycle수행을 위한 초기화 작업을 실시한다..
      ① key value값을 0으로 Setting한다.
      ② 아무 key가 눌려지지 않았다는 것을 나타내는 nokey flag도 1로 setting해 둔다.
      ③ 복수의 key가 눌려졌다는 multkey flag는 0으로 Setting한다.
   B. key_out port에 key_out[0]값을 Low, 다른 key_out port들은 High로 출력한다.
   C. key_in[4:0]의 상태를 점검하여 눌려진 key가 있을 경우 해당 key값을 추출한다.
      ① key_in[0]가 0이면 key value는 1, nokey flag는 0(key가 눌려졌으므로)으로 설정.
      ② key_in[1]이 0이면 key value는 2, nokey flag는 0(key가 눌려졌으므로)으로 설정
      ③ key_in[2]이 0이면 key value는 3, nokey flag는 0(key가 눌려졌으므로)으로 설정
      ④ key_in[3]이 0이면 key value는 4, nokey flag는 0(key가 눌려졌으므로)으로 설정
      ⑤ key_in[4]이 0이면 key value는 5, nokey flag는 0(key가 눌려졌으므로)으로 설정
      ⑥ 만일 key_in[4:0] 가운데 2개 이상의 port의 값이 0으로 입력되면 복수의 key가 눌려진 것이므로 multkey flag를 1로 설정하고 key값은 십진수 31로 설정.
   D. 아무 key도 눌려지지 않았으면 1-A에서 설정한 초기 값을 그대로 유지한다.

2. 둘째 줄 Scan

A. key_out port에 key_out[1]값을 Low, 다른 key_out port들은 High로 출력한다.

B. 앞 선 Line Scan에서 multkey flag가 1로 Setting되었으면 복수의 key가 이미 눌려진 것이므로 더 이상의 scan은 하지 않고 이번 cycle에서의 key검출 값은 31로 설정한다.

C. 앞선 Line Scan에서 하나의 key가 눌려져서 multikey flag가 0, nokey flag가 0으로 설정되어 있는데 둘 째 줄에서도 key가 눌려졌으면 multkey flag를 1로 설정한다.

D. multkey flag가 0이고, nokey가 1이면 앞선 Line에 대한 Scan에서 아무 key도 눌려지지 않은 것이므로 key_in[4:0]의 상태를 점검하여 눌려진 key가 있을 경우 해당 key값을 추출한다.

① key_in[0]가 0이면 key value는 6, nokey flag는 0(key가 눌려졌으므로)으로 설정.
② key_in[1]이 0이면 key value는 7, nokey flag는 0(key가 눌려졌으므로)으로 설정
③ key_in[2]이 0이면 key value는 8, nokey flag는 0(key가 눌려졌으므로)으로 설정
④ key_in[3]이 0이면 key value는 9, nokey flag는 0(key가 눌려졌으므로)으로 설정
⑤ key_in[4]이 0이면 key value는 10, nokey flag는 0(key가 눌려졌으므로)으로 설정
⑥ 만일 key_in[4:0] 가운데 2개 이상의 port의 값이 0으로 입력되면 복수의 key가 눌려진 것이므로 multkey flag를 1로 설정하고 key값은 십진수 31로 설정

E. 이번 Line에서도 아무 key도 눌려지지 않았으면 key값과 flag들은 현재 상태를 유지한다.

3. 셋째 줄 Scan

A. key_out port에 key_out[2]값을 Low, 다른 key_out port들은 High로 출력한다.

B. 앞 선 Line Scan에서 multkey flag가 1로 Setting되었으면 복수의 key가 이미 눌려진 것이므로 더 이상의 scan은 하지 않고 이번 cycle에서의 key 검출 값은 31로 설정한다.

C. 앞 선 Line Scan에서 하나의 key가 눌려져서 multikey flag가 0, nokey flag가 0으로 설정되어 있는데 셋째 줄에서도 key가 눌려졌으면 multkey flag를 1로 설정한다.

D. multkey flag가 0이고, nokey가 1이면 앞선 Line에 대한 Scan에서 아무 key도 눌려지지 않은 것이므로 key_in[4:0]의 상태를 점검하여 눌려진 key가 있을 경우 해당 key값을 추출한다.

① key_in[0]가 0이면 key value는 11, nokey flag는 0(key가 눌려졌으므로)으로 설정.
② key_in[1]이 0이면 key value는 12, nokey flag는 0(key가 눌려졌으므로)으로 설정
③ key_in[2]이 0이면 key value는 13, nokey flag는 0(key가 눌려졌으므로)으로 설정
④ key_in[3]이 0이면 key value는 14, nokey flag는 0(key가 눌려졌으므로)으로 설정
⑤ key_in[4]이 0이면 key value는 15, nokey flag는 0(key가 눌려졌으므로)으로 설정
⑥ 만일 key_in[4:0] 가운데 2개 이상의 port의 값이 0으로 입력되면 복수의 key가 눌려진 것이므로 multkey flag를 1로 설정하고 key값은 십진수 31로 설정

E. 이번 Line에서도 아무 key도 눌려지지 않았으면 key값과 flag들은 현재 상태를 유지한다.

4. 넷째 줄 Scan
   A. key_out port에 key_out[3]값을 Low, 다른 key_out port들은 High로 출력한다.
   B. 앞선 Line Scan에서 multkey flag가 1로 Setting되었으면 복수의 key가 이미 눌려진 것이므로 더 이상의 scan은 하지 않고 이번 cycle에서의 key검출 값은 31로 설정한다.
   C. 앞선 Line Scan에서 하나의 key가 눌려져서 multikey flag가 0, nokey flag가 0으로 설정되어 있는데 둘 째 줄에서도 key가 눌려졌으면 multkey flag를 1로 설정한다.
   D. multkey flag가 0이고, nokey가 1이면 앞선 Line에 대한 Scan에서 아무 key도 눌려지지 않은 것이므로 key_in[4:0]의 상태를 점검하여 눌려진 key가 있을 경우 해당 key값을 추출한다.
      ① key_in[0]가 0이면 key value는 16, nokey flag는 0(key가 눌려졌으므로)으로 설정.
      ② key_in[1]이 0이면 key value는 17, nokey flag는 0(key가 눌려졌으므로)으로 설정
      ③ key_in[2]이 0이면 key value는 18, nokey flag는 0(key가 눌려졌으므로)으로 설정
      ④ key_in[3]이 0이면 key value는 19, nokey flag는 0(key가 눌려졌으므로)으로 설정
      ⑤ key_in[4]이 0이면 key value는 20, nokey flag는 0(key가 눌려졌으므로)으로 설정
      ⑥ 만일 key_in[4:0] 가운데 2개 이상의 port의 값이 0으로 입력되면 복수의 key가 눌려진 것이므로 multkey flag를 1로 설정하고 key값은 십진수 31로 설정
   E. 만일 넷째 줄까지의 scan에서도 아무 key도 눌려지지 않았다면 key값은 0이 된다.

이렇게 한 cycle의 scan을 처리함에 있어서 정밀한 제어 Timing을 설정해 보자. 실제 설계에 있어서 제어에 대한 개념을 수립했다 해도 이를 구현하는 과정에서 Timing 관계를 세밀하게 살펴두지 않으면 설계가 상당히 진행된 상태에서 제어 Timing을 수정해야 하는 일이 발생하게 되고, 자칫 설계의 방향을 수정해야 하는 일이 발생하기도 하므로 제어 관련 Timing은 세밀하면서도 margin(여유도)을 감안하여 설정하여야 한다.

▌제어 Timing 안배

1ms의 scan주기 가운데 실제 scan동작을 위한 시간은 상대적으로 1ms에 비해 매우 짧은 구간이 된다. 1 scan 동작 구간을 아래의 〈표 7.1.1〉을 기준으로 살펴보자.
Key Scan의 동작은 4개 Line에 대하여 각 Line별로 key가 눌려진 상태를 점검하는 4개의 Line별 Scan구간이 필요하며, 4개 Line에 대한 Scan이 완료된 시점에서 어떤 key가 눌려졌는가에 따라 해당 key값을 검출하여 출력하기 위한 검출 값 출력구간이 필요하다. 이를 위하여 kscnt[2:0] 신호를 사용하였다. 8개의 kscnt의 구간 중 구간 0은 Scan이 시작되었음을 인지하고 실제 Scan을 실행하기 위한 준비구간으로 설정하였고, kscnt 구간 1~4는

각 Line별로 key_out[3:0]을 Setting하여 key_in[4:0]의 상태를 확인하는 구간으로 설정하였으며, kscnt 구간5는 4개 Line에 대한 key_in[4:0] 상태확인 결과 눌려진 key값을 현재 scan cycle구간에서의 검출 key 값으로 결정하는 구간으로 설정하였다. 나머지 구간 6과 7은 예비구간으로 설정한다.

kscnt의 한 구간을 다시 4개구간으로 등분하여 각 구간에 대한 Timing 제어를 위하여 cnt[1:0] 신호를 활용한다.

Key Scan - 1 Cycle Timing										
cnt[1:0]	3	0 1 2 3	0 1 2 3	0 1 2 3	0 1 2 3	0 1 2 3	0 1 2 3	0 1 2 3	0 1 2 3	3
kscnt[2:0]	7	0	1	2	3	4	5	6	7	7
key_out[3:0]	1111	1111	1110	1101	1011	1111	1111	1111	1111	1111
동작	대기	Scan준비	Line 1 Scan	Line 2 Scan	Line 3 Scan	Line 4 Scan	검출값 결정	대기		

〈표 7.1.1 Key Scan 1 Cycle Timing〉

복수의 key scan주기들을 연결하면서 이전 key scan주기에서의 검출 값과 현재 key scan 주기에서의 검출 값의 연속성을 check하기 위하여 1ms마다 1씩 증가하는 kcnt[4:0] 신호를 설정하여 활용한다.

1. 각 Line별 Scan동작의 최소 단위 구간인 cnt[1:0]의 각 구간의 동작을 살펴보자.
   A. 구간 1: cnt = 0인 구간. Key_out port에 값을 설정한다.
   B. 구간 2: cnt = 1인 구간. Key_in port값을 읽어서 처리한다.
   C. 구간 3: cnt = 2인 구간. 추후 최종처리한 key value에 대한 출력을 하는 Timing.
   D. 구간 4: cnt = 3인 구간. Reserved(예비)구간.

2. 1 scan cycle 구간 timing.
   A. cnt[1;0] 0~3구간 8개 구간을 묶어서 1 scan cycle을 형성한다. 3bit counter kscnt를 할당한다.
   B. 구간 1: kscnt = 0. 예비구간.
   C. 구간 2: kscnt = 1. 첫째 줄 key1 ~ key5 점검
   D. 구간 3: kscnt = 2. 둘째 줄 key6 ~ key10 점검.
   E. 구간 4: kscnt = 3. 셋째 줄 key11 ~ key15 점검.
   F. 구간 5: kscnt = 4. 넷째 줄 key16 ~ key20 점검.
   G. 구간 6: kscnt = 5. 네 줄에 대한 scan결과를 판단하여 해당 cycle의 검출 key값을 저장한다.
   H. 기타 구간 : 예비구간으로 아무 동작도 하지 않는다.
3. Inter cycle check counter : kcnt[4:0]
   A. 1 scan cycle에서 kscnt = 5인 위치에서 앞선 cycle에서, 1ms 이전에 검출했던 key

값과 현재 cycle에서 검출된 key 값을 비교한다.

B. 앞선 cycle과 현재 cycle에서 검출된 key 값이 다르면 안정된 key 상태가 아니므로 cycle counter kcnt[4:0]을 clear한다.

C. 두 cycle의 key 검출 값이 같으면 kcnt를 1 증가시킨다.

D. kcnt의 값이 20이 되면 20ms 동안 같은 key값이 입력된 것이므로 안정된 key 값으로 받아들이고 nkpls를 1 scan cycle구간인 1ms 동안 high로 출력하고, 그 때의 key 검출 값을 nkv[4:0]으로 출력한다.

① nkv[4:0]출력과 nkpls출력을 받게 될 다음 연산 module에서 이들 신호들을 catch하는 Timing의 편리성을 위하여 이 두 신호(nkpls와 nkv[4:0])의 출력의 Timing을 시차를 두고 조절하여 출력한다.

② 이 두 신호에 대한 Timing 조절을 위하여 kcnt값이 18인 구간에서 먼저 nkv[4:0]값을 출력하고, kcnt값이 19인 구간에서 nkpls를 1구간(1ms) high로 출력하도록 하여 nkv값이 nkpls보다 1ms먼저 Setting되도록 하여 nkpls의 rising edge검출 때 nkv의 값이 안정적 상태를 유지하도록 한다.

③ kcnt가 20이 되면 이후로는 같은 key검출 값이 검출되어도 kcnt를 증가시키지 않음으로써 새로운 key값이 검출될 때까지는 추가적 조치 없이 현 상태가 유지되도록 한다.

E. 이 때의 Key 검출 값인 nkv의 값은 key가 눌려진 위치에 대응하는 값이므로 숫자 key에 표시된 값과는 다르다.

key_scan.v code작성

이렇게 정리한 내용을 기준으로 스스로 Verilog HDL code를 작성할 수 있는 사람은 key_scan.v라는 이름으로 작성하여 다음 단계인 Simulation 단계에 도전해 보기 바란다. 하다가 막히면 아래의 내용을 참조하는 한이 있어도 본인이 고민을 한 후에 안내를 참조하는 것이 자신의 설계 능력을 향상시키는 길이므로 가급적이면 스스로 도전하는 길을 권장하는 바이다.

1. hw_check/HDL_hw_check directory 아래에 key_scan.v라는 file을 생성한다.

A. File/Text Editor/New File을 선택하여 새 File을 생성하거나, 기존 Verilog HDL File을 Open하여 Save File As...를 활용하여 key_scan.v file을 생성한다.

2. 모듈 name key_scan에 아래의 내용에 따라 입·출력 선언을 한다.

A. 입력

① rst : Low Active Reset신호

② clk : 10MHz System Clock

③ pls100k : scan timing 제어용 100kHz Pulse. System clock 10MHz를 1ms 주기인 scan제어에 바로 적용하기에는 주파수가 높아서 pls100k 신호를 생성하여 scan제어에 활용함.

④ pls1k : key scan 1 cycle 구간 pulse.

⑤ key_in[4:0] : key matrix check를 위하여 현재 check하는 1줄의 key 상태에 대한 5bit 입력

B. 출력

① key_out[3:0] : key matrix에서 현재 check하려는 line을 선택하기 위한 출력.

② nkpls : 새로운 key 값이 안정적으로 검출되었을 때 발생하는 1 scan 주기인 1ms 폭의 pulse.

③ nkv[4:0] : 안정된 값으로 새롭게 검출된 Key 값.

```
module key_scan
(
// Input
input           rst       ,
input           clk       ,   // 10MHz System Clock
input           pls100k   ,   // 100kHz Pulse for scan timing control
input           pls1k     ,   // 1kHz Pulse. scan start at rising edge
input     [4:0] key_in    ,   // 5bit Key Pad Row Input
// Output
output reg [3:0] key_out  ,   // 4bit Key Pad Column Output
output reg nkpls          ,   // One shot pulse when new key has detected
output reg [4:0] nkv          // 5bit New Key Value Output
);
```

〈그림 7.1.3 key_scan에 대한 모듈 및 입출력 선언〉

3. 내부에서 활용할 신호들에 대한 선언

A. pl0, pl1 : Scan Cycle Pulse(pls1k)의 edge검출을 위한 1bit shift register.

B. pk0, pk1 : Scan 처리 Timing Control Pulse(pls100k)의 edge검출을 위한 shift register.

C. pkcnt[4:0] : Scan처리 Timing Control을 위한 5bit Counter. 100KHz Pulse기준 64구간동안에 1 cycle에 대한 scan동작이 수행된다.

D. cnt[1:0] : 한 줄의 key들을 check하기 위한 timing 제어용 counter. pkcnt[1:0]을 사용.

E. kscnt[2:0] : 1 cycle의 scan동작에 대한 timing 제어용 counter. pkcnt[4:2]를 사용.

F. kv0[4:0] : 현재 check하고 있는 scan cycle에서 검출된 순간 key값.

G. kv1[4:0] : 한 cycle의 scan 동작이 마무리 되었을 때 kv0 값을 받음. 연속된 두 cycle에 대한 key 값 check 결과 안정적인 값이 유지되는가를 판단하기 위하여 현재 cycle의 key check 결과를 저장해 두기 위한 Register.

H. kvp[4:0] : 1 cycle의 scan에서 행해지는 4개 줄의 key 값을 검출하기 위한 offset 값. 첫째 줄 check할 때에는 0, 한 줄 지날 때마다 5씩 증가한다. 예를 들어 셋째 줄 key들은 11~15의 key 값을 갖게 되므로 이 때에는 offset 값이 10이 된다.

I. kcnt[4:0] : scan한 key 값이 20cycle 이상 안정되게 유지되는가를 판단하기 위한 cycle counter. 이전 cycle의 key 값인 kv1과 현재 cycle에서 검출된 key 값이 다르면 kcnt는 0이 되고 kv0와 kv1이 일치하면 counter 값을 증가시켜서 20이 되면 kv0과 kv1이 같은 값을 유지하는 동안 counter도 20을 유지한다.

J. nokey : 1 cycle을 scan하는 중 아직까지 아무 key가 눌려지지 않았을 때 1이 되고, 아무 key든 눌려지면 0이 되는 flag이다.

K. multkey : 1 cycle을 scan하는 중 두 개 이상의 key가 눌려졌을 때 1이 되는 flag이다. nokey flag와 함께 유효한 key가 눌려졌는가를 판단하는 기준이 되는 flag.

```
reg     pl0,pl1;            // for Edge detect of pls1k
reg     pk0,pk1;            // for Edge detect of pls100k
reg     [4:0] pkcnt;        // pls100k counter for scan timing Control

wire    [1:0] cnt;
wire    [2:0] kscnt;        // Counter for Key Scan Control

reg     [4:0] kv0,kv1,kvp;
reg     [4:0] kcnt;

reg     nokey,multkey;
```

〈그림 7.1.4 내부 생성 신호들에 대한 선언〉

4. 1 Cycle Scan구간에서의 Timing Control을 위한 신호 생성

A. Key scan의 1 cycle구간의 시작점은 1kHz Pulse인 pls1k의 rising edge인데, 1 cycle내에서 필요한 작업은 32개의 작은 구간이면 충분하므로 10MHz Clock을 직접 사용하지 않고 100kHz 신호인 pls100k를 받아서 이 신호의 edge를 기준으로 key scan 동작을 제어한다. CMOS IC의 경우 주로 신호가 바뀔 때 전력이 소모되므로 key scan 제어와 같이 제어할 Timing이 아주 빠르지 않은 곳에서는 system clock을 직접 사용하기 보다는 제어할 신호의 Timing에 맞는 적절한 분주된 신호를 활용하는 것이 전력 소모를 줄이는 설계 방향이 된다.

B. 100kHz 신호의 edge 검출을 위한 pk0, pk1신호를 생성한다.

C. 100kHz 신호의 rising edge에서 1kHz신호의 edge를 검출하기 위한 pl0, pl1 신호를 생성한다.

D. 1 scan cycle 처리를 위한 32개의 소 구간을 구분하기 위한 counter인 pkcnt[4:0]을 100kHz 기준으로 생성한다.

```
//-------- 1 cycle scan timing signal generation
always@(negedge rst, posedge clk)
    if (rst == 0)
        begin
            pl0 <= 0;   pl1 <= 0;   pk0 <= 0;   pk1 <= 0;
            pkcnt <= 31;
        end
    else
        begin
            pk0 <= pls100k;     pk1 <= pk0;
            if (pk0 & ~pk1)        // Rising Edge of pls100k
                begin
                    pl0 <= pls1k;
                    pl1 <= pl0;
                    if ((pl0 & ~pl1) == 1)  // Rising Edge of PLS1K
                        pkcnt <= 0;
                    else if (pkcnt < 31)
                        pkcnt <= pkcnt + 1;
                end
        end

assign cnt = pkcnt[1:0];     // 1 line scan timing counter
assign kscnt = pkcnt[4:2];  // 1 cycle scan timing counter
```

〈그림 7.1.5 1 cycle scan timing control 기준 counter생성 Code〉

E. pkcnt의 하위 2bit를 cnt[1:0]으로 할당하여 cnt = 1일 때는 key_in을 읽어서 처리하는 작업을, cnt = 2일 때는 scan결과 key값을 출력하는 작업을 위한 timing으로 활용한다.

F. pkcnt의 상위 3bit를 kscnt[2:0]으로 할당하여 kscnt가 1, 2, 3, 4일 때 각 숫자에 해당하는 Line의 Key값을 처리하고, kscnt가 5일 때 1cycle scan 결과에 대한 처리를 행한다.

5. Line별 Key Scan을 위하여 외부 Key Matrix에 출력할 key_out 생성

```
//  Key Out Generation
always@(negedge rst, posedge clk)
begin
    if (rst == 0)
       key_out <= 4'hf;
    else if (pk0 & ~pk1)     // Rising Edge of pls100k
        if       (kscnt == 1)     key_out <= 4'b1110;
        else if (kscnt == 2)     key_out <= 4'b1101;
        else if (kscnt == 3)     key_out <= 4'b1011;
        else if (kscnt == 4)     key_out <= 4'b0111;
        else                          key_out <= 4'b1111;
end
```

〈그림 7.1.6 key_out신호 생성〉

6. Key scan 1 cycle에 대한 제어회로

1 cycle에 대한 key scan을 제어하는 회로는 다소 복잡하게 구성되어 있으므로 중요 line들에 대한 해설을 붙이도록 한다. 스스로 설계를 진행할 때에는 한 번에 이렇게 정리된 회로를 설계하기가 쉽지 않을 것이다. 시행착오는 거칠 수밖에 없지만, 그 과정을 통해 제어에 대한 정리를 어떻게 접근해 나갈 것인가를 익히는 것이 필수적 요소이다. 다른 사람이 설계한 내용으로부터 힌트를 얻는 것도 유익한 방법이며, 필자가 설계하여 제공하는 회로에 대해 이렇게 상세하게 해설을 붙이는 이유도 독자들이 여기서 힌트를 얻기를 바라는 마음에서이다.

A. 이 제어회로에서는 아래의 5가지 신호를 생성하는데, 다시 한 번 정리해 본다.

① nokey : 1 cycle의 key scan을 시작할 때 초기값을 1로 설정한다. 1 cycle의 scan을 진행하는 동안 아무 key도 눌려지지 않았으면 1을 계속 유지하고, 중간에 어떤 key든 눌려지면 nokey를 0으로 전환하여 1 cycle scan이 끝날 때까지 유지한다. 이는 어떤 key가 눌려졌는데 뒤에 이어지는 다른 line에서 key가 다시 눌려진 것으로 검출되었을 경우 복수의 key가 눌려졌음을 감지하기 위함이다.

```
//------------ Key Scan Routine for 1 cycle
always@(negedge rst, posedge clk)
if (rst == 0)
    begin
        nokey <= 1;     multkey <= 0;
        kv0 <= 5'h0;    kv1 <= 5'h0;    kvp <= 5'h0;
    end
else if ((pk0 & ~pk1) && (cnt == 1))    // Rising Edge of pls100k and cnt == 1
    if (kscnt == 0)
        begin
            nokey <= 1;     multkey <= 0;
            kv0 <= 5'h0;    kvp <= 5'h0;
        end
    else if (kscnt == 5)
        kv1 <= kv0;
    else if (kscnt < 5)     // scan logic for each line scanning
        begin
            if (multkey == 1)
                begin
                    nokey <= 0; kv0 <= 31;
                end
            else if (nokey == 1)
                if (key_in == 31)
                    kvp <= kvp + 5;     // for Next Column scan
                else
                    begin
                        nokey <= 0;
                        if      (key_in == 5'b11110)    kv0 <= kvp + 1;
                        else if (key_in == 5'b11101)    kv0 <= kvp + 2;
                        else if (key_in == 5'b11011)    kv0 <= kvp + 3;
                        else if (key_in == 5'b10111)    kv0 <= kvp + 4;
                        else if (key_in == 5'b01111)    kv0 <= kvp + 5;
                        else
                            begin
                                multkey <= 1;   // Multi Key has pushed
                                kv0 <= 31;
                            end
                    end
            else            // Key has been pushed
                if (key_in != 31)
                    begin
                        multkey <= 1;
                        kv0 <= 31;
                    end
        end
```

〈그림 7.1.7 key scan 1 cycle 제어를 위한 code〉

② multkey : 복수의 key가 눌려졌을 경우 현재 진행하고 있는 key 검출 값을 무효처리하기 위한 Flag로 scan cycle을 시작할 때 0으로 시작하고, 1 cycle의 scan을 진행하는 동안 복수의 key가 눌려졌을 경우 1로 setting하여 해당 scan cycle이 끝날 때까지 유지한다. 복수 key의 검출 조건은 한 줄에서의 key_in[4:0]에 둘 이상의 bit가 0인 경우와 nokey가 0으로 설정되어 현재의 scan cycle 구간 내에서의 앞선 line에 대한 scan에서 이미 key가 눌려진 상태인데 현재 line에서 다시 key가 눌려진 두 가지 경우가 존재한다.

③ kv0 : 각 Line마다 scan을 진행하면서 눌려진 key가 있을 경우 그 key에 해당하는 key 번호 값을 검출하는 register로 scan cycle시작할 때 0으로 시작하여 아무 key도 눌려지지 않으면 scan cycle이 끝났을 때에도 0을 유지할 것이며, 복수의 key가 눌려졌을 때에는 무효처리하기 위하여 이 값을 31로 설정하며, 그 외에는 눌려진 key의 번호에 해당하는 1~20까지의 값을 갖는다.

④ kvp : 한 줄에 5개씩 4줄로 배열된 key를 scan하면서 눌려진 key의 값을 검출하기 위하여 line별 offset 값을 지정하는 Register이다.

- 첫째 줄에서의 kvp값은 0으로 설정한다. 눌려진 key의 위치에 따라서 다섯 개의 key에 1~5까지의 key 값을 할당하면 되므로 별도의 offset이 필요하지 않다.
- 둘째 줄의 5개 key에 대해서는 6~10까지의 key 값을 할당해야 하므로 눌려진 위치에 따라 1~5의 값을 부여하고 여기에 kvp offset을 5로 설정한다.
- 셋째 줄의 5개 key에 대해서는 11~15까지의 key 값을 할당해야 하므로 눌려진 위치에 따라 1~5의 값을 부여하고 여기에 kvp offset을 10으로 설정한다.
- 넷째 줄의 5개 key에 대해서는 16~20까지의 key 값을 할당해야 하므로 눌려진 위치에 따라 1~5의 값을 부여하고 여기에 kvp offset을 15로 설정한다.

⑤ kv1 : 1cycle의 scan의 끝부분에서 이전 scan cycle에서 검출된 key 값(kv1)과 현재 cycle에서 검출된 key 값(kv0)에 대한 판단 및 처리가 마무리되면 현재 cycle에서의 key 값을 kv1으로 옮겨서 다음 cycle에서의 점검을 위해 예비해 둔다.

B. Line 66~67 : Reset일 때의 초기 값 설정.

C. Line 69 : 100kHz Pulse인 pls100k의 rising edge 위치에서 line scan timing counter인 cnt의 값이 1일 때 Line 60~Line106까지의 1 cycle scan제어가 실행됨을 선언.

D. Line 72~73 : 1 cycle scan의 시작위치에서 register들을 scan cycle의 초기값으로 설정한다. 그러나 kv1신호는 앞선 cycle에서 검출한 key값이므로 scan cycle시작과 무관하게 앞선 cycle에서 추출한 값을 유지한다.

E. Line 76 : kscnt == 5일 때, 즉 현재 scan cycle이 마무리되었을 때의 kv0 값을 kv1에 전달하는 code인데, Verilog HDL code작성에서 if문의 특성에 따른 code작성의 편리성을 위해 Line별 scan 처리 부분보다 먼저 작성되었지만 kscnt가 5가 아닌

경우에는 이 Line이 실행되지 않으므로 먼저 기술되었다고 먼저 처리되지는 않는다는 점에 유의하라.

F. Line 77 : kscnt가 1~4일 때 Line 78~106까지를 실행하여 key matrix의 각 line에 대한 Scan작업을 진행한다.

① 모든 key matrix의 line에 대해 동일한 동작을 수행할 수 있도록 설계한다.

② 각 key matrix의 line에 따라 달라지는 점은 key matrix의 line번호가 1 증가함에 따라 key값은 5씩 증가한다는 점이다.

③ 이를 위하여 key value offset값을 다루기 위한 kvp[4:0]을 신호로 설정하여 활용한다.

G. Line 79~82 : 가장 먼저 앞선 Line의 scan에서 check한 결과 복수의 key가 눌려졌는가에 대한 Flag인 multkey 값을 check한다. 복수의 key가 눌려졌으면 key 값을 무효화 처리 하므로 scan을 진행하지 않고 kv0에 무효 값인 31을 설정하고, nokey도 key가 눌려진 것이므로 0으로 설정한다.

H. Line 83 : 앞선 Line에서의 check 결과 아무 key가 눌려지지 않은 상태인가를 nokey flag로 check하여 아무 key도 눌려지지 않았다면 Line 84~99까지의 code를 실행하여 현재의 key line에 대한 scan을 진행한다.

I. Line 84~85 : 현재 Line의 key_in값이 31이면 현재 Line의 key가 눌려지지 않은 것이므로 offset 값에 5를 더하고 현재 Line에 대한 scan을 마무리한다. Key_in 값이 31이 아니면 87~99 line의 동작을 계속 진행한다.

J. Line 87~99 : 앞선 Line에서 아무 Key도 눌려지지 않은 상태에서 현재 Line에서 Key가 눌려졌을 때에 해당되므로 눌려진 Key에 따른 판단을 실행한다.

K. Line 88 : Key가 눌려진 것이므로 nokey flag를 0으로 설정한다.

L. Line 89~93 : key_in 값이 하나만 0일 때, 즉 해당 Line의 다섯 개의 key 가운데 하나만 눌려졌을 때 kv0에 offset 값 + (눌려진 key에 따라서 1~5)를 전달한다.

M. Line 95~98 : key_in 값이 두 개 이상의 pin에 0이 입력된 것으로 해당 Line에서 복수의 Key가 눌려진 값에 해당하는 경우이다. multkey flag를 1로 설정하고 현재 Line의 key 값 kv0를 복수 key에 의한 무효 값 31로 설정한다.

N. Line 100 : nokey가 0인 경우로, 앞선 Line에서의 scan결과 하나의 key가 눌려진 상태일 경우에 대한 처리, 이 때는 key_in값이 아무 key도 눌려지지 않은 상태인 31값이면 아무런 조치도 취하지 않고, 어떤 key라도 눌려졌으면 무조건 복수 key가 눌려졌음을 알리는 multkey flag를 1로, 현재 scan cycle에서의 key값 kv0를 31로 설정한다.

O. 다소 복잡해 보이는 cycle scan동작이지만 반복해서 읽어보면서 곱씹어보고, 필요시 Timing Chart를 그려보면서 정리해 보기 바란다. 나중에 다른 제어회로를 설계할 때에도 이와 유사한 형태의 정리과정을 거쳐 code를 작성해 보고, 조금씩 수정 보완해 나가게 되는데, 이런 절차를 반복해서 학습하다 보면 어떤 복잡한 제어회로이든 설계할

수 있는 능력을 갖추게 될 것이다.

7. key값이 안정되었는가에 대한 판단

```
//----- Counter for Debounce Cheok
always@(negedge rst, posedge clk)
    if (rst == 0)
        kcnt <= 5'h0;
    else if (pk0 & ~pk1)          // Rising Edge of pls100k
        if ((kscnt == 5) && (cnt == 1))
            if (kv0 != kv1)
                kcnt <= 5'h0;
            else if (kcnt < 20)
                kcnt <= kcnt + 1;
```

〈그림 7.1.8 안정된 key값 검출을 위한 counter〉

A. 1 cycle에 대한 scan을 마무리하는 시점에서 새로 검출한 key값 kv0을 kv1에 전달하기 직전에 kv0와 kv1을 비교해서 다른 값이면 현재 cycle에서 검출한 key값과 이전 cycle에서 검출한 key값이 다른 것이므로 counter kcnt의 값을 0으로 clear한다.

B. 직전 cycle과 현재 cycle의 key검출 값이 같으면 kcnt를 1씩 증가시킨다.

C. 연속해서 21 cycle동안 같은 key값이 검출되면 그 상태에서 kcnt는 20이라는 값을 유지한다.

8. 새로 검출된 key값 출력

```
//---------- New Key Value Catoh and NKPLS Generation
always@(negedge rst, posedge clk)
    if (rst == 0)
        begin
            nkpls <= 0;      nkv <= 4'h0;
        end
    else if (pk0 & ~pk1)          // Rising Edge of pls100k
        if ((kscnt == 5) && (cnt == 2))
            begin
                nkpls <= 0;
                if (kcnt == 18)
                    if (kv1 <= 20)  nkv <= kv1;
                    else            nkv <= 31;
                else if (kcnt == 19)
                    nkpls <= 1;
            end
```

〈그림 7.1.9 새로 검출된 key값을 출력하는 회로〉

A. Line 126 : 매 Cycle마다 현재 cycle과 직전 cycle에서의 key값 비교가 끝난 직후에 동작한다.

B. Line 128 : nkpls를 무조건 0으로 만든다. 133번 line에 의해 nkpls가 1이 되어도 1 cycle구간 동안만 유지되는 pulse로 출력하기 위한 동작.

C. Line 130~131 : 안정적으로 유지된 새 검출 key값 kv1의 값에 따라 nkv값을 출력한다.

① nkv가 0이면 어떤 Key가 눌려졌다가 뗀 직후, 아무 key도 눌려지지 않은 상태가 안정적인 구간 동안 유지되었음을 의미한다. 같은 key를 계속 누르고 있는 것과 같은 key를 두 번 누른 것을 구분하기 위해서 이렇게 아무 key도 눌려지지 않은 상태를 check해야 한다.

② nkv가 31이면 두 개 이상의 key가 눌려진 경우이므로 다음 단계의 제어회로에서 무효처리를 할 것이다. 그 외에 nkv가 1~20이면 20개의 key가운데 하나의 key가 안정적으로 눌려졌음을 뜻한다.

D. Line 133 : kcnt가 19인 1cycle 동안만 1이 출력되어 다음 단계의 제어회로에서 이 Pulse의 rising edge에서 nkv값을 catch하여 후속 작업들을 진행한다.

9. 이상의 작업들을 거쳐 key scan을 통해 입력된 key값을 검출하는 회로 설계를 마치고 마지막 Line은 endmodule로 마무리한다.

key_scan simulation하기

key scan회로에 대한 simulation을 하기 위해서는 key_out 값을 출력하였을 때 어떤 key가 눌려졌는가에 따라서 눌려진 key에 해당하는 적절한 key_in 값을 입력으로 설정해 주어야 한다. 지금까지 simulation해 온 방법은 외부에서의 입력에 대해 tcl file이나 VIVADO Tool에서 입력을 설정하는 방법을 사용하였으나 key scan회로에 대한 simulation에서는 그런 방식의 접근으로는 Simulation을 효율적으로 수행할 수 없다.

그래서 key_scan.v의 simulation을 돕기 위하여 key_pad.v라는 Logic 회로를 하나 설계하여 key_scan 회로에 대한 simulation에 활용하고자 한다. key_pad.v는 FPGA가 외부의 key matrix에 출력을 내보내고 그에 따른 입력을 받아들여서 key scan을 진행하는 것에 대해 같은 결과를 얻을 수 있도록 제공하는 등가의 동작을 하는 회로이다. FPGA가 key scan check를 하기 위해 내보내는 출력을 받아서 key가 눌려지지 않은 상태, 복수의 key가 눌려진 상태, 1번~20번까지의 key가 눌려진 상태 등에 대응하는 신호를 생성하여 FPGA의 입력으로 제공하는 기능을 갖는다. key_pad.v에 대한 Verilog HDL code를 아래에 제시하였으니 key_pad.v와 key_scan.v를 묶어서 simulation testbench인 tb_key_scan.v를 작성하여 simulation을 진행해 보자.

```
module key_pad
(
input rst                                  ,
input clk                                  ,   // 10MHz System Clock
input [4:0]    key_v                       ,   // 5bit Key Assign Input for Simulation
input [3:0]    key_column_in               ,   // 4bit Key Pad Column Input from KEY_SCAN.V. key_out[3:0]
output reg [4:0]   key_row_out                 // 5bit New Key Value Output to KEY_SCAN.V. key_in[4:0]
);

always@(negedge rst, posedge clk)
if (rst == 0)
    key_row_out <= 5'b11111;
else
    if (key_v >= 26)
        key_row_out <= 5'b11111;
    else
        if      (key_column_in == 4'b1110)        // Column 0 Check
            if      (key_v == 01)    key_row_out <= 5'b11110;
            else if (key_v == 02)    key_row_out <= 5'b11101;
            else if (key_v == 03)    key_row_out <= 5'b11011;
            else if (key_v == 04)    key_row_out <= 5'b10111;
            else if (key_v == 05)    key_row_out <= 5'b01111;
            else if (key_v == 21)    key_row_out <= 5'b01110;
            else if (key_v == 25)    key_row_out <= 5'b11110;
            else                     key_row_out <= 5'b11111;
        else if (key_column_in == 4'b1101)        // Column 1 Check
            if      (key_v == 06)    key_row_out <= 5'b11110;
            else if (key_v == 07)    key_row_out <= 5'b11101;
            else if (key_v == 08)    key_row_out <= 5'b11011;
            else if (key_v == 09)    key_row_out <= 5'b10111;
            else if (key_v == 10)    key_row_out <= 5'b01111;
            else if (key_v == 22)    key_row_out <= 5'b01110;
            else if (key_v == 25)    key_row_out <= 5'b11110;
            else                     key_row_out <= 5'b11111;
        else if (key_column_in == 4'b1011)        // Column 2 Check
            if      (key_v == 11)    key_row_out <= 5'b11110;
            else if (key_v == 12)    key_row_out <= 5'b11101;
            else if (key_v == 13)    key_row_out <= 5'b11011;
            else if (key_v == 14)    key_row_out <= 5'b10111;
            else if (key_v == 15)    key_row_out <= 5'b01111;
            else if (key_v == 23)    key_row_out <= 5'b01110;
            else                     key_row_out <= 5'b11111;
        else if (key_column_in == 4'b0111)        // Column 3 Check
            if      (key_v == 16)    key_row_out <= 5'b11110;
            else if (key_v == 17)    key_row_out <= 5'b11101;
            else if (key_v == 18)    key_row_out <= 5'b11011;
            else if (key_v == 19)    key_row_out <= 5'b10111;
            else if (key_v == 20)    key_row_out <= 5'b01111;
            else if (key_v == 24)    key_row_out <= 5'b01110;
            else                     key_row_out <= 5'b11111;
        else                         key_row_out <= 5'b11111;

endmodule
```

〈그림 7.1.10 key_pad.v code〉

key_pad.v는 key scan 회로에서의 key_out 출력을 key_column_in으로 받아서 설정된 key_v 값에 따라 그에 맞는 key_row_out을 생성하여 key scan 회로에 key_in으로 전달하는 기능을 담당한다. key_pad.v code를 분석해 보는 것도 Verilog HDL을 학습하는 데 유익할 것이다.

Testbench로 활용될 tb_key_scan.v에 대한 Verilog HDL Code도 아래에 제시하였다.

```
module tb_key_scan
(
input rst               ,
input clk               ,  // 10MHz System Clock
input pls100k           ,  // 100kHz Pulse for scan timing control
input pls1k             ,  // 1kHz Pulse. scan start at rising edge
input [4:0]   key_v     ,  // 5bit Key Assign Input for Simulation
output nkpls            ,  // One shot pulse when new key has detected
output [4:0]   nkv         // 5bit New Key Value Output
);

wire [3:0] key_out;
wire [4:0] key_in;

//----- KEY_SCAN.V ---------
key_scan ukey_scan
(
// input
.rst        (rst        ),
.clk        (clk        ),
.pls100k    (pls100k    ),
.pls1k      (pls1k      ),
.key_in     (key_in     ),
// output
.key_out    (key_out    ),
.nkpls      (nkpls      ),
.nkv        (nkv        )
);

//------- KEY_PAD.V ---------
key_pad ukey_pad
(
// input
.rst            (rst        ),
.clk            (clk        ),
.key_v          (key_v      ),
.key_column_in  (key_out    ),
// output
.key_row_out    (key_in     )
);

endmodule
```

〈그림 7.1.11 key_scan.v를 simulation하기 위한 test bench code〉

■ 아래의 Step을 따라 Simulation을 진행해 본다.

1. key_scan.v, key_pad.v, tb_key_scan.v를 Project Manager에 Add Sources를 사용하여 올린다.
2. Project Manager 창 아래의 Sources 창에서 Simulation Sources/sim_1 아래에 있는 tb_key_scan을 Top Module로 지정한다.
3. tb_key_scan.v의 입력신호들에 대하여 아래의 사항들을 참고하여 my_tb_key_scan.tcl file을 작성한다.
   A. clk : 10MHz Clock
   B. pls100k : 100kHz 주기 신호
   C. pls1k : 1kHz 주기 신호
   D. key_v[4:0] : 눌려진 key에 대응하는 key 값을 설정하는 입력.
      ① 0을 입력하면 아무런 key도 눌려지지 않은 상태를 설정하게 된다.
      ② 1~20 범위의 값을 설정하면 20개의 key 가운데 설정된 값에 맞는 key_in 값을 생성하여 key_scan 회로로 전달한다.
      ③ 21~25 범위의 값은 둘 이상의 key가 눌려진 몇 가지 상황들에 대응하는 key_in 값을 생성하여 key_scan 회로로 전달한다.
4. Simulation을 실행해 본다.
   A. my_tb_key_scan.tcl file에 대한 text editor창 위의 file위치와 file이름을 복사한다.
   B. TCL command창에서 "source" 명령과 복사한 file위치, file이름 값을 활용하여 my_tb_key_scan.tcl file을 실행한다.
      ① 하나의 key_v값을 설정하고 최소 30ms는 실행을 해야 안정된 key검출 값을 확인할 수 있음에 유의하라.
   C. 설정한 key_v값과 검출된 key값 nkv값, nkpls가 어떤 형태로 생성되었는가를 비교해 본다.
   D. 궁금한 point들을 wave form창에 띄우고 tcl file을 다시 실행하면서 code를 분석, 파악해 본다.

key scan회로는 처음 접근하기에는 만만치 않은 복잡성을 갖는 회로이다. 그러나 이 key scan회로를 설계하는 과정을 충분히 숙지하고 나면 어떤 새로운 분야를 만나더라도 차분하게 설계할 내용을 파악해 나가고, 설계에 필요한 사항들을 정리하면서, 설계 사양(Specification)을 작성하고, 회로의 동작을 어떻게 검증할 것인가에 대한 Test bench를 구성하는 등 스스로 설계할 수 있는 능력을 갖추게 될 것이다.

Key scan과정에 대해 대략적인 이해가 되었다고 해서 다음 단계로 진행하기 보다는 7-1단원 전체를 반복 학습하면서 교재를 보지 않고도 스스로 key scan회로에 대한 설계 및 simulation과정을 진행할 수 있을 정도로 충분히 익힌 후에 다음 단계로 진행할 것을 권하는 바이다. 이제 이번과의 실습부분에서 가장 까다로운 key scan 회로를 설계하고 simulation을 진행하였으니, key scan을 통해 검출된 key 값 nkv[4:0]과 새로운 key 값이 검출되었음을 알리는 pulse 신호인 nkpls를 받아서 처리하는 부분을 설계해 보도록 하자. 남은 부분들은 key matrix에 대한 scan 회로에 비해서는 상대적으로 덜 복잡한 회로가 될 것이다.

7.2 Key Value Assign 회로 설계하기

key scan에서 검출한 Key 값이 단순히 key배열에 따른 숫자 값이었다면 key value assign 회로에서는 사용자가 각각의 key들에 부여한 의미에 따라 key 값을 할당하는 회로이다. 이번 실습에서는 숫자 0~9로 정의된 key들이 눌려졌을 때 해당 key 값에 대응되는 숫자 0~9를 출력하는 회로이다.

〈그림 7.1.2〉에서 파악한 20개의 key들에 대한 nkv[4:0] 값 중에서 숫자 key에 해당하는 부분만 추려보자.

Key Mark	Key 번호	nkv[4:0]
0	key3	3
1	key7	7
2	key8	8
3	key9	9
4	key12	12
5	key13	13
6	key14	14
7	key17	17
8	key18	18
9	key19	19

〈표 7.2.1 숫자 Key에 대한 nkv값〉

nkpls와 nkv[4:0]을 받아서 숫자 key값 bcds[3:0]과 nkv값이 0일 때 눌려진 Key가 없다는 것을 뜻하는 koff신호를 출력한다.

key_val_assign.v code작성

key value assign 회로는 nkpls의 rising edge를 검출하여 그때의 nkv 값을 살펴서 bcds[3:0], koff 신호를 생성한다. koff 신호는 nkv 값이 0이면 1, 아니면 0을 출력하면 되고, bcds[3:0] 신호는 nkv 값이 위의 Table에서 숫자 key에 해당하면 해당 숫자 값을 출력하면 된다. 이에 대한 code를 직접 작성해 보도록 도전해 보기 바란다. code이름은 key_val_assign.v로 한다.

1. hw_check/HDL_hw_check directory 아래에 key_val_assign.v라는 file을 생성한다.
   A. File/Text Editor/New File을 선택하여 새 File을 생성하거나, 기존 Verilog HDL File을 Open하여 Save File As..를 활용하여 key_val_assign.v file을 생성한다.
2. 모듈 name key_val_assign에 아래의 내용에 따라 입·출력 선언을 한다.
   A. 입력
      ① rst : Low Active Reset신호
      ② clk : 10MHz System Clock
      ③ nkpls : 새로운 key값이 검출되었을 때 1ms동안 1이 되는 key scan회로 출력.
      ④ nkv[4:0] : 새로 검출된 key값.
   B. 출력
      ① koff : 아무 key도 눌려지지 않으면 1, 눌려져 있으면 0을 출력.
      ② bcds[3:0] : 새로 검출된 key 값이 숫자 key일 때만 해당 숫자 값으로 update되는 출력.

```
module key_val_assign
(
input       rst             ,
input       clk             ,   // 10MHz System Clock
input       nkpls           ,   // One shot pulse when new key has detected
input       [4:0]   nkv     ,   // 4bit New Key Value input

output reg  koff            ,
output reg  [3:0]   bcds        // 4bit BCD Value Output
);
```

〈그림 7.2.1 key_val_assign에 대한 모듈 및 입출력 선언〉

3. nkpls신호에 대한 rising edge 검출을 위한 reg 선언 및 edge 검출회로.
   A. pl0, pl1 : nkpls edge 검출을 위한 1bit shift register.

```
reg pl0, pl1;
//---------- Shift Register for Detect Edge of NKPLS ----------
always@(negedge rst, posedge clk)
if (rst == 0)
    begin
        pl0 <= 0;   pl1 <= 0;
    end
else
    begin
        pl0 <= nkpls;     pl1 <= pl0;
    end
```

〈그림 7.2.2 nkpls신호에 대한 edge검출을 위한 shift register〉

4. 숫자 Key에 해당하는 숫자 값과 key가 눌려지지 않았을 때에 대한 신호 생성
   A. bcds 생성을 위해 nkv 값을 판별하는 부분은 case문을 사용해도 되고, if문을 사용해도 된다.

```
//---------- Number Key Value & Key Off Check
always@(negedge rst, posedge clk)
if (rst == 0)
    begin
        koff <= 1;      bcds <= 4'hf;
    end
else if ((pl0 & ~pl1) == 1)     // Rising Edge of NKPLS
    if (nkv == 0)
        koff <= 1;
    else
        begin
            koff <= 0;
            if      (nkv == 03)    bcds <= 4'h0;    // Number Key 0
            else if (nkv == 07)    bcds <= 4'h1;    // Number Key 1
            else if (nkv == 08)    bcds <= 4'h2;    // Number Key 2
            else if (nkv == 09)    bcds <= 4'h3;    // Number Key 3
            else if (nkv == 12)    bcds <= 4'h4;    // Number Key 4
            else if (nkv == 13)    bcds <= 4'h5;    // Number Key 5
            else if (nkv == 14)    bcds <= 4'h6;    // Number Key 6
            else if (nkv == 17)    bcds <= 4'h7;    // Number Key 7
            else if (nkv == 18)    bcds <= 4'h8;    // Number Key 8
            else if (nkv == 19)    bcds <= 4'h9;    // Number Key 9
            else                   bcds <= 4'hf;    // Other Key
        end
```

〈그림 7.2.3 숫자 key에 해당하는 bcds, key off신호 생성 Code〉

5. 마지막 Line은 endmodule로 마무리한다.

▎key_val_assign Simulation하기

key scan회로에 대한 simulation을 했던 tb_key_scan.v에 key_val_assign.v를 추가하여 tb_key_val_assign.v로 저장하고 수정할 부분을 수정한 후 simulation을 진행하면 되므로, 이 부분은 직접 도전해 보기 바란다.

다음에 설계할 부분은 bcds를 받아서 8digit의 bcd값으로 출력하는 모듈이다.

7.3 8 digit BCD data 생성 회로 설계하기

key scan에서 검출한 Key 값 가운데 숫자 값을 추출한 bcds[3:0]과 key off 신호인 koff, key scan 회로에서 생성했던 nkpls 신호를 받아서 숫자 key 값을 좌측으로 한 칸씩 이동하여 8 digit shift register로 구성하는 회로를 설계한다. reset일 때와 clr 신호입력이 high일 때 BCD 8 digit을 off시키고 하나의 번호 key가 눌려질 때 마다 한 칸씩 숫자가 표시되도록 한다. 숫자 key가 다섯 번 눌려지면 우측 5개 digit만 켜지는 것이다.

▎Reset 조건과 clr입력이 high일 경우에 대한 검토

8개의 7 segment의 표시를 모두 끄기 위해서는 뿌려줄 segment data값을 dot, g, f, e, d, c, b, a 모든 값을 0으로 출력하면 된다. 이번 회로에서 정의한 7 segment로의 표시내용은 0~9까지의 숫자로만 국한되는 것을 감안하여 reset 또는 clr 신호가 high일 때 shift되는 8개의 BCD register의 값을 10진수로는 15, 16진수로는 f를 출력하도록 하고, segment data를 생성하는 부분에서 10진수 기준으로는 숫자가 아닌 값인 f가 입력되면 모든 segment data를 0으로 출력하도록 정하면 간단하게 처리할 수 있게 된다. 이와 같이 상황과 환경이 허락하는 범위 내에서 주어진 조건들을 잘 활용하는 지혜도 설계에 있어서 중요한 point이다.

▎disp_data_gen.v code작성

이번에 설계할 모듈의 이름을 disp_data_gen으로 한다. 이번 회로에서도 적용할 개념은 간단하다. bcds 신호가 nkpls의 rising edge에서 생성되었으므로 여기서는 시차를 두는 의미에서 nkpls의 falling edge에서 koff가 0이고(새로운 key가 눌려진 것을 의미), bcds[3:0]의 값이 0~9범위일 때 8digit seven segment에 표시되는 값이 왼쪽으로 한 자리

shift되도록 8개의 4bit BCD register를 제어하는 것이다.

1. hw_check/HDL_hw_check directory 아래에 disp_data_gen.v라는 file을 생성한다.
   A. File/Text Editor/New File을 선택하여 새 File을 생성하거나, 기존 Verilog HDL File을 Open하여 Save File As..를 활용하여 disp_data_gen.v file을 생성한다.
2. 모듈 name disp_data_gen에 아래의 내용에 따라 입·출력 선언을 한다.
   A. 입력
      ① rst : Low Active Reset신호
      ② clk : 10MHz System Clock
      ③ nkpls : 새로운 key값이 검출되었을 때 1ms동안 1이 되는 key scan회로 출력.
      ④ clr : 1로 입력될 때 8개의 4bit BCD register의 값을 전부 f로 설정.
      ⑤ koff : 1이면 아무 key도 눌려지지 않았음을 의미
      ⑥ bcds[3:0] : 새로 검출된 번호 Key에 해당하는 BCD값.
   B. 출력
      ① bcd8d[31:0] : 8 digit의 4bit BCD shift register 출력.

```
module disp_data_gen
(
input           rst     ,
input           clk     ,   // 10MHz System Clock
input           nkpls   ,   // One shot pulse when new key has detected
input           clr     ,   // Clear BCD8D for New Key Value Catch at High
input           koff    ,   // High at No Key has Pushed
input   [3:0]   bcds    ,   // 4bit New Number Key value input
output  [31:0]  bcd8d       // 32bit, 8 digit of BCD Value Output
);
```

〈그림 7.3.1 disp_data_gen에 대한 모듈 및 입출력 선언〉

3. 내부 신호 선언.
   A. pl0, pl1 : nkpls edge검출을 위한 1bit shift register.
   B. bcd0~bcd7 : 8 digit에 해당하는 4bit BCD register들

```
reg pl0, pl1;
reg [3:0] bcd0, bcd1, bcd2, bcd3, bcd4, bcd5, bcd6, bcd7;
```

〈그림 7.3.2 nkpls edge검출을 위한 register 및 8digit 4bit BCD register선언〉

4. nkpls 신호의 edge검출을 위한 Serial Shift 회로

```
//----- Shift for NKPLS edge detect -------
always@(negedge rst, posedge clk)
if (rst == 0)
    begin
        pl0 <= 0;   pl1 <= 0;
    end
else
    begin
        pl0 <= nkpls;      pl1 <= pl0;
    end
```

〈그림 7.3.3 nkpls edge 검출 회로〉

5. 4bit BCD register 8개에 대한 Shift회로

```
//-----------BCD Shift Register
always@(negedge rst, posedge clk)
if (rst == 0)
    begin
        bcd0 <= 4'hf;   bcd1 <= 4'hf;   bcd2 <= 4'hf;   bcd3 <= 4'hf;
        bcd4 <= 4'hf;   bcd5 <= 4'hf;   bcd6 <= 4'hf;   bcd7 <= 4'hf;
    end
else
    if (clr == 1)
        begin
            bcd0 <= 4'hf;   bcd1 <= 4'hf;   bcd2 <= 4'hf;   bcd3 <= 4'hf;
            bcd4 <= 4'hf;   bcd5 <= 4'hf;   bcd6 <= 4'hf;   bcd7 <= 4'hf;
        end
    else if ((~pl0 & pl1) == 1)
        if ((koff == 0) && (bcds <10))
            begin
                bcd0 <= bcds;   bcd1 <= bcd0;   bcd2 <= bcd1;   bcd3 <= bcd2;
                bcd4 <= bcd3;   bcd5 <= bcd4;   bcd6 <= bcd5;   bcd7 <= bcd6;
            end
```

〈그림 7.3.4 숫자 key에 해당하는 bcds, key off신호 생성 Code〉

6. 출력 bcd8d에 8개의 4bit register들의 값을 결합하여 출력하는 아래의 문장을 추가한다.
   ① assign bcd8d = {bcd7, bcd6, bcd5, bcd4, bcd3, bcd2, bcd1, bcd0};
7. 마지막 Line은 endmodule로 마무리한다.

| disp_data_gen.v simulation하기

이 회로는 굳이 test bench를 구성하지 않아도 개별 신호들에 대한 값 설정을 tcl file로 작성해 simulation을 진행하는 것이 손쉬운 접근 방법이다. 스스로 도전해 보기 바란다.

다음에 설계할 부분은 8 digit의 BCD 값을 받아서 segment로 출력하는 모듈이다.

7.4 8 digit segment control 회로 설계하기

8 digit에 해당하는 BCD(Binary Coded Decimal)값 32bit를 받아서 8 digit의 segment에 표시하기 위한 값으로 출력하는 회로를 설계해 보자. 〈단원 6.2.2〉에서 이미 8 digit의 segment에 서로 다른 값을 표시하는 회로를 설계하였으므로 직접 설계하는 데에 자신이 없으면 〈단원 6.2.2〉를 복습하고 진행하기를 권한다.

Rotary Switch값을 enc[3:0]으로 받아서 표시 주기를 선택하고, bcd8d[31:0]을 받아서 8개의 segment에 맞도록 Segment Data와 Segment COM신호를 생성한다.

| seg_ctl.v code작성

이번에 설계할 모듈의 이름을 seg_ctl로 한다. 이번 회로에서도 적용할 개념은 간단하다. enc[3:0]을 받아서 분주 counter에서 표시주기를 선택하는 회로와, 표시주기 내에서의 8등분한 구간에서 각 digit에 해당하는 값들을 뿌려주는 회로, BCD to segment 변환회로 역시 〈단원 6.2.2〉에서 이미 설계해 본 부분이므로 가급적이면 스스로 정리해서 설계를 진행해 보기 바란다.

1. hw_check/HDL_hw_check directory 아래에 seg_ctl.v라는 file을 생성한다.
   A. File/Text Editor/New File을 선택하여 새 File을 생성하거나, 기존 Verilog HDL File을 Open하여 Save File As..를 활용하여 seg_ctl.v file을 생성한다.
2. 모듈 name seg_ctl에 아래의 내용에 따라 입·출력 선언을 한다.
   A. 입력
      ① rst : Low Active Reset신호
      ② clk : 10MHz System Clock
      ③ enc[3:0] : 표시 주기 선택을 위한 Rotary Switch값..
      ④ bcd8d[31:0] : 8 digit에 해당하는 BCD값

B. 출력

① seg_d[7:0] : dot, g, f, e, d, c, b, a로 구성되는 Segment Display Data 출력.

② seg_com[7:0] : 8 digit를 on/off 제어하는 common port제어 신호 출력.

```
module seg_ctl
(
input  rst, clk,
input  [3:0] enc,
input  [31:0] bcd8d,
output reg  [7:0]   seg_d,seg_com
);
```

〈그림 7.4.1 seg_ctl에 대한 모듈 및 입출력 선언〉

3. 내부에서 활용할 신호들에 대한 선언.

A. tcnt : 표시주기 선택을 위한 분주 counter.

B. digit_sel : 한 표시주기를 8등분하여 개별 digit 표시 timing으로 설정하는 register.

C. d7h~d0h : 32bit의 8 digit BCD 신호인 bcd8d를 받아서 각 digit별로 분할하여 할당한 신호.

D. sdh : d7h~d0h가운데 현재 시점에서 출력할 BCD Data로 선택된 신호.

E. segd : sdh값에 대응하는 Segment Data값. sdh가 f일 때에는 segd를 0으로 하여 Segment가 off되게 한다.

```
reg [17:0] tcnt;
reg [2:0] digit_sel;

wire [3:0] d7h,d6h,d5h,d4h,d3h,d2h,d1h,d0h;
reg [3:0] sdh;

wire [6:0] segd;
```

〈그림 7.4.2 내부 생성 신호 선언〉

4. 표시 주기 선택회로

```
// tcnt & digit_sel generation
always@(negedge rst, posedge clk)
if (rst == 0)
    begin
        tcnt <= 0;   digit_sel <= 0;
    end
else
    begin
        tcnt <= tcnt + 1;
        case(~enc)
        4'h0    : digit_sel <= tcnt[02:00];
        4'h1    : digit_sel <= tcnt[03:01];
        4'h2    : digit_sel <= tcnt[04:02];
        4'h3    : digit_sel <= tcnt[05:03];
        4'h4    : digit_sel <= tcnt[06:04];
        4'h5    : digit_sel <= tcnt[07:05];
        4'h6    : digit_sel <= tcnt[08:06];
        4'h7    : digit_sel <= tcnt[09:07];
        4'h8    : digit_sel <= tcnt[10:08];
        4'h9    : digit_sel <= tcnt[11:09];
        4'ha    : digit_sel <= tcnt[12:10];
        4'hb    : digit_sel <= tcnt[13:11];
        4'hc    : digit_sel <= tcnt[14:12];
        4'hd    : digit_sel <= tcnt[15:13];
        4'he    : digit_sel <= tcnt[16:14];
        default : digit_sel <= tcnt[17:15];
        endcase
    end
```

〈그림 7.4.3 표시 주기 값 선택 회로〉

5. 8 digit의 BCD 신호인 bcd8d[31:0]을 8개의 분할된 digit의 BCD로 분할하는 회로

```
// d#h Generation
assign d7h = bcd8d[31:28];
assign d6h = bcd8d[27:24];
assign d5h = bcd8d[23:20];
assign d4h = bcd8d[19:16];
assign d3h = bcd8d[15:12];
assign d2h = bcd8d[11:08];
assign d1h = bcd8d[07:04];
assign d0h = bcd8d[03:00];
```

〈그림 7.4.4 digit별로 BCD값을 분할하여 할당하는 Code〉

6. segd로 출력할 BCD값인 sdh를 선택하는 회로

```
always@(negedge rst, posedge clk)
begin
    if (rst == 0)
        sdh <= 4'h0;
    else
        case(digit_sel)
        3'h0     : sdh <= d7h;
        3'h1     : sdh <= d6h;
        3'h2     : sdh <= d5h;
        3'h3     : sdh <= d4h;
        3'h4     : sdh <= d3h;
        3'h5     : sdh <= d2h;
        3'h6     : sdh <= d1h;
        default  : sdh <= d0h;
        endcase
end
```

〈그림 7.4.5 출력할 BCD Data sdh를 선택하는 Code〉

always 다음 line에 삽입된 begin과 마지막 line에 삽입된 end는 always문의 시작과 끝을 구분하기 위해 사용된 것으로 문법적으로는 없어도 되는 구문이지만 Verilog HDL code의 특성상 always문이 끝나는 위치가 애매한 점을 이 begin~end를 사용하여 명확하게 할 수 있다. 이렇게 always 문의 시작과 끝을 begin~end로 구분짓는 습관을 들여둘 것을 권장하고 싶다.

7. BCD to Segment Data 변환 회로

```
// hex to segment data conversion
assign segd = (sdh == 4'h0) ? (7'h3f) :
              (sdh == 4'h1) ? (7'h06) :
              (sdh == 4'h2) ? (7'h5b) :
              (sdh == 4'h3) ? (7'h4f) :
              (sdh == 4'h4) ? (7'h66) :
              (sdh == 4'h5) ? (7'h6d) :
              (sdh == 4'h6) ? (7'h7d) :
              (sdh == 4'h7) ? (7'h27) :
              (sdh == 4'h8) ? (7'h7f) :
              (sdh == 4'h9) ? (7'h6f) :
                              (7'h00) ; // Off when sdh is not a Number
```

〈그림 7.4.6 BCD Data를 Segment Data값으로 변환하는 Code〉

8. Segment로의 출력 신호 생성 회로

```
//--- Output Selection
always@(negedge rst, posedge clk)
if (rst == 0)
    begin
        seg_d <= 8'h00;     seg_com <= 8'h00;
    end
else
    begin
        seg_d <= {1'b0, segd};
        case(digit_sel)
        3'h0    : seg_com <= 8'h01;
        3'h1    : seg_com <= 8'h02;
        3'h2    : seg_com <= 8'h04;
        3'h3    : seg_com <= 8'h08;
        3'h4    : seg_com <= 8'h10;
        3'h5    : seg_com <= 8'h20;
        3'h6    : seg_com <= 8'h40;
        default : seg_com <= 8'h80;
        endcase
    end
```

〈그림 7.4.7 Segment구동을 위한 출력 신호 생성회로〉

9. 마지막 Line은 endmodule로 마무리한다.

seg_ctl.v simulation하기

enc값에 따른 digit_sel 신호의 변화, bcd8d 설정과 digit_sel에 따른 sdh의 선택부분, sdh 값에 대한 segd 변환, digit_sel 신호에 따른 seg_com 값의 변화 등을 예상해 보고 입력 값 설정을 tcl file로 작성하여 simulation을 진행하는 과정에 스스로 도전해 보기 바란다.

다음에 설계할 부분은 key matrix display에 대한 top 모듈이다.

7.5 Key Matrix Display 회로에 대한 Top Module 구성하기

〈그림 7.1〉에 제시되었던 key_matrix_disp.v 내부의 4개 sub module에 대한 설계가 마무리 되었으므로 이들을 결합하여 Top Module로 구성한다.

Sub module들에서 활용되었던 timing control을 위한 pulse인 pls1k, pls100k를 Top Module에서 생성하고, buzzer를 제어하는 회로 또한 top module에 추가한다.

❙ Timing 제어용 Pulse신호 생성

100kHz Pulse는 10MHz System Clock을 100분주하여 생성하고, 1kHz Pulse는 100kHz 신호를 다시 100분주하여 생성한다.

❙ Buzzer제어 신호 생성

실습용 보드에 장착된 Buzzer는 1을 출력할 때 "삐" 소리가 발생한다. 이 Buzzer를 활용함에 있어서 다음의 경우에 대하여 Buzzer의 소리를 발생하도록 한다.

1. 전원 On직후
2. Digit off를 위한 Key0가 눌려졌을 때
3. 번호 key가 눌렸을 때

1번과 3번은 30ms동안 Buzzer가 울리게 하고, 2번은 Key0가 눌려져 있으면 계속 Buzzer가 울리도록 한다.

❙ key_matrix_disp.v code작성

4개 Sub Module을 결합하고, Timing Control pulse를 생성하며, 위에 나열한 조건에 따라 buzzer를 울리게 하는 회로를 직접 설계해 보기를 권한다. 아래에 제시하는 내용은 참고용으로 활용하기 바란다.

1. hw_check/HDL_hw_check directory 아래에 key_matrix_disp.v라는 file을 생성한다.
   A. File/Text Editor/New File을 선택하여 새 File을 생성하거나, 기존 Verilog HDL File을 Open하여 Save File As..를 활용하여 key_matrix_disp.v file을 생성한다.
2. 모듈 name key_matrix_disp에 아래의 내용에 따라 입·출력 선언을 한다.
   A. 입력
      ① rst : Low Active Reset신호
      ② clk : 10MHz System Clock
      ③ key0 : Segment Off를 위한 Key입력.

④ enc[3:0] : 표시 주기 선택을 위한 Rotary Switch값.

⑤ key_in[4:0] : 한 Line에 배열된 5개 Key의 상태 입력.

B. 출력

① seg_d[7:0] : dot, g, f, e, d, c, b, a로 구성되는 Segment Display Data출력.

② seg_com[7:0] : 8 digit를 on/off제어하는 common port제어 신호 출력.

③ buzz : 1일 때 Buzzer를 울리도록 하는 출력.

```
module key_matrix_disp
(
input   rst           ,
input   clk           ,       // 10MHz System Clock
input   key0          ,       // Low Active 8 digit Initialize, All Off
input   [3:0] enc     ,       // 4bit display interval selection
input   [4:0] key_in  ,       // 5bit key status input
output  [3:0] key_out ,       // 4bit key matrix control output
output  [7:0] seg_d   ,       // 7 segment display data
output  [7:0] seg_com ,       // 7 segment digit selection
output  reg  buzz             // buzzer
);
```

〈그림 7.5.1 key_matrix_disp에 대한 모듈 및 입출력 선언〉

3. 내부에서 활용할 신호들에 대한 선언.

A. pls100k : 100kHz Pulse.

B. pcnt : 10MHz를 분주하여 pls100k신호 생성을 위한 50분주 Counter.

C. pls1k : 1kHz Pulse.

D. plcnt : 100kHz를 분주하여 pls1k신호 생성을 위한 50분주 Counter.

E. ps0,ps1 : pls1k edge검출을 위한 shift register

F. buzzs : buzzer 발생을 위한 조건 신호

G. bzcnt : buzzs 신호가 짧은 관계로 30ms동안 buzz 신호를 1로 유지하게 하기 위해 설정한 counter.

H. nkpls : 새로운 key가 검출되었을 때 1ms동안 1이 되는 Pulse.

I. nkv : 새로 검출된 key값.

J. koff : 아무 key도 눌려지지 않았을 때 1이 되는 신호.

K. bcds : 새로 입력된 번호 key에 해당하는 BCD(Binary Coded Decimal) 값

L. clr : 1일 때 8 digit segment를 off시키는 신호. Key0를 반전시킨 신호.

M. bcd8d : 8 digit BCD data.

```
reg pls100k;        // 100kHz Pulse for scan timing control
reg [5:0] pcnt;
reg pls1k;          // 1kHz Pulse for scan interval control
reg [5:0] plcnt;

reg buzzs;
reg ps0,ps1;
reg [5:0] bzcnt;

wire nkpls;
wire [4:0] nkv;

wire koff;
wire [3:0] bcds;

wire clr;
wire [31:0] bcd8d;
```

〈그림 7.5.2 내부 생성 신호 선언〉

4. 100kHz Pulse 생성회로

```
//---- 100kHz Pulse Generation
always@(negedge rst, posedge clk)
if (rst == 0)
    begin
        pls100k <= 0;   pcnt <= 0;
    end
else
    begin
        if (pcnt < 49)
            pcnt <= pcnt + 1;
        else
            begin
                pcnt <= 0;
                pls100k <= ~pls100k;
            end
    end
```

〈그림 7.5.3 100kHz Pulse생성회로〉

5. 1kHz Pulse 생성회로

```
//---- 1kHz Pulse Generation
always@(negedge rst, posedge clk)
if (rst == 0)
    begin
        plslk <= 0;   plcnt <= 0;
    end
else if ((pcnt == 49) && (pls100k == 1))
    begin
        if (plcnt < 49)
            plcnt <= plcnt + 1;
        else
            begin
                plcnt <= 0;
                plslk <= ~plslk;
            end
    end
```

〈그림 7.5.4 1kHz Pulse생성회로〉

6. Buzzer on control 신호 생성회로

A. buzzs 신호가 1이 되면 buzzer를 울리도록 한다.

```
//---------- Buzz On Control
always@(negedge rst, posedge clk)
if (rst == 0)
    buzzs <= 1;
else
    if (clr == 1)
        buzzs <= 1;
    else if (bcds < 10)       // Number key pushed
        buzzs <= (nkpls & ~koff);
    else
        buzzs <= 0;
```

〈그림 7.5.5 Buzzer On Control 신호 생성회로〉

7. Buzzer On Timing 확장 회로.
   A. buzzs 신호가 1이 되면 30ms동안 buzzer가 울리도록 제어하는 회로

```
//------- Buzzer On Time Extension for 30ms
always@(negedge rst, posedge clk)
if (rst == 0)
    begin
        ps0 <= 0;   ps1 <= 0;   bzcnt <= 0; buzz <= 1;
    end
else
    begin
        ps0 <= pls1k;
        ps1 <= ps0;
        if (ps1 & ~ps0)      // Falling Edge of 1kHz pulse
            if (buzzs == 1)
                begin
                    bzcnt <= 0;
                    buzz <= 1;
                end
            else
                    buzz <= 0;
    end
```

〈그림 7.5.6 Buzzer음 30ms동안 울리도록 확장하는 회로〉

8. Sub Module선언
   A. Key scan sub module

```
//---- Key Scan -----
key_scan ukey_scan
(
//
    .rst        (rst        ),
    .clk        (clk        ),
    .pls100k    (pls100k    ),
    .pls1k      (pls1k      ),
    .key_in     (key_in     ),
//
    .key_out    (key_out    ),
    .nkpls      (nkpls      ),
    .nkv        (nkv        )
);
```

〈그림 7.5.7 key_scan sub module〉

   B. Key value assign sub module

```
//---- Key Assign -----
key_val_assign ukey_val_assign
(
//
    .rst        (rst        ),
    .clk        (clk        ),
    .nkpls      (nkpls      ),
    .nkv        (nkv        ),
//
    .koff       (koff       ),
    .bcds       (bcds       )
);
```

〈그림 7.5.8 key_value_assign sub module〉

C. Display BCD Data 생성 sub module

```
//---- Disp Data Gen -----
assign clr = ~key0;
disp_data_gen udisp_data_gen
(
//
    .rst        (rst        ),
    .clk        (clk        ),
    .nkpls      (nkpls      ),
    .clr        (clr        ),
    .koff       (koff       ),
    .bcds       (bcds       ),
//
    .bcd8d      (bcd8d      )
);
```

〈그림 7.5.9 disp_data_gen sub module〉

D. Segment Control sub module

```
//---- SEG_CTL -----
seg_ctl useg_ctl
(
//
    .rst        (rst        ),
    .clk        (clk        ),
    .enc        (enc        ),
    .bcd8d      (bcd8d      ),
//
    .seg_d      (seg_d      ),
    .seg_com    (seg_com    )
);
```

〈그림 7.5.10 seg_ctl sub module〉

9. 마지막 Line은 endmodule로 마무리한다.

key_matrix_disp.v simulation하기

key scan에 대한 simulation부분에서 생성했던 tb_key_scan.v를 활용하여 key_matrix_disp.v에 대한 test bench를 구성하여 simulation을 진행해 볼 수 있다. 그러나 sub module들에 대한 simulation을 충실하게 진행했다면 Top Module은 Sub Module들을 결합한 것이므로 이에 대한 Simulation은 Top Module에 추가된 Logic 부분에 대해서만 Simulation을 해보고 나머지는 Simulation을 생략하고 보드 테스트를 통해 점검해 볼 수 있다.

이제 key_matrix_disp.v에 대한 Synthesis, Implementation을 거쳐 Hardware로 구현해 보자.

7.6 Key Matrix Display 회로에 대한 Hardware Test

이제 Key Matrix에서 번호 Key 입력을 받아서 Segment에 Display하는 회로에 대한 Hardware Test를 진행해 보자.

먼저 새롭게 사용하게 된 입출력 신호들에 대한 Pin을 정리해 본다.

Name	Pin No.
key_in[0]	E15
key_in[1]	G15
key_in[2]	D16
key_in[3]	C12
key_in[4]	D15
key_out[0]	D13
key_out[1]	G16
key_out[2]	E16
key_out[3]	D11
buzz	B16

〈표 7.6.1 새로 추가된 신호들에 대한 Pin 번호 Table〉

❙ Add Sources

먼저 새로 작성한 Code들을 Project Manager에서 Add Sources를 통해 File을 추가한다.

1. key_scan.v
2. key_val_assign.v
3. disp_data_gen.v
4. seg_ctl.v
5. key_matrix_disp.v

key_matrix_disp.v를 Top Module로 지정한다.

❙ Synthesis 실행

1. Run Synthesis를 통해 Synthesis를 실행한다.
2. key_matrix_disp.xdc file을 생성하여 〈표 7.6.1〉에 나열한 새로 추가된 port들에 대한 Port관련 선언을 추가한다.
   A. 앞선 Hardware Test에서 적용했던 seg_test.xdc file을 open하여 key_matrix_disp.xdc

로 저장한다.

B. key_matrix_disp.v의 입출력에 맞도록 입출력 선언을 수정한다.

① dip관련 port들을 삭제한다.

② key_in, key_out, buzz port를 추가한다.(port 번호, port interface 전압의 2개 항목)

3. key_matrix_disp.xdc file을 target constraint로 지정하고 다른 constraint file은 remove한다.

Implementation 및 FPGA Download

아래의 순서에 따라 FPGA Download를 진행한다.

1. Flow Navigator/Run Implementation을 실행하고 Implementation결과에서 Utilization Report를 확인하고 아래에 LUT수와 Slice Register의 수를 기록한다.

LUT No. ____________ Slice Register No. ____________

2. Flow Navigator/Program and Debug/Generate Bitstream을 실행하여 bit stream file을 생성한다.
3. Flow Navigator/Program and Debug/Hardware Manager를 실행하고 Open Target에서 Auto Connect를 선택한다.
4. Hardware Manager에서 xc7a15t device를 선택하고 마우스 우측 button을 누른 후에 Program Device를 선택하여 bit stream file을 FPGA로 Download한다.

Hardware Test

1. Download가 끝날 때 "삐" 하는 Buzzer음이 들릴 것이다.
2. 번호 Key를 1부터 8까지 순서대로 눌러본다.

A. 매번 Key가 눌려질 때마다 Buzzer음과 함께 segment에 숫자 표시가 좌측으로 이동하면서 우측에는 새로 누른 key 값이 표시될 것이다.

3. Key0에 해당하는 SW2를 눌러본다.

A. Buzzer음이 울리면서 Segment가 모두 꺼질 것이다.

이상의 동작이 정상적으로 수행되었다면 설계와 보드 테스트에 오류 없이 테스트가 완료되었다는 의미이다.

만일 정상적인 동작이 이뤄지지 않았다면 먼저 현상을 잘 관찰하여 원인이 될 것으로 추정되는 범위를 좁혀나가고, Source Code를 살펴보면서 Simulation을 통해 Code의 동작을 검증해 보는 Debugging과정을 거치면서 오류를 수정해 보도록 한다.

7.7 VIVADO Integrated Logic Analyzer를 활용한 Hardware Test.

이번 단원에서는 VIVADO Tool에서 제공하는 Integrated Logic Analyzer 기능을 활용하여 동작하고 있는 FPGA의 내부 신호를 관측하는 실습을 실행해 본다.

FPGA내부에는 다수의 Block Memory들이 탑재되어 있는데, 회로설계에서 사용하지 않은 여유분의 Block Memory들을 활용하여 동작중인 FPGA의 내부 신호들 중에서 관측하고자 하는 신호를 지정하면 해당신호의 변화를 Block Memory에 capture하여 두었다가 Download Cable을 통해 PC에서 확인해 볼 수 있도록 제공한다.

▎동작중인 FPGA 내부의 신호 관측하기

관측할 내부 신호를 새로 지정하면 그때마다, Synthesis부터 Implementation, bit stream file생성까지를 수행해야 하므로 어떤 신호를 관측할 것인가에 대해서도 신중하게 검토해야 한다. 이번 실습에서는 key scan의 동작을 중심으로 살펴보기 위하여, key_out[3:0], key_in[4:0], nkpls, nkv[4:0], bcds[3:0] 그리고 Scan주기인 1KHz Pulse 신호들을 관측하도록 한다.

1. Flow Navigator/Synthesis/Open Synthesized Design을 선택하여 Synthesis 결과를 Open 한다.
   A. Synthesis가 완료된 후 뜨는 pop up창에서 Open Synthesized Design을 선택해도 된다.
2. Synthesized Design창이 열리면 다음의 그림과 같이 VIVADO Tool 우측 상단의Default Layout 메뉴 옆의 아랫꺽쇠 모양을 Click하여 Debug 메뉴를 선택한다.

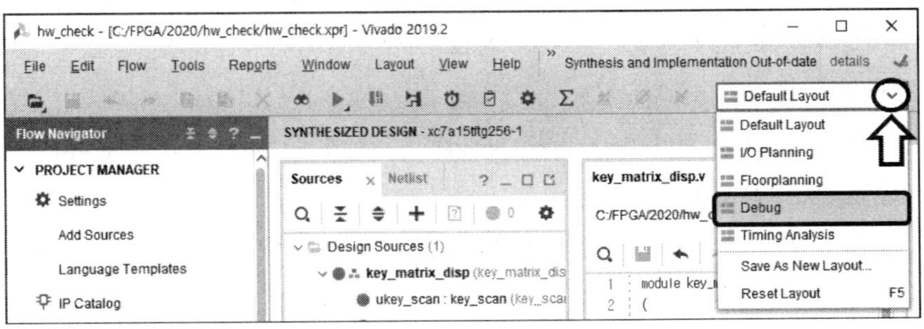

〈그림 7.7.1 Debug menu선택창〉

3. Synthesized Design창 아래 Netlist 창에 있는 Netlist에서는 Top Module에 있는 신호나 Sub Module에 있는 신호를 선택할 수 있는데, Top Module에서는 I/O Port를 직접

선택할 수는 없고 이와 연결된 IOBUF 신호를 선택하면 된다.

A. 아래의 그림과 같이 Top Module의 Nets를 펼쳐서 key_in_IBUF(5)를 선택하고 우측 마우스를 Click하여 Pop Up menu가 뜨는데 Mark Debug를 선택한다. (선택이 되면 선택된 신호 왼쪽에 초록색 작은 벌레 모양 마크가 나타난다.)

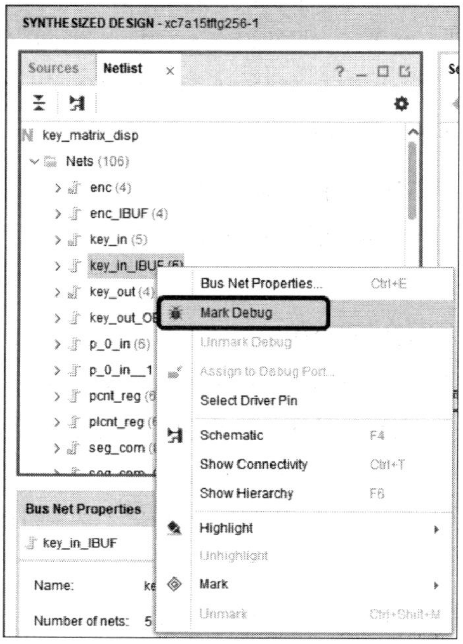

〈그림 7.7.2 관측할 신호에 Mark Debug를 붙이는 모습〉

B. 같은 방법으로 key_out_OBUF(4)와 pls1k에도 Mark Debug를 붙인다.

C. Netlist창에서 ukey_scan아래의 Nets를 펼치고 nkv(5)와 nkpls에 Mark Debug를 붙인다.

D. Netlist창에서 ukey_val_assign아래의 Nets를 펼치고 bcds(4)에 Mark Debug를 붙인다.

4. 상단 메뉴에서 Tool/Set Up Debug를 선택하여 〈Set Up Debug〉창이 열리면 하단의 Next Button을 Click한다.
5. Nets to Debug 창에서 선택한 신호들이 List에 나타난 것을 확인하고 하단의 Next Button을 Click한다.
6. 아래와 같이 ILA Core Options라는 창이 나오면 Sample of data depth를 16384로 설정하고 Capture control을 check하고나서 하단의 Next Button을 Click한다.

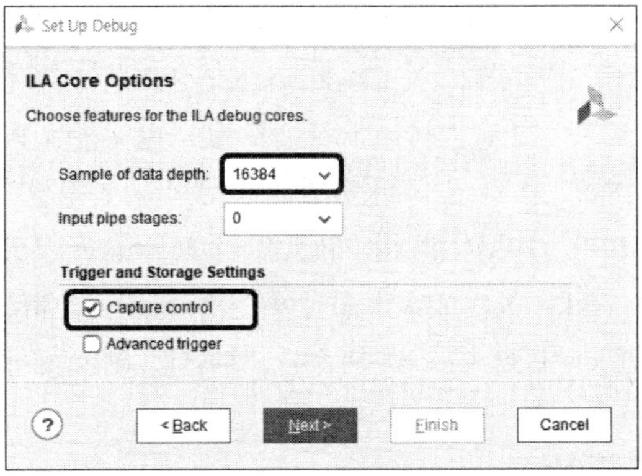

〈그림 7.7.3 ILA Core Options설정을 위한 창〉

7. Set up Debug Summary창이 열리면 하단의 Finish Button을 Click하여 Set Up Debug를 마친다.
8. 상단 메뉴에서 File/Constraints/Save Constraints를 선택하여 Set Up Debug에서 설정한 내용을 현재의 Constrain file에 추가한다.
   A. 현재 사용하고 있는 Constraints File인 key_matrix_disp.xdc file을 열어보면 아래쪽에 Port번호나 Port Interface 전압 항목이 아닌 내용들이 추가된 것을 확인할 수 있다.
   B. 나중에 이 부분을 제외하고 Synthesis를 다시 실행하려면 추가된 내용들을 삭제하고 Synthesis를 다시 실행하면 관측을 위해 추가했던 내용들을 배제한 결과를 얻을 것이다.
9. Flow Navigator/Implementation/Run Implementation을 실행하고 Implementation이 끝나면 Report Utilization을 실행하여 아래의 항목을 기록한다.

LUT No. ____________ Slice Register No. ____________

   A. 위의 결과와 Debug Point를 삽입하기 전의 결과인 〈단원 7.6〉에서의 Implementation 결과와 비교하여 보라. Logic Analyzer를 위해 추가된 Logic들의 양을 가늠할 수 있을 것이다.
10. Flow Navigator/Program and Debug/Generate Bit stream을 실행하여 bit stream file을 생성한다.
11. Bit Stream file의 생성이 끝나면 Hardware Manager를 Open하게 되는데, Logic Analyzer를 사용하기 위해서는 접근방식이 약간 달라진다는 점에 주의해야 한다.
   A. Flow Navigator/Program and Debug/Open Hardware Manager/Open Target을 선택하고 Pop Up창이 뜨면 가장 아래에 있는 Open New Target을 선택한다.
   B. Open Hardware Target창이 뜨면 하단의 Next Button을 Click한다.
   C. Hardware Server Settings창이 뜨면 Connect to 항목에 기본 값인 Local server를 확인하고 하단의 Next Button을 Click한다.

D. 아래와 같이 Select Hardware Target창이 뜨면 JTAG Clock Frequency를 3000000Hz, 즉 3MHz로 선택한다. 이 Clock Speed는 FPGA와 PC간의 신호를 USB Cable을 통해 JTAG으로 주고받을 때의 Clock속도를 나타내는데 PC와 주변 환경에 의해 영향을 받는다. 만일 3MHz로 설정하였는데 동작의 안정성이 떨어지면 이 Clock주파수를 더 낮춰보기 바라고, PC와 FPGA간의 Interface속도를 조금 높여 보고 싶으면 이 Clock Speed를 높여보아서 동작이 안정적이면 그대로 사용해도 좋고 불안정하다고 느껴지면 다시 이 Clock주파수를 낮춰서 Debugging을 실행하면 된다.

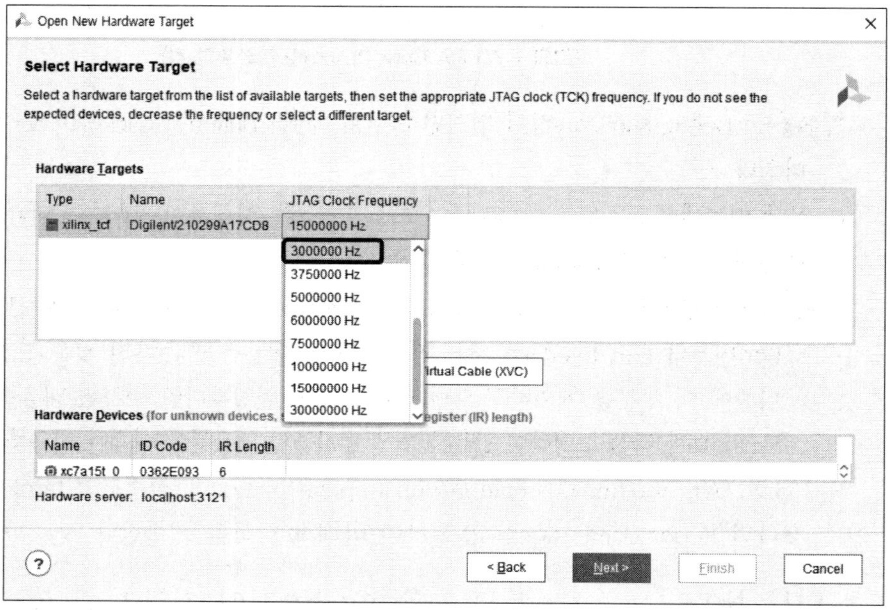

〈그림 7.7.4 JTAG Clock주파수 선택창〉

E. 하단의 Next Button을 Click하고, Open Hardware Target Summary 창이 뜨면 내역을 살펴보고 하단의 Finish를 Click한다.

12. Hardware Manager창이 열리면 xc7a15t_0를 선택하여 우측마우스 Button으로 Program Device를 선택한다.

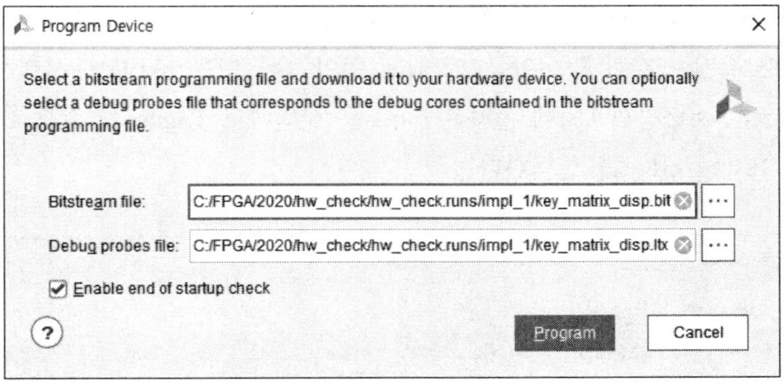

〈그림 7.7.5 Program Device 창〉

13. 위와 같이 Program Device창이 열리면 Bit stream file과 함께 Debug probe file 항목에 앞에서 설정한 내용에 따라 debugging을 위해 생성된 debug_nets.ltx file이 포함된 것을 확인하고 하단의 Program Button을 Click한다.
14. Program이 완료되면 아래와 같이 hw_ila 창이 열린다.

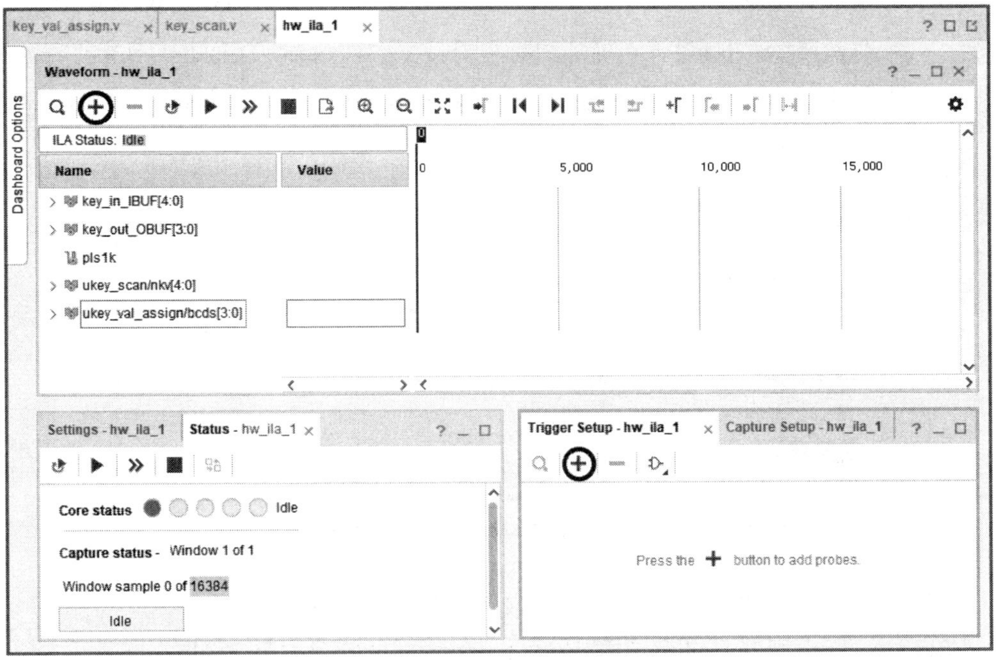

〈그림 7.7.6 Debugging을 위한 ILA창〉

15. 상단 좌측의 Waveform에 관측하고자 했던 신호들의 List가 보일 것이다. 만일 신호가 보이지 않으면 Waveform창 좌측상단에 있는 더하기 Symbol을 Click하여 관측하고자 하는 신호를 추가할 수 있다.

16. 우측 하단의 Trigger Setup창 좌측상단에 있는 더하기 Symbol을 Click하고 Trigger신호로서 새로운 key값이 들어왔을 때 1ms 동안 1이 되는 nkpls를 선택한다.
17. Trigger Setup창의 List에 올라온 nkpls를 선택하고 Trigger할 값으로 아래의 그림과 같이 Rising edge를 선택한다.

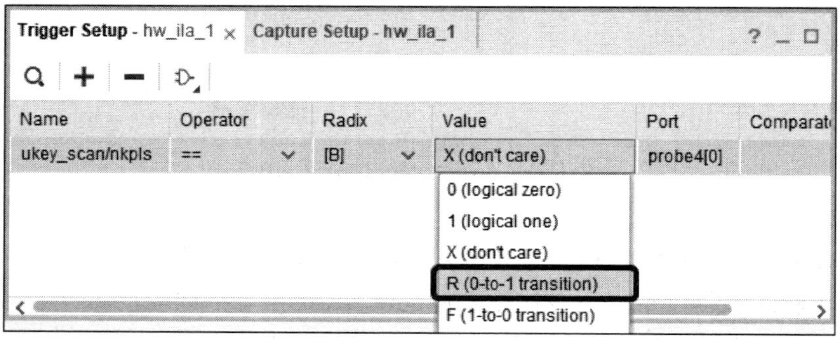

〈그림 7.7.7 Trigger조건 값을 설정하는 모습〉

18. 아래쪽의 Waveform창이나 상단의 Status창에 있는 Run Trigger for this ILA core symbol(▶)을 click하면 아래의 그림과 같이 16384 point중 Default로 설정된 Trigger위치인 8192point 위치에서 Trigger조건이 충족되는 신호가 검출되기를 대기하는 모습이 보일 것이다.

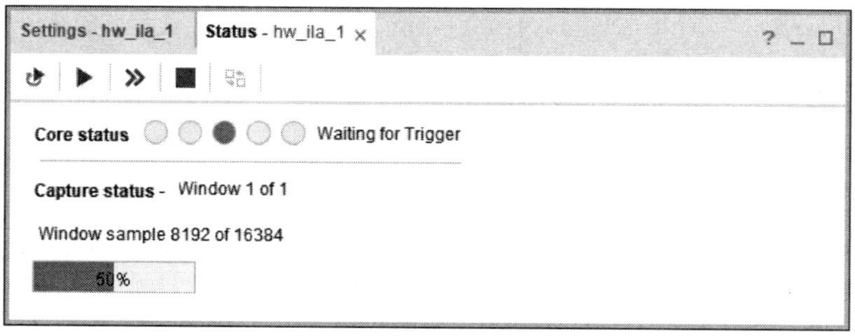

〈그림 7.7.8 Trigger조건을 기다리는 모습을 보여주는 Status창〉

19. 이제 실습 장비에 부착된 1번 숫자 Key를 눌러보자.
21. Buzzer가 짧게 울리고 가장 우측 Segment에 1이 표시될 것이다.
22. Logic Analyzer에 잡힌 파형을 살펴보면 아래의 그림과 같이 8192point위치에 nkpls의 rising edge에서 파형이 Capture된 것을 확인할 수 있을 것이다.

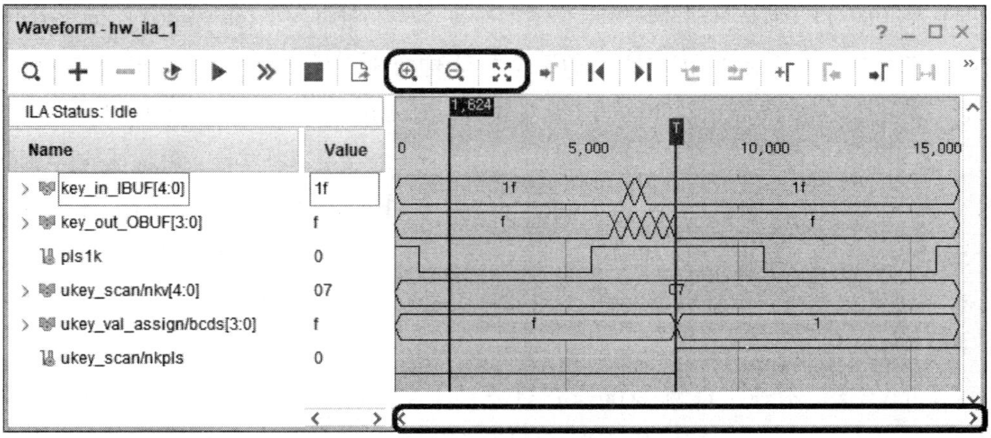

〈그림 7.7.9 Trigger조건에 따른 파형 Capture화면〉

23. ukey_scan/nkv[4:0]에는 16진수로 07을 나타냄으로 1번 표시가 부탁된 Key의 key 검출 값인 nkv값이 7임을 알 수 있으며 bcds[3:0]은 nkpls가 발생하는 위치에서 16진수로 f였던 것이 해당 숫자 key와 일치하는 1로 바뀌었음을 확인할 수 있다.
24. 상단의 Zoom In과 하단의 Scroll을 활용하여 key_out신호와 key_in신호가 어떻게 동작하는 가를 관측해 보라.
25. 이제 Run trigger바로 왼쪽에 있는 Auto re-trigger symbol( )을 click하면 선택되었음을 나타내도록 회색 사각 box 테두리가 생기는 것을 확인하고 다시 Run Trigger Symbol을 Click한다.
26. 좌측 하단의 Status창에 Waiting for Trigger가 보이면 실습장비의 2번 번호 Key를 눌러본다.
27. 다시 Buzzer가 울리고 Segment에는 우측 두 개의 digit에 12가 표시된 것이 보이며 Logic Analyzer의 화면이 새로 Capture한 화면으로 바뀔 것이다.
28. 잠시 기다리면 Status창이 다시 Waiting for Trigger로 바뀌면 다시 다른 번호 Key를 눌러본다.
29. 이와 같이 Auto re-trigger기능은 사용자가 매번 Run Trigger를 누르지 않고도 지금 Capture한 Data에 대한 처리가 완료되면 자동적으로 다음 Trigger 조건을 기다리는 상태에서 대기하도록 하는 기능이다. 다만 PC와 Data를 주고받는 시간 때문에 다소 시간지연이 발생하는데, 이 시간지연이 JTAG Clock Speed 설정값과 연관이 있으므로 자신의 실험환경에서 안정적이면서도 속도를 가급적 높인 JTAG Clock 주파수를 사용하는 것이 바람직하다.

이상으로 VIVADO Tool에서 제공하는 ILA기능을 살펴보았다. 이 Integrated Logic Analyzer 기능은 보드상에 구현된 신호의 내부 Point들을 동작 중에 확인해 볼 수 있는 유용한 기능이기는 하지만, 내부 Block Memory를 사용하는 관계로 Block Memory의 잔여용량에 따라 관측하고자 하는 신호의 량에 제한을 주고, 또한 내부 신호를 capture하고자 하는 회로가 추가됨으로 인해 회로의 동작에 영향을 미칠 수 있다는 단점이 있다. 또한 Logic Analyzer로서의 성능과 기능은 전용 Logic Analyzer에 비해서는 불편하지만, VIVADO Tool에서 무료로 사용할 수 있도록 제공되는 점과 VIVADO Tool의 환경에서 사용할 수 있다는 사용상의 편리성 측면에서 유리하다 하겠다.

그리고 ILA기능을 사용한 Debugging을 마친 후에 ILA를 위해 사용되었던 Logic들을 배제하고 다시 Synthesis와 Implementation을 하기 위해서는 Pin번호와 Interface 전압 Level을 설정했던 .xdc file을 열어서 ILA를 위해 추가된 내용들을 삭제한 후에 다시 Synthesis와 Implementation을 실행하면 된다.

Part 4

설계 Project 수행하기

과제에 대한 개념 정의부터
설계, 구현, 검증까지

Part 4

설계 Project 수행하기

과제에 대한 개념 정의부터 설계, 구현, 검증까지

Part 4에서는 Part 2, Part 3를 통해 익힌 Verilog HDL과 VIVADO Tool을 사용한 설계방법을 심화시키기 위하여 4개의 Digital 회로 설계 Project를 실행해 봄으로써 Verilog HDL로 Digital 회로설계를 할 수 있는 능력을 육성하도록 한다.
이를 위하여 설계할 내용에 대한 개념 정의부터 입출력 정의, 기능 정리, 설계 사양 정리를 통해 회로를 설계하고 FPGA Chip에 구현하는 전 과정을 하나의 Project를 수행하는 형태로 전개하는 과정을 수행하면서 스스로 설계하기 위한 학습을 하게 될 것이다.
끝으로 12과에서는 이 교재를 학습한 이후의 후속 학습을 위한 안내를 함으로써 설계 능력 향상을 위해 이 책을 학습한 독자들간의 지속적인 협력 및 교류활동을 꾀하고자 한다.

Part 4의 목차

제 8 과 Project 1 : Stop Watch

이번 과에서는 실습 Kit를 활용하여 Stop Watch를 구현하는 과제를 진행해 보기로 한다. 회로설계에 필요한 사양정리, 필요한 내부 기능들을 가급적 상세하게 기술할 것이다. 이렇게 기술된 내용을 바탕으로 이번에는 독자들이 직접 설계하여 Simulation을 통해 설계한 회로의 동작을 점검해 보고 실습 Kit에 Program해서 보드 상에서 동작을 확인해 보도록 한다.

Stop Watch개요

Stop Watch는 Start/Stop Switch와 Clear Switch의 두 개의 Button Switch로 8 digit의 segment에 시, 분, 초와 초 아래의 소수점 둘째자리인 0.01초까지 표시하는 시계이다. 동작은 간단하다.

1. 전원을 켜면 7 Segment에 00.00.00.00를 표시한다.
   ① Stop Watch는 최대 99.59.59.99까지 즉 99시간 59분 59초 99까지 증가하고 다시 00.00.00.00으로 복귀한다
2. Start/Stop Button
   A. 정지 중에 Start/Stop Button을 누르면 시간 Counting을 현재 시간에 이어서 진행한다.
   B. 시간 Counting이 진행 중일 때 Start/Stop Button을 누르면 시간 Counting을 멈춘다.
3. Clear Button
   A. 정지 중일 때 이 Button을 누르면 시간 Counting값을 00시 00분 00초 00으로 초기화한다.
   B. 시간 Counting이 진행되고 있을 때에는 Clear Button을 눌러도 아무런 영향을 주지 않도록 한다. Stop Key를 누르려다 실수로 Clear Button을 누를 수도 있으므로 시간값 Clear는 정지 중일 때에만 작동하도록 한다.
   ① 이러한 사항은 설계자가 임의로 정할 수 있는 내용이지만 이러한 내용들을 정할 때 사용자의 여러 상황들을 세심하게 검토하여 조금이라도 사용자가 편리한 방향으로 정하는 것이 중요하다.

Stop Watch회로 입출력

1. 입력
   A. rst : Low Active System Reset신호.

B. clk : 10MHz System Clock.

C. key0 : Start/Stop Key. (보드상의 우측 하단 SW2 Key)

① 한 번 누를 때마다 시계의 진행과 멈춤을 교차로 반복한다.

D. key1 : Clear Key. (보드상의 우측 하단 SW3 Key)

① 시계의 진행이 멈춘 상태일 때 누르면 진행된 시간 값을 0으로 Clear 시킨다.

E. enc[3:0] : Display주기와 Buzzer음 설정에 대한 선택조건을 16가지로 설정하기 위한 입력.

① 회로에서 Test를 통해 값을 확정해야 할 사항들을 설정할 수 있도록 한다.

2. 출력

A. seg_d[7:0] : 7 Segment에 표시할 값(dot, g, f, e, d, c, b, a)에 대한 출력.

B. seg_com[7:0] : 7 Segment의 값이 표시될 Digit위치를 선택하는 출력.

C. Buzz : Key를 누를 때마다 짧은 buzzer음을 출력하는 것도 검토해 보기 바란다.

① ENC를 변화시키면서 Buzzer음의 길이를 조절해 본다.

Stop Watch회로 기능 분배

Stop Watch기능을 기능별 특성과 회로설계의 효율성을 감안하여 몇 개의 Sub Module로 분할할 것인가에 대해 검토해 보자.

1. 먼저 입력 쪽을 살펴보면 외부에서 입력되는 두 개의 Key를 받아서 처리하는 Sub Module을 하나 두는 것이 필요해 보인다.

A. 여기서는 Key0와 Key1을 받아서 Stop Watch의 진행과 멈춤을 제어하는 신호와, 시간 값을 Clear하는 신호를 생성하도록 하자.

B. 또한 Key가 눌렀을 때 Buzzer음을 발생하는 기능도 Key와 Clock만 있으면 가능하므로 Key를 받아들이는 이 Module에서 담당하도록 하는 것이 좋을 것이다.

2. 두 번째로 출력 쪽을 살펴보면 8 digit 7 segment를 제어하는 Module도 필요하다.

A. 여기서는 8 digit의 BCD값을 받아서 출력하도록 하면 될 것이므로, 앞 선 과에서 학습한 회로설계에서 사용했던 seg_ctl.v module을 재활용하는 것이 좋을 것 같다.

3. 다음으로 Stop Watch의 주된 기능을 담당하는 시간 값을 Counting하는 module이 필요할 것이다.

A. System Clock을 분주하여 표시할 값 가운데 최소 단위인 0.01초의 Counter와 초 Counter, 분 Counter, 시 Counter를 포함하는 Counter의 값을 생성한다.

B. Counter의 구성에는 0~9까지 Count하는 10진 Counter를 Series로 활용할 수도 있지만 제어부의 설계가 복잡해 질 수 있으므로 4개의 독립된 Counter들은 binary Counter로 구성하도록 하는 편이 더 적절해 보인다. 이 부분에 대해서는 Counter Module에

대한 상세 검토 부분에서 자세히 다루도록 한다.

4. Counter module에서의 binary counter출력을 받아서 Segment Control이 인식할 수 있는 8 digit의 BCD값으로 변환하는 모듈을 설정하여 활용한다.
   A. hex2bcd 변환 기능도 나름 의미 있는 기능이므로 hex2bcd module 상세 검토 부에서 자세히 검토하도록 한다.

이상의 내용을 정리하여 Block Diagram으로 구성해 보자.

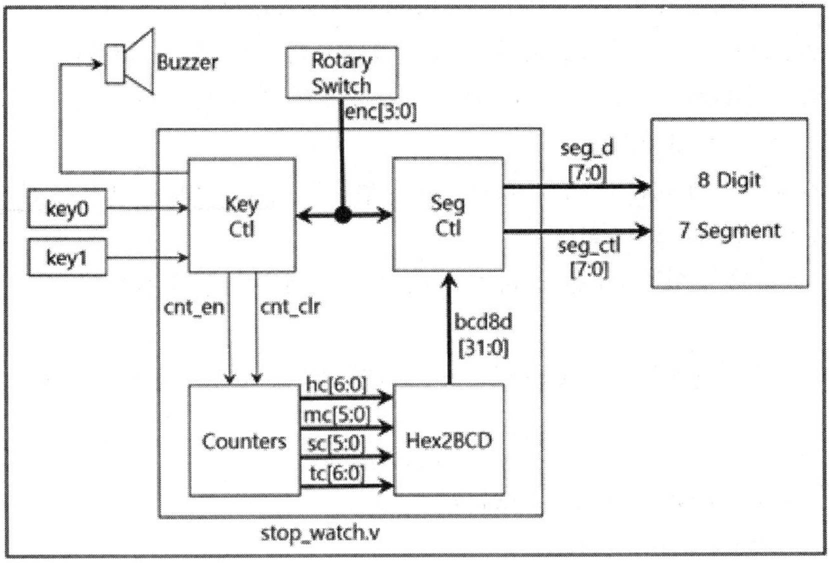

〈그림 8.1 Stop Watch에 대한 Block Diagram〉

이제 각 모듈 별 설계를 진행해 보자.

8.1 Key Control Module에 대한 설계

Key Control을 위한 제어를 자세히 살펴보자. 동작은 간단하지만 검토해야 할 사항들이 몇 가지 있다.

1. Key 입력에 대한 De-bounce 회로.
   A. 외부에서 입력되는 Key0, Key1에 Noise성 Pulse가 유입되지 않도록 안정된 상태를 1ms마다 점검하여 20회 연속 같은 값이 유지될 때 안정된 Key값으로 받아들이는 회로.

B. 이를 위해 1ms 주기인 1KHz Pulse를 모듈 내부에서 생성하던가 외부에서 받아들여야 하는데, 1kHz Pulse는 다른 Module에서도 활용될 가능성이 크므로 상위 module에서 받아들이도록 한다.

2. Key0를 누를 때마다 눌려지는 순간을 검출하여 Stop Watch의 진행, 정지를 선택한다.
   A. Key0의 De-bounce check결과 신호의 pushing edge에서 cnt_en신호를 반전시킨다.
3. Stop Watch가 멈췄을 때 Key1을 누르면 Stop Watch의 시간 값을 Clear하는 cnt_clr신호 Pulse를 출력한다.
   A. Key1의 De-bounce check결과 신호의 pushing edge에서 Stop Watch가 멈춤 상태, 즉 cnt_en이 Low이면 1ms동안 High가 유지되는 Pulse를 출력한다.
4. Key0, Key1의 Pushing edge에서 enc[3:0]의 설정 값에 따라 서로 다른 길이의 Buzzer음을 발생하는 회로를 구성한다.
   A. Key0와 Key1에 대한 Pushing Edge신호가 발생할 때 enc값에 따라 buzz신호의 길이가 달라지도록 제어하는 회로.
   B. buzzer음의 길이는 enc값 곱하기 16ms로 조절되도록 설계한다.

■ 이상의 기능을 담당하는 key_ctl.v회로에 대하여 입력, 출력을 정의해 보자.

1. 입력
   A. rst : Low Active System Reset신호.
   B. clk : 10MHz System Clock.
   C. pls1k : 1kHz Pulse
   D. key0 : Start/Stop Key.
   E. key1 : Clear Key
   F. enc[3:0] : Buzzer음 길이 선택을 16가지로 설정하기 위한 입력.

2. 출력
   A. buzz : Key가 눌려지는 순간 buzzer를 울리게 하는 High Active출력.
   B. cnt_en : High일 때 Stop Watch진행, Low일 때 멈춤을 지시하기 위한 출력.
   C. cnt_clr : High일 때 Stop Watch의 값을 00.00.00.00으로 Clear하는 출력.

▎회로설계 : Verilog HDL Coding

이상의 내용을 바탕으로 key_ctl.v에 대한 Verilog HDL을 작성해 보라.

1. VIVADO Tool에서 Stop Watch Project를 생성한다.
   A. Target Device는 XC7A15T-FTG256 Speed -1

2. key_ctl.v File을 생성한다.
   A. Stop watch Project아래에 HDL_Stop_watch directory를 생성하고 그 아래에 key_ctl.v file을 둔다.
3. Code를 작성한다.
   A. Key0와 key1에 대한 de bounce check회로가 가장 핵심적인 부분이 될 것이다.
   B. 가급적 스스로 도전하여 결과를 얻기 바란다. 필요하면 key matrix부분에서의 안정된 key값을 산출하기 위해 같은 값을 1ms간격으로 20회 check했던 부분을 참고하라.
   C. 도저히 감을 잡기 어려운 사람은 마지막 수단으로 〈12과. 후속 학습〉부분을 참고하라.

▎Simulation :

Simulation도 스스로 진행하여 결과를 확인하기 바란다.

1. key_ctl.v를 Project Manager에 등록하고 Simulation Sources쪽에 Top으로 설정한다.
2. my_key_ctl.tcl file을 작성하여 Simulation을 진행해 본다.

8.2 Counter Module에 대한 설계

Counter module의 기능은 cnt_en신호와 cnt_clr신호, 10MHz Clock을 받아서 cnt_en이 High일 때 시간 Counter들을 증가시키고, cnt_en이 Low가 되면 Counting을 멈추고 이 상태에서 cnt_clr이 High가 되면 시간 counter들의 값을 0이 되도록 clear한다. Counter는 5개의 counter가 연결된다.

1. cnt[15:0] : 10MHz Clock으로부터 분주하여 표시할 최소 시간 값인 0.01초, 즉 10ms Pulse인 tp0를 생성하는 Counter.
   A. 10MHz에서 100Hz Pulse를 생성하려면 실제로는 10만 분주를 하여야 하지만, 5만 분주마다 Pulse를 반전하도록 하면 되므로 5만 분주를 행하고, 이를 위한 분주 counter는 16bit(최대 65535분주)를 사용한다.
   B. cnt[15:0]이 49999에서 0으로 바뀔 때 tp0는 toggle되어 100Hz Pulse가 된다.
   C. cnt_en이 Low일 때에는 이 Counter도 멈추고, cnt_clr이 High일 때에는 이 Counter도 Clear된다.

2. tnct[6:0] : 표시할 시간 값의 최소 단위인 0.01초 단위로 0.00초~0.99초를 Count하는 counter.

A. tp0의 falling edge마다 00~99까지 Count하고 99 다음에는 다시 00으로 복귀한다.

B. 1초 구간이 끝날 때 Low가 되는 pulse인 sp0를 생성한다.

C. cnt_en이 Low일 때에는 이 Counter도 멈추고, cnt_clr이 High일 때에는 이 Counter도 Clear된다.

3. scnt[5:0] : 00초~59초를 Count하는 counter

A. sp0의 falling edge마다 00~59까지 Count하고 59 다음에는 다시 00으로 복귀한다.

B. 1분 구간이 끝날 때 Low가 되는 pulse인 mp0를 생성한다.

C. cnt_en이 Low일 때에는 이 Counter도 멈추고, cnt_clr이 High일 때에는 이 Counter도 Clear된다.

4. mcnt[5:0] : 00분~59분을 Count하는 counter

A. mp0의 falling edge마다 00~59까지 Count하고 59 다음에는 다시 00으로 복귀한다.

B. 1시간 구간이 끝날 때 Low가 되는 pulse인 hp0를 생성한다.

C. cnt_en이 Low일 때에는 이 Counter도 멈추고, cnt_clr이 High일 때에는 이 Counter도 Clear된다.

5. hcnt[6:0] : 00시~99시를 Count하는 Counter

A. hp0의 falling edge마다 00~99까지 Count하고 99 다음에는 다시 00으로 복귀한다.

B. cnt_en이 Low일 때에는 이 Counter도 멈추고, cnt_clr이 High일 때에는 이 Counter도 Clear된다.

이 회로의 입력은 rst, clk, cnt_en, clr이고, 출력은 표시할 시간 값을 나타내는 hcnt[6:0], mcnt[5:0], scnt[5:0], tcnt[6:0]이다.

❙ 회로설계 : Verilog HDL Coding

이상의 정리된 내용으로 cnt_en과 cnt_clr신호에 의해 제어되는 5개의 binary counter회로를 설계하고 그 중 시, 분, 초, 0.01초를 표시하는 4개 Counter의 출력을 내는 counters.v 회로에 대한 code를 작성하라.

가급적 스스로 도전하여 결과를 얻기 바란다. 도저히 감을 잡기 어려운 사람은 마지막 수단으로 〈12과. 후속 학습 방법〉부분을 참고하라

❙ Simulation :

Simulation도 스스로 진행하여 결과를 확인하기 바란다.

1. counters.v를 Project Manager에 등록하고 Simulation Sources쪽에 Top으로 설정한다.
2. my_counters.tcl file을 작성하여 Simulation을 진행해 본다.

8.3 Hexa to BCD 변환 Module에 대한 설계

Counter를 간편하게 구성하기 위하여 Counter Module에서 설계한 4개의 counter 출력들은 그 값이 0~59 혹은 0~99까지 변화하는 binary counter들로 구성되었다. 이 값들을 4bit단위로 7 segment에 직접 입력시키면 한 digit에 0~f까지 표시되는 16진법 표시를 해야 하는데, 16진수로 표시되는 내용은 사람이 이해하기 어렵다. 그러므로 이 값들을 10진수 표시된 4bit단위의 BCD값으로 변환해 주는 모듈을 설계해보자.

bit 길이가 서로 다른 4개의 binary counter이지만 모두 두 자리수의 10진수로 변환되게 된다. 6bit 혹은 7bit의 binary 값을 두 자릿수의 10진수로 변환하는 회로는 입력이 인가되었을 때 즉각적인 출력을 내는 1 step 조합회로로의 구현이 어렵지 않지만 bit수가 많아져서 자릿수가 늘어날 경우 큰 값에 대한 10진수로의 변환은 까다롭고 매우 복잡해 질 수 있어서 여기서는 확장을 고려하여 clock으로 구분되는 2 step의 순차회로를 활용하여 변환을 하도록 한다.

1. step 1 : 10의 자릿수의 결정.
   A. 변환할 값이 90보다 크면 10의 자릿수는 9가 되고 나머지 값은 원래의 값에서 90을 뺀다.
   B. 변환할 값이 80보다 크면 10의 자릿수는 8이 되고 나머지 값은 원래의 값에서 80을 뺀다.
   C. 같은 식으로 진행하여 10의 자릿수를 정하고 나머지 값을 보관한다.
2. step 2 : 1의 자릿수의 결정
   A. 나머지 값은 0~9 사이가 될 것이므로 나머지 값의 하위 4bit [3:0]값이 1의 자릿수의 값이 된다.

세 자리의 10진수 변환에는 3 step이 필요하고, N자리의 10진수 변환에는 N step이 필요하다.

변환의 시작은 외부에서 1kHz Pulse를 받아서 이 Pulse의 Falling Edge에서 counter 입력 값을 받고, 다음 clock에서 10의 자릿수를 결정하고, 그 다음 Clock에서 1의 자릿수를 결정하고, 그 다음 clock에서 10의 자리와 1의 자리가 결합된 두 자리의 BCD값 [7:0]으로 출력한다.

연산을 위한 step 번호를 결정하는 counter가 하나 필요하고, 외부의 4개의 counter를 받아서 활용할 임시 값을 저장하기 위한 Register들은 각 Counter 입력마다 별도로 하나씩 필요하다.

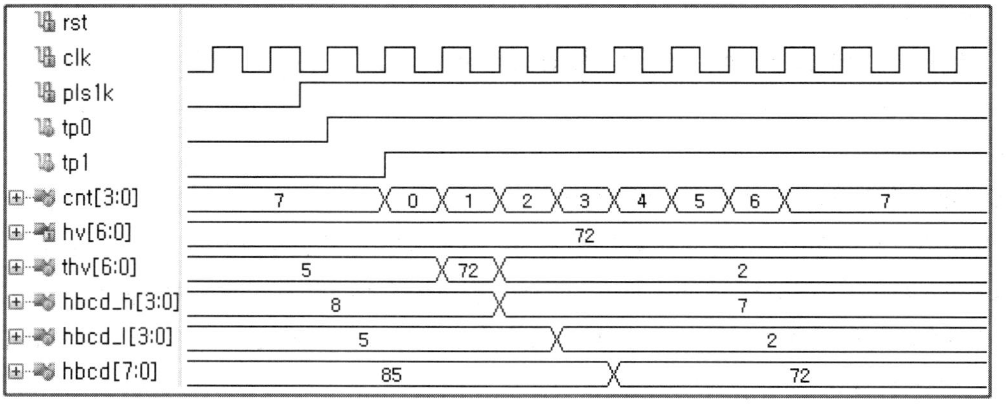

〈그림 8.2 Hexadecimal to BCD 변환 Timing Chart〉

위의 그림에서 pls1k의 Rising Edge에서 0이 되고 매 clock마다 1씩 증가하여 7까지 증가하는 Counter cnt[3:0]을 설정하였다. cnt[3:0]의 각 구간마다 10진수로의 변환 Step을 밟는다. 아래에 시간 값에 해당하는 hv[6:0]을 받아서 두 자리의 BCD 시간 값 hbcd[7:0]을 산출하는 step을 정리하였다.

1. 0 : 외부의 16진수 입력 hv[6:0]을 내부 임시 값 저장 register인 thv[6:0]으로 저장한다.
2. 1 : thv[6:0]값을 판별하여 10의 자릿수 hbcd_h[3:0]을 결정하고 thv[6:0]의 내용은 10의 자릿수 값에 해당하는 만큼의 값을 빼준다.
   A. 위의 연산에서는 10의 자리 값이 7이므로 70을 빼주게 된다.
3. 2 : thv[3:0]의 값을 1의 자리의 값으로 hbcd_l[3:0]으로 저장한다.
4. 3 : 10의 자리와 1의 자리를 묶어서 2자리의 BCD값인 hbcd[7:0]을 생성한다.

이 회로의 입력은 rst, clk, pls1k, binary 시간 값 hv[6:0], binary 분 값 mv[5:0], binary 초 값 sv[5:0], binary 초 아래 값 tv[6:0]이다.
출력은 8자리의 BCD값인 bcd8d[31:0]인데, 이 값은 BCD 시간 값 hbcd[7:0], BCD 분 값 mbcd[7:0], BCD 초 값 sbcd[7:0], BCD 초 이하 값 tbcd[7:0]을 결합한 것이다.

▌회로설계 : Verilog HDL Coding

이상의 정리된 내용으로 4개 시간 값에 해당하는 binary Counter값을 받아서 4개의 두 자릿수 BCD값으로 출력하는 hex2bcd.v회로에 대한 code를 작성하라.

가급적 스스로 도전하여 결과를 얻기 바란다. 도저히 감을 잡기 어려운 사람은 마지막 수단으로 〈12과. 후속 학습〉부분을 참고하라

Simulation :

Simulation도 위의 Timing Chart를 참고하여 스스로 진행하고 결과가 정상적인가도 스스로 확인하기 바란다.

1. hex2bcd.v를 Project Manager에 등록하고 Simulation Sources쪽에 Top으로 설정한다.
2. my_hex2bcd.tcl file을 작성하여 Simulation을 진행해 본다.

8.4 BCD to 7 Segment 변환 Module에 대한 설계

이 모듈은 앞의 실습에서 사용했던 seg_ctl.v를 복사하여 사용하되, 시간 값과 분 값, 초 값, 초 이하 값을 구분하기 위하여 앞의 실습에서는 항상 off였던 dot를 아래의 그림과 같이 두 자리 마다 dot 표시가 항상 On되도록 수정한다.

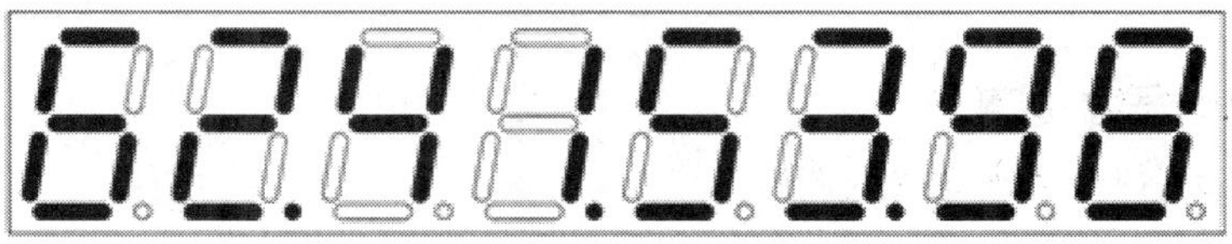

8.5 Stop Watch Top Module에 대한 설계 및 보드 Test

Top Module인 stop_watch.v는 4개의 Sub Module을 결합하여 묶는 작업과 pls1k pulse를 생성하는 작업을 수행하면 된다.

pls1k는 1kHz Pulse이므로 10MHz clock을 5천분주하여 pls1k를 반전시키면 된다.

회로설계 : Verilog HDL Coding

앞에서 정리한 내용을 바탕으로 stop_watch.v를 coding하여 Project Manager에 등록하고 Design Sources에 Top으로 설정한다.

❙ Synthesis : 회로를 합성한다.

앞선 실습에서의 Pin Assign File인 xdc file을 참조하여 입출력 신호들에 대한 Pin을 지정한 stop_watch.xdc file을 작성하여 저장하고 constraint file에 올린다.

❙ Implementation : 회로를 배치 배선한다.

Implementation이 마무리되면 Report File을 열어서 Utilization Report를 확인하여 사용된 LUT의 수와 Slice Register의 수를 기록한다.

LUT No. ____________ Slice Register No. ____________

❙ Bit Stream File생성

Bit stream file을 생성한다.

Hardware Manager / Open Target을 실행하고 xc7a15t_0에 stop_watch.bit를 program한다.

❙ Stop Watch동작 실험.

1. 2 digit마다 dot가 켜졌는가?

2. Key0(sw2)를 1회 누른다.
   A. Buzzer음이 들렸는가?
   B. Stop Watch는 시간이 증가하는가?

3. Key1(sw3)을 눌러 본다.
   A. Buzzer음이 들렸는가?
   B. Stop Watch의 시간 값은 Clear되었는가?
      ① Clear되었다면 시간이 멈췄을 때 Clear하기로 했던 사항을 위반한 것이다.

4. Key0(sw2)를 누른다.
   A. Buzzer음이 들렸는가?
   B. 시간 값이 멈췄는가?

5. Key1(sw3)를 누른다.
   A. Buzzer음이 들렸는가?
   B. 시간 값이 clear되었는가?

6. Rotary Switch를 돌려서 End[3:0]의 값을 바꿔보면서 key를 눌러보고 가장 마음에 드는 Buzzer음의 길이를 정하고 그 때의 enc[3:0]의 값을 기록한다.
   A. 숫자 값은 얼마인가? 그 때의 값으로 Buzzer음의 길이를 고정하도록 key_ctl.v의 내용을 수정한다.

7. Rotary Switch를 돌려서 enc[3:0]의 값을 바꿔보면서 7 segment들의 불 밝기와 안정성을 살핀다.
   A. 가장 밝고 깜빡임이 적을 때의 end[3:0]의 값은 얼마인가? 그 때의 값으로 7 segment표시 주기가 고정되도록 seg_ctl.v의 내용을 수정한다.

8. 수정된 내용을 반영하여 bit stream을 다시 생성하고 FPGA에 Download하여 Test를 다시 실행해 본다.
   A. enc[3:0]의 값을 변화시켜보면 변화의 영향을 받는가? 영향을 받는다면 수정이 잘못 된 것이다.
   B. 만일 enc설정에 따라 불 밝기나 Buzzer음의 길이가 변하지는 않지만 원했던 결과가 아니라면 enc[3:0]의 값이 Rotary Switch에 표시된 값을 FPGA에서 받아들일 때 반전된 것을 고려하지 못한 것은 아닌가 살펴보고 원인을 찾아서 수정하여 다시 테스트를 진행해 본다.

이상의 Stop Watch에 대한 Hardware Test에서 오류가 없었는가? 그렇다면 축하한다. 귀하는 설계 Spec이 주어졌을 때 스스로 설계할 수 있는 역량이 어느 정도 갖춰진 것이다. 물론 상당히 운도 좋았다고 할 수 있다.

만일 오류가 있었는가? 대부분의 회로는 처음 설계했을 때 정상 동작하는 경우가 거의 없으니 실망할 필요는 없다. 어느 부분에 오류가 있었는가를 살펴서 오류의 근원을 추적해 나가면서 오류를 수정하는 과정에서 더욱 많은 것을 얻을 수 있다. 오류를 찾아서 수정하고 다시 Test해 보는 과정을 반복해 보기 바란다. 끈기를 갖고 스스로 도전해 볼 것을 강력하게 권한다. 그러나, 나름대로 최선을 다해 시도해 보았지만 원하는 성과를 얻지 못했다면 〈12과 후속 학습을 위한 안내〉를 따라 stop watch에 대한 HDL code를 입수하여 분석하며 도전해 보기 바란다.

이제 오류 없는 Stop Watch를 얻었으면 잠시 휴식을 취한 후에 다음 단계의 과제로 도전하기 바란다.

제 9 과 Project 2 : UART

이번 과에서는 실습 Kit를 활용하여 UART 통신을 구현하는 과제를 진행해 보기로 한다. 회로설계에 필요한 사양정리, 필요한 내부 기능들을 가급적 상세하게 기술할 것이다. 이렇게 기술된 내용을 바탕으로 독자들이 직접 설계하여 Simulation을 통해 설계한 회로의 동작을 점검해 보고 실습 Kit에 Program해서 보드상에서 동작을 확인해 보도록 한다.

먼저 UART의 개념을 파악하고, UART 통신을 실제적으로 활용하기 위한 Data Packet의 구성을 검토해 보고, 또한 UART 통신에 대한 회로를 어떻게 Test할 것인가에 대한 부분을 검토해 본 후에 설계과정을 시작하도록 한다.

UART개요

UART는 Universal Asynchronous Receiver / Transmitter의 약자로 대표적인 1bit Serial 비동기 통신의 하나이다. 매우 간단한 규격이면서도 또한 효율성과 편리성을 갖추고 있어서 출현된 지 수십 년이 지났지만 아직도 많은 분야에서 활용되고 있는 통신 규격이다.

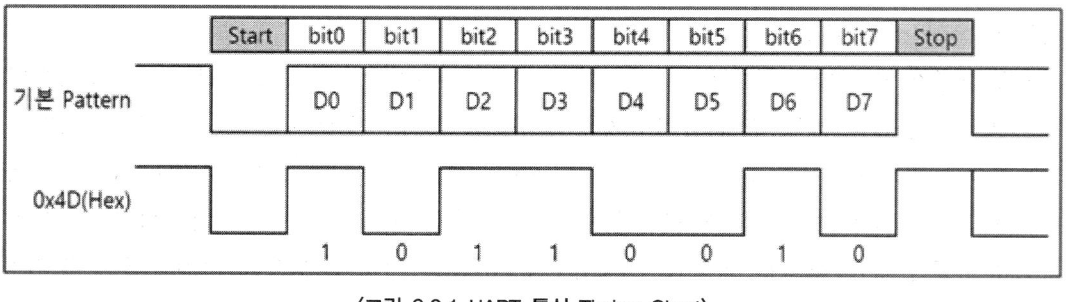

〈그림 9.0.1 UART 통신 Timing Chart〉

〈그림 9.0.1〉에 UART 통신의 최소단위인 1 packet(8bit data) 통신에 대한 Timing Chart를 제시하였다. UART통신은 기본적으로 8bit의 Data를 전송하고, 수신하도록 규정되어 있는데, 통신을 하지 않는 구간에서는 항상 1을 유지하고 있다가 통신의 시작은 항상 0의 값을 갖는 Start bit로 시작하여 LSB(Least Significant Bit)인 D0부터 D7까지를 순서대로 전송하고 마지막에 항상 1의 값을 갖는 Stop bit를 전송하는 형태로 구성되는데 8bit의 data를 통신하기 위하여 start bit와 stop bit를 포함하는 10bit의 통신을 하도록 규정하고 있다.

Stop bit 다음에 바로 다음 packet의 start bit가 이어져서 연속된 packet의 전송이 가능하며, Stop bit의 길이는 최소 1bit구간에서 1.5bit구간 혹은 2bit구간으로 규정하기도 한다.

하나의 bit구간의 간격은 일정하게 유지가 되어야 한다. 통신 속도는 1초당 송신되는 bit수인 baud rate로 규정되는데, 1200bit/sec부터 최대 10 Mega bit/sec까지의 다양한 통신속도를 구현할 수 있다. Data를 Catch하기 위한 Clock이 없이 Data만 전송되므로 송신 측과 수신 측은 미리 통신속도를 정해두어야 하며 수신 측에서는 약속된 통신속도를 기준으로 입력되는 Data를 살펴서 Clock를 생성해야 한다. 이를 Clock Recovery라고 하는데, PLL을 사용하는 것이 아니라 통신 속도에 비해 최소한 8배 이상 높은 주파수의 System Clock을 사용하여 입력 Data에 동기가 맞춰진 수신 Clock을 생성하게 된다.

UART 통신을 이용하여 장비와 장비간의 통신을 할 때 가장 많이 활용되는 방식으로 RS232통신 방식과 RS422방식이 있다. 〈그림 9.0.1〉의 Timing Chart에서와 같이 UART 통신이 Digital 회로에서는 Low, High 혹은 0, 1의 상태를 갖도록 관리하면 되지만 장비와 장비 사이의 통신을 위해서는 High를 5 Volt, Low를 0 Volt에 맞추는 TTL Level의 전기신호 규격으로는 잡음이나 신호 열화 등의 문제가 발생할 수 있어서, 장비와 장비간에 통신의 안정성을 확보하기 위하여 Digital신호 0과 1을 표현하는 전기신호의 물리적 특성을 통신환경에 맞도록 수정한 RS-232방식이나 RS-422방식을 활용하게 된다.

RS-232통신이나 RS-422통신을 위해서는 PCB상에 이들의 전기적 특성에 맞춘 전용 통신 Interface IC를 사용하면 되는데, RS-232혹은 RS-422 중에서 사용자가 사용할 환경에 따라 그에 맞는 적합한 통신 규격을 채택하고, 그에 따른 전용 Interface IC를 사용하면 된다.

RS-232 통신 개요

RS-232통신은 UART통신을 구현한 가장 간단한 형태의 통신규격이다. 송신을 위해서 하나의 신호선, 수신을 위해서 하나의 신호선과 Ground선을 포함해서 3선이면 통신회선이 구성된다.

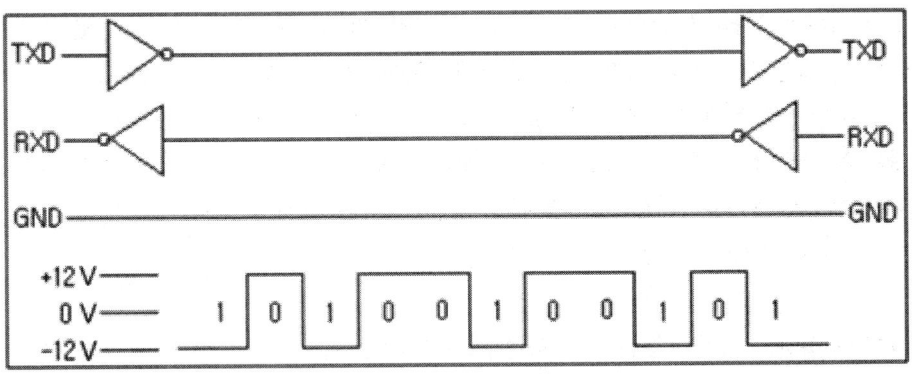

〈그림 9.0.2 RS-232 통신〉

RS-232통신은 0과 1을 반전시켜서 전송하면서 전압 Level을 1에 대하여 -12Volt, 0에 대하여 +12Volt를 설정하여 TTL Level보다 0과 1의 전압 차를 4배 이상 키움으로써 Noise에 대한 면역력을 키웠다.

그러나 전압을 키움으로 해서 통신거리를 길게 할수록 −12Volt와 +12Volt를 교차적으로 변화시키는데 있어서 상승지연, 하강지연이 발생하여 RS-232통신은 통신 거리를 10m로 제한하고 있으며, 통신 속도도 최대 1Mbps를 넘길 수 없으며 통상적으로 수백 kbps를 한계로 설정하고 있다.

RS-422 통신 개요

RS-422통신은 UART 통신을 구현하면서도 통신거리를 최대 1200m까지, 통신속도를 최대 10Mbps까지 확대할 수 있도록 규정하고 있다.

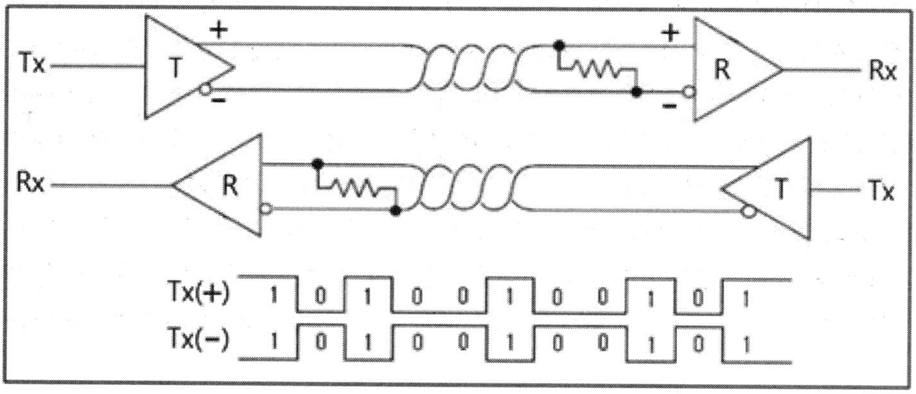

〈그림 9.0.3 RS-422 통신〉

RS-422통신은 하나의 신호를 전송하기 위하여 +회선과 −회선을 사용하여 두 회선의 전압 차를 감지하는 Differential 방식의 통신을 채용한 것이 특징이다. 이렇게 함으로써 수신단에서는 +회선과 −회선의 전압 차를 보고 +회선이 전압이 높은가, −회선이 전압이 높은가를 감지하여 1과 0을 구분하는데, RS-422 통신의 이러한 특징은 회선 상에 잡음이 발생하더라도 그 잡음이 +회선과 −회선에 동일하게 영향을 주는 관계로 두 회선의 전압 차는 잡음과 무관하게 일정하게 유지되는 특성을 나타낸다. 이런 이유로 해서 RS-422통신은 잡음에 대하여 매우 강한 특성을 갖고 있으며 1의 상태와 0의 상태의 전압을 크게 하지 않아도 되므로(통상 200mV 이상) 장거리 통신에서도 전력손실과 신호의 왜곡을 줄일 수 있으며 통신속도도 높일 수 있는 장점이 있다.

본 교재가 활용하는 실습 장비인 JFK-100A보드에서는 RS-232 Interface IC를 사용하여 UART를 구현하였다.

UART 통신에서의 통신속도는 1200bps부터 10Mbps에 이르기까지 다양한 범위를 소화할 수 있는 것이 장점이므로 사용자가 송수신해야 할 Data의 성격, 환경에 따라 적절한 속도를 정하여 사용하면 되는데, 통신 속도가 달라진다고 해서 UART를 처리하는 회로의 내용이 달라지는 것은 아니며, 단지 Data를 송신하는 회로에서 통신 속도에 맞도록 Serial Data로 출력하고, 수신 측에서도 해당 속도에 맞는 Clock Recovery회로를 구성하면 된다.

본 교재에서는 통신 속도를 9600bps로 정하여 설계를 진행하도록 한다.

9.1 UART 송신 모듈 설계

〈그림 9.1.1〉에 UART송신 모듈에 대한 Symbol을 제시하였다.

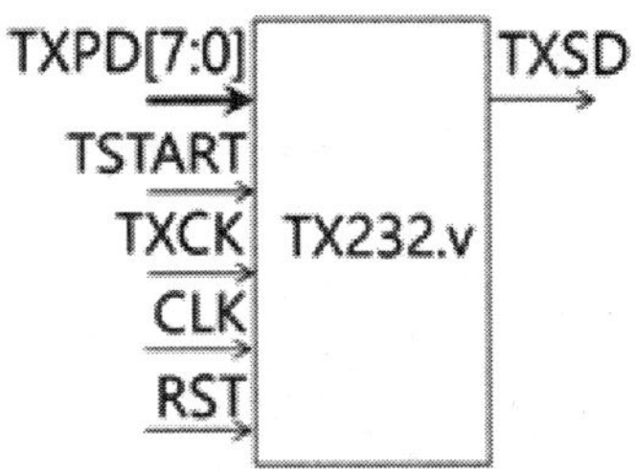

〈그림 9.1.1 UART 송신 모듈 tx232.v module의 symbol〉

UART송신 모듈은 전송할 8bit의 Data와 전송시작을 지시하는 신호를 받아서 주어진 통신 속도에 맞춰 Serial Data를 생성하여 출력하는 모듈이다. 아래와 같은 입·출력이 필요하다.

1. 입·출력 정의
   A. 입력
      ① rst : Low Active System Reset신호.
      ② clk : 10MHz System Clock
      ③ tstart : Rising Edge에서 한 Packet의 Data를 전송하기 시작한다.
      ④ txck : 9600bps의 전송을 위한 Clock.
      ⑤ txpd[7:0] : 전송할 8bit Parallel Data.
   B. 출력
      ① txsd : 9600bps속도로 출력되는 Serial Data.

2. 회로 동작 검토

모든 동작은 9600bps clock인 txck에 동기 되어 동작하지만 System Clock에 의해 구동되므로 system clock으로 txck의 edge를 검출하여 활용하는 것이 필요하다. 아래의 모든 동작들은 txck의 rising edge에서 동작하도록 설계한다.

A. txck의 rising edge에서 동작하도록 하기 위하여 system clock인 clk로 txck를 shift시킨 txc0, txc1을 생성하고 txc0이 1, txc1이 0인 순간을 if문을 사용하여 검출하고 검출된 신호를 활용한다.

B. tstart신호의 rising edge를 txck 기준으로 검출한다.

① tstart의 rising edge에서부터 10 txck 구간동안 Serial Data를 출력한다.

② tstart의 rising edge에서 txpd[7:0]을 내부 Register인 txp[7:0]에 저장한다. 이렇게 하면 전송 도중에 txpd의 값이 바뀌어도 txp[7:0]에 저장되어 있는 값을 기준으로 tstart 발생순간의 txpd[7:0] data를 전송할 수 있다.

C. start bit, stop bit를 포함하여 10bit구간의 data출력이 필요하므로 tstart 신호의 Rising Edge에서 0이 되고 매 txck의 rising edge에서 1씩 증가하여 10까지 증가하는 4bit의 Counter인 bcnt[3:0]을 설정한다.

D. bcnt의 값에 따라 아래의 내용대로 출력을 txck의 rising edge에서 출력하면 된다.

bcnt	txsd	
0	0	Start bit
1	txd[0]	
2	txd[1]	
3	txd[2]	
4	txd[3]	
5	txd[4]	
6	txd[5]	
7	txd[6]	
8	txd[7]	
9	1	stop bit

〈표 9.1.1 TXCNT에 따른 TXSD 출력〉

3. Verilog HDL Coding

A. 이상의 설계사양을 기준으로 tx232.v를 작성하여 설계를 진행하도록 한다.

B. 먼저 uart라는 이름으로 Project를 생성한다.

① Target Device는 xc7a15t-ftg256

4. Simulation

A. rst, clk, txck에 대한 입력조건을 설정한다.

① Clk은 10MHz, txck는 9600Hz

B. 아래와 같은 Simulation결과가 나오도록 Simulation입력조건을 설정한다.

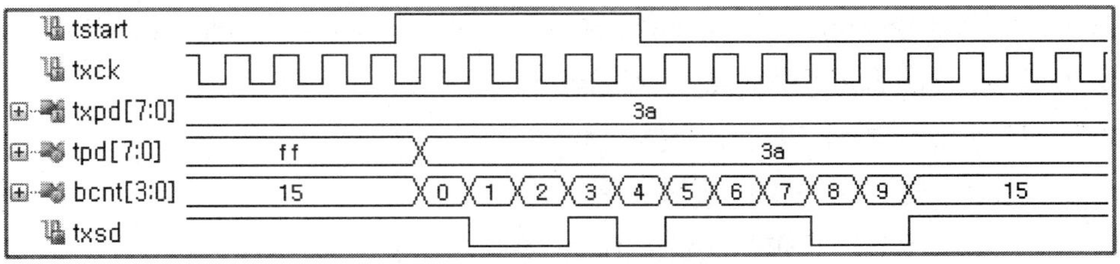

〈그림 9.1.2 UART 송신 모듈 tx232.v에 대한 simulation timing chart〉

C. 위와 같은 simulation결과가 나오지 않았다면 simulation결과 파형과 위에 제시된 파형의 차이를 살펴보고, tx232.v file의 내용을 잘 살펴보아서 오류의 범위를 좁혀나가면서 code를 수정하고 Simulation을 다시 실행해 보도록 한다.

9.2 UART 수신 모듈 설계

수신 모듈에서 처리해야 할 사항은 송신 모듈에서 처리했던 내용의 반대라고 생각하면 된다. Serial로 입력되는 수신 신호를 병렬신호로 변환하여 출력하는 것이다. 그런데, 수신되는 신호는 언제 Data의 수신이 시작될 지 알 수 없다. 입력신호에 대한 단서는 1bit Serial Data가 9600bps clock에 의해 생성되었다는 것과 신호가 없는 구간에서는 1을 유지하다가 수신이 시작될 때의 첫 bit가 항상 0으로 입력되는 Start bit라는 것이다.

수신 측에서 가장 중요하면서도 우선적으로 처리해야 하는 것은 수신 신호로부터 9600bps의 수신 clock을 생성해 내는 clock recovery 회로를 설계하는 것이다. 우리가 활용할 수 있는 자원은 10MHz System clock과 수신 UART data인 rxsd가 전부이다.

9.2.1 수신 clock recovery 모듈 rx232_clk.v 설계

Clock recovery란 미리 정해진 통신 속도에 따르기는 하지만 언제 시작될 지 알 수 없는 임의의 시간에 수신이 시작되는 Serial입력 수신 신호를 안정적으로 capture하기 위한 수신 Clock을 생성하는 회로이다.

수신 clock추출이 정확하게 이뤄지지 못하면 모든 수신 data에 대한 신뢰가 무너질 수 있으므로 주의 깊게 살펴야 하지만, 수신 신호의 특징을 잘 살펴보면 그리 어렵지 않게 수신 clock생성을 위한 clock recovery의 기준을 정할 수 있다.

■ 먼저 입력신호의 특징을 살펴보자. 입력신호에는 아래와 같은 특징이 있다.

1. 1bit구간의 폭은 9600Hz, 약 104.1667us로 고정되어있다. system clock 10MHz를 1042분주한 값이 9600Hz에 가장 가까운 근사치이다.
2. 모든 신호는 bit구간의 경계위치에서 변한다.
3. 신호가 없는 구간에서는 1이 입력된다.
4. 첫 bit는 항상 0이고 마지막 10번째 bit는 항상 1이다.
5. 두 번째부터 아홉 번째 bit는 모두 0일 수도 있고, 모두 1일수도 있는 임의의 신호가 입력된다.
   A. 0이 가장 짧은 구간은 8bit의 data값이 모두 1인 경우로 start bit만 0으로 1bit구간이 된다.
   B. 0이 가장 긴 구간은 8bit의 data값이 모두 0인 경우로 start bit포함 9bit구간이 0이 된다.

■ 이상의 조건으로부터 Clock Recovery의 기준을 정해보자.

1. 수신 Data를 추출하기 위한 clock은 수신신호가 변하는 위치에서 0이 되고 1bit구간의 중앙에서 1이 되도록 생성하여 수신 clock의 rising edge에서 수신 data를 capture한다.
2. 1bit구간에 해당하는 clock을 생성하기 위해서는 기본적으로 10MHz를 1042분주하는 Counter를 둔다.
3. 수신 신호가 변하는 순간 counter를 0으로 clear하고 수신 clock도 0으로 설정한다.
4. Counter가 증가함에 따라 52us위치에서 수신 clock을 1로 설정한다.
5. 다시 52us정도 경과하여 1bit 구간의 가장자리에 도달했을 때 수신신호에 변화가 있으면 counter는 0이 될 것이며, 변화가 없어도 counter값이 1041이 되면 counter값을 강제로 0으로 설정하면서 clock도 0이 되게 한다.
6. 1bit 구간의 경계에서 신호가 변하지 않아도 counter에 의해 clock이 발생하게 되는데 신호가 변하지 않는 가장 긴 구간이라 해도 bit구간 9번째에서는 신호가 변할 것이므로 이 위치에서 생성하는 clock과 수신 data의 동기가 맞춰지게 된다.

위에 설정한 기준에 논리적으로 부족한 부분이 있는지 잘 살펴보라. 송신 측과 수신 측이 Cristal Oscillator를 사용하여 clock을 생성할 것이기에 양측의 clock이 동기는 맞지 않지만 흔들림은 거의 없을 것이므로 위의 기준으로 clock recovery를 하여도 수신 clock은 안정적으로 동작할 것이다.

rx232_clk.v 설계의 진행

아래의 그림에 clock recovery 모듈에 대한 symbol을 제시하였다.

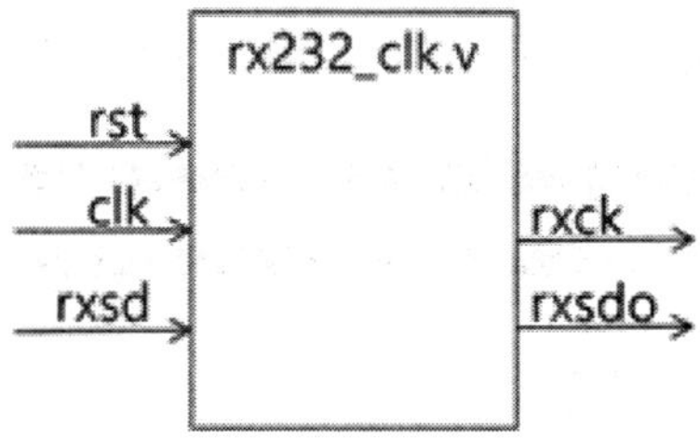

〈그림 9.2.1.1 clock recovery 모듈 rx232_clk.v symbol〉

1. 입출력 설정
   A. 입력
      ① rst : Low Active System Reset신호.
      ② clk : 10MHz System Clock
      ③ rxsd : 수신 UART serial data.
   B. 출력
      ① rxck : 수신 serial data에 동기를 맞추어 serial data를 catch하기 위한 clock.
      ② rxsdo : 수신 Clock에 동기를 맞추어 capture한 수신 UART serial data.

2. 회로 동작검토
   A. 수신 clock생성을 위한 1042진 counter를 위하여 11bit counter인 rxcnt[10:0]을 설정한다.
      ① rxcnt가 0이 되는 조건은 두 가지이다. 하나는 수신 rxsd의 양 edge마다 0이 되고, 다른 하나는 rxcnt Counter의 값이 1041이 되면 다음 값은 0이 된다.
   B. rxsd의 edge를 검출하기 위하여 rd0, rd1신호를 reg type으로 설정한다.
   C. rxsd를 capture하기 위한 내부 clock rxc0는 rxcnt가 520보다 작으면 0, 크면 1이 되도록 생성한다.
   D. 수신 data를 capture할 내부 clock rxc0의 rising edge에서 동기화된 수신 data rxsdo를 capture하여 출력한다.
   E. 동기화된 수신 data rxsdo가 rxc0의 rising edge에서 data를 capture하므로 rxsdo를 받아서 처리해야 하는 다음 모듈에서 rxsdo를 capture하도록 하기 위하여 출력할 수신 clock은 내부 clock을 반전하여 출력하면 된다.

3. Verilog HDL Coding
   A. 이상의 정의된 내용을 바탕으로 rx232_clk.v의 code를 작성해 본다.

4. Simulation

A. rst와 clk 10MHz를 설정한다.

B. 아래의 그림과 같은 결과가 나오도록 Simulation을 진행해 보라.

C. rxsd의 값이 바뀌는 최소구간 폭은 104.2us로 설정한다.

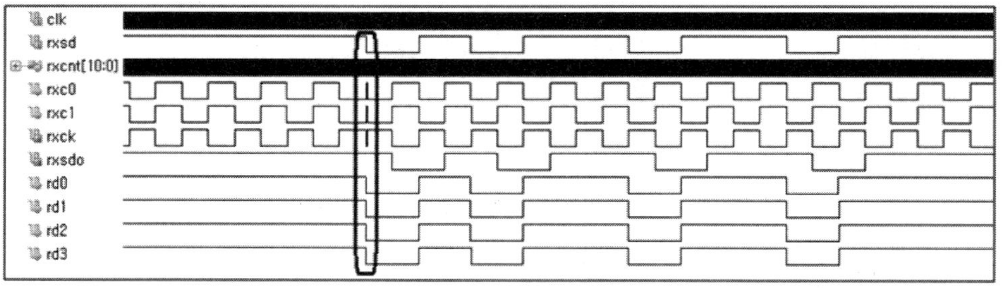

〈그림 9.2.1.1 clock recovery 회로 rx232_clk.v에 대한 Simulation 결과〉

수신 신호가 없는 구간에서도 언제 data수신이 시작될 지 알 수 없으므로 clock은 내부 counter에 의해 계속 발생하고 있어야 하는데 가장 조심스러운 부분은 신호가 없는 구간이 지속되다가 임의의 순간에 data가 입력되기 시작하는 위치에서 수신 clock과 수신 data의 동기를 맞추는 일이다.

위의 그림에서 rxsd의 start bit가 발생하는 부분(타원부분)에서 수신 clock은 이론적으로 falling edge가 되어야 하지만 내부 counter에 의해서 내부 clock인 rxc0가 High가 되었다가 rxsd의 falling edge에 의해 곧바로 0이 되는 순간 rxsd입력이 0으로 catch된다면 rxsdo는 1.5 clock구간동안 0이 될 위험성이 있다.

이 부분의 Timing을 확대해 보자.

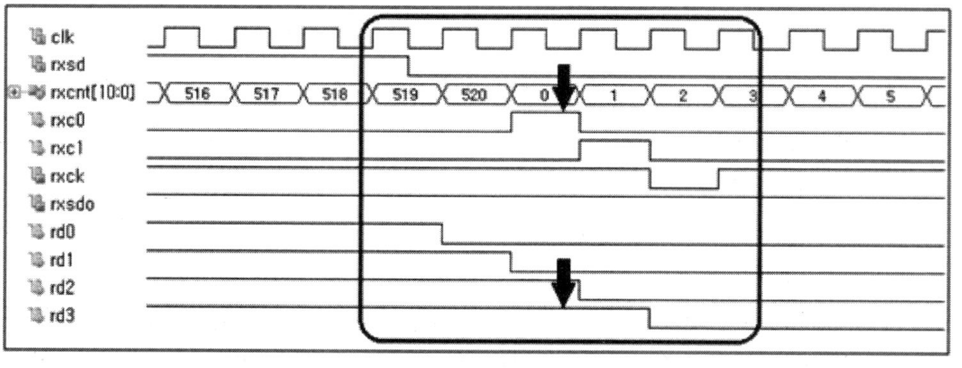

〈그림 9.2.1.2 부분 확대 Timing Chart〉

확대된 Timing Chart를 보면 입력 rxsd의 start bit가 Low가 되는 순간 내부 clock생성을 위한 counter의 값이 519인 위치인데, FPGA내부에서 rxsd의 edge를 검출하여 counter를 clear하

기까지의 지연시간 동안 counter가 clock발생위치인 520에 도달하였다가 clear되는 현상이 발생함을 알 수 있다. 이 때 수신 data를 capture할 기준이 되는 내부 clock인 rxc0에 발생한 짧은 pulse는 동기가 맞춰지지 않은 구간에 발생한 clock이므로 이 clock의 rising edge는 무효화되어야 하며 새로 입력되는 rxsd를 capture하기에는 적절한 timing이 아니다. 이 때 recover된 clock에 동기화되어 외부로 출력할 rxsdo를 추출할 때 내부 clock 발생위치인 rxc0의 rising edge에서 입력 data인 rxsd를 capture하게 된다면 정상적인 data의 흐름은 변하기 전의 값인 1이 출력되어야 하지만 rxsd는 이미 0으로 변한 상태의 값을 취하게 되므로 원하지 않는 Noise성 clock pulse로 인해 원하지 않는 data를 추출하는 것이 되어 추출결과 rxsdo에 정상적이지 못한 data pattern이 형성되게 된다.

이를 방지하기 위한 기준을 생각해 보자. 오랫동안 수신 rxsd가 1로 유지되다가 새로운 packet의 data가 수신되어 start bit에 의해 0이 되는 순간 수신 clock은 falling edge가 되는 것이 이상적인 형태일 것이다. 그러므로 이 순간 발생한 pulse는 data를 capture하지 않도록 control해야 하는데, 가장 간단한 방법은 rxsd가 발생하여 clock의 한 구간의 시작위치인 내부 counter가 0이 될 때까지의 경과시간인 system clock기준으로 3 clock구간동안 입력 rxsd를 지연시켜서 rxsdo를 추출하는 용도로 사용하면 된다.

이를 위해 rxsd를 내부 system clock으로 1 clock씩 shift시킨 rd0, rd1, rd2, rd3 가운에 안정적인 timing을 감안하여 rd3를 capture하여 rxsdo로 출력하면 다음 rxc0의 rising edge가 될 때까지는 rxsdo가 1을 유지하므로 rxc0가 수신 rxsd에 동기를 맞추기 시작하는 위치에서 발생한 Noise성 Pulse에 의한 영향을 배제할 수 있게 된다.

이와 같이 Digital 회로를 설계하다 보면 미세한 control의 차이에 의해 발생할 수 있는 문제들을 접하게 되는데, 설계할 신호들의 조건을 세밀하게 분석하여 미리 대처하는 설계를 진행하는 것이 최선이지만, Simulation과 Test과정에서 이러한 현상을 발생시킬 수 있는 환경을 조성하여 검증하는 것 또한 매우 중요하다.

위의 경우에는 simulation 단계에서 rxsd가 Low로 변하는 순간을 미세하게 변화를 주면서 simulation을 진행하면 문제의 현상을 걸러낼 수 있다.

▍serial data에 임의의 delay설정하기

비동기 통신인 UART통신에서 수신 신호가 임의의 위치에서 변하는 것에 대해 효과적으로 대응하는 회로를 구현하기 위해서는 UART clock기준으로 1주기(9600bps의 경우 104.1us. 10MHz기준 1041주기) 범위 내에서 임의의 delay를 설정할 수 있는 회로를 구현하여 UART 송신단의 txsd신호와 UART수신단의 rxsd 사이에 삽입하여 simulation을 실행해 보는 것이 가장 정확한 방법이다.

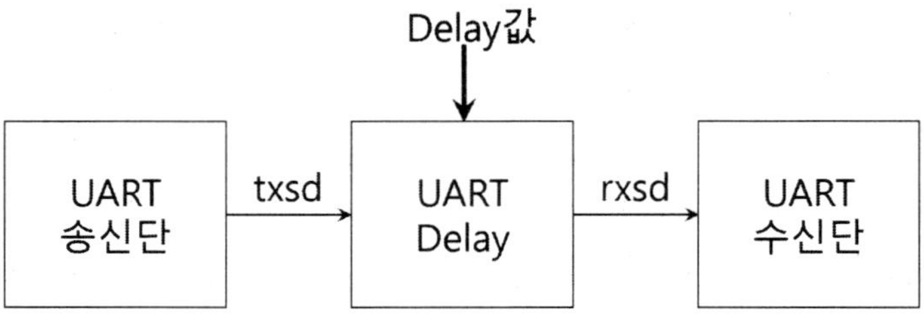

위의 그림과 같이 txsd를 받아서 최대 UART Clock 1주기의 delay를 설정하여 출력하는 회로를 구성하여 수신단의 clock recovery를 회로를 test 한다면 수신 data rxsd가 어떤 위치에서 변하든 송신단과 수신단이 규정한 통신속도가 일치한다면 안정된 clock recovery 회로를 얻을 수 있을 것이다.

UART delay회로의 모듈 이름은 uart_delay로 하고 uart_delay.v로 저장하라.

1. UART delay 회로 입출력
   A. 입력
      ① rst : Low Active System Reset신호.
      ② clk : 10MHz System Clock.
      ③ rxsdi : UART 입력
      ④ dv[9:0] : 0~1023 범위의 delay를 설정하기 위한 입력.
   B. 출력
      ① rxsdo : delay가 적용된 UART 출력.

2. UART delay 회로 내부신호
      ① rd0, rd1 : txsd의 edge검출을 위하여 shift시키기 위한 신호.
      ② dcnt[9:0] : 설정된 값 만큼 delay를 주기위한 counter.

3. UART delay 회로 동작
   A. 입력신호 edge 검출 :
      ① rxsdi신호를 10MHz Clock으로 shift 시킨다. (rd0,rd1)
   B. delay counter 동작.
      ① counter의 초기 값은 최대 값인 1023으로 설정한다.
      ② 입력 신호의 양 edge마다 counter dcnt를 0으로 clear한다.
      ③ counter 값이 1023이 될 때까지 count up한다.
   C. 설정 delay값과 delay counter의 값이 일치할 때 출력 setting

① delay counter의 값이 설정 값과 일치할 때 입력 rxsdi를 catch하여 rxsdo로 출력한다.

이렇게 설계하면 입력 txsdi가 변할 때 설정한 delay값 만큼 경과 후에 그 변화가 출력 rxsdo로 나타나게 되는데, 입력 값이 변하지 않으면 출력 값도 변하지 않을 것이므로 UART신호에 대하여 임의의 delay를 설정할 수 있게 된다.

이제 uart_delay.v를 설계하여 clock recovery회로가 정상동작하는지 Simulation을 통해 검증해 보기 바란다.

이렇게 Simulation을 통해 오류를 걸러내려는 노력은 반드시 필요한 과정이지만, 아무리 많은 노력을 기울인다 해도 미리 설정한 입력 조건들에 의해 진행되는 simulation만으로는 모든 불안정한 요소들을 다 걸러낼 수 없다.

충분한 simulation을 통해 회로의 동작과 안정성에 대해 검증을 마친 회로라 해도 FPGA에 Program하여 장시간에 걸쳐 다양한 보드 Level에서의 Test를 거쳐서 원하지 않는 동작의 발생여부를 검증하고 보완하는 것 역시 최종회로의 완성도와 안정성을 확보하기 위한 중요한 요소가 된다.

이제 수신 clock을 생성하였고, 이 clock에 동기화된 serial data를 생성하였으므로 이를 8bit 병렬 data로 변환하는 회로를 설계해 보자.

9.2.2 수신 병렬 data 추출을 위한 모듈 rx232_pd.v 설계

수신 clock rxck와 이에 동기화된 수신 serial data인 rxsdo를 받아서 8bit 병렬 data를 추출하는 모듈인 rx232_pd.v를 설계해 보자.

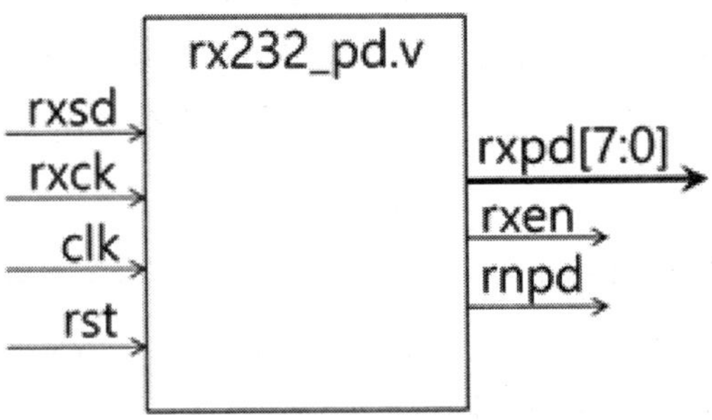

〈그림 9.2.2.1 수신 병렬 data 생성회로에 대한 symbol〉

입력되는 rxsd와 rxck를 받아서 8bit병렬 신호를 추출하는 회로를 설계할 때 검토해야 할 사항은 이 회로에 입력되는 신호의 특성을 잘 파악하는 것이다.

■ 병렬 data추출회로 설계를 위한 입력신호의 특성을 살펴보자.

1. rxsd는 start bit로 시작하여 stop bit까지 10clock구간 연속으로 신호가 들어온다.
2. Stop bit에 이어서 바로 다음 packet의 start bit가 입력되어도 연속으로 수신이 가능하도록 설계해야 한다.
3. rxsd의 catch는 rxck의 rising edge에서 실행한다.
4. rxsd와 rxck는 clock recovery 회로에서 생성한 신호이므로 UART 통신규격에 따른 안정된 동작을 위한 Timing을 보장한다.

■ 이상의 검토내용을 기준으로 rx232_pd.v에 대한 설계를 진행해 보자.

1. 입출력 정의
   A. 입력
      ① rst : Low Active System Reset신호.
      ② clk : 10MHz System Clock
      ③ rxck : 수신 UART serial data를 추출하기 위해 생성된 9600Hz의 수신 clock.
      ④ rxsd : rxck에 동기화된 수신 UART serial data입력.

   B. 출력
      ① rxpd[7:0] : rxsd에서 start, stop bit를 제외한 순수 수신 data 8bit를 병렬로 묶은 data 출력.
      ② rxen : rxpd에 대한 수신이 진행 중임을 알리는 High Active신호.
      ③ rnpd : 한 Packet의 병렬 data rxpd[7:0]이 발생하였음을 알려주는 High Active Pulse신호.
      · 다음 단계의 회로에서 rxpd[7:0]을 catch하기 위한 기준신호로 활용될 것임.

2. 회로 동작검토
   A. rxck의 edge검출을 위하여 rxc0, rxc1 신호를 reg type으로 설정한다.
   B. rxck의 rising edge에서 Start bit부터 stop bit까지의 10개구간을 count하기위한 4bit counter인 bcnt[3:0]을 설정한다.
      ① 이 counter의 초기 값은 신호가 없는 구간일 때의 기준인 15로 설정한다.
      ② counter값이 9보다 큰 구간에서 rxck rising edge가 발생하면 그 때의 rxsd값을 관측하

여 0이 되면 새로운 packet의 start bit로 보고 counter값을 0으로 clear시킨다.

③ counter값이 9가 될 때까지는 매 rxck rising edge마다 1씩 증가한다.

④ 9보다 작은 위치에서 발생한 rxsd신호의 0값은 정상 수신 data로 처리한다.

C. Start bit이후에 Counter 값이 9가 되기 전까지의 rxsd에 대한 serial to parallel변환을 위하여 8bit serial shift register pd[7:0]을 설정하여 처리한다.

D. counter값이 9가 되는 위치에서는 stop bit인 1이 검출되어야 한다.

① counter값이 9인 위치에서의 rxsd의 값이 1이 아니면 오류가 발생한 것으로 간주하고 error flag를 발생하고 data를 버린다.

E. bcnt[3:0]의 값이 9인 위치에서 rxsd가 1로 검출되면 stop bit가 정상적으로 수신된 것으로 판단하고 출력 신호 생성 절차를 진행한다.

① Stop bit에 이어서 연속으로 Packet에 대한 수신이 이뤄지게 되면 bcnt[3:0]은 9 다음에 0이 되어 다시 새로운 packet의 수신을 수행하게 된다.

② bcnt[3:0]은 새로운 packet이 이어서 들어오지 않으면 4bit의 최댓값인 15까지 증가하고 그 상태를 유지하도록 설계한다.

F. bcnt[3:0]의 값이 9인 위치에서 출력 신호 생성을 위한 timing control을 하기 위하여 4bit counter rcnt[3:0]을 설정한다.

① rcnt[3:0]은 새로 수신한 packet의 수신이 완료된 위치인 bcnt[3:0]의 값이 9인 위치에서 stop bit가 검출되면 0으로 clear되어 15까지 증가하는 counter로 설정한다.

② 연속된 packet이 수신되면 rcnt[3:0]은 9위치에서 다시 0이 될 것이다. 즉 rcnt 값이 10이 되었다는 얘기는 하나의 packet 수신이 완료되고 이어지는 packet이 없음을 의미한다.

③ rxen 출력신호는 rcnt[3:0]의 값이 0~9인 동안 1을 출력하여 수신 packet에 대한 수신절차가 진행 중인 것을 알리도록 한다.

④ rxpd[7:0] 출력신호는 rcnt[3:0]이 0이 되는 위치에서 pd[7:0]의 값을 받아서 출력한다.

⑤ rnpd출력신호는 rcnt[3:0]의 값이 0일 때에는 0을 출력하다가 도중에 1값을 Pulse형태로 출력하고, rnct[3:0]의 값이 9인 위치에서는 0이 되어야 한다. 우리는 rcnt[3:0]의 값이 2~4가 되는 구간인 3개 bit구간동안 1, 나머지 구간에서 0로 출력하도록 설계한다.(아래의 그림 9.2.2.2에 나타난 rnpd는 rcnt가 2~4인 구간에서 clock rxck의 rising edge에서 생성하였으며 육안으로 보기에는 마치 rcnt 3~5구간에서 1인 것처럼 보인다.)

이상의 서술형 정리만으로 감을 잡기 어려우면 연필이나 펜으로 입력의 변화에 대하여 내부적으로 생성할 신호들에 대한 동작을 Timing Chart로 정리해 보는 것도 큰 도움이 될 수 있다.

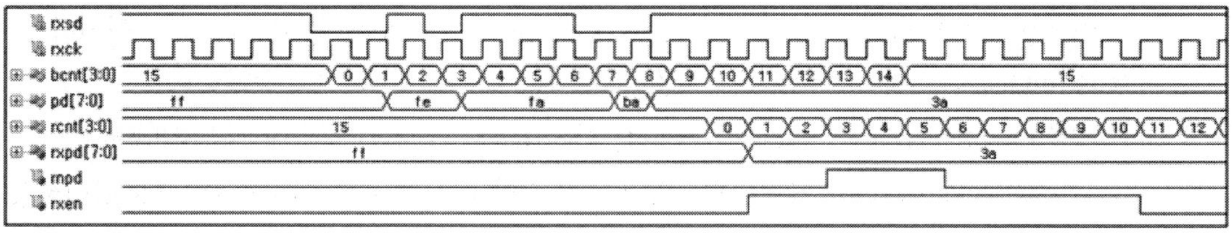

〈그림 9.2.2.2 rx232_pd.v설계를 위해 작성한 Timing Chart〉

3. Verilog HDL Coding
   A. 이렇게 정의된 내용을 바탕으로 rx232_pd.v의 code를 작성해 본다.

4. Simulation
   A. 앞에서 설계하고 simulation했던 tx232.v모듈과 rx232_clk.v모듈 그리고 방금 설계한 rx232_pd.v 모듈을 결합하여 test bench를 작성하여 simulation을 진행해 보는 것도 좋은 방법이다.

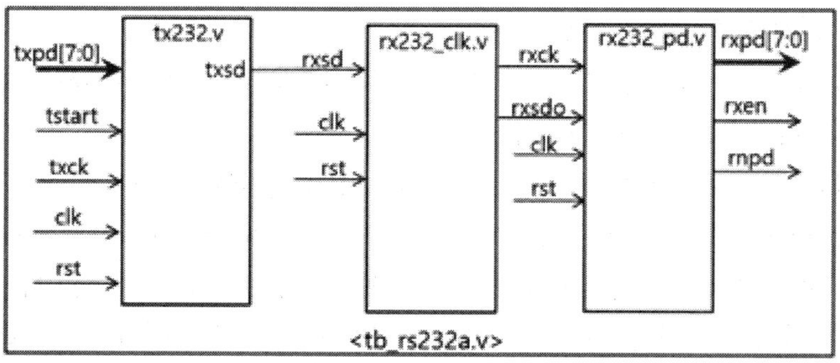

〈그림 9.2.2.3 rx232_pd.v모듈에 대한 simulation을 위해 생성된 tb_rs232a.v 모듈에 대한 block diagram〉

   B. tb_rs232a.v를 simulation sources에서 top으로 설정하고, tcl file은 my_tx232.tcl file을 활용하여 simulation을 진행한다.
   C. 아래의 그림과 같은 결과가 나오도록 Simulation을 진행해 보라.

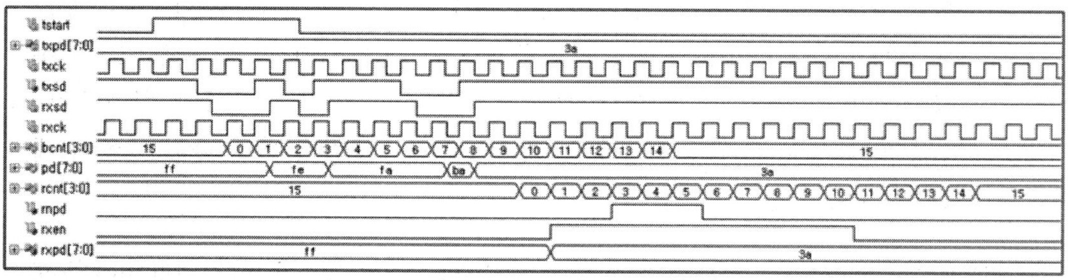

〈그림 9.2.2.4 tb_rs232a.v를 활용한 rs232_pd.v simulation결과〉

이상의 과정을 통해 UART 송신 모듈과 수신 모듈에 대한 설계 및 Simulation을 마쳤다. 실제 UART 통신에서는 1byte에 대한 통신을 하는 경우는 없다고 봐도 무방하며 여러 byte의 정보를 묶어서 송수신을 하게 된다. 몇 개의 byte를 묶어서 전송할 것인가에 대한 규정은 따로 없으며 설계자가 사용할 현장의 상황과 환경에 따라 자유롭게 정하여 활용하면 되지만, 통신이 지나치게 길게 이어지면 그 만큼 통신 도중에 오류가 발생할 확률이 높아지므로 적절한 크기로 분할하여 송수신하는 것이 바람직하겠다. 1초마다 정기적으로 Data를 보내는 system을 설계한다면, 보낼 수 있는 총 Data는 통신속도인 baud rate 나누기 10을 한 값에 해당하는 byte가 이론적인 최대 data 전송량이 된다.

9.3 UART 통신을 활용한 Data 송수신의 응용

하나의 byte를 주고받을 때에는 start bit와 stop bit에 의해 정보의 시작과 끝을 구분할 수 있지만, 여러 byte를 연속으로 보낼 때에는 어디부터 한 packet의 data가 시작되었고, 어디에서 끝이 난 것인지에 대한 구분이 어려워진다. 또한 다수의 byte를 전송할 때에는 도중에 오류가 발생할 수 있으므로 이에 대한 대응도 필요하다. 이어지는 회로에서는 안정된 UART통신을 위한 방안 중 하나로 ASCII Code를 활용한 UART통신에 대해 살펴보도록 한다.

9.3.1 ASCII Code의 활용

ASCII code는 문자와 숫자 특수기호 등에 대하여 고유의 값을 부여한 7bit의 표준 code이다. 처음 출발은 7bit로 출발하였으나 Digital 회로에서의 편리성을 감안하여 흔히 8bit 값으로 처리한다. 아래에 ASCII Code에 대한 Table을 제시하였다.

Dec	Hx	Oct	Char	Dec	Hx	Oct	Chr	Dec	Hx	Oct	Chr	Dec	Hx	Oct	Chr
0	0	000	NUL (null)	32	20	040	Space	64	40	100	@	96	60	140	`
1	1	001	SOH (start of headin	33	21	041	!	65	41	101	A	97	61	141	a
2	2	002	STX (start of text)	34	22	042	"	66	42	102	B	98	62	142	b
3	3	003	ETX (end of text)	35	23	043	#	67	43	103	C	99	63	143	c
4	4	004	EOT (end of transmis	36	24	044	$	68	44	104	D	100	64	144	d
5	5	005	ENQ (enquiry)	37	25	045	%	69	45	105	E	101	65	145	e
6	6	006	ACK (acknowledge)	38	26	046	&	70	46	106	F	102	66	146	f
7	7	007	BEL (bell)	39	27	047	'	71	47	107	G	103	67	147	g
8	8	010	BS (backspace)	40	28	050	(	72	48	110	H	104	68	150	h
9	9	011	TAB (horizontal tab)	41	29	051	)	73	49	111	I	105	69	151	i
10	A	012	LF (NL line feed)	42	2A	052	*	74	4A	112	J	106	6A	152	j
11	B	013	VT (vertical tab)	43	2B	053	+	75	4B	113	K	107	6B	153	k
12	C	014	FF (NP form feed)	44	2C	054	,	76	4C	114	L	108	6C	154	l
13	D	015	CR (carriage return	45	2D	055	-	77	4D	115	M	109	6D	155	m
14	E	016	SO (shift out)	46	2E	056	.	78	4E	116	N	110	6E	156	n
15	F	017	SI (shift in)	47	2F	057	/	79	4F	117	O	111	6F	157	o
16	10	020	DLE (data link escap	48	30	060	0	80	50	120	P	112	70	160	p
17	11	021	DC1 (device control	49	31	061	1	81	51	121	Q	113	71	161	q
18	12	022	DC2 (device control	50	32	062	2	82	52	122	R	114	72	162	r
19	13	023	DC3 (device control	51	33	063	3	83	53	123	S	115	73	163	s
20	14	024	DC4 (device control	52	34	064	4	84	54	124	T	116	74	164	t
21	15	025	NAK (negative acknow	53	35	065	5	85	55	125	U	117	75	165	u
22	16	026	SYN (synchronous idl	54	36	066	6	86	56	126	V	118	76	166	v
23	17	027	ETB (end of trans. b	55	37	067	7	87	57	127	W	119	77	167	w
24	18	030	CAN (cancel)	56	38	070	8	88	58	130	X	120	78	170	x
25	19	031	EM (end of medium)	57	39	071	9	89	59	131	Y	121	79	171	y
26	1A	032	SUB (substitute)	58	3A	072	:	90	5A	132	Z	122	7A	172	z
27	1B	033	ESC (escape)	59	3B	073	;	91	5B	133	[	123	7B	173	{
28	1C	034	FS (file separator)	60	3C	074	<	92	5C	134	\	124	7C	174	|
29	1D	035	GS (group separator	61	3D	075	=	93	5D	135	]	125	7D	175	}
30	1E	036	RS (record separato	62	3E	076	>	94	5E	136	^	126	7E	176	~
31	1F	037	US (unit separator)	63	3F	077	?	95	5F	137	_	127	7F	177	DEL

Source: www.LookupTables.com

〈그림 9.3.1.1 ASCII Code Table〉

위의 Table에서보면 숫자 0~9까지의 숫자는 16진수 값으로 30~39로 표시됨을 알 수 있다. 영문 Character도 대문자와 소문자가 구분되어 ASCII값이 부여되었고, 여러 기호들도 각각 고유의 ASCII값들로 표현되었음을 알 수 있다.

이번 과제에서 우리는 4자리의 10진수를 전송하고, 수신하는 회로를 설계하고자 한다. 4자리의 10진수를 ASCII값으로 변환하여 보내고 받는 통신에 필요한 최소한의 byte수는 4이지만 시작점과 끝점을 숫자 값과 구분되는 ASCII값을 사용하도록 한다. 시작점과 끝점 각 한 byte와 전송할 Data 4byte를 포함한 6 byte로 하나의 통신 단위를 정하도록 하자.

이렇게 연속된 6byte data 신호의 시작을 알리는 STX와 신호의 끝을 알리는 ETX신호는 STX와 ETX사이에 삽입되는 Data신호와는 Pattern이 중복되지 않도록 관리하기 위하여 위의 ASCII Table을 참조하여 숫자 값이 아닌 값들로 구성할 필요가 있다. 이 6byte통신의 시작점을 위해서는 위의 Table좌측 상단의 STX, 16진수 값으로 02를 사용하고, 끝점을 위해서는 ETX, 16진수 값으로 03을 전송하며 중간에 4byte의 숫자 값을 전송하는 회로를 구성해 보자.

9.3.2 4digit BCD to ASCII Code 변환회로 설계

4자리의 BCD값인 16bit신호를 받아서 STX와 ETX를 붙여서 6byte의 전송 값을 생성하고 UART송신 모듈인 tx232.v가 연속해서 6byte를 전송할 수 있도록 각 byte에 대한 전송의 시작을 알리는 tnpd신호를 생성하는 회로를 설계한다. 아래에 bcd2ascii.v 모듈에 대한 Symbol과 동작에 대한 대략적 Timing Chart를 제시하였다. 이해를 돕기 위하여 4자리의 수를 1234로 설정한 Timing Chart를 제시하였다.

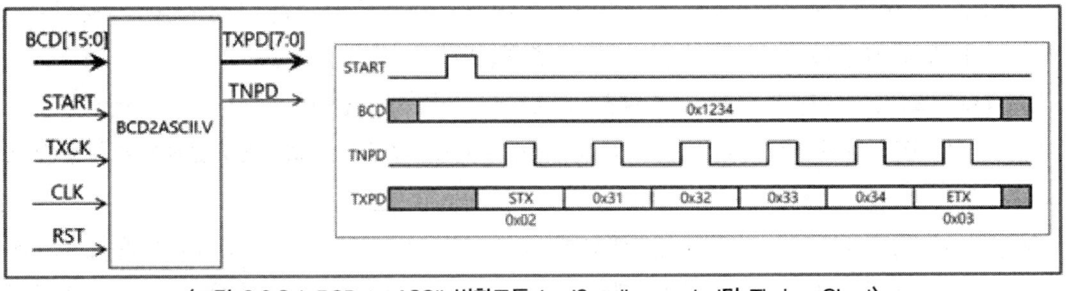

<그림 9.3.2.1 BCD to ASCII 변환모듈 bcd2ascii.v symbol및 Timing Chart>

외부에서 4digit 16bit BCD값과 start신호를 받으면 먼저 Start Packet인 02를 전송하고 이어서 1000의 자릿수에 해당하는 값인 1에 해당하는 ASCII값을 그리고 100의 자리 10의 자리 1의 자리의 숫자에 해당하는 ASCII값을 순서대로 전송하고 마지막 Packet으로 End Packet인 03을 전송한다.

이 모듈은 출력 TXPD의 한 byte의 간격과 TNPD의 간격이 txck기준으로 정확하게 10 clock간격을 유지해 주어야 한다. 9 clock간격이 되면 정상적인 UART 통신이 이뤄질 수 없으며 10clock보다 크게 되면 Stop bit 이후에 1이 유지되므로 UART 통신 자체에는 문제가 없지만 그 만큼 불필요한 통신지연이 발생한다고 볼 수 있다.

■ 회로 설계를 위해 검토해야 할 사항.

1. txck의 edge 검출
   A. 모든 Timing이 txck에 맞춰져야 하므로 txck의 edge를 검출하여 모든 동작의 기준으로 활용한다.
2. Start 신호의 edge검출
   A. txck의 rising edge기준으로 start신호를 st0, st1으로 shift시키고 rising edge를 검출한다.
3. Timing Control Counter구성
   A. byte단위 내에서의 Timing을 제어하기 위한 bcnt[3:0]을 설정한다.
   B. byte수에 대한 제어를 위하여 word counter wdcnt[2:0]을 설정한다.

C. bcnt의 초기값은 15, wdcnt의 초기값은 7로 한다.

D. start신호의 rising edge를 txck의 rising edge에서 검출하며 bcnt와 wdcnt를 모두 0으로 clear한다.

E. 매 txck의 rising edge에서 bcnt를 증가시키어 9가 되면 wdcnt를 증가시키고 bcnt를 다시 0부터 증가시킨다.

F. wdcnt가 5가 되어 ETX의 전송이 끝나는 위치에서 bcnt값이 9가 되면 wdcnt를 7, bcnt를 15로 설정하고 다음 start신호의 rising edge까지 대기한다.

4. wdcnt가 0이면 txpd는 02를, wdcnt가 5이면 03을, wdcnt가 1~4인 구간에서는 해당위치의 숫자 값에 대응하는 ASCII값을 txpd로 출력한다.
5. tnpd신호는 bcnt가 3~6인 구간에서 1, 나머지 구간에서는 0이 되도록 출력한다.
6. 0~9의 숫자 값에 대한 ASCII값은 **〈그림 9.3.1.1에 제시된 ASCII Table의 16진수 값 Hx〉**를 참조한다.

이상의 자료를 기준으로 bcd2ascii.v에 대해 설계하고 위의 timing chart에 따른 simulation을 진행해 본다. Simulation결과와 위의 Timing Chart가 일치한다면 4 digit의 BCD값을 받아서 STX와 ETX가 포함된 6byte의 ASCII값 전송회로에 대한 설계가 완성된 것이므로 다음 단계의 회로에 대한 설계를 진행한다.

Simulation결과와 〈그림 9.3.2.1〉에 제시된 Timing Chart가 일치하지 않는다면 bcd2asic.v code에서 수정할 부분을 찾아서 오류를 수정하여 Simulation을 다시 진행해 보도록 한다.

9.3.3 수신 부 ASCII Code 수신 및 4 digit BCD변환회로 설계

송신 회로에서 4자리의 BCD값을 ASCII로 변환하여 UART 송신회로를 거쳐 RS-232신호로 전송하면 수신 회로에서는 Clock Recovery회로를 거쳐 8bit의 Parallel Data를 추출하게 된다. 이렇게 추출된 8bit신호는 ASCII신호인데 ASCII값은 연산을 수행하기에는 적절하지 않은 값이므로 숫자 값으로 변환할 필요가 있다.

이 ASCII신호에는 Start Packet인 STX와 4byte의 숫자에 대한 ASCII값, 그리고 End Packet인 ETX가 포함된 신호로 출력된다. 이러한 ASCII신호에서 STX와 ETX를 검출하고 숫자 값에 해당하는 ASCII값을 BCD값으로 변환하여 출력하는 회로를 설계해 보자.

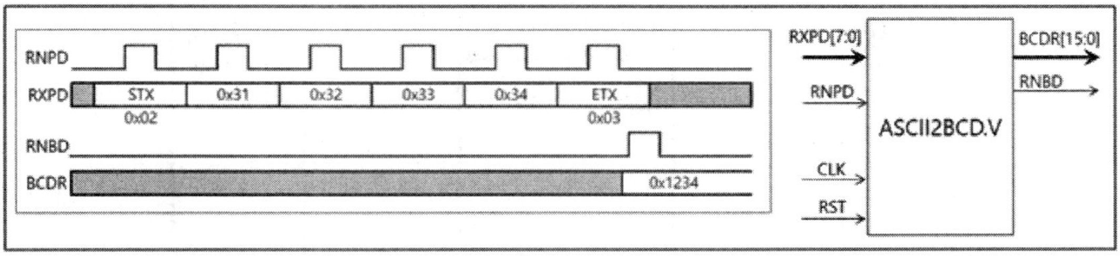

〈그림 9.3.3.1 ASCII to BCD 변환모듈 ascii2bcd.v symbol및 Timing Chart〉

입력신호가 8bit ASCII code이고 이 8bit를 Catch하기 위한 기준신호가 rnpd이므로 rnpd신호의 rising edge를 검출하여 rxpd를 catch하면 되기 때문에 rxck없이도 회로를 설계하는데 아무 문제가 없다.

■ ascii2bcd.v설계를 위한 기준을 정리해보자.

1. 6개의 packet을 순차적으로 검출하기 위하여 5까지를 계수하는 3bit counter pkcnt[2:0]을 설정한다.
   A. pkcnt의 초기값은 7로 한다.
2. rnpd신호의 rising edge를 검출한다.
3. rnpd의 rising edge에서 8bit값 rxpd에 STX값인 02가 검출되기를 기다린다.
4. rxpd값에 02가 검출되면 pkcnt를 clear한다.
   A. 앞선 수신에서 발생했을 수 있는 오류 flag도 clear시킨다.
5. 이어지는 rnpd의 rising edge마다 pkcnt를 1씩 증가시킨다.
6. rnpd의 falling edge에서 pkcnt의 값에 따라 rxpd값을 처리한다.
   A. pkcnt값 1~4까지는 이 구간에서의 rxpd값이 ASCII값으로 숫자에 해당하는 값인가를 판별하여 숫자 값이면 한 packet당 한 자리의 BCD값으로 변환하여 저장한다.
      ① rxpd값이 ASCII값으로 숫자 값이 아니면 오류가 발생한 것이므로 오류 flag를 Setting하고 받은 값을 무효 처리한다.
   B. pkcnt값 5에서 rxpd값이 ETX에 해당하는 03인가를 판별한다.
      ① rxpd값이 03이고 앞선 data 수신에서도 오류가 발생하지 않았다면 4 digit의 BCD로 변환한 값을 bcdr[15:0]으로 출력한다.
      ② rxpd값이 03이 아니면 오류 flag를 setting하고 받은 값을 무효 처리한다.

이상의 기준을 바탕으로 ascii2bcd.v에 대한 Verilog HDL code를 작성하고 simulation을 실시해 본다. ascii2bcd.v에 대한 simulation을 위하여 아래의 그림과 같이 bcd2ascii.v를 입력으로 활용해 본다.

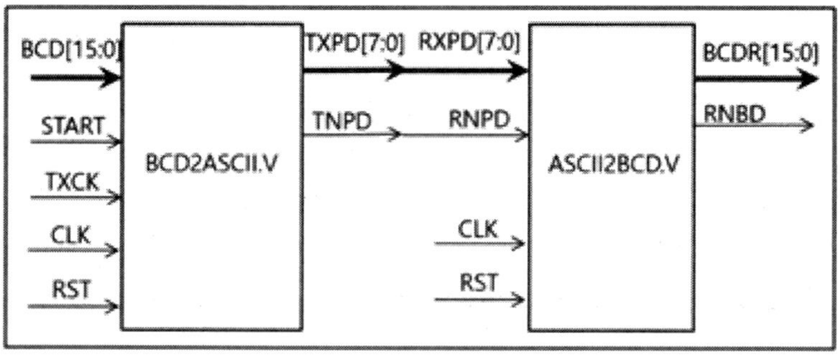

〈그림 9.3.3.2 ASCII to BCD 변환모듈 ascii2bcd.v simulation을 위한 회로〉

회로가 정상동작을 하는가의 여부는 Simulation결과 위의 회로의 입력인 bcd[15:0]이 출력 bcdr[15:0]에 나타나는가 확인해 보면 된다.

지금까지 설계한 UART송신과 수신회로 전체를 연결해 보자.

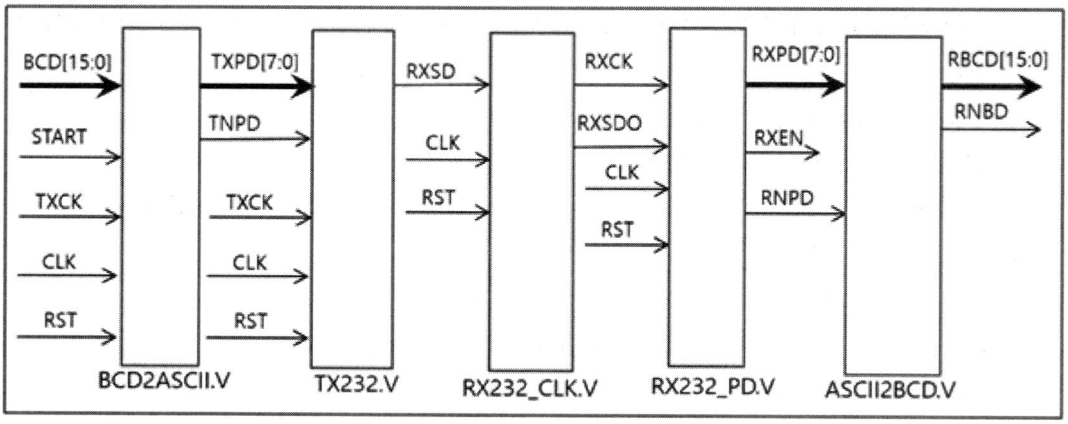

〈그림 9.3.3.3 BCD[15:0]를 ASCII로 변환하여 UART로 보내고 다시 역순으로 BCDR을 얻기 위한 회로〉

위와 같이 구성하면 한 번에 4자리 수의 BCD data를 전송하고 이에 대한 수신 성공여부를 확인할 수 있다. 그러나 UART 통신도 다른 모든 회로와 마찬가지로 한 번의 동작이 성공했다고 해서 회로가 완벽하게 동작한다고 볼 수는 없다. 따라서 위의 회로가 안정적으로 동작하는가를 확인할 수 있는 방법으로 연속해서 data를 보내고 받으면서 도중에 오류가 발생하는 경우를 검출해 낼 수 있는 방법을 강구하는 것이 관건이다.

9.4 UART 통신 Test를 위한 고려

연속으로 4 digit BCD data를 생성하여 전송하고 그 결과를 확인하는 방법으로는 0~9999까지 1초마다 1씩 증가하는 Counter를 구성하여 송신부의 7 segment에 표시하고, 수신 부에서도 수신된 4 digit의 BCD data를 7 Segment에 표시하여 송신 Data와 수신 Data를 비교하는 방법이 있다. 이렇게 구성하면 보낸 값과 받은 값을 육안으로 관찰하여 통신상의 오류를 확인할 수 있는 좋은 방법이 된다.

그러나 이 방법으로는 방금 전에 이루어진 송신, 수신 결과는 확인할 수 있지만 연속된 송신, 수신 동작이 이루어지는 과정 중에서 오류가 한 번 발생했다 해도 그 순간을 관찰하지 못하면 다음 순간 정상 data가 수신된다면 이전에 발생한 오류는 기록으로 남겨두기 위한 별도의 조치를 강구하지 않는 한 확인할 수가 없다.

그러면, 연속으로 이루어진 통신에 있어서 통신을 시작한 이후 현재까지의 통신 과정에서 한 번의 오류라도 발생하였을 경우 이를 감지할 수 있는 방법에는 어떤 방법이 있을까?

■ 수신 Data에 발생한 오류를 걸러내는 몇 가지 방법들을 생각해 보자.

1. Parity Data를 추가하는 방법
   A. 송신 측에서 4 digit의 ASCII data외에 5번째 Byte를 4 digit에 대한 Parity data로 추가하여 전송한다.
   B. 수신 측에서는 송신 측에서 parity를 생성한 것과 같은 방법으로 검출한 4 digit의 값을 기준으로 parity를 생성하고 수신한 parity와 값이 같은 가를 판별하여 수신 data에 오류가 있었는가를 판별하는 방법이다.
   C. 매우 많은 UART 통신에서 이 parity를 추가하는 방법을 사용하고 있다.
   D. Parity는 보통 전송하는 data 8bit들 전부를 bit to bit exclusive or 처리해서 생성하고, 수신 회로에서도 같은 Algorithm으로 수신 data를 exclusive or 처리하여 수신 측에서 생성한 parity값과 송신 측에서 전송한 해당위치의 parity값의 일치 여부가 오류가 발생하였는가에 대한 판단기준이 된다.
2. Data Pattern을 특정한 Pattern이 되도록 규정하는 방법
   A. 우리가 설계하였던 방식과 같이 STX와 ETX를 제외한 전송 data를 10진수 숫자나 16진수 숫자로 제한하여 이들 이외의 값이 수신되면 오류로 판단하는 방법.
   B. 이 방법은 간단하기는 하지만 다양한 정보를 보내는데 제약이 있다.

3. Data의 길이를 일정하게 정하는 방법.
   A. Data의 길이를 일정하게 정함으로 해서 약속된 길이 이외의 Data가 수신되면 오류로 판별하는 방법.
   B. Data를 전송하는 길이에 대한 탄력적 대응이 어려워지는 단점이 있다.
   C. 이를 보완하는 방법으로 STX다음에 전송할 data의 양을 먼저 보내고 나서 data를 전송하는 방법을 적용하기도 한다.

이상의 방법들 외에도 사용자가 설계하려는 UART통신의 환경에 따라 적합한 방법을 고안하여 적용할 수 있으며, 위에 열거한 방법들을 복합적으로 적용하여 Data 송수신 규격을 정하여 사용할 수도 있다.

우리가 적용해 보려는 방법은 0~9999까지 증가하는 Counter를 구성하고 1초마다 1씩 증가하도록 하여 전송하되, 송신 측에 전송한 값을 누적하여 표시하는 모드를 설정하고, 수신 측에도 수신한 값을 누적하여 표시하는 기능을 추가해 보자. 이렇게 하면 방금 송수신한 내용을 확인하다가, 누적 값을 확인하는 모드로 전환하면 송신 측의 누적 값과 수신 측의 누적 값을 표시하도록 하였을 때 양측의 누적 값이 동일하다면 송신을 시작한 이후 현재까지 송신한 모든 값과 수신한 모든 값이 일치했다고 볼 수 있는 것이다. 송신 누적 값과 수신 누적 값이 서로 다른 값을 표시하면 중도에 오류가 발생한 것으로 판단할 수 있다.

9.4.1 송신 측 회로 설계

■ 이를 위해 송신 측에서 검토해야 할 사항들을 점검해 보자.

1. 송신 시작과 멈춤을 지시하는 key0(SW2)를 설정한다.
   A. 8과의 과제였던 Stop Watch에서의 진행, 멈춤 Key의 기능과 같은 개념이다.
2. 전송 Data를 생성하는 counter 값과 counter 값을 누적하는 Accumulator값을 동시에 Clear 시키는 key1(SW3)를 설정한다.
   A. 8과의 과제였던 Stop Watch에서의 Clear Key의 기능과 같은 개념이다.
3. 0~9999까지를 1초마다 1씩 증가시키며 count할 14bit binary counter cntv[13:0]을 설정한다.
4. 1초마다 1씩 증가하는 값을 누적할 14bit Accumulator accv[13:0]을 설정한다.
5. Start Key인 Key0를 누르면 전송을 시작한다.
   A. 1초마다 cntv값으로 현재의 cnvt값 더하기 1을 한 값을 생성한다.
   B. 1초마다 accv값으로 현재의 accv값에 cntv값을 더한 값을 생성한다.
   C. 1초마다 cnvt값을 4digit의 BCD값으로 변환한다.
   D. 1초마다 BCD to ASCII변환하여 6 byte의 UART Packet을 전송한다.

6. 1초마다 송신 측의 값을 7segment 좌측 4 digit에 표시한다.
   A. DIP[0]를 ON위치에 두었을 때에는 counter값인 cntv를 BCD로 변환한 값을 표시한다.
   B. DIP[0]를 OFF위치에 두었을 때에는 Accumulator값인 accv를 BCD로 변환한 값을 표시한다.
7. Start Key인 Key0를 전송 동작 중에 누르면 전송을 멈춘다.
   A. 이 때 다시 Key0를 누르면 전송을 이어서 진행한다.
   B. 멈춤 상태에서 Key1을 누르면 전송 Counter와 누적 Accumulator의 내용을 0으로 Clear 한다.
      ① 멈춤 상태가 아닐 때에는 Key1을 눌러도 Clear가 작동하지 않게 한다.

14bit의 binary counter값을 누적할 때 주의할 점은 9999가 넘는 값에 대해서는 10000 자리의 값을 버리는 것이다. 이를 제대로 처리하지 못하면 binary 덧셈기는 14bit에 대한 Overflow를 처리할 때 16383을 기준으로 처리 되므로 이에 대한 처리에 유의해야 한다. 일례로 9900 + 300을 연산하면 10진수로 10200이 되므로 10000을 빼고 200을 결과값으로 남겨야 하는데, 14bit binary adder를 그대로 사용하면 200이 아닌 다른 값이 나타나는 점에 유의해서 Simulation을 진행해야 한다.

이상의 처리를 담당할 송신 측 Block Diagram을 아래에 제시하였다.

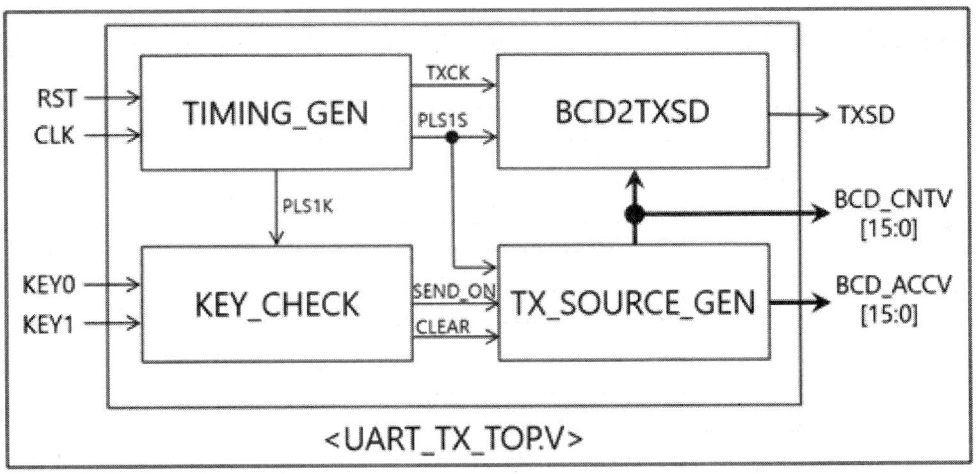

〈그림 9.4.1.1 UART Test를 위한 송신 측 Block Diagram〉

앞에서 정리한 내용과 위의 Block Diagram을 보고 uart_tx_top.v를 설계해 보라. 6과 7과 8과를 통해 익혔던 내용들을 다시 살펴보면서 가급적 스스로 도전해 보기 바란다. 필요하면 위의 4개 Sub Block의 기능들을 더 세분화하여 정리해 보고, 위의 Sub Block아래에 하위 Block을 더 설정하는 것도 검토해 보기 바란다.

스스로 할 수 있는 데까지 도전해 보라. 고민하는 만큼 길이 보일 것이며 스스로 길을 찾았을 때 그 것이 참 자신의 실력이요 자산이 되는 것임을 기억하고 충분히 고민해 보고 길을 찾아보는 노력을 기울이기를 권한다.

나름 충분히 고민해 보았는데도 답을 찾기 어렵다면 〈12과〉를 참고하여 인터넷 공간에 마련된 자료를 참고해 보면서 도전을 이어나가기 바란다.

9.4.2 수신 측 회로 설계

■ 수신 측 회로설계에서 검토할 사항을 정리해보자.

1. RXSD를 통해 1초마다 6 byte의 ASCII값이 수신될 것이다.
2. STX, ETX를 검출하고 ASCII to BCD변환을 거쳐 4digit의 bcdr[15:0]을 구한다.
3. 수신된 4digit의 BCD를 14bit의 binary 값으로(16진수값과 같은 의미) 변환한다.
4. 변환된 14bit의 binary값에 대하여 누적 연산을 실시한다.
   A. 송신 측에서 전송하는 값을 누적했던 것과 같은 개념.
5. 7 segment표시를 위하여 누적 값을 4digit BCD값인 bcdr_accv[15:0]으로 변환한다.
6. DIP[0]의 상태에 따라 수신 bcdr값 또는 수신 누적 bcdr값을 선택적으로 7 segment의 우측 4 digit에 표시한다.

이상의 내용을 정리한 UART Test수신 측에 대한 Block Diagram을 아래에 제시하였다.

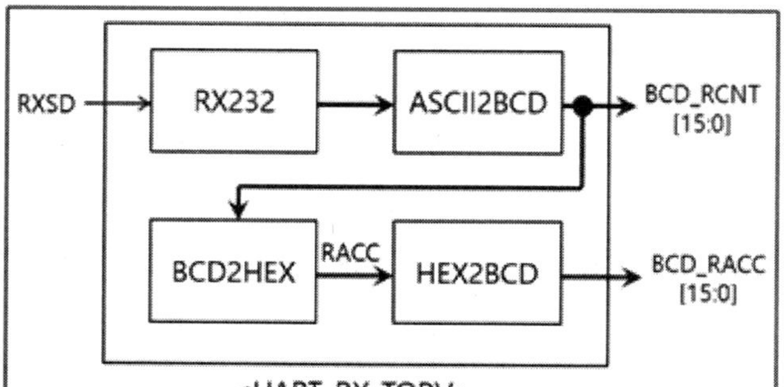

〈그림 9.4.2.1 UART Test를 위한 수신 측 Block Diagram〉

앞에서 정리한 내용과 위의 Block Diagram을 참조하여 uart_rx_top.v를 설계해 보라. 6과 7과 8과를 통해 익혔던 내용들을 다시 살펴보면서 가급적 스스로 도전해 보기 바란다. 필요하면 위의 4개 Sub Block의 기능들을 더 세분화 하여 정리해 보고, 위의 Sub Block아래에 하위 Block을 더 설정하는 것도 검토해 보기 바란다.

9.4.3 UART 송신 수신 Test Top 회로 설계

9.4.1단원과 9.4.2단원에서 설계한 UART 송신 부와 수신 부를 결합하고 Segment Control Module을 추가하여 UART 송수신 Test에 대한 Top Module을 설계해 보자.

아래에 UART 송수신 회로의 Top Module에 대한 Block Diagram을 제시하였다.

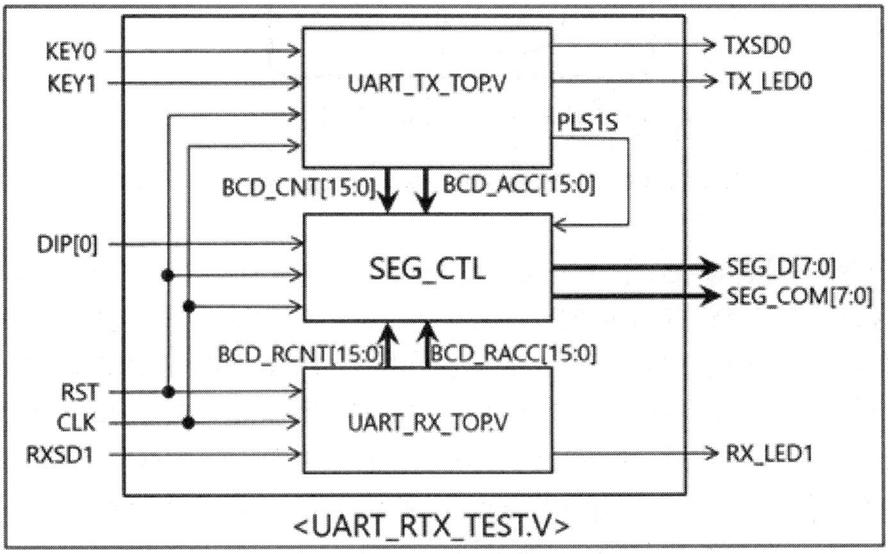

〈그림 9.4.3.2 UART 송수신 Test회로에 대한 Block Diagram〉

Segment Control을 위한 seg_ctl.v module은 1초마다 송신 측과 수신 측의 현재 송신, 수신 값과 누적 값을 받아서 DIP[0]의 설정에 따라 누적 값 혹은 현재 값을 8 digit의 Segment에 표시한다. 좌측 4 digit에는 송신 측의 값을 우측 4 digit에는 수신 측의 값을 표시한다.

보드 상에는 RS-232 커넥터 2개 장착되어 있는데 하나의 커넥터에 각각 하나씩의 TX출력과 RX입력을 보유하고 있다. 이번 UART 송수신 Test를 위하여서는 그 중 하나의 커넥터 출력인 TXSD0로 UART출력을 내보내도록 하고, 다른 커넥터의 입력인 RXSD1으로 수신 신호를 받아서 처리하게 한다. 이렇게 하면 RS-232 연결 Cable 가운데 RX와 TX선이 Cross된 Cable을 두 커넥터에 연결하면 TXSD0의 출력이 RXSD1으로 입력되게 되어 보드 자체에서 같은 FPGA에 탑재된 송신 회로의 출력을 스스로에게 공급하여 수신 회로와 연결하여 Test를 실행할 수 있다.

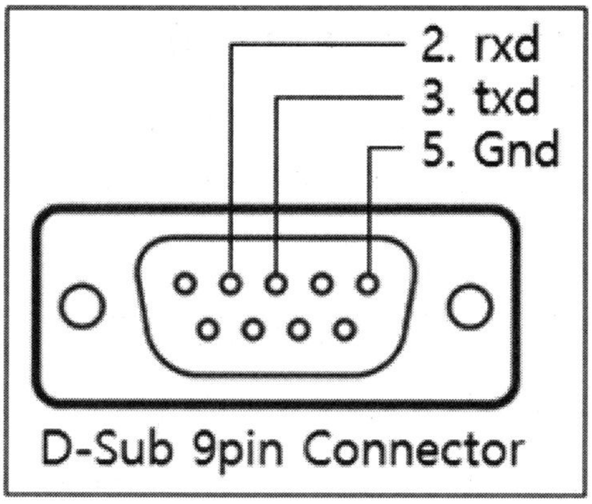

〈그림 9.4..3.3 RS-232통신을 위한 D-Sub 9pin 표준 커넥터 pin map〉

실습장비에 장착된 RS-232커넥터는 위의 그림과 같이 9pin D-Sub 표준 커넥터이다. 모든 D-Sub 9pin으로 구성된 표준 규격을 따르는 RS-232 통신 장비는 위와 같은 pin map으로 구성된다. 2번, 3번, 5번 pin 외에 다른 pin을 활용하여 RS-232 통신에 대한 제어용으로 활용하기도 하지만, 이 교재의 실습장비인 JFK-100A에서는 Data통신에 최소한으로 필요한 신호만으로 RS-232신호에 대한 커넥터를 구성하였다. 그림에서 보듯이 수신 측과 송신 측 동일하게 2번 pin은 수신 신호를 위한 rxd, 3번 pin은 송신을 위한 txd, 5번 pin은 Ground pin으로 사용된다. 그러므로 이들을 연결할 케이블은 2번과 3번이 교차된 cross cable을 사용하여야 한다는 점에 유의해야 한다.

복수의 실습 Kit를 활용할 경우에는 하나의 Kit의 출력을 다른 Kit의 입력에 연결하여 두 Kit간 송신, 수신 Test를 연동하여 Test할 수 있는데, 이 때 주의할 점은 한 Kit는 송신 측의 기능을 담당하고, 다른 Kit는 수신 측의 기능을 담당하게 된다는 것이다.

두 개의 실습 Kit를 연동시켜 Test할 때에는 같은 RS232 커넥터로 주고받도록 하면 한 쪽의 송신 값을 다른 쪽이 수신하는 Test를 양 쪽 보드에서 동시에 송신, 수신 Test를 진행할 수 있다.

TX_LED0는 TXSD0가 값을 내보내지 않는 상태, 즉 High인 상태일 때에는 LED가 꺼지고, TXSD0가 값을 내 보낼 때인 Low상태일 때 LED가 켜지도록 하여 UART 출력이 나가고 있을 때 LED가 깜빡이게 하는 출력이며, RX_LED1은 RXSD1으로 수신된 상태를 LED로 표시하도록 한다.

UART 송수신 회로의 Top Module에 대한 Implementation결과 Utilization에서 사용된 LUT수와 Slice Register의 수를 기록하여 보라

LUT No. ______________ Slice Register No. ______________

9.5 UART 송수신 회로에 대한 Hardware Test

새롭게 추가된 FPGA Port에는 TXSD0와 RXSD1이 있는데 이들과 UART 통신을 위한 FPGA Pin번호를 아래에 제시하였다.

TXSD0	B7
TXSD1	B6
RXSD0	A7
RXSD1	A5
TX_LED0	C9
TX_LED1	D10
RX_LED0	D9
RX_LED1	C11

〈그림 9.4.3.4 UART Port및 UART관련 LED Port에 대한 FPGA Pin No. Table〉

이제 Top Module인 uart_rtx_test.v에 대한 coding을 진행하고 synthesis를 거쳐 Pin번호를 지정하는 xdc file을 생성하여 저장하고 Implementation과 bit stream file생성을 진행한다. Bit stream file이 생성되었으면 Hardware Manager에서 Target을 Open하고 FPGA에 uart_rtx_test.bit file을 Program하여 동작을 점검한다.

1. Program이 완료되었을 때 7 segment에는 00000000이 표시되었는가?
2. Cross Type의 RS-232 Cable로 UART 커넥터 JX01과 JX02를 연결한다.
3. Key0를 눌러본다.
   A. Segment의 값이 1씩 증가하는가?
   B. 좌우의 값은 동일한 값이 표시되는가?
   C. UART 커넥터 앞의 LED는 한 쪽은 노랑, 다른 쪽은 초록 LED가 깜빡이는가?
4. DIP[0]의 상태를 바꿔본다.
   A. 표시 값이 1씩 증가하는가? 아니면 어떻게 변하는가? 누적 값으로 표시되는가?
5. Key0를 다시 눌러본다.
   A. Segment의 증가가 멈췄는가?
6. Key1을 눌러본다.
   A. Segment의 내용이 00000000으로 Clear되었는가?
7. Key0을 다시 눌러본다.

A. segment값이 변화됨을 확인한다.

8. RS-232 케이블을 분리해 보라.
   A. 송신 값은 변화하고 수신 값은 멈췄는가?
9. RS-232 케이블을 다시 연결해 보라
   A. 송신 값과 수신 값이 일치하는가?
      ① 1씩 증가하는 모드라면 송신 값과 수신 값이 일치할 것이다.
      ② 누적 값을 표시하는 모드라면 송신 값과 수신 값이 일치하지 않을 것이다.
10. DIP[0]의 상태를 바꿔보라.
11. Key0를 눌러 송신 동작을 멈추고 Key1을 눌러 모든 값을 0으로 clear한다.
12. Key0를 눌러 송신 값과 수신 값이 같이 변하는 것을 확인한다.
13. segment표시를 누적 값 모드로 설정한다.
    A. 이 상태에서 장시간(최소 5분이상, 환경이 허락하면 24시간이상) 동작을 시켜본다.
    B. 송신 측과 수신 측의 누적 값이 여전히 같은 값을 표시하는가?
14. 장시간 Test에서도 송신 측과 수신 측의 누적 값이 동일하다면 UART 송수신 동작은 안정적으로 동작한다고 보장할 수 있을 것이다.
    A. 장시간 Test를 할 때 하나의 장비에서 송신과 수신 Test를 하게 되면 송신, 수신부가 동일한 system clock을 사용하므로 interface timing에 있어서 오류가 발생할 가능성이 매우 낮다. 그러므로 서로 다른 system clock을 사용하는 두 set의 장비를 활용하여 한 장비는 송신, 다른 장비는 수신 모드로 설정하여 Test를 하는 것이 수신회로에 대한 안정성을 보다 정확하게 관측할 수 있다.

이상으로 UART 송수신 Test회로에 대한 설계와 Simulation, Board에서의 Test를 마무리하도록 하자. 이 모든 과정을 교재만을 의지하여 스스로 해결하였는가? 그렇다면 스스로에게 큰 격려를 해 주기 바란다. 이제 설계 Spec이 제시되면 스스로 설계할 수 있는 상당한 능력을 갖춘 것이다.

이 UART Project의 과정을 차분하게 반복적으로 수행해 보면서 개념에서부터 설계 Spec을 정리하고, 이를 바탕으로 설계와 Simulation, Board Test를 수행하는 과정을 교재를 보지 않고 스스로 정리하면서 접근해 보기 바란다.

이 책의 궁극적인 목표는 필요한 기능이 생각났을 때 스스로 개념을 정리하는 과정을 거쳐 설계 Spec을 스스로 작성해 보고, 작성된 Spec을 기준으로 회로 설계에서부터 FPGA를 통한 Hardware로 구현하는 모든 과정을 스스로 수행할 수 있는 역량을 기르는 것이다.

이제 다음 과에서는 좀 더 많은 부분을 스스로 감당하면서 과제를 수행하는 도전을 해 보도록 하자.

제 10 과 Project 3 : 4칙 연산 계산기

이번 과에서는 실습 Kit를 활용하여 〈더하기, 빼기, 곱하기, 나누기〉를 수행하는 4칙 연산 계산기를 구현해 보기로 한다.

이번 과에서는 설계할 4칙 연산 계산기의 개략적인 기능에 대해서만 제시할 것이다. 제시되는 개략적인 기능을 토대로 자신이 설계를 시작할 수 있을 정도까지의 구체적이고 상세한 사양(Specification)을 스스로 작성해 보고 어떤 기능들이 필요하며, 몇 개의 Sub Block들로 분할할 것인지 등에 대해서도 스스로 고민하여 풀어가 볼 것을 권한다. 지금까지 학습한 내용을 충분히 숙지하고 있다면 설계를 진행할 수 있을 것이다. 어느 정도로 Sub Block들을 세분화할 것인가는 개인의 성향과 각자의 학습 정도에 따라 다르며 어느 것이 좋고 나쁘고를 구분하는 것은 의미가 없으며 내가 접근하는 것이 내게는 최선이라는 자신감을 갖고 도전해 보기 바란다.

10.1 4칙 연산 계산기 개요

4칙 연산은 모두가 잘 알고 있는 개념이지만, Digital 회로 설계를 위해서는 정리해두어야 할 사항들이 있다. 4칙 연산의 내용을 정리하는 것이 아니라, 설계할 회로에서의 동작을 중심으로 정리를 해 두어야 회로 설계할 때 시행착오를 줄일 수 있기 때문이다.

```
y = a + b;
y = a - b;
y = a * b;
y = a / b;
```

Verilog HDL에서 4칙 연산 자체는 산술 연산 Operator에 의해 실행되므로 연산회로 자체는 따로 고민하지 않아도 되지만 두 수에 대한 연산 결과를 처리하는 과정에 있어서 연산의 대상이 되는 두 개의 수를 어떻게 정의하고 처리할 것이며, 결과에 대해서는 어떻게 처리할 것인가 등에 대해 정의를 해 두어야 한다.

1. 연산에 활용될 수에 대한 정의
   A. 우리가 사용할 실습 Kit는 8자리의 수를 표시할 수 있으므로 연산의 입력인 a와 b, 그리고 연산의 결과 y의 범위도 8자리의 수로 설정하도록 한다.
      ① 0~99999999까지의 수를 취급한다.
   B. 연산의 입력 a와 b는 양수로 입력하도록 한다.
   C. 덧셈이나 곱셈의 결과가 8자리를 넘어설 때에는 우측 7 digit에 too big이라고 표시한다.
   D. 나눗셈 결과에서 소수점 이하의 값은 버림으로 처리하여 표시하지 않는다.
   E. 뺄셈 연산에서 b가 a보다 큰 경우 가장 좌측의 Segment에 음수부호인 "–" 표시를 하고 결과 값 표시의 범위를 7자리까지만 표시한다. 뺄셈 연산의 결과 값이 음수 기준으로 8자리가 필요할 경우에는 -too big이라고 표시한다.

이런 기본적인 전제 위에 연산의 절차를 살펴보자. 아래에 이번 Project에서 입력 장치로 사용할 실습 Kit의 Key Matrix주변에 대한 사진을 제시하였다.

〈그림 10.1.1 Key Matrix 주변 사진〉

4칙 연산을 위한 입력에 사용되는 Key Matrix를 활용한 입력 처리에 대해서는 7과에서 학습한 내용을 충분히 복습한 후에 진행하면 도움이 될 것이다.

2. 연산의 진행 절차 정리
   A. 전원이 켜진 초기 상태의 display는 우측 digit만 0으로 표시되고 나머지 모든 digit는 꺼진 상태로 둔다.
      ① 숫자 a와 b의 값은 0으로 하되 표시 값은 모두 꺼지도록 한다. 이를 위해서는 Clear이후

눌려진 Key의 No.를 파악해서 눌려진 수에 맞는 digit까지만 표시하도록 한다.

B. 모든 Key가 눌려질 때마다 짧은 Buzzer음을 내도록 한다.

C. 먼저 숫자 a를 입력한다.

① Key Matrix에서 한 번에 하나씩 눌려지는 Key값을 Key Scan을 통해 검출하고 그 중 숫자 값을 한 번에 한 digit의 BCD값으로 받아들인다.

② 8 digit를 받아들이기 위해서 임시로 저장할 32bit의 register를 설정한다.

③ 매번 새로 입력되는 숫자 Key를 하위 digit에 채우고 기존의 값들은 상위 digit로 한 자리씩 이동시킨다.

④ 8자리가 다 채워졌을 때에는 최 상위 digit의 값을 버리면서 상위로 자리이동을 시킨다.

⑤ 숫자를 잘못 입력했을 때에는 〈Esc〉 Key를 누르면 임시 register의 내용을 clear하고 display도 우측 한 digit만 0으로 표시되도록 한다.

D. 〈덧셈, 뺄셈, 곱셈, 나눗셈〉가운데 연산할 기능 Key를 누른다.

① 32bit 8 digit의 임시 Register에 저장했던 값을 a register로 옮긴다.

② 임시 register의 값은 0으로 Clear시킨다.

③ segment는 우측 digit만 표시하고 나머지는 모두 꺼지도록 하여 새로운 숫자 입력에 대비한다.

④ 선택한 4칙 연산 기능 Key옆에 있는 LED를 켜서 어떤 연산이 진행 중인가를 표시한다.

E. 숫자 b를 입력한다.

① 새로 눌려지는 key값을 숫자 a를 받아들일 때와 같은 기준으로 처리한다.

② 임시 register에 숫자를 받아들인다.

F. Ent. Key를 누른다.

① 임시 register의 값을 b register에 저장한다.

② 선택한 연산에 따른 연산을 수행한다.

③ 연산 결과를 segment에 표시한다.

④ Overflow가 발생하였으면 too big이 표시되도록 한다.

⑤ 4칙 연산 진행 중임을 표시했던 LED를 꺼지도록 한다.

⑥ 연산이 완료되었음을 뜻하도록 가장 우측 digit의 dot가 켜지도록 한다.

G. 새로운 연산의 시작

① 연산이 완료된 상태에서 새로운 숫자 Key가 눌려지면 a값을 받아들이는 Step B부터 수행한다.

② 연산이 완료된 상태에서 Esc Key를 누르면 segment의 우측 digit하나만 0을 표시하고 Step B부터 수행한다.

이상의 내용을 바탕으로 4칙 연산 계산기를 구현하기 위해 필요한 입력과 출력을 정의해 보고, 위에서 정의한 기능들을 어떻게 분할하여 Sub Block들로 구성할 것인지, 앞의 과에서 학습한 내용 가운데 어떤 내용들을 참고할 것인지, Simulation을 통해서는 어떤 기능들을 검증할 것인지, 스스로 설계함에 있어서 필요한 사항들을 자신의 상황에 맞도록 작성해 보고, Verilog HDL을 작성하여 Simulation, synthesis, Implementation을 거쳐 보드 테스트의 과정을 스스로 진행해 보기 바란다.

4칙 연산 계산기 회로의 Top Module에 대한 Implementation결과 Utilization에서 사용된 LUT수와 Slice Register의 수를 기록하여 보라

LUT No. ____________ Slice Register No. ____________

4칙 연산 계산기에 대한 설계를 진행하는 과정의 각 단계를 노트에 일지형태로 꼼꼼하게 기록해 보면서 어떤 부분을 개선하면 좀 더 좋은 접근이 될 것인지를 돌아보면서 자신에게 적합한 나름대로의 개발 Flow를 수립해 나가기 바란다.

4칙 연산 계산기와 관련하여 기술적인 추가 자료가 필요하면 〈12과〉를 참고하여 인터넷 공간에 마련된 자료를 참고해 보며 도전을 이어나가기 바란다.

이제 다음 과에서는 실습 Kit의 자원들을 활용하여 Alarm시계를 구현해 보는 과제에 도전해 보도록 하자.

제 11 과 Project 4 : Alarm기능 시계

이번 과에서는 실습 Kit를 활용하여 Alarm기능을 수행하는 시계를 구현해 보기로 한다.

이번 과에서도 설계할 Alarm기능 시계의 개략적인 기능에 대해서만 제시할 것이다. 제시되는 개략적인 기능을 토대로 스스로가 설계를 시작할 수 있을 정도까지의 구체적이고 상세한 사양(Specification)을 각자가 작성해 보고 어떤 기능들이 필요하며, 몇 개의 Sub Block들로 분할 할 것인지 등에 대해서도 스스로 고민하여 풀어가 볼 것을 권한다.

11.1 Alarm기능 시계 개요

Alarm시계 역시 모두가 잘 알고 있는 개념이다. Alarm시계회로를 설계하기 위하여 회로에서의 동작을 중심으로 Alarm시계의 기능을 정리해 보자.

1. 시계기능 및 설정에 대한 정의
   A. 시간설정은 〈오전, 오후를 구분하는 12시간〉방식과 〈오전, 오후를 구분하지 않는 24시간〉방식이 있지만 우리는 설계의 편의를 위하여 〈오전, 오후를 구분하지 않는 24시간〉 방식을 채용한다.
   B. 시간표시는 우측 6 digit를 활용하여 시, 분, 초를 2 digit씩 사용한다.
      ① 시, 분, 초의 위치 구분을 위하여 우측에서 세 번째와 다섯 번째 자리의 dot는 항상 On시킨다.
   C. 시간 값을 설정할 때에는 시, 분, 초 순서대로 총 6개의 숫자를 입력하고 Enter Key를 누른다.
   D. Alarm시간을 설정할 때에는 초 부분은 0초로 고정하고 시, 분의 4개의 숫자만 입력한다.

2. 동작 모드

A. 시계 모드

① 초기 조건은 00시 00분 00초부터 시간을 증가시킨다.

② 23시 59분 59초 다음은 00시 00분 00초가 되도록 한다.

③ Alarm 설정 값과 진행 시간의 시, 분 값이 일치하면 매 초마다 500ms Buzzer On, 500ms Buzzer Off를 반복시키되, Esc Key를 누르면 Buzzer울림이 멈춘다. Esc를 누르지 않으면 1분 동안 울리고 분 값이 바뀌면 Buzzer울림이 멈춘다.

B. 시간 설정 모드

① 시계 모드에서 F1 Key를 누르면 시간 설정모드가 된다.

② 시간 설정 도중에 빠져나오면 기존의 시간을 유지해야 하므로 시간 설정을 위해 임시로 6digit의 BCD Register를 설정한다.

③ 시간 설정모드가 시작될 때 현재 시간 값을 시간 설정 BCD Register로 복사해 둔다.

④ 가장 좌측 두 digit에 Time Set을 의미하는 tS를 표시하고 우측 6자리는 시간 설정 BCD Register의 값을 표시한다.

⑤ 수정할 시간 값 6자리를 입력하고 Ent Key를 누르면 시간 설정 BCD Register의 값을 시간 Count를 위한 시, 분, 초 Counter로 이동시킨다.

⑥ 시간 설정을 끝내고 시계모드로 복귀하면 좌측 두 digit에 표시했던 tS는 꺼진다.

⑦ 시간 설정을 하다가 Ent Key가 아닌 Esc Key를 누르면 시간 설정 Register의 값은 무시되고 진행되고 있는 시간 Counter의 값이 그대로 유지된다.

⑧ 시간 설정 중에도 현재 시간은 표시는 되지 않지만 시간 값은 증가하고 있어야 한다.

C. Alarm 시간 설정.

① 시계 모드에서 F2 Key를 누르면 Alarm 설정 모드가 된다.

② Alarm 설정을 위한 임시 4 digit BCD Register에 현재 설정되어 있는 Alarm값을 복사한다.

③ 가장 좌측 두 digit에는 Alarm Set을 의미하는 aS를 표시하고 다음 4자리에 Alarm 설정을 위해 설정한 4digit BCD Register의 값이 지시하는 시간, 분 값을 표시하며, 가장 우측 두 자리는 모두 꺼지게 한다.

④ 4자리의 Alarm 시, 분 값을 입력하고 Ent Key를 입력하면 Alarm설정을 위한 임시 4digit BCD Register의 내용을 4 digit의 Alarm값 Register에 저장하고 시간 표시 모드로 빠져나간다.

⑤ Alarm설정 도중에 Esc Key를 누르면 기존의 Alarm설정 값이 그대로 유지되면서 시간 표시 시계모드로 전환한다.

3. Alarm음과 무관하게 모든 Key가 눌려질 때 마다 짧은 Buzzer음(30ms)이 발생하도록 한다.

4. 시간설정과 Alarm 설정을 진행하는 도중 Ent Key를 눌렀을 때 그때까지 입력된 값이 정상적인 시간 값이 아닐 경우에 대한 처리도 고려해야 한다. 35시 78분을 입력하고 Ent Key를 누르면 Ent Key를 무시하고 설정모드에 머무를 것인지, 아니면 입력했던 값을 무효처리하고 설정모드를 빠져나갈 것인지 등에 대한 정의를 해두고 설계에 반영해야 한다.

■ 이상의 정리된 내용을 기준으로 자신의 Alarm시계를 설계하여 실습 Kit에 구현해 보자.

1. 먼저 자신의 표현으로 기능정의를 새로 작성한다.
2. Top Module에서 필요로 하는 입력과 출력을 설정한다.
3. 정의된 기능들을 구현하기 위한 Sub Block들을 정의하고 Sub Block들에 기능들을 분할하여 할당한다.
4. 각 Sub Block들마다 입력과 출력을 정의하고 해당 Block에서 처리할 기능들을 Digital 회로로 설계할 수 있는 내용으로 다시 정리한다.
   A. 필요할 경우 Sub Block 아래에 하부 Block을 추가로 정의하여 기능을 추가로 분할하여 할당한다.
   B. Block Diagram을 작성하는 것이 매우 유용할 것이다.
   C. 필요할 경우 입력의 변화에 따라 어떻게 동작해야 하는가에 대한 Timing Chart를 작성해 보면서 동작을 가늠해 보는 것도 유용한 방법이다.
      ① Timing Chart를 작성하는 과정을 머리 Simulation이라고도 표현한다.
5. Simulation이 필요한 부분에 대해서는 어떤 입력을 넣어주고 어떤 출력을 확인할 것인가에 대한 Simulation계획을 수립한다.
   A. 앞에서 작성한 Timing Chart를 바탕으로 Simulation계획을 세운다.
   B. 필요할 경우 입력신호를 생성하여 Simulation할 Module에 연결해 주기 위한 신호 생성 모듈을 설계하여 Test Bench로 묶어서 활용하는 것도 좋다.
   C. 모든 Module에 대해 전부 Simulation을 할 필요는 없다.
   D. 부분적인 Simulation을 효율적으로 실행했다면 Top Module에 대한 Simulation을 생략할 수도 있다.
      ① Top Level의 회로가 단지 Sub Block들의 신호를 연결만 한 경우라던가, 굳이 확인할 필요가 없을 정도로 간단한 부가적 처리 정도만 추가된 경우에는 굳이 Simulation을 실행하지 않아도 된다.
   E. Simulation을 생략한다는 의미는 굳이 Simulation을 실행하지 않아도 동작에 이상이 없을 것이라는 확신이 드는 경우이다.
6. Synthesis과정을 실행한다.
   A. Top Module에 대한 입출력 Pin위치를 지정하고 Synthesis를 실행한다.

7. Alarm기능 시계 회로의 Top Module에 대한 Implementation결과 Utilization에서 사용된 LUT수와 Slice Register의 수를 기록하여 보라

LUT No. ____________ Slice Register No. ____________

8. Bit Stream File을 생성한다.
9. Hardware Manager / Target을 Open하여 FPGA에 bit stream file을 Download한다.
10. Alarm시계에 대한 동작을 Test해 보고 수정사항이 있을 경우 수정하여 다시 Test하는 과정을 반복한다.
11. 필요 시 Integrated Logic Analyzer기능을 활용하여 동작 중인 내부 Register를 관측하여 수정할 사항들의 범위를 좁히는 데 활용해 본다.

이상으로 여러분은 개념정의와 설계를 위한 기능들을 정리한 내용을 바탕으로 Alarm 시계에 대한 Project를 수행하였다.

그동안 학습했던 내용들과 개념정의, 기능 정리한 내용으로 Alarm시계를 스스로 설계한 사람은 스스로에 대해 큰 자부심을 가져도 좋을 것 같다. 이제는 실습 Kit로 구현하고 싶은 내용을 스스로 생각해 보고 스스로 개념을 정의하고, 회로 설계를 위한 기능 정리부터 보드 구현까지를 진행해 보기를 추천한다.

주어진 개념으로부터 스스로 설계할 능력이 갖춰지려면 실무경력 2~3년이 지나도 그리 쉽지 않은 과정일 수 있으므로 Alarm시계를 스스로 구현함에 어려움을 느끼는 사람이라고 해서 실망할 필요는 없다. 다음과에 소개할 후속 학습의 내용을 참고하여 계속적인 도전을 이어가기 바란다.

제 12 과 후속 학습을 위한 안내

독자 여러분! 이 책을 학습하느라 수고 많았습니다.

이 책을 학습한 독자들이 이 책이 목적했던 스스로 설계하는 능력을 기를 수 있었다면 감사하겠습니다.

이 책의 Project부분에서는 독자들이 스스로 고민하고 도전하는 과정을 거쳐서 스스로 해답을 찾아가기를 유도하기 위하여 의도적으로 완성된 Verilog HDL Code를 소개하지 않았습니다. 독자들 가운데 더 추가적인 자료가 필요한 사람들은 아래의 연락처와 인터넷 카페를 통해서 자료를 얻을 수 있습니다.

인터넷 카페는 이 책에 실린 내용들과 이 책에서 활용한 실습 Kit와 관련한 추가적인 정보나 의견 등을 교환할 수 있도록 운영하려고 합니다.

카페는 다음 커뮤니케이션에 개설하였습니다.
카페 이름은 JFK100A 입니다.
카페 가입 시 아래와 같은 가입퀴즈가 있습니다.

가입퀴즈 : JFK100A에 사용한 FPGA는?
답　　　: XC7A15T

대문자로 정확하게 기입하시면 준회원으로 가입이 됩니다.

준회원은 가입인사 메뉴에만 글을 남길 수 있고 다른 메뉴의 글이나 자료는 접근할 수 없습니다. 준회원으로 가입이 되었으면 가입인사 메뉴에 가입하게 된 동기와 간단하게 자기를 소개하는 글을 남기시면 운영자가 확인하고 정회원으로 등업시켜 드릴 것입니다.

이 카페의 정회원이 되면 카페에 글을 쓰고, 읽을 수 있으며 자료들을 Download받는 등의 활동을 할 수 있습니다. 카페를 통해 이 책의 Project부분에 대한 완성된 Verilog HDL Code 및 관련 자료를 받으실 수 있으며, 이 책에 대한 의견을 남기실 수도 있고, 질문을 남길 수도 있습니다.

또한 JFK100A Kit를 활용하여 구현해 본 회로의 사례 등을 주고받을 수 있습니다.

이 카페를 통해서 더욱 많은 정보들을 나누고, 설계 능력을 더욱 넓고 깊게 확대하는 공간이 되기를 희망합니다.

이 교재에서 활용하고 있는 실습 Kit인 JFK100A에 대한 정보를 원하는 분은 카페를 이용하시거나 아래의 메일 주소로 연락주시기 바랍니다.

기술문의 : inform@jios.co.kr
구매문의 : sales@jios.co.kr

아울러 본 교재의 내용으로 Youtube상에 동영상 강의를 진행 중입니다. Youtube에서 "디지털 회로설계실무"로 검색하시면 이 교재에 대한 동영상 강의를 통해 학습에 도움을 얻으실 수 있습니다.

아무쪼록 이 책을 통해, 그리고 카페와 Youtube를 통해 독자들의 Digital 회로 설계 능력이 향상되는데 도움이 되기를 소망합니다.

부록

부록 1 XILINX VIVADO Tool 설치하기

2020년 2월 기준으로 XILINX사에서 제공하는 XILINX FPGA 개발을 위한 최신 설계 프로그램인 VIVADO 2019.2 Version에 대한 설치방법을 살펴보자.

❙ XILINX Tool설치 PC환경

VIVADO Tool설치를 위한 환경은 아래와 같다.

1. 64bit Processor
2. Win7, Win8, Win10의 64bit OS

설치할 프로그램인 VIVADO Tool 2019.2 Version을 XILINX Home Page에서 Download 하여야 하는데 VIVADO Tool을 Download받기 위해서는 먼저 XILINX에 사용자 등록을 해야 한다.

❙ XILINX 사용자 등록하기

1. XILINX Homepage를 열면 상단에 아래의 그림과 같이 흰색 동그라미 안에 사람 모양의 Icon을 Click하면 Pop up창이 열린다.

〈그림 A1.1 사용자 Account생성을 위한 창〉

2. Pop up창에서 Create an account를 Click하면 아래와 같이 사용자 정보를 입력하는 창이 열린다.

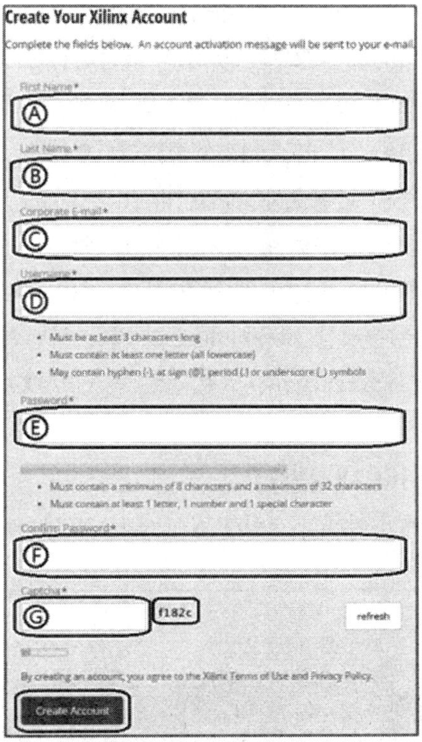

〈그림 A1.2 사용자 정보 입력을 위한 창〉

3. 사용자 정보 창에 빨간 별표 표시가 있는 7곳에 입력해야 할 내용들은 아래와 같다.
   A. First Name : 영문 이름(성을 제외한)을 기입한다.
   B. Last Name : 영문 성(Family Name)을 기입한다.
   C. Corporate E-mail : 본인의 E-mail Address를 기입한다. License File을 이 주소로 받게 된다.
   D. User Name : XILINX Login을 위한 ID를 기입하고, 잊지 않도록 따로 기록해 둔다.
   E. Password : XILINX Login을 위한 비밀번호를 기입하고, 따로 기록해 둔다.
   F. Confirm Password : E에 기입했던 것과 같은 내용을 반복해서 기록한다.
   G. Captcha : 우측에 보이는 숫자와 영문이 결합된 5글자의 내용을 그대로 입력한다.
   H. 이렇게 7가지 항목을 기록했다면 하단의 Create Account를 Click한다.
4. 위의 내용을 입력하고 Account 생성이 접수가 되면 C.항목에 기입했던 E-mail주소로 Account활성화를 알리는 메일이 발송된다.
   A. Mail의 내용 중 밑줄이 쳐진 Activate my Xilinx.com account 부분을 Click하면 다시 XILINX Login화면이 나타난다.
   B. XILINX Login화면에서 앞에서 기입했던 User Name과 Password를 입력하고 Login을

하면 상세한 사용자 정보를 기입하는 화면이 열린다.

① Company Name에는 회사이름이나 학교이름을 기입한다.

② 주소에는 회사나 학교의 영문 주소를 기입한다.

③ Country에는 Korea, Republic Of를 선택한다.

④ Zip Code에는 우편번호를 기입한다.

⑤ Job에는 자신의 직업을 항목 중에서 선택한다. 학생은 Student를 선택한다.

⑥ Primary Market은 자신이 관심을 갖고 있는 분야를 선택한다.

⑦ 나머지 항목은 수정할 내용이 없으면 좌측 하단의 Update Button을 Click한다.

5. 이렇게 하여 XILINX Account생성이 완료되었으면 VIVADO 설치 Program을 Download한다.

❙ VIVADO 설치 Program 내려받기

1. XILINX Homepage에서 아래의 그림과 같이 SUPPORT/Downloads & Licensing을 선택한다.

〈그림 A1.3 VIVADO Program Download선택 창〉

2. Download할 File의 종류가 3가지 나타나는데 이 중에서 All OS installer Single-File Download를 선택한다.

   A. 다른 두 항목은 설치를 시작하기 위한 최소한의 File만을 Download하여 설치를 시작하고, 나머지 File들은 설치를 진행하면서 도중에 필요한 File들을 Internet에서 그때 그때 Down받으면서 진행하는데, 설치시간이 상당히 길기 때문에 도중에 끊어질 우려가 있으므로 File Size가 크지만 전체 File을 Download한 후에 설치를 진행하도록 한다.

B. Download할 File의 크기가 20Giga byte가 넘으므로 Download할 위치의 저장할 공간의 크기가 충분히 확보되었는지 확인한 후 Download를 진행한다.

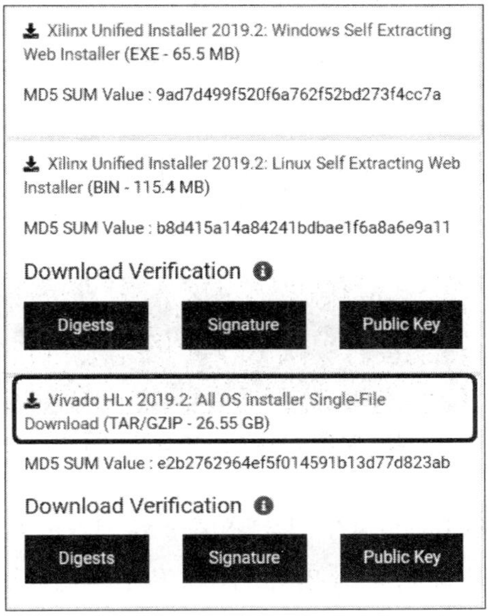

〈그림 A1.4 Download할 Program선택하는 창〉

3. Download할 권한 확인을 위하여 사용자 확인을 요구한다.

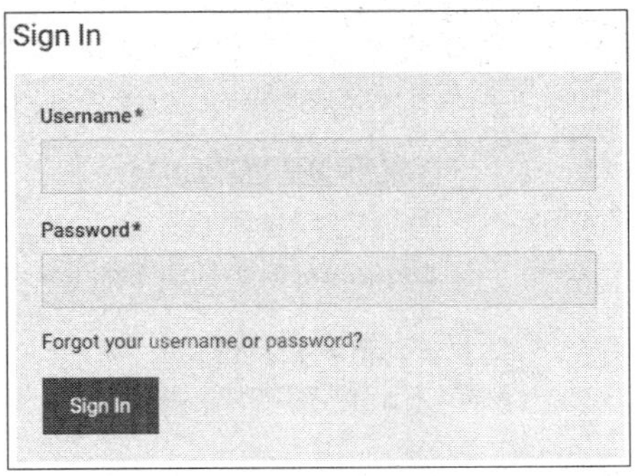

〈그림 A1.5 권한 확인을 위한 Sign In 창〉

A. 인적사항 화면이 나타나는데 수정할 사항이 없으면 좌측 하단 Next Button을 Click한다.

B. Download가 진행되는데 Download가 완료되면 압축 File을 풀고 설치를 시작한다.

❙ VIVADO Tool 설치하기

1. 압축이 풀린 Directory에서 xsetup.exe을 실행하면 이 앱이 디바이스를 변경할 수 있도록 허용할 것인지를 묻는 창이 나오는데 ""예"를 선택하여 설치를 진행한다.

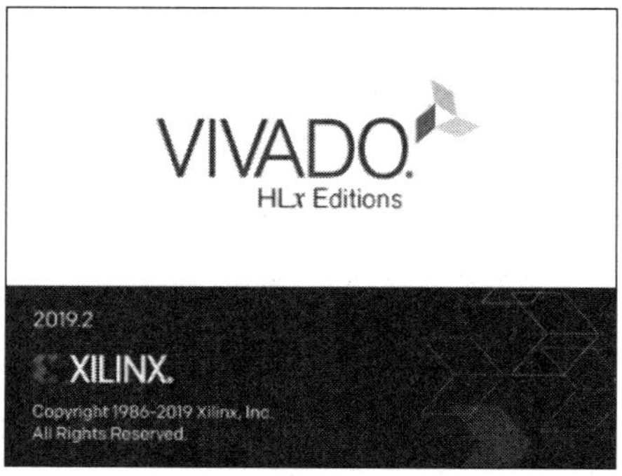

〈그림 A1.6 VIVADO Tool설치 시작 창〉

2. 위와 같이 VIVADO Tool설치가 시작되었음을 알리는 창이 나타난 후, 잠시 후에 아래 그림과 같이 방화벽에 의해 이 앱의 기능이 일부 차단되었음을 알리는 창이 나타나면 "액세스 허용"을 선택한다.

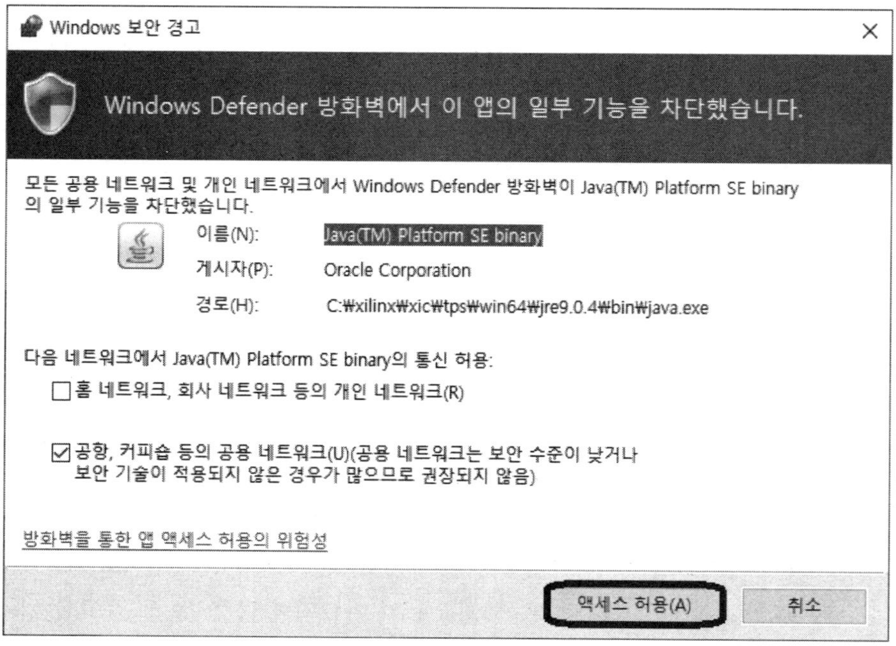

〈그림 A1.7 방화벽 차단에 대해 문의하는 창〉

3. 아래와 같이 Welcome 창이 열리면 하단의 Next Button을 Click하여 Tool의 설치를 시작한다.

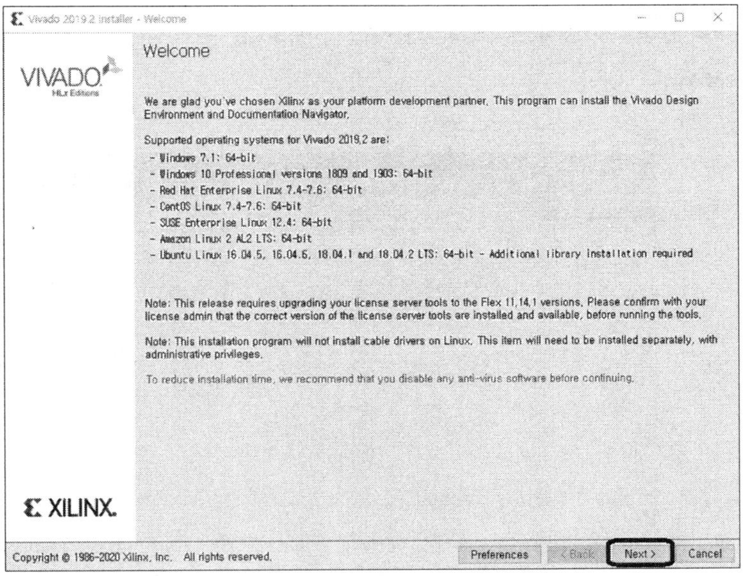

〈그림 A1.8 설치 시작을 알리는 창〉

4. XILINX의 License조건에 동의하는가를 묻는 창이 나타나면 세 가지 항목 모두 Agree에 Check를 하고 하단의 Next Button을 Click한다.

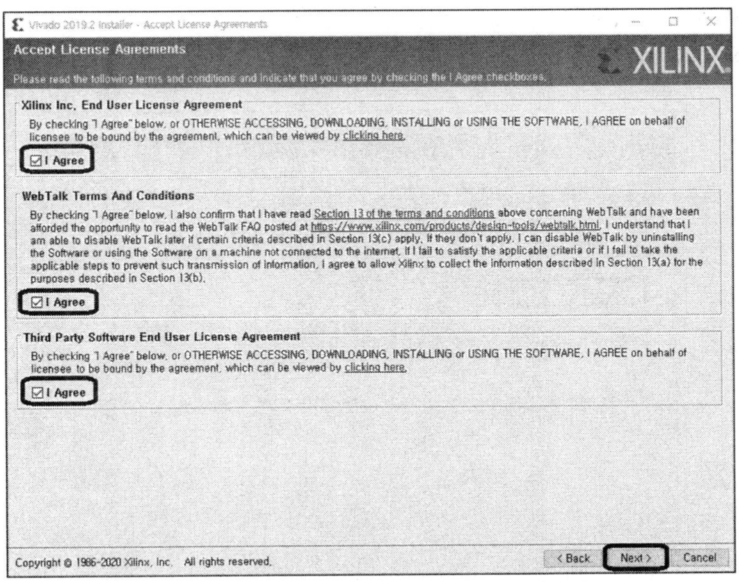

〈그림 A1.9 License조건에 대한 동의를 묻는 창〉

5. 설치할 Tool의 Edition을 선택하는 창이 나타나면 구매한 License가 있으면 해당하는 Edition을 선택하되 따로 구입한 License가 없으면 Vivado HL WebPACK을 선택하고 하단의 Next Button을 Click한다.
   A. 이 교재에서 사용하는 Device인 Artix-7 Series를 위해서는 무료 License인 WebPACK License면 된다.

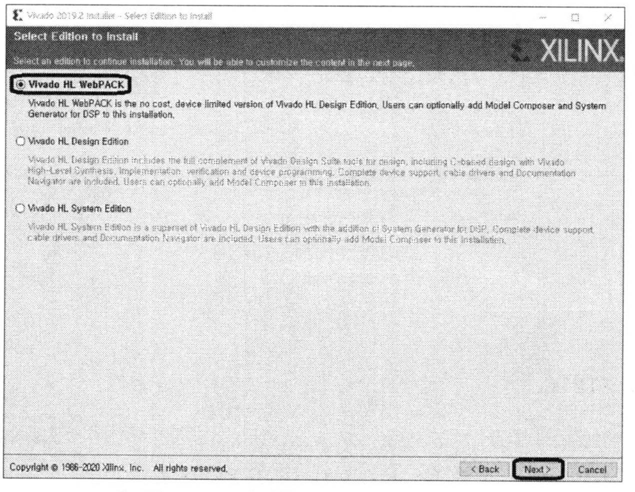

〈그림 A1.10 설치할 Edition을 선택하는 창〉

6. 설치할 Device에 대한 선택을 하는 창이 열리면 자신이 사용할 Device Series를 선택한다.
   A. 본 교재에서는 Artix-7을 사용하므로 이 항목만 선택해도 좋다.
   B. Installation Options에서 아래와 같이 Cable Driver와 License Manage항목을 선택하고 하단의 Next Button을 Click한다.

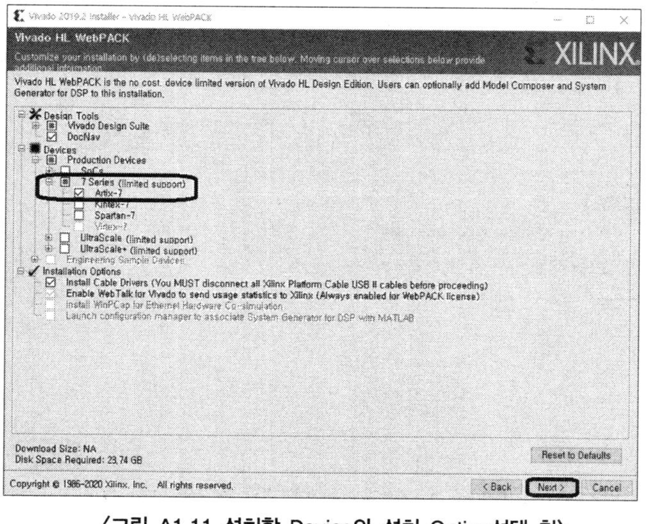

〈그림 A1.11 설치할 Device와 설치 Option선택 창〉

7. Tool을 설치할 위치를 선택하는 창이 나오면 Tool이 기본으로 제시하는 C:₩Xilinx를 그대로 두고 하단의 Next Button을 Click 한다. 설치할 Directory를 새로 생성할 것인가를 묻는 창이 나타나면 Yes를 선택한다.

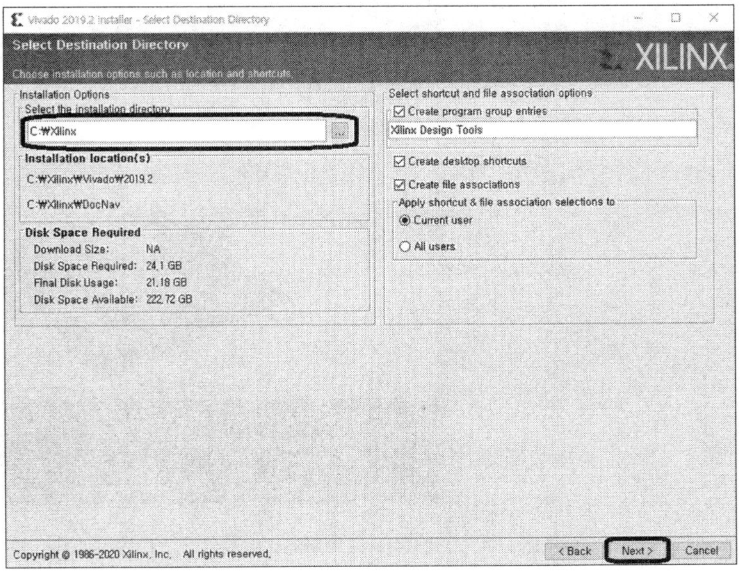

〈그림 A1.12 설치할 위치를 설정하는 창〉

7. 설치할 내용에 대한 요약내용을 보여주는 창이 나오면 내용을 확인하고 아래의 Install Button을 Click한다.

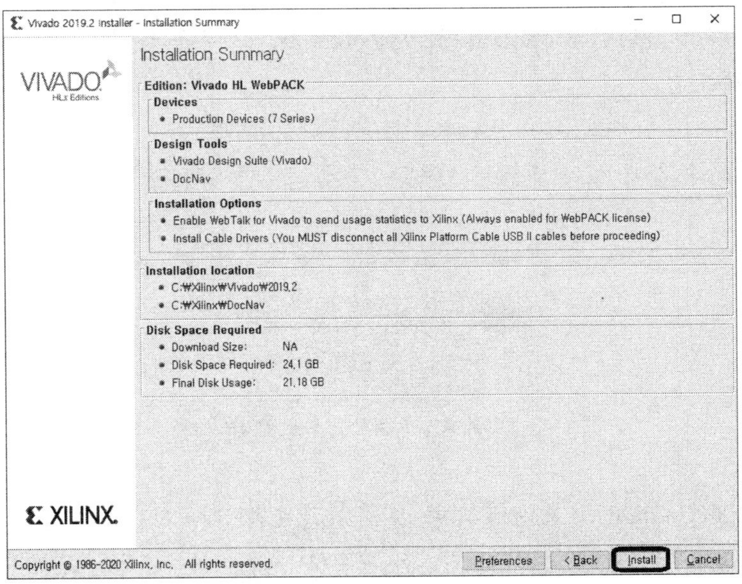

〈그림 A1.13 설치할 내용에 대한 요약 창〉

8. 설치 진행
   A. 진행률이 표시되는 설치화면이 몇 종류 바뀌면서 설치가 진행된다.

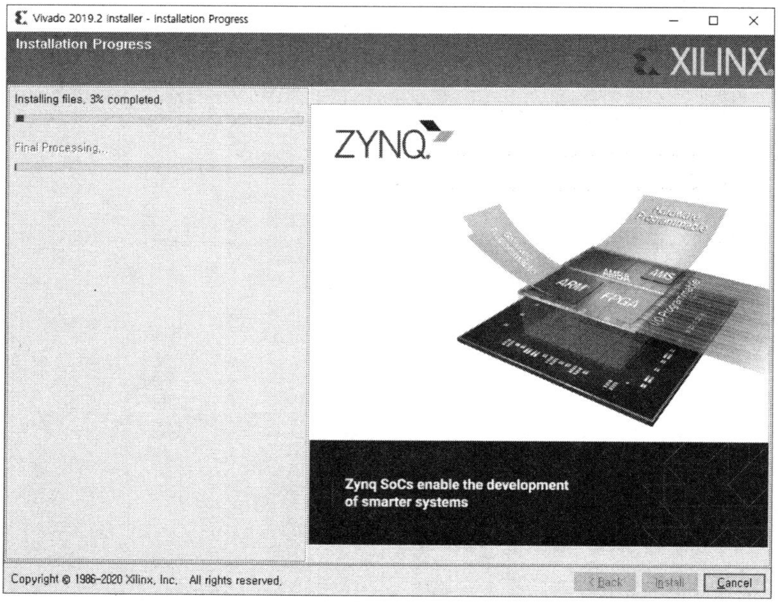

〈그림 A1.14 설치 진행률을 보여주는 설치 진행화면〉

9. 기본 프로그램의 설치가 완료되고 FPGA에 Download를 위한 Cable Driver 설치를 시작할 때 방화벽 차단에 대한 액세스 허용 여부를 묻는 창이 나오거나, Xilinx 소프트웨어에 대한 설치 여부를 묻는 창이 나타나는데, 이 때 FPGA에 Download 할 장비가 PC와 연결되어 있다면 분리하고 나서, 방화벽 액세스 허용을 선택하거나 소프트웨어 설치를 선택한다.

10. 아래와 같이 설치 완료를 알리는 창이 나오면 확인을 Click한다.

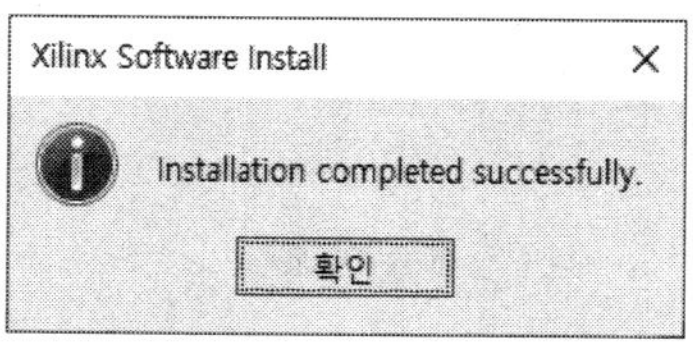

〈그림 A1.15 설치 완료를 알리는 창〉

이상으로 Xilinx VIVADO Tool에 대한 설치가 완료되었다. WebPack은 별도의 License가 필요치 않으므로 이제 Xilinx VIVADO Tool을 활용한 Digital 회로설계 학습을 진행하기 바란다.

부록 2 XILINX LUT(Look Up Table) 이해하기

XILINX사의 FPGA에서 사용자가 설계한 회로 가운데 조합회로 부분을 구현하는 요소는 기본적으로 LUT이다. LUT는 Look Up Table의 약자인데, 과거의 XILINX FPGA에서는 4 Input기반의 LUT4가 중심이었으나, 최신 Device인 7 Series에서는 6 Input LUT인 LUT6까지 확장되었다. 6 Input LUT는 4 Input LUT에 비해 활용의 폭이 크게 넓어졌지만 기본적인 개념은 4 Input LUT와 동일하다.

이번 단원에서는 4 Input LUT의 개념을 살펴보도록 한다.

4 Input LUT는 4 Input Address를 갖는 1bit SRAM으로 구현된다. LUT4 내부에는 1 bit RAM Cell 16개를 보유한 16×1 RAM이 장착되어 있어서 4 pin의 입력을 받아서 한 Pin의 출력을 갖는 모든 조합회로를 이 LUT로 구현할 수 있다.

DIN	Y
0000	0
0001	1
0010	1
0011	1
0100	0
0101	0
0110	1
0111	0
1000	1
1001	1
1010	1
1011	1
1100	0
1101	0
1110	1
1111	0

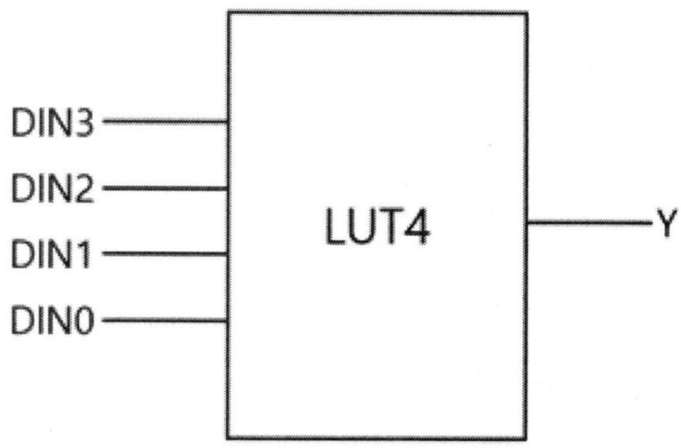

〈그림 A2.1 4 Input 회로에 대한 진리 표와 4 Input LUT Symbol〉

그림에 4bit의 입력 DIN을 받아서 출력 Y를 생성하기 위한 조합회로의 진리표와 이를 구현하는 LUT4에 대한 Symbol을 제시하였다. 모든 4 Input 1 Output에 대한 조합회로는 위의 그림과 같은 진리표로 작성하여 그 회로를 구현할 수 있다. 이러한 진리표를 Memory Table형태로 구현한 것이 LUT(Look Up Table)이다.

4bit입력이 0000~1111까지 변화할 때 그에 대응하는 진리 표 상의 결과 값을 생성하는데 있어서 입력 DIN을 Memory의 Address로 하여 진리표에서 얻고자 하는 결과를 해당 address에 기록해 두면 어떤 형태의 진리표이든 구현할 수 있게 된다.

설계자가 어떤 형태의 회로를 설계하든 회로합성 단계에서 Synthesis Tool은 4개의 입력을 갖고 하나의 출력을 내는 조합회로 성분을 찾아내서 이를 하나의 LUT4에 Memory Table로 구현하게 된다.

이러한 개념을 확장한 것이 LUT5, LUT6이다. LUT6는 6pin의 입력을 받아서 1pin의 출력을 내는 모든 조합회로를 LUT6 하나로 처리하도록 한다.

LUT의 핵심 개념은 조합회로 설계를 위한 진리표를 Memory Table로 변환하여 FPGA에 구현한다는 것이다.

부록 3 FPGA와 MICOM

사용자가 원하는 Digital 제어기능을 현장에서 구현하여 PCB의 Hardware로 구현할 수 있는 반도체에는 대표적인 것이 FPGA와 MICOM이 있다. 이 둘은 사용자가 원하는 동작의 Digital제어신호를 설계하여 구현할 수 있다는 점에 있어서는 공통점을 갖고 있으나, 두 종류의 반도체의 내부구조는 크게 다르다. 구조가 다르기 때문에 사용하는 용도도 서로 다르므로 사용자는 그 특징을 잘 이해하고 사용용도에 맞는 종류를 선정하여 자신의 Hardware로 구현해야 할 것이다.

FPGA와 MICOM의 특징들을 개략적으로나마 살펴봄으로써 사용자가 자신의 용도에 맞는 반도체를 선정하여 개발하는데 도움을 주고자 한다.

FPGA는 1과에서 소개했던 것처럼, 사용자가 원하는 제어의 내용을 Digital회로로 구현하는 것으로 FPGA의 내부에는 작은 Logic Unit들이 빽빽하게 형성되어 있고, 사용자가 설계한 회로를 이들 Logic Unit에 배치한 후에 사용자가 설계한 회로에 맞게 Logic Unit들 간의 신호를 연결하여 구현하게 된다. 가장 큰 특징은 FPGA에 구현된 모든 기능들은 동시에 구동이 된다는 점인데, MICOM이 한 순간에 하나의 기능에 대한 처리만 할 수 있는 것에 비해 동시에 원하는 기능들을 처리할 수 있다는 장점으로 해서 FPGA는 동작의 속도가 빠른 Application에 활용된다.

모든 회로의 구조와 전달지연시간 등을 설계자가 예측하고 관리해야 한다는 점은 사용자에게 많은 권한을 넘겨주는 대신 더욱 정밀한 제어를 해야 하는 결과에 대한 책임도 사용자가 담당해야 한다.

FPGA가 사용자로 하여금 회로의 성격과 구조를 설계할 수 있는 자유를 주면서 반대급부로 전달지연시간이나 FAN Out 등에 의한 회로 동작의 안정성 확보를 사용자가 담당하도록 한 것에 비해 MICOM은 내부의 Hardware적인 구조가 제조회사에 의해 정해져 있다.

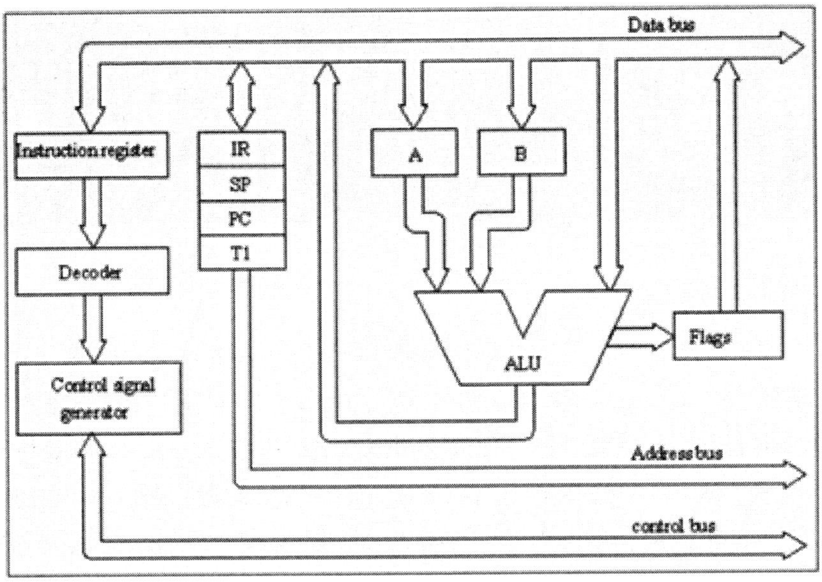

〈그림 A3.1 간단한 8bit MICOM Block Diagram〉

위의 그림에서 보듯이 MICOM의 내부는 ALU(Arithmetic Logic Unit)라는 덧셈, 뺄셈용 산술 연산 전용 Library와 정해진 입출력 Pin들, 규정된 수 만큼의 RAM, 제어할 내용을 담아두거나 Data ROM으로 활용할 수 있는 Memory공간과 이들을 연결해 주는 Data BUS와 Address BUS, Control Bus 형태의 고정된 구조를 갖는다.

모든 기능은 Address BUS와 Data Bus, Control Bus를 통해서 이루어지는데 예를 들어 덧셈 기능을 수행하려고 한다면 더하고자 하는 한 쪽의 값이 위치한 곳을 찾아서 Data Bus에 해당 Data를 올리고, ALU의 두 입력 Register중 하나에서 이 Data를 받아들이고, 이어서 다른 한 쪽의 Data를 Data Bus에 올려서 ALU의 다른 입력 Register에서 받아들이게 한 후에, ALU가 덧셈 연산을 실행하고, 이어서 ALU의 출력을 Data Bus에 올리고, 덧셈 결과를 저장할 위치에서 Data BUS에 올려진 덧셈 결과를 받아서 저장하게 한다.

이와 같이 MICOM은 모든 동작을 Address Bus와 Data Bus를 통해서 한 번에 하나씩의 동작을 여러 Cycle에 걸쳐서 동작을 수행하는 Single Processing 방식으로 처리함으로 해서 같은 동작을 처리하는데 있어서 FPGA 보다 더 많은 Clock Cycle이 필요하다.

대신 MICOM은 모든 내부 구조가 안정된 Timing을 제조사에서 보장하고 있기 때문에 설계자는 전달지연시간이나 FAN Out같은 회로 안정화를 위한 고민을 하지 않아도 된다.

FPGA는 처리속도가 빠른 특징을 갖고 있으며 회로의 용량과 입출력 Port의 수에 따라 다양한 제품 군을 보유하고 있는데, 가격은 MICOM에 비해서는 비싸다. 가장 저렴한 FPGA라 해도 10$이하의 것은 거의 드물고, 고성능 대용량 FPGA의 경우 수천$에 달하는 것도 있다.

MICOM은 처리속도가 상대적으로 느리고, 사용할 수 있는 입출력 Pin도 수십 개를 넘지 못하지만 처리할 수 있는 기능의 용량에 비해 가격이 저렴한 것이 특징이다. 1$ 이하의 것에서부터 시작하여 가장 비싼 것이어도 수십$을 넘지 않으며, MICOM개발을 위한 설계도 요즘은 C 언어에 의해 기능을 설계할 수 있어서, MICOM으로 구현되는 프로그램을 Software같으면서도 Hardware반도체에 구현된다고 해서 Firmware라고 부른다.

간단하게 FPGA와 MICOM의 특징에 대해 살펴보았는데, 한 마디로 요약하면 속도가 빠르고 입출력 Pin이 많이 필요한 곳에는 FPGA가 적합하고, 처리속도가 빠르지 않으면서 입출력 Pin이 많이 필요하지 않은 곳에는 MICOM으로 구현하는 것이 바람직한 접근이 될 것이다.

MICOM이냐 FPGA냐를 선택하는데 있어서 또 한 가지 중요한 요소는 이들에 대한 설계 방법이 확연히 다르다는 점이다. MICOM은 C언어를 프로그램 할 수 있는 사람이면 Digital회로의 Hardware적인 특징이나 구조에 대해 잘 알지 못해도 프로그램에 필요한 ALU나 Register들의 동작에 대한 이해만 있으면 MICOM을 개발할 수 있다. 그러나 FPGA를 사용하여 Hardware를 구현하려면 앞에서 살펴보았던 전달지연시간이나 FAN out, Glitch같은 회로의 안정성을 저해하는 Hardware적인 요인들에 대해 이해하며 관리할 수 있는 지식과 경험이 없으면 안정된 회로를 구현하기가 쉽지 않다는 점을 기억하고 있어야 한다.

자신이 구현하려는 환경에 대한 이해 뿐만 아니라 자신에게 익숙한 설계 방법을 충분히 고려하여 적용할 반도체를 선정하는 것이 개발기간, 개발의 결과물의 안정성, 비용 등을 계획한 대로 관리할 수 있는 방법이 될 것이다.

부록 4 실습장비 JFK-100A Board 활용을 위한 자료

부록 4에서는 이 교재의 실습에 사용한 실습장비인 JFK-100A 보드에 탑재된 Hardware에 대한 간략한 설명을 하도록 한다. 이 설명을 바탕으로 독자들은 이 장비를 활용하여 Digital 회로에 대한 다양한 Application을 구현할 수 있을 것이다.

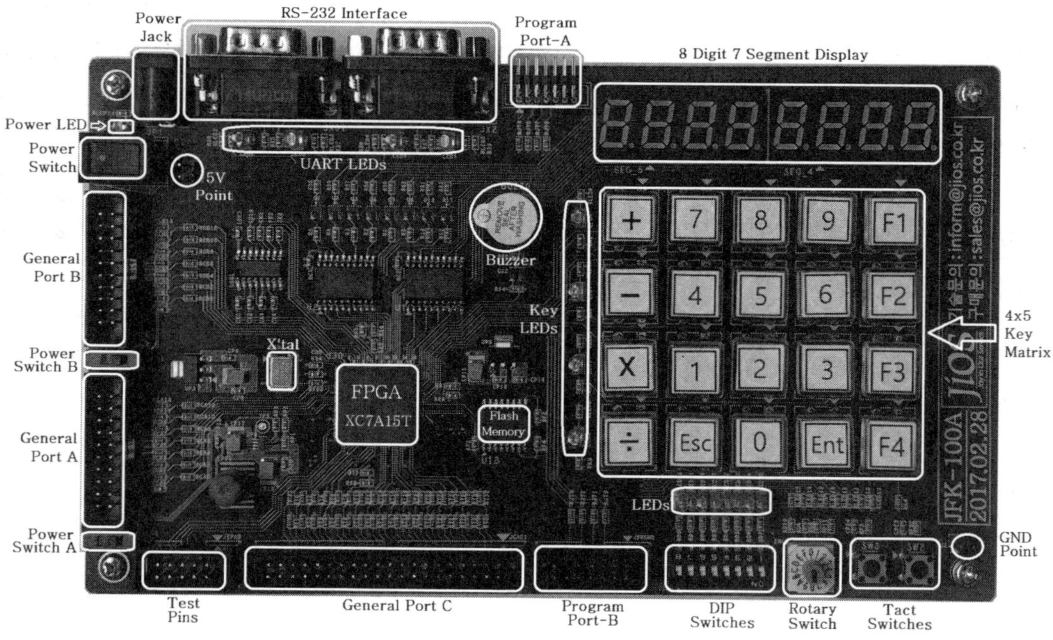

〈그림 A4.1 실습장비 JFK-100A Board 사진〉

위의 그림에 실습장비 JFK-100A Board에 대한 사진을 제시하였다. FPGA는 Xilinx사의 Artix-7 Series XC7A15T Chip을 사용하였고, X'tal Oscillator는 10MHz 발진기를 사용하였으며, 외부로부터 공급되는 전원은 DC5V를 공급하도록 설계되었다.

먼저 외부와 연결되는 커넥터들에 대해 설명하고, FPGA Chip의 USER I/O Port들에 대한 Pin에 대한 정보를 제시하도록 한다.

❙ 외부 연결 커넥터들

1. Power Jack : DC5V전원을 공급해 준다.
2. RS-232 Interface Connector
   A. 표준 9pin D-Sub Connector를 사용하였다.
   B. 좌측의 JX01 커넥터에 TXSD0, RXSD0가 연결되고, 우측 JX2 커넥터에 TXSD1, RXSD1이 연결된다.
   C. 두 커넥터 모두 2번 Pin에 RX, 3번 Pin에 TX, 5번 Pin에 Ground신호가 연결된다.
3. General Port A, General Port B
   A. 외부의 다른 회로기판과 신호를 주고받을 수 있는 20 Pin 커넥터.
   B. 20 Pin중 14Pin이 Data신호로 할당되어 있다.
   C. General Port A, B의 가장 큰 특징은 커넥터 하단에 부탁된 Slide Switch에 의해 커넥터에 5V전원을 공급하도록 한 것이다.

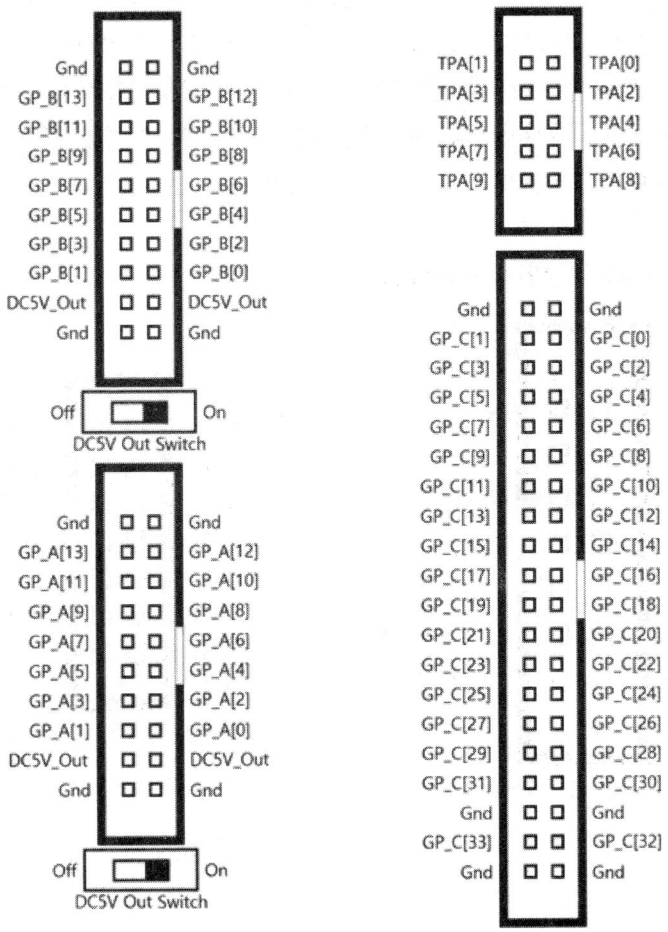

〈그림 A4.2 General Port연결 커넥터들〉

General Port A와 General Port B를 통해 연결되는 PCB에 5V전원을 공급해 줌으로써 전원공급이 필요한 작은 PCB에 별도의 전원 없이 이 보드를 통해 공급하는 전원으로 해당 보드를 구동할 수 있게 하였다. 지나치게 전류를 많이 소모하는 보드는 사용을 피하기 바란다.

4. General Port C
   A. FPGA의 신호를 관측하기 위한 목적의 40pin 커넥터.
   B. 6pin의 Ground Pin과 34pin의 Data Pin이 연결되어 있다.
5. Test Pins
   A. 10pin의 Data pin으로 구성된 순수한 Test Pin.
   B. 신호를 관측하거나, FPGA에서 어떤 신호를 생성하여 회로에 공급할 필요가 있을 때 등 다양한 용도로 활용할 수 있다.

다른 Hardware들은 실습에서 다뤄본 회로들이므로 용도가 떠오르지 않는 Hardware들은 목차나 색인을 보면서 해당 Hardware의 실습부분을 참고하기 바란다.

다음 Page에 JFK-100A실습장비에 장착된 FPGA의 Pin가운데 사용자가 활용할 수 있는 모든 Pin에 대한 정보를 표로 제시하였다. 이 표를 바탕으로 실습장비를 활용해 구현해 보고자 하는 회로들을 다양하게 구현해 볼 수 있을 것이다.

▎FPGA Program을 위한 Connector

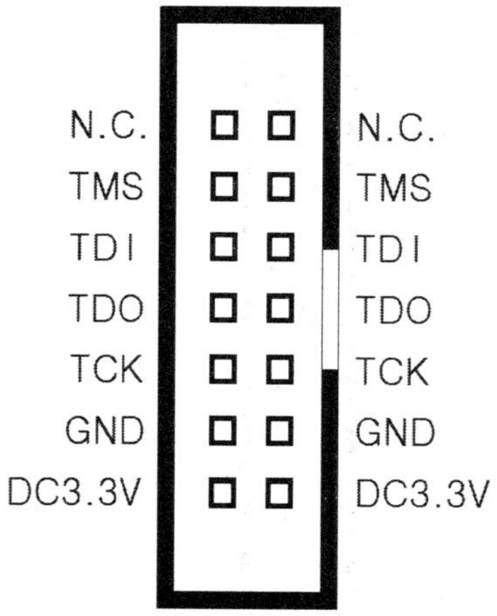

JPRGM0 (2.54mm)

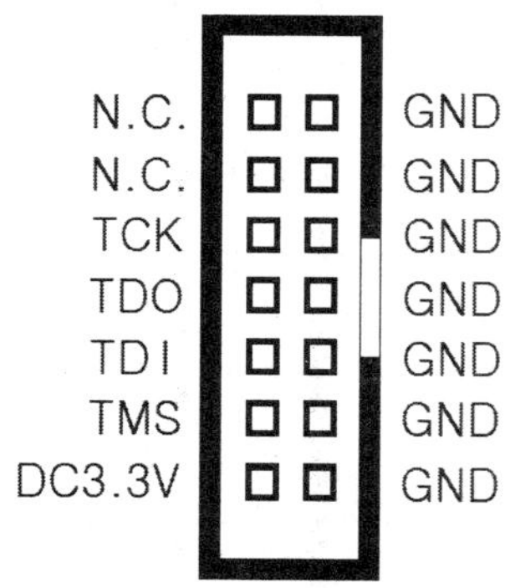

JPRGM1 (2.00mm)

FPGA Pin 번호 Table

Pin Name	Pin번호	전압 Type
rst	D3	LVCMOS33
clk	D4	LVCMOS33
key1	H13	LVCMOS33
key0	H14	LVCMOS33
buzz	B16	LVCMOS33
rxsd1	A5	LVCMOS33
rxsd0	A7	LVCMOS33
txsd1	B6	LVCMOS33
txsd0	B7	LVCMOS33
enc[0]	J15	LVCMOS33
enc[1]	H12	LVCMOS33
enc[2]	J16	LVCMOS33
enc[3]	F12	LVCMOS33
dip[0]	K12	LVCMOS33
dip[1]	K13	LVCMOS33
dip[2]	L14	LVCMOS33
dip[3]	M16	LVCMOS33
dip[4]	L13	LVCMOS33
dip[5]	M15	LVCMOS33
dip[6]	M14	LVCMOS33
dip[7]	N16	LVCMOS33
key_in[0]	E15	LVCMOS33
key_in[1]	G15	LVCMOS33
key_in[2]	D16	LVCMOS33
key_in[3]	C12	LVCMOS33
key_in[4]	D15	LVCMOS33
key_out[0]	D13	LVCMOS33
key_out[1]	G16	LVCMOS33
key_out[2]	E16	LVCMOS33
key_out[3]	D11	LVCMOS33
tx_led0	C9	LVCMOS33
tx_led1	D10	LVCMOS33
rx_led0	D9	LVCMOS33
rx_led1	C11	LVCMOS33
add_led	C16	LVCMOS33
sub_led	F15	LVCMOS33
mul_led	H16	LVCMOS33
div_led	C13	LVCMOS33
led[0]	G12	LVCMOS33
led[1]	G14	LVCMOS33
led[2]	F13	LVCMOS33
led[3]	F14	LVCMOS33
led[4]	E12	LVCMOS33
led[5]	E13	LVCMOS33
led[6]	C14	LVCMOS33
led[7]	D14	LVCMOS33

Pin Name	Pin번호	전압 Type
seg_d[0]	A14	LVCMOS33
seg_d[1]	B14	LVCMOS33
seg_d[2]	A15	LVCMOS33
seg_d[3]	B15	LVCMOS33
seg_d[4]	B11	LVCMOS33
seg_d[5]	A12	LVCMOS33
seg_d[6]	B12	LVCMOS33
seg_d[7]	A13	LVCMOS33
seg_com[0]	D8	LVCMOS33
seg_com[1]	C8	LVCMOS33
seg_com[2]	H11	LVCMOS33
seg_com[3]	G11	LVCMOS33
seg_com[4]	A9	LVCMOS33
seg_com[5]	B9	LVCMOS33
seg_com[6]	A10	LVCMOS33
seg_com[7]	B10	LVCMOS33
gp_a[0]	H1	LVCMOS33
gp_a[1]	H4	LVCMOS33
gp_a[2]	H2	LVCMOS33
gp_a[3]	H3	LVCMOS33
gp_a[4]	G1	LVCMOS33
gp_a[5]	G4	LVCMOS33
gp_a[6]	G2	LVCMOS33
gp_a[7]	F5	LVCMOS33
gp_a[8]	F2	LVCMOS33
gp_a[9]	F3	LVCMOS33
gp_a[10]	E1	LVCMOS33
gp_a[11]	F4	LVCMOS33
gp_a[12]	E2	LVCMOS33
gp_a[13]	E3	LVCMOS33
gp_b[0]	B1	LVCMOS33
gp_b[1]	C1	LVCMOS33
gp_b[2]	B2	LVCMOS33
gp_b[3]	C2	LVCMOS33
gp_b[4]	A2	LVCMOS33
gp_b[5]	C3	LVCMOS33
gp_b[6]	A3	LVCMOS33
gp_b[7]	C4	LVCMOS33
gp_b[8]	B4	LVCMOS33
gp_b[9]	D5	LVCMOS33
gp_b[10]	A4	LVCMOS33
gp_b[11]	D6	LVCMOS33
gp_b[12]	B5	LVCMOS33
gp_b[13]	C6	LVCMOS33

Pin Name	Pin번호	전압 Type
tp[0]	P1	LVCMOS33
tp[1]	R1	LVCMOS33
tp[2]	R2	LVCMOS33
tp[3]	T2	LVCMOS33
tp[4]	P5	LVCMOS33
tp[5]	P4	LVCMOS33
tp[6]	P3	LVCMOS33
tp[7]	R3	LVCMOS33
tp[8]	T3	LVCMOS33
tp[9]	T4	LVCMOS33
gp_c[0]	R5	LVCMOS33
gp_c[1]	P6	LVCMOS33
gp_c[2]	T5	LVCMOS33
gp_c[3]	R6	LVCMOS33
gp_c[4]	R7	LVCMOS33
gp_c[5]	N6	LVCMOS33
gp_c[6]	T7	LVCMOS33
gp_c[7]	R8	LVCMOS33
gp_c[8]	T8	LVCMOS33
gp_c[9]	P8	LVCMOS33
gp_c[10]	T9	LVCMOS33
gp_c[11]	N9	LVCMOS33
gp_c[12]	T10	LVCMOS33
gp_c[13]	P9	LVCMOS33
gp_c[14]	R10	LVCMOS33
gp_c[15]	P10	LVCMOS33
gp_c[16]	R11	LVCMOS33
gp_c[17]	N11	LVCMOS33
gp_c[18]	P11	LVCMOS33
gp_c[19]	N12	LVCMOS33
gp_c[20]	T12	LVCMOS33
gp_c[21]	N13	LVCMOS33
gp_c[22]	R12	LVCMOS33
gp_c[23]	P13	LVCMOS33
gp_c[24]	T13	LVCMOS33
gp_c[25]	M12	LVCMOS33
gp_c[26]	R13	LVCMOS33
gp_c[27]	P14	LVCMOS33
gp_c[28]	T15	LVCMOS33
gp_c[29]	N14	LVCMOS33
gp_c[30]	R15	LVCMOS33
gp_c[31]	R16	LVCMOS33
gp_c[32]	P16	LVCMOS33
gp_c[33]	P15	LVCMOS33

부록 5 양방향 입출력 Port 구현을 위한 Verilog HDL

부록 5에서는 이 교재에서는 학습하지 않았지만 FPGA로 Hardware를 구현함에 있어서 반드시 알고 있어야 할 양방향 입출력 Port에 대한 활용방법을 소개하고자 한다.

Digital 회로를 설계하다 보면 다른 Digital IC와 Data를 주고받을 때 같은 Port를 사용하여 Data를 내보내기도 하고, Data를 받기도 하는 양방향 입출력 Port를 사용할 경우가 있다. 여러 IC들 간에 Data를 주고받기 위하여 PCB상에 Data Bus를 구성하여 특정 순간에는 한 IC만 Bus에 출력을 올리고, 다른 IC중 해당 Data를 필요로 하는 곳에서 Data를 내려 받을 수 있는 형태로 운영하게 될 경우 같은 Port를 통해 Data를 내보내기도 하고 내려 받기도 하는 양방향 Control이 반드시 필요하다.

▌부록 5.1 : High Impedance 출력제어를 위한 Verilog HDL

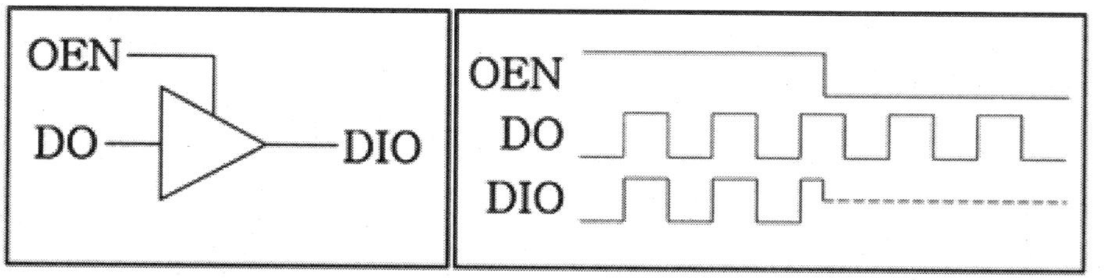

〈그림 A5.1 Out Enable Buffer〉

〈그림 A5.1〉에 Out Enable Buffer에 대한 Symbol과 동작에 대한 Timing Chart를 제시하였다. OEN신호와 DO신호는 FPGA내부에서 발생하는 신호이며, DIO는 FPGA외부의 신호를 나타낸다. OEN신호를 1로 설정하면 FPGA의 외부신호인 DIO에는 DO신호가 나타난다. OEN신호를 0으로 설정하면 DO신호는 차단되고 DIO에는 다른 곳에서 값을 전달하지 않는 한 1이라고 할 수도 없고, 0이라고 할 수도 없는 애매한 불명확한 상태가 된다. 이러한 상태를 High Impedance 또는 tri state, 줄여서 Hi-Z상태라고 한다.

DIO가 연결되는 FPGA 외부의 회로에 Digital 회로의 전원과 DIO 사이에 10K Ohm의 Pull-Up저항을 붙인다면 OEN이 1일 때에는 Pull-Up저항에 의한 전류보다 DO가 공급하는 전류가 더 크기 때문에 DO의 값이 나타나고, OEN이 0으로 설정되었을 때 DIO는 1의 값을 갖게 될 것이다. 어떤 목적을 위해 의도적으로 외부로 신호를 내 보내지 않으려는 용도의 출력 Buffer를 Out Enable Buffer라고 한다.

출력 Port를 제어함에 있어서 내부의 출력을 내보내거나 Hi-Z상태로 제어하기 위한 Verilog HDL Code를 아래에 제시하였다.

```
module hi_z
(
input  din  ,
input  oen  ,
output dout
);

assign dout = (~oen) ? (1'bz) : din ;

endmodule
```

〈그림 A5.2 hi_z 제어 Verilog HDL Code〉

▎부록 5.2 : 양방향 입출력제어를 위한 Verilog HDL

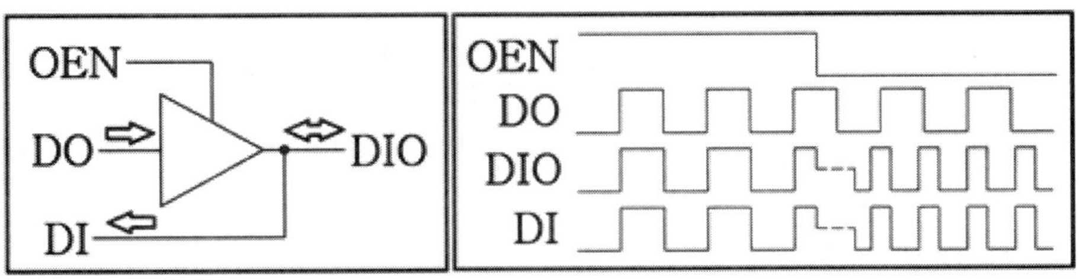

〈그림 A5.3 양방향 입출력 Port〉

〈그림 A5.3〉에 양방향 입출력 Port를 제어하기 위한 회로 Symbol과 양방향 입출력 제어에 대한 Timing Chart를 제시하였다. 그림에서 보듯이 OEN 신호가 1일 때에는 FPGA의 외부 Pin DIO에 FPGA 내부 신호인 DO의 값이 전달된다. 이 때 PCB의 다른 부품은 이 DIO 신호에 값을 공급하면 안된다. OEN이 0이 되는 순간 DO신호가 DIO에 전달되는 것이 차단되어 DIO Port에 다른 곳으로부터 신호공급이 없으면 Hi-Z상태가 된다. 위의 Timing Chart에서는 OEN이 0이 되고 나서 잠시 후부터 다른 신호 공급원으로부터의 신호가 공급되기 시작하는 파형을 보여주고 있다.

OEN이 0일 때 다른 신호 공급원으로부터 공급되는 신호를 FPGA가 받아들이기 위하여 위의 그림의 좌측 Symbol에서 나타내었듯이 DI신호가 DIO를 받아들이게 된다.
아래에 양방향 입출력 Port를 활용하는 Verilog HDL Code를 제시하였다.

```
module bi_dir
(
input   oen         ,
input   din         ,
inout   dio
);

wire    di;

assign dio = (~oen)?(1'bz):din;

assign di = dio;

endmodule
```

〈그림 A5.4 양방향 입출력 제어를 위한 Verilog HDL Code〉

양방향 입출력 Port제어를 위한 Verilog HDL Code는 앞에서 다루었던 hi_z.v와 기본동작은 동일하지만 dio에 대한 선언이 inout으로 선언되어 input과 output 겸용으로 사용되었음을 나타내었다. 그리고 dio신호를 받아서 FPGA내부에서 활용하기 위한 내부 신호 di를 wire로 선언하였고 이를 받아들이는 회로가 추가되었다.

부록 5에서 소개한 high impedance 상태나 양방향 신호는 FPGA가 외부와의 Interface를 할 때 사용되는 제어방법들이며, FPGA내부에서는 high impedance 상태나 양방향 신호를 정의할 수 없다. FPGA 내부에서 BUS 신호를 활용할 필요가 있을 때에는 Multiplexer를 활용하여 BUS에 값을 올릴 내부 신호를 선택하는 형태로 접근하여야 한다.

부록 6 Flash Memory로 Booting하기

XILINX FPGA는 SRAM Base의 FPGA이다. SRAM Base로 제작된 FPGA는 회로의 동작에 대한 내용을 외부에서 받아서 FPGA내부의 SRAM으로 구성된 영역에 저장한 상태에서 사용자가 원하는 동작을 수행한다.

지금까지 여러분은 PC에서 설계한 회로들을 Bit-Stream file로 생성하여 Hardware Manager를 통해 FPGA에 Program하는 형태로 FPGA의 SRAM영역에 설계한 내용을 전달하는 형태로 FPGA에 대한 Hardware 동작을 확인하였다.

이렇게 FPGA의 동작을 실행하는 File을 PC에서 FPGA에 Program한 내용들은 FPGA가 장착된 Board의 전원을 끌 때 FPGA의 내용들도 그 값을 잃어버리게 된다.

전원을 다시 켰을 때 FPGA에 동작을 지시할 회로의 내용을 다시 Program해 주어야 FPGA가 동작을 할 수 있는데, 개발 단계에서는 회로를 수정해 가면서 수시로 PC에서 직접 Program을 하는 것이 합리적이지만, 개발의 마무리 단계에서는 Hardware Board상에 Flash Memory를 구성해 두고 전원이 켜질 때 Flash Memory에 담겨있던 FPGA 동작에 대한 내용을 FPGA가 받아들여서 동작을 수행하도록 한다.

부록 6에서는 bit stream file로부터 Flash Memory에 Program할 data file을 생성하여 Flash Memory에 Program하는 방법을 살펴본다.

▌부록 6.1 : Flash Memory로 Booting하기 xl

1. Flash Memory에 Program할 file생성하기

   6과나 7과에서 작업한 내용 가운데 Hardware Board에서의 동작을 확인한 bit stream file로부터 시작하여 아래의 순서에 따라 작업을 진행하도록 한다.

   A. Bit stream file이 생성되어 있으면 VIVADO Tool상단의 메뉴에서 아래의 그림과 같이 Tools/Generate Memory Configuration File을 선택한다.

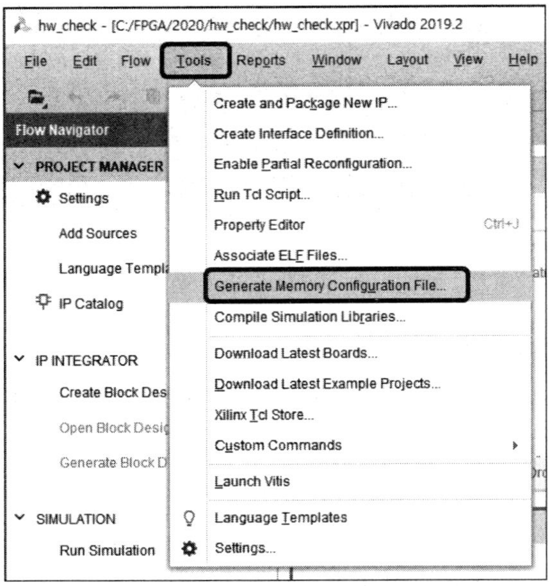

〈그림 A6.1 Memory Configuration File생성을 위한 선택 창〉

B. 아래와 같이 Memory Configuration File을 생성하기 위한 창이 열린다.

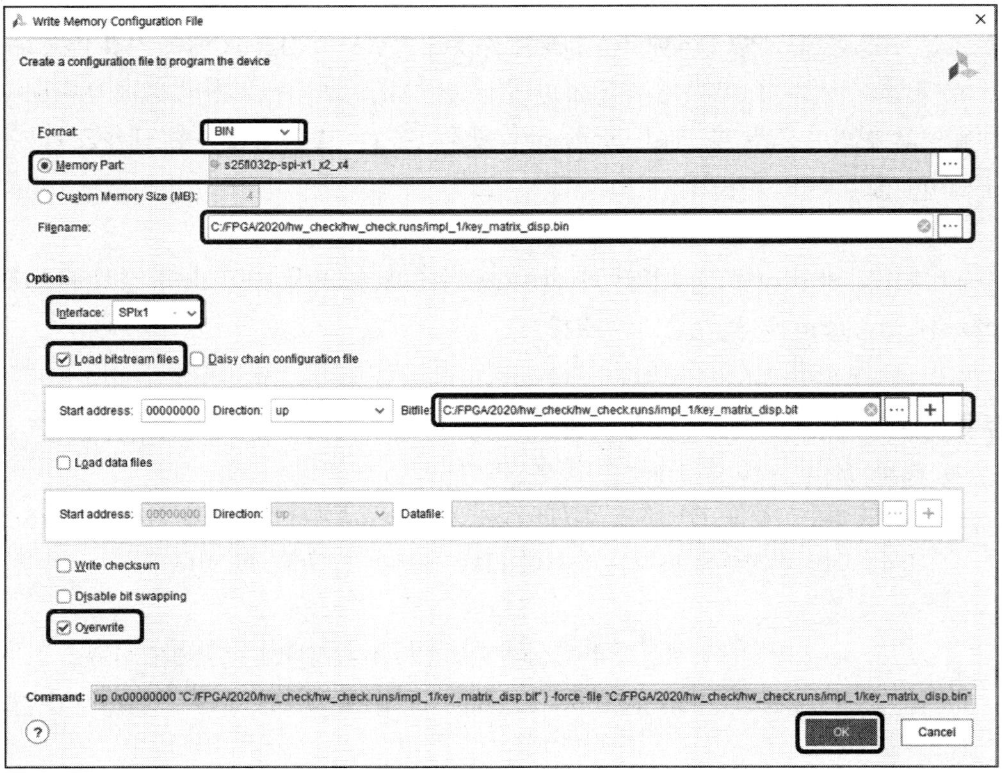

〈그림 A6.2 Memory Configuration File선택항목 창〉

① 가장 상단의 Format항목은 bin type으로 설정하고, Memory Part를 선택하는데 우측 선택 Button을 눌러서 Flash Memory를 Spansion사의 32M bit Flash인 s25fl032p-spi-x1_x2_x4를 선택한다.

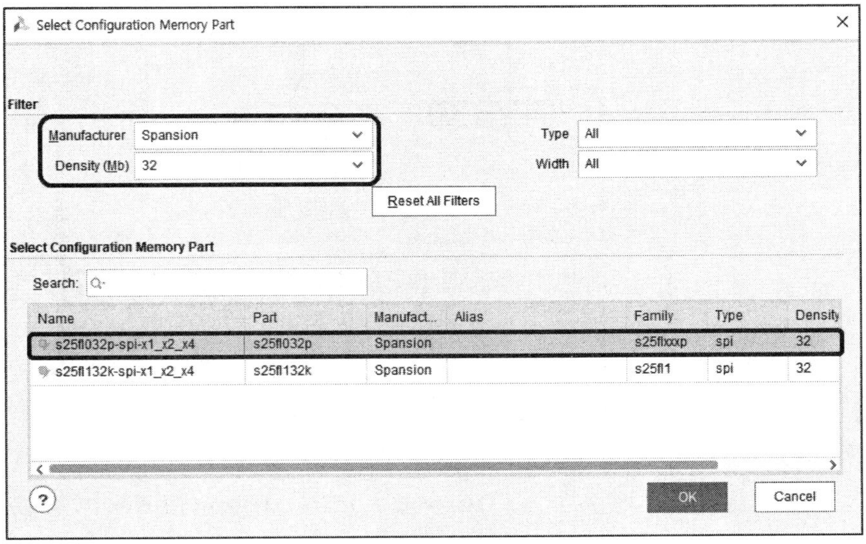

〈그림 A6.3 Spansion사의 32M bit Flash선택을 위한 창〉

② 다음으로 Filename을 지정하는 칸에는 우측의 선택 Button을 눌러 현재 Project 아래에서 runs/impl_1/〈top module name〉.bin으로 지정한다.

③ Options 항목에서

- Interface칸에서는 SPIx1을 선택한다.
- Load bit stream files 좌측의 Check Box를 Check한다.
- Bit stream file을 지정하는 칸 우측의 선택 Button을 눌러 현재 Project에서 생성했었던 bit file을 지정한다.

④ 하단 부근 좌측의 Overwrite 왼쪽 옆에 있는 Check Box를 Check한다. 여기를 Check하는 의미는 다음에 수정사항이 발생하였을 경우 같은 이름의 Memory Configuration File을 생성할 때 기존 File에 덮어쓰기를 허락한다는 의미이다.

⑤ 하단의 OK Button을 Click하여 Memory Configuration File에 대한 선택사항을 마무리하고 Flash Memory에 Program할 File을 생성한다.

2. Target Flash Memory 등록하기

이제 Board에 장착된 Flash Memory에 Program하기 위하여 Hardware Manager에 해당 Flash Memory를 등록하는 절차를 밟도록 한다.

A.아래 그림과 같이 Hardware Manager에서 FPGA를 선택한 후 우측 마우스 Button을 Click하고 Add Configuration Device…를 선택한다.

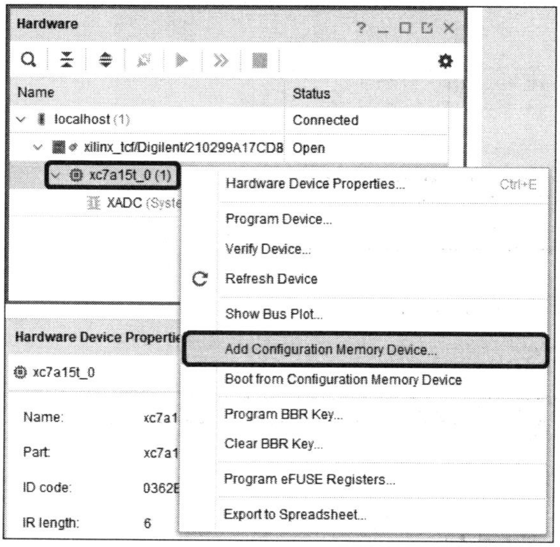

〈그림 A6.4 Flash Memory를 Hardware Manager에 등록하기 위한 창〉

B. 아래의 그림과 같이 추가할 Memory Part를 선택하는 창이 나오면 제조사를 Spansion을 선택하고, 하단에 앞에서 선택한 s25fl032p-spi-x1_x2_x4 device가 선택된 것을 확인한 후 OK Button을 Click한다.

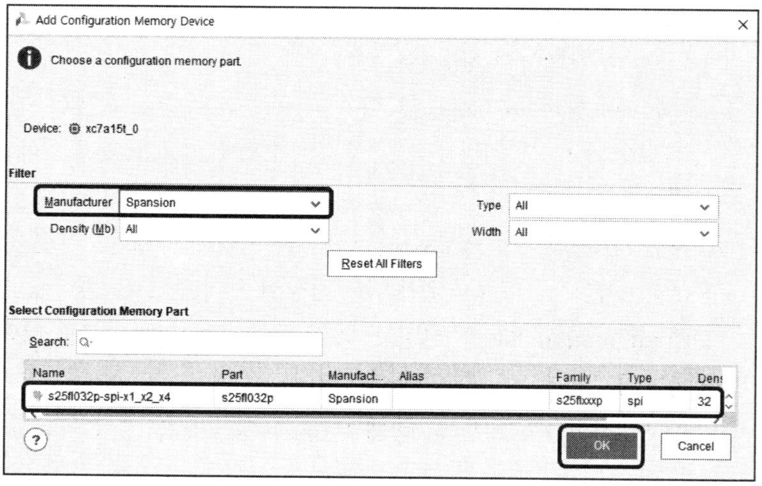

〈그림 A6.5 추가할 Configuration Memory Device를 지정하는 창〉

C. 지금 프로그램 할 것인가를 묻는 창에서 OK를 선택해도 되지만 지금은 Cancel을 선택하고 Flash Memory가 FPGA아래에 추가된 것을 확인한다.

3. Flash Memory에 Program하기

A. 아래의 그림과 같이 Flash Memory를 선택하고 우측 마우스 Button을 눌러 Program Configuration Memory Device메뉴를 선택한다.

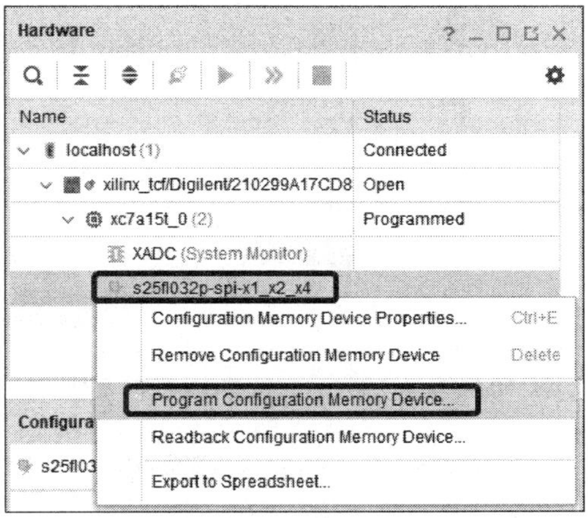

〈그림 A6.6 Flash Memory에 Program하기 위한 창〉

B. 아래의 그림과 같이 Flash Memory에 Program할 File과 Option을 선택하는 창이 나타난다.

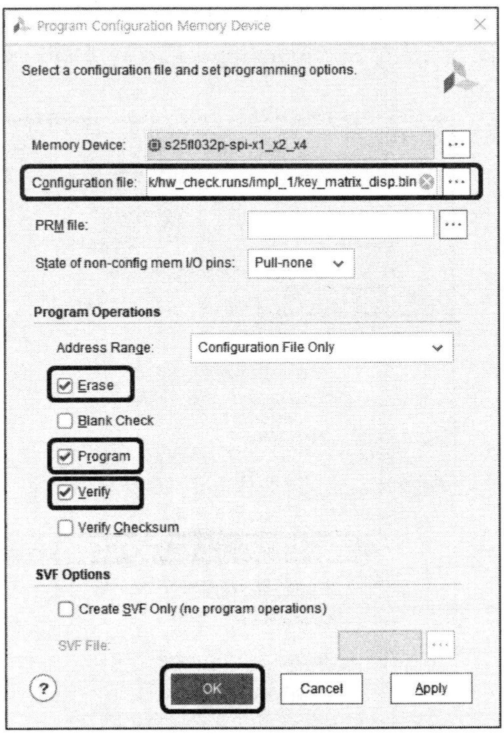

〈그림 A6.7 Configuration File과 Option 선택을 위한 창〉

① Configuration File을 지정하는 칸에서 우측 선택 Button을 Click하여 앞에서 생성한 bin file을 선택한다.

② Option칸에서는 Erase, Program, Verify의 3개 항목을 Check한다.

③ 하단의 OK Button을 Click하면 Flash Memory에 Program에 대한 진행을 알리는 창이 열리고 Program이 완료되면 Program이 완료되었음을 알리는 창이 열린다.

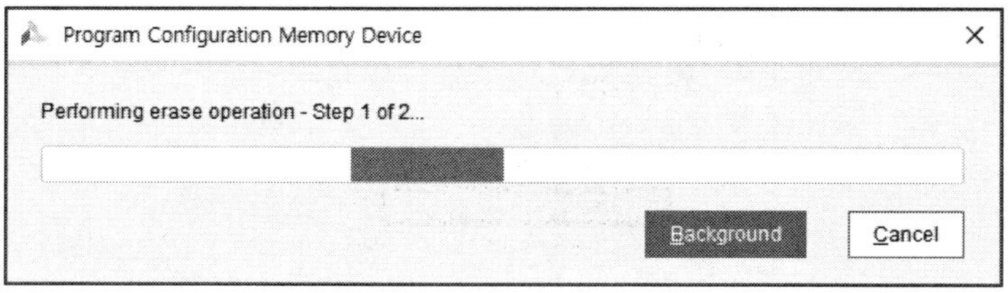

〈그림 A6.8 Flash Memory로의 Program이 진행되고 있음을 알리는 창〉

4. Booting : FPGA에서 Flash Memory 내용 받아들이기

Flash Memory에 Program이 완료되면 Flash Memory의 내용을 FPGA가 받아들여서 동작시키는 과정을 진행해야 하는데 VIVADO Program상에서 실행하는 방법과 전원을 껐다가 켜는 Booting에 의한 방법이 있다.

A. VIVADO Tool에서 Booting하기

① 아래의 그림과 같이 Hardware Manager에서 FPGA를 선택하고 마우스 우측 버튼을 눌러 Boot from Configuration Memory Device를 선택한다.

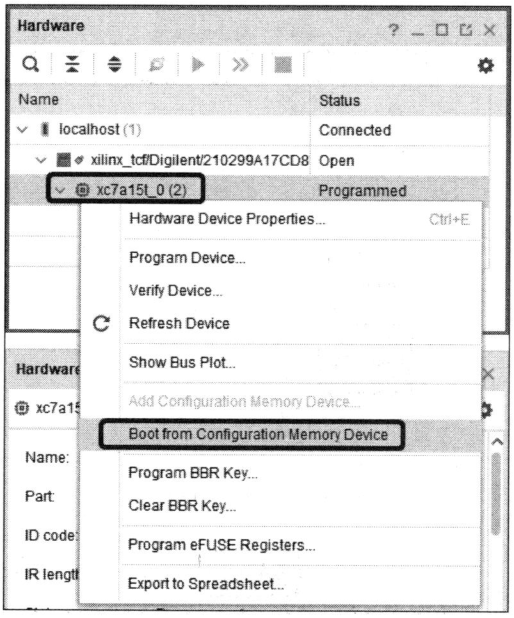

〈그림 A6.9 VIVADO Tool에서의 Booting〉

② Flash에서 Booing이 진행되고 있음을 알려주는 창이 잠시 나온 후 사라지면서 Board에 장착된 FPGA의 동작이 시작된다.

B. 전원에 의한 Power Booting

Flash Memory에 대한 Program이 완료된 상태에서 아래의 동작을 실행한다.

① 먼저 Hardware Board의 전원을 끈다.

② PC와 연결된 Download Cable을 분리한다.

③ Hardware Board의 전원을 켠다.

④ FPGA의 동작이 시작될 때까지의 시간을 측정하여 기록해 본다.

⑤ FPGA의 동작이 정상적으로 실행됨을 확인하였으면 Flash Memory에 의한 Booing에 성공한 것이다.

지금까지 진행한 Flash Memory에 대한 Programing은 Flash Memory의 data를 1bit단위로 기록하고, 읽어 들이도록 실행한 것이다. 실습장비의 FPGA와 Flash Memory간의 Interface는 1bit 모드와 4bit 모드를 모두 다 적용할 수 있도록 구성되어 있다. 이제 4bit단위로 Flash Memory를 기록하고 읽어 들이는 과정을 진행해 보자.

부록 6.2 Flash Memory로 Booting하기 x4

Flash Memory를 4bit 모드로 활용하기 위해서는 bit stream file을 생성할 때 xdc file에 아래와 같은 line을 추가한 후에 synthesis부터 다시 실행해야 한다.

```
set_property BITSTREAM.CONFIG.SPI_BUSWIDTH 4 [current_design]
```

보드의 전원을 끄고 PC와 보드 사이에 Download Cable을 연결하고, 보드의 전원을 켠 상태에서 아래의 작업을 진행한다.

1. bit stream file생성 새로 하기
   A. XDC File에서 가장 아래의 줄에 위의 내용을 한 줄 추가한다.
   B. Bit stream file을 다시 생성한다.
2. Flash Memory에 Program할 file생성하기
   A. 아래의 그림과 같이 bin file을 생성할 때 4bit 모드임을 알 수 있도록 bin file이름을 지정한다.

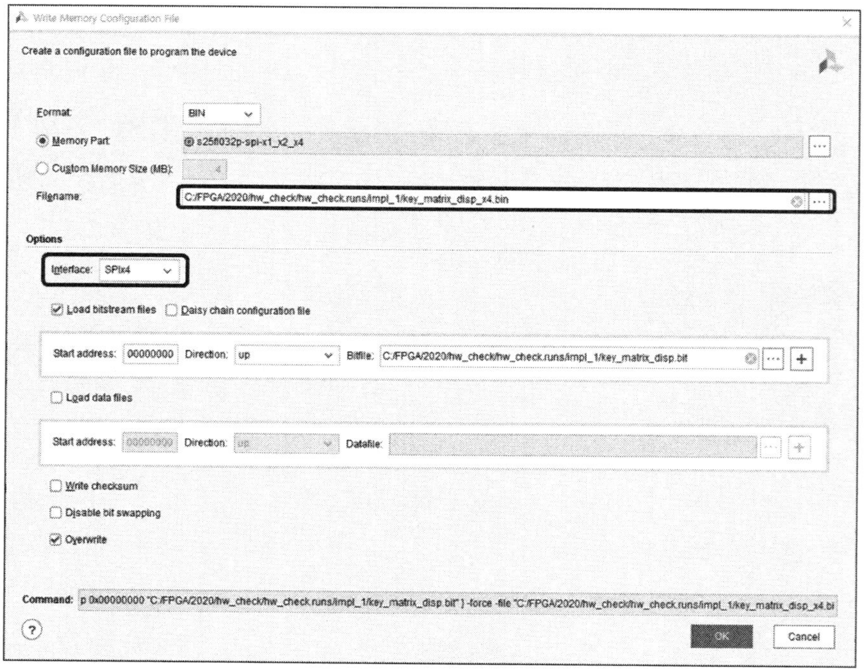

〈그림 A6.10 4bit 모드를 위한 Configuration File생성을 설정하는 창〉

① Filename에 x4를 붙인 이름으로 bin file이름을 지정한다.
② Options에서 SPIx4를 선택한다.
③ 하단의 OK Button을 Click하여 4bit 모드의 bin file을 생성한다.

3. Flash Memory에 Program하기
   A. Hardware Manager에서 Flash Memory를 선택한 후 우측 마우스 Button으로 Program Configuration Memory Device 메뉴를 선택한다.
   B. 아래의 그림과 같이 방금 전에 생성한 4bit모드의 bin file을 Configuration file로 지정한다.

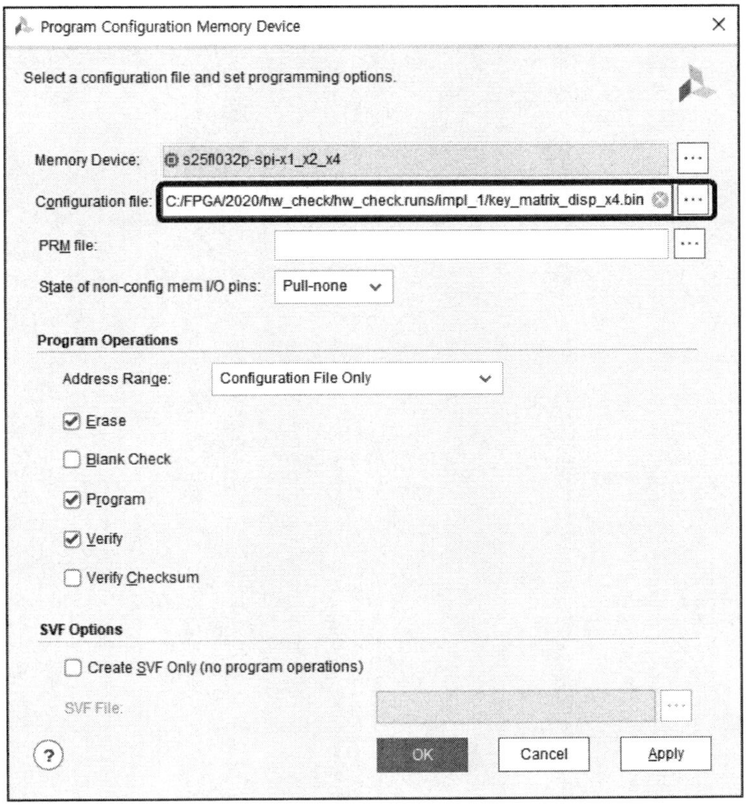

① 4bit 모드의 bin file을 지정하고 하단의 OK Button을 Click하면 Flash Memory로의 Program이 진행된다.

   C. Program이 완료되고 나면 Power Boot를 실행해 본다.

4. Power Boot
   A. 전원을 끄고 PC와 보드간의 Download Cable을 분리한다.

B. 전원을 켜고 나서 FPGA가 동작을 시작할 때까지의 Booting시간을 측정하여 기록해 본다.

① 1bit 모드에서 기록해 두었던 booting 시간과 4bit 모드에서의 booting시간은 어떤 차이가 있는가?

4bit 모드에서의 booting time이 1bit 모드의 booting time보다 빠름을 확인하였을 것이다. 이후에라도 FPGA에 대한 Hardware를 제작하게 될 경우 SPI Type의 Flash Memory를 활용한다면 x4 모드를 활용하는 것이 booting time을 단축하는 방법이 된다.

부록 7 개발문서 정리하기

Digital 회로를 개발함에 있어서 시작할 때부터 개념을 정리하고 설계를 진행하는 각각의 단계에 따라 문서를 잘 정리하는 것은 매우 중요하다. 때로는 문서로 정리하기에는 아직 구체화되지 못한 단계에서 조차도 메모형식이나 개략적인 이미지 스케치 정도라도 기록해 두면 생각에만 의존하는 것에 비해 그 기록들을 참고해 가면서 생각을 정리해 나가는 것이 매우 효과적다.

또한 개발을 완료한 시점에서 개발했던 내용들을 잘 정리하여 문서로 남겨두는 것은 선택이 아닌 필수이다. 개발이 성공적으로 마무리되었다면 개발을 마무리 한 시점에는 개발한 거의 모든 내용이 그 의미까지도 머리에 생생하게 남아있다. 그러나 아무리 기억력이 좋은 사람이라도 3개월~6개월이 지나면 사람마다 정도의 차이가 있지만 그 기억이 흐릿해진다.

개발업무를 수행하다 보면 항상 새로운 내용의 개발만 수행하는 경우는 그리 많지 않다. 똑같지는 않아도 과거에 유사한 기능의 회로들을 참고하여 새로운 과제에 적용할 경우가 상당히 자주 발생한다. 과거에 수행했던 과제가 개발은 성공적으로 마무리 되었어도 그 자료가 잘 정리되어 있지 않으면 기억을 되돌리는데 적지 않은 시간이 소비되고, 그만큼 다음 과제의 개발기간이 늦어지는 요인이 된다.

그리고 개발한 내용을 다른 사람이나, 다른 팀 혹은 다른 회사에 제공하게 될 경우에도 개발 완료된 제품 외에도 문서화된 자료를 함께 제공해야 한다.

부록 7에서는 개발을 마무리한 시점에서 개발 내용을 정리하는데 필요한 사항들을 간략하게 소개함으로 해서 향후 재활용을 위한 자료로 축적하는 방향을 제시하고자 한다. 여기서 다룰 개발문서는 Digital 회로설계 모듈에 대한 내용이다.

개발 완료 자료를 문서로 남긴다는 것은 개발의 과정에서 정리했던 개념, 적용 Algorithm, 입출력 신호에 대한 설명, 회로의 동작 설명 등에 Simulation결과 자료와 Simulation파형을 Capture한 내용 등을 추가하여 기록으로 남겨둔다는 의미이지 완전히 새로운 내용을 작성하는 것은 아니다.

▌module 하나에 문서 하나

Verilog HDL기준으로 모든 module에 대해서 하나씩의 문서를 작성해 두는 것이 바람직하다. 각각의 module은 설계 단계에서 각자의 능력에 비추어 적절한 크기로 나누었기에 문서 정리도 각 module마다 하나씩을 작성하는 것이 좋다.

Sub Module들을 묶어 놓기만 한 상위 module의 경우에도 Sub module전체를 포괄하는 내용으로 작성해 두는 것이 바람직하다.

▌문서에 담을 내용.

1. 동작의 개요
   A. 개요를 읽고 해당 모듈이 담당하는 기능을 파악할 수 있도록 개략적인 기능과 동작을 기술한다.
   B. Simulation에 필요한 File List(file이 위치한 directory까지 포함)
      ① Verilog HDL File이름.
      ② Waveform Configuration File이름.
      ③ Simulation 실행을 위한 TCL file이름.
   C. Simulation관련 File을 기록하는 목적은 Simulation을 통해 동작을 재현해 보고 Simulation결과로부터 동작을 이해하는 단서를 얻는 것이 가장 빠르고도 효과적으로 회로를 파악하는 길이기 때문이다.
2. 입력 List및 설명
   A. 하나의 입력에 한 줄 정도로 bit크기와 의미, 주파수, 입력의 출처 등을 간략하게 기술한다.
3. 출력 List및 설명
   A. 하나의 출력에 한 줄 정도로 bit크기와 의미, 이 신호를 받을 곳 등을 간략하게 기술한다.
4. Sub Module List및 설명
   A. 하나의 Sub Module에 한 줄 정도로 Sub Module의 기능에 대해 간략하게 기술한다.
5. 동작의 상세설명
   A. Simulation Timing Chart와 함께 동작에 대한 상세한 설명을 기술한다.
   B. 입력의 변화에 따른 동작들의 순서와 시간의 흐름에 따른 동작에 대한 설명을 기술한다.
   C. 내부적 활용을 위해 생성한 주요 신호들에 대하여 이들을 생성한 의미 등에 대해서도 기술해 둔다.

이상의 내용은 필자의 경험을 바탕으로 정리한 것으로 각자가 이를 참고하여 개발 완료된 회로에 대하여 문서를 작성해 나가면서 자기 나름대로의 효율적인 방법을 찾아가기를 권하는 바이다.

아래에 9과에서 과제로 수행했던 UART Project회로의 일부인 rs232 수신 모듈 rx232.v에 대한 개발문서 정리한 내용을 참고용으로 제시하였다.

Module name : rx232

■ 동작개요

rx232.v module은 RS 232통신의 수신신호 rxsd를 받아서 rxsd를 Catch하기 위한 수신 Clock rxck를 생성하고, 이 수신 Clock을 기준으로 rxsd를 catch하여 Serial to Parallel 변환을 거쳐서 8bit의 Parallel Data로 출력하는 동작을 실행한다.

1. Verilog HDL Code : rx232.v
   - A. Simulation을 위한 Test Bench는 tb_rs232a.v를 Top Module로 삼아 Simulation을 진행하였다.
2. Waveform File : tb_rs232a_behav.wcfg
3. Simulation TCL File : my_tx232.tcl
   - A. tx232.v에 대한 simulation입력 설정 file인 my_tx232.tcl file을 활용하여 simulation을 진행하였다.

■ 입력신호

1. rst : 0일 때 모든 Register를 초기화 시키는 System Reset입력. 1일 때 회로가 정상동작.
2. clk : 10MHz System Clock
3. rxsd : RS232 수신 신호입력. 9600bps

■ 출력신호

1. rxck : rxsd에 동기를 맞추도록 생성된 9600Hz Clock
2. rnpd : rxsd를 8bit 병렬로 변환한 신호마다 한 번씩 발생하는 Pulse 출력. rxpd[7:0]을 처리하는 기준.
3. rxen : rxsd에 대한 수신이 진행되는 동안 1을 출력하는 UART 관측용 신호.
4. rxpd[7:0] : rxsd를 rxck로 catch하여 start, stop bit를 걸러낸 8bit data.

■ Sub Module

1. rx232_clk.v : rxsd를 받아서 rxsd에 동기를 맞춘 rxck를 생성하는 module.
2. rx232_pd.v : rxck와 이에 맞추어 rxsd를 catch한 신호를 받아서 rxpd[7:0]을 생성하는 모듈.

■ 동작의 상세설명

rx232.v module에 대한 Simulation은 tx232.v와 rx232.v를 결합한 test bench인 tb_rs232a.v에서 실행하였다.

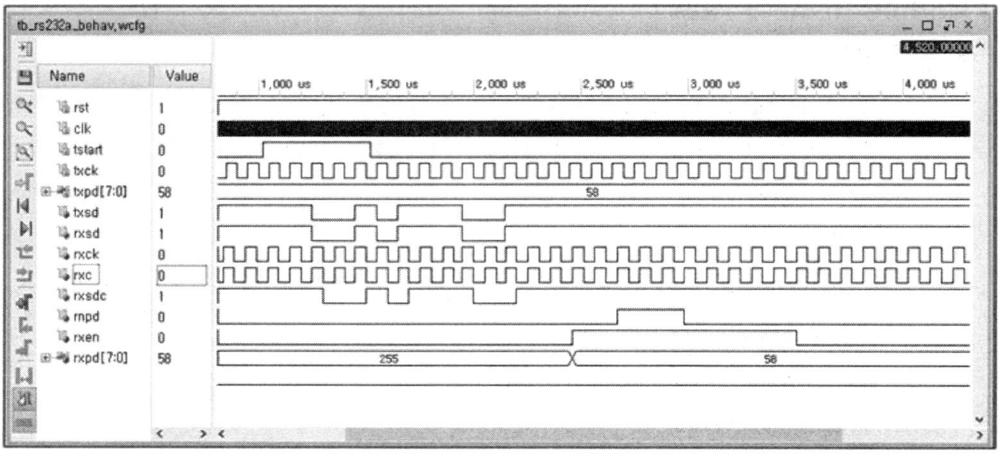

1. rxsd 입력을 받아서 rx232_clk.v에서 내부수신 clock rxc와 catch data rxsdc를 생성하였다.
   A. 이 부분에 대한 동작의 상세한 내용은 rx232_clk.v module에 대한 설명 File을 참고하라.
2. 내부 신호 rxc와 rxsdc를 받아서 rnpd, rxen, rxpd[7:0]을 생성하였다.
   A. 이 부분에 대한 동작의 상세한 내용은 rx232_pd.v module에 대한 설명 File을 참고하라.

부록 8 XILINX IP 활용하기

VIVADO Tool에서는 XILINX가 제공하는 IP들을 활용할 수 있다. 이들 IP중에는 무상으로 제공되는 IP들도 있고, 유상으로 구매해야 사용할 수 있는 것들도 있다. IP Catalog를 살펴보면 구매를 해야 사용할 수 있는 것인지, 무상으로 사용할 수 있는 것인지를 확인할 수 있다.

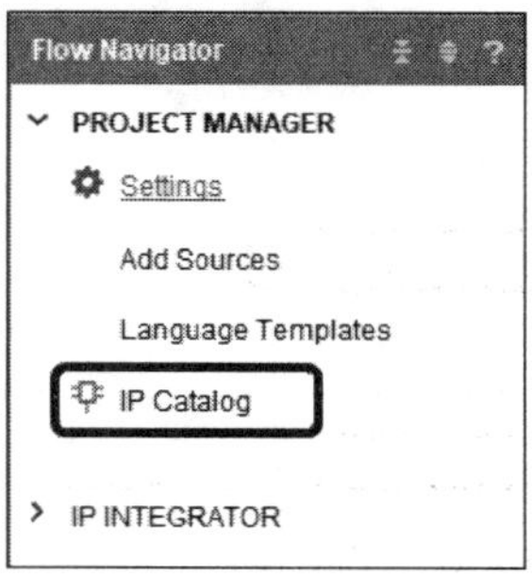

위의 그림과 같이 VIVADO Tool의 Flow Navigator에서 Project Manager의 가장 아래에 위치한 항목인 IP Catalog를 Click하면 아래와 같이 IP Catalog창이 열린다.

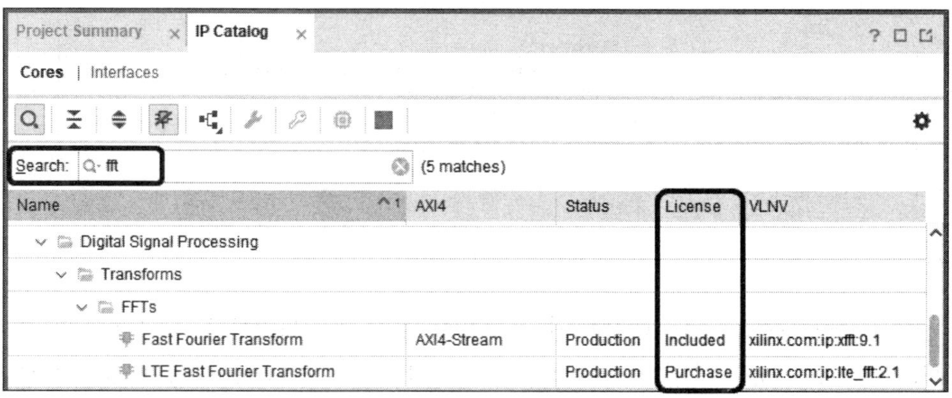

중단 좌측에 Search항목에 FFT라고 Type한 후 우측 Scroll Bar를 맨 아래로 내리면 Digital Signal Processing항목의 Sub 항목인 FFTs에 2종의 FFT 관련 IP가 나타나는데 License항목을 보면 위의 것은 Included, 아래의 것은 Purchase로 표시되어 있는 것이 보인다. Included이라 함은 Tool에 포함되어 있으므로 무상으로 사용이 가능하다는 것이고, Puechase라 함은 구매해야 하는 유상 IP라는 의미이다.

이제 무상으로 사용할 수 있는 IP 가운데 Block RAM을 활용한 Single Port ROM을 IP로 생성하여 사용하는 방법을 살펴보도록 한다. IP Catalog에서 Search칸에 "Block Memroy Generator"라고 입력하면 2개의 항목이 보이는데 이 중에서 RAMs & ROMs & BRAM항목 아래에 있는 Block Memroy Generator를 Double Click하면 아래의 그림과 같이 Block Memory의 사양을 설정하는 창이 열린다. 가장 먼저 보이는 창이 Basic Tab이다.

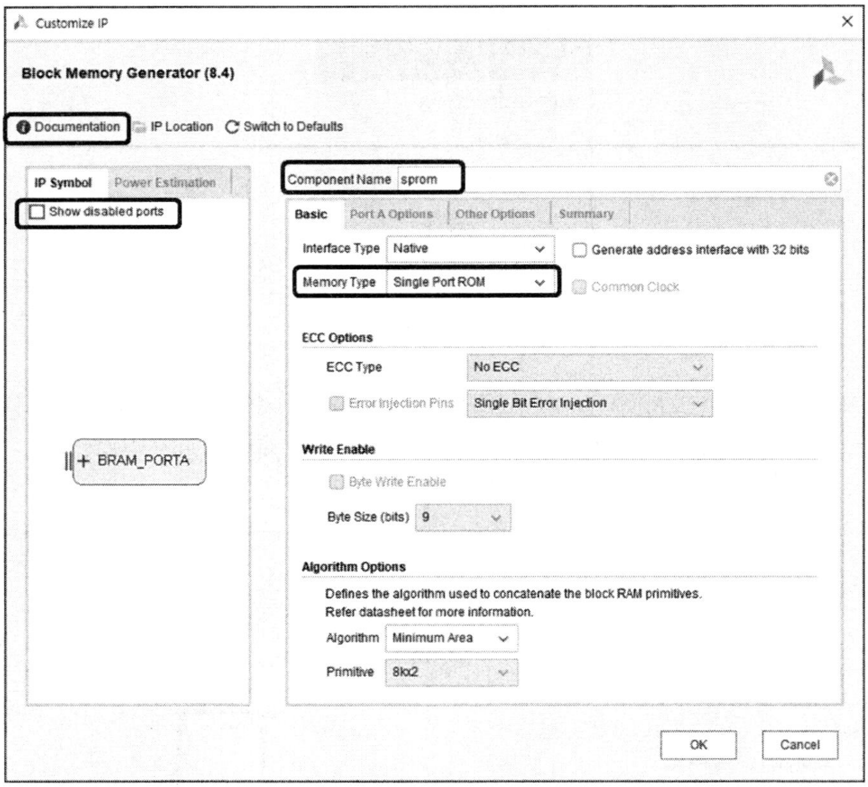

좌측 상단의 Documentation을 Click하면 해당 IP에 대한 Datasheet를 볼 수 있다. 그 아래에 보이는 Show disable ports의 선택을 해제한다. 이어서 Component Name에 회로에서 사용할 이름으로 sprom을 설정한다. 우측 중앙에 Memory Type을 설정하는 칸에서 우측 끝의 아래 꺽쇠를 Click하여 Single Port ROM을 선택한다.

상단의 Component Name아래에서 Port A Options를 선택하여 Port들에 대한 설정을 실행한다.

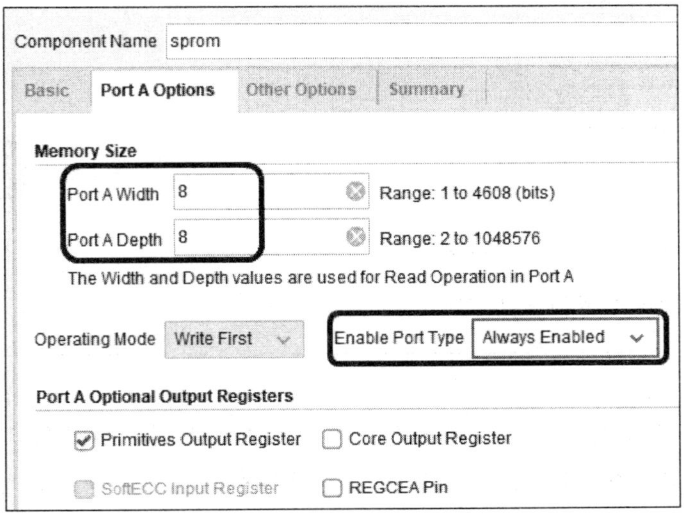

위의 그림과 같이 Port A의 Width를 8bit로 설정한다. ROM Data가 8bit값을 갖는다는 의미가 된다. Port A의 Depth를 8로 설정한다. 총 8개의 Data Pattern을 갖는 ROM, Address가 0~7까지의 3bit ROM을 생성할 것이다. Enable Port Type은 Always Enabled로 설정한다. Address값이 주어지면 항상 값을 출력한다는 의미가 되는데, Enable Port를 설정하여 특정 조건일 때에만 출력하기를 원하면 Use ENA Pin을 선택하면 된다. 이 경우 ENA Pin이 High일 때 ROM의 값이 출력하게 된다.

이어서 ROM Data 값을 설정하기 위한 Other Options Tab을 선택하면 다음과 같은 설정 창이 나타난다. 아래쪽의 Fill Remaining Memory Locasions옆의 사각 Box를 Check하면 ROM Pattern값이 설정되지 않은 위치에 대한 모든 값이 그 아래에 지정한 값(기본적으로 0)으로 채워지는 것을 의미한다.

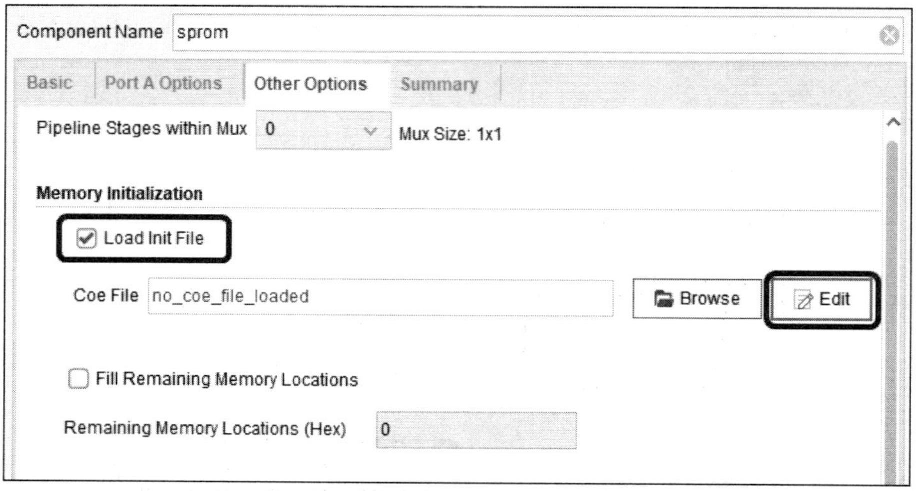

Other Options Tab에서 먼저 좌측 중상단의 Load Init File을 Check하고 우측에 있는 Edit Button을 Click 하면 아래와 같이 COE file이 지정되지 않았다는 message창이 나오면 Yes를 Click한다.

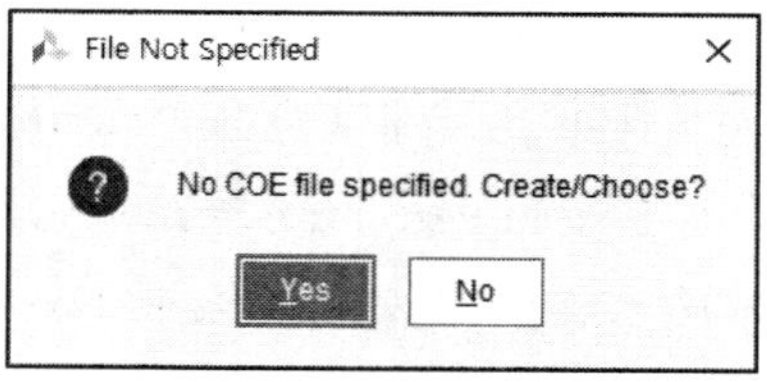

아래와 같이 ROM data가 저장될 .coe file을 설정하는 창이 열린다.

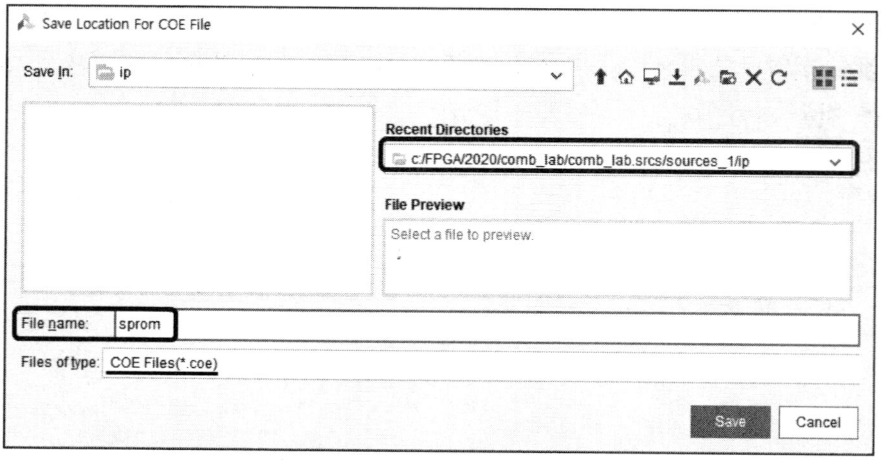

File의 확장자가 .coe라는 것을 기억해 두어야 한다. File이 저장될 위치를 확인하고 File name에 sprom을 type하고 Save Button을 Click 한다.

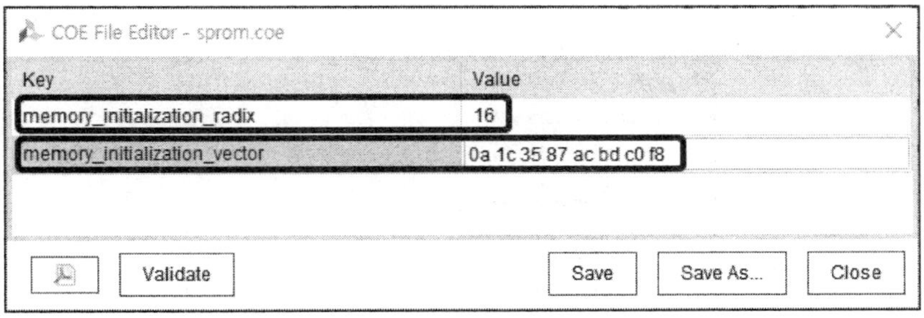

위의 그림과 같이 memory 초기화 값의 radix(진법)를 16진수로 지정한다. (10진수, 2진수로의 설정도 가능하다.) 다음 Line에 8개의 ROM Data Pattern을 16진수 값으로 type 한다. Data와 Data의 사이에 Space를 둠으로써 Data에 대한 구분을 한다. 하단에 Save Button과 Validate Button을 순서대로 Click하고 Close Button을 Click하면 지금까지 설정한 내용으로 IP를 생성할 것을 알리는 창이 아래와 같이 열린다.

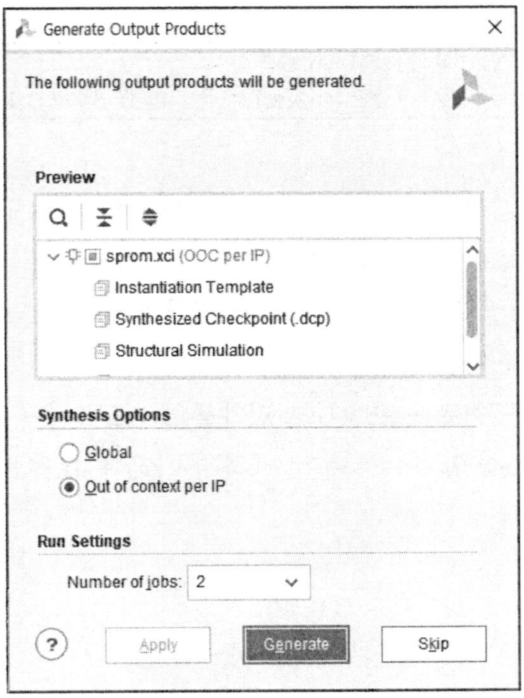

하단의 Generate Button을 Click하면 sprom이라는 이름의 Single Port ROM이 생성된다.

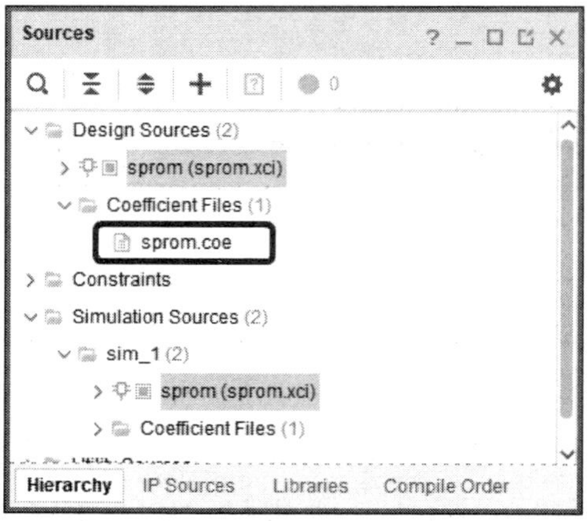

위의 그림과 같이 sprom이라는 IP가 생성되어 Design Sources에 Add된 것을 확인할 수 있다. Coefficient Files를 Click하고 아래에 위치한 sprom.coe를 Click하면 ROM Pattern의 내용이 아래와 같이 보인다.

```
1  memory_initialization_radix=16;
2  memory_initialization_vector=0a 1c 35 87 ac bd c0 f8;
```

첫째 줄은 Data의 진법을 설정하는 내용이고 둘째 줄에 ROM Pattern값들이 나열되어 있다. ROM Data값은 Data와 Data사이에 간격을 두면 되는데 Space를 한 칸 두어도 좋고, Tab을 사용하여 정렬해도 되고, 줄 바꾸기를 해도 무방하다. 단지 마지막 Data 다음에 Semi-colon으로 마무리를 해 주어야 한다.

이제 생성된 sprom을 회로에 포함하는 단계를 살피도록 한다. VIVADO Tool 상단 메뉴에서 File/Text Editor/Open File을 선택하면 아래와 같이 File Open을 위한 창이 열린다.

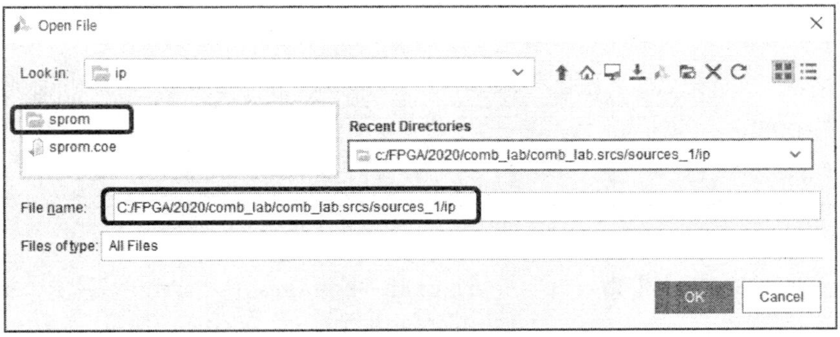

현재 directory가 c:/FPGA/2020/comb_lab.srcs/sources_1/ip임을 확인하고 하단의 File Type을 All Files로 변경한 후 좌측 상단의 sprom directory를 click하여 open하고 그 아래에 위치한 sprom.veo file을 click하여 open한다.

open된 sprom.veo file에서 56번~61번에 sprom을 상위 module에서 사용할 수 있는 Interface를 위한 문장들이 보이는데 이름 복사하여 상위 module에 삽입하면 된다.

```
1  module rom_test
2  (
3      input clk,
4      input  [7:0] addr    ,
5      output [7:0] dout
6  );
7
8  //---------- Begin Cut here for INSTANTIATION Template ---// INST_TAG
9  sprom usprom (
10   .clka     (clk   ),  // input wire clka
11   .addra    (addr  ),  // input wire [2 : 0] addra
12   .douta    (dout  )   // output wire [7 : 0] douta
13 );
14
15 endmodule
```

위의 그림에서 8번~13번 Line에 새로 생성한 SPROM sub module이 삽입되어 있다. 위의 File로 Behavioral Simulation을 실행한 결과가 아래의 그림이다.

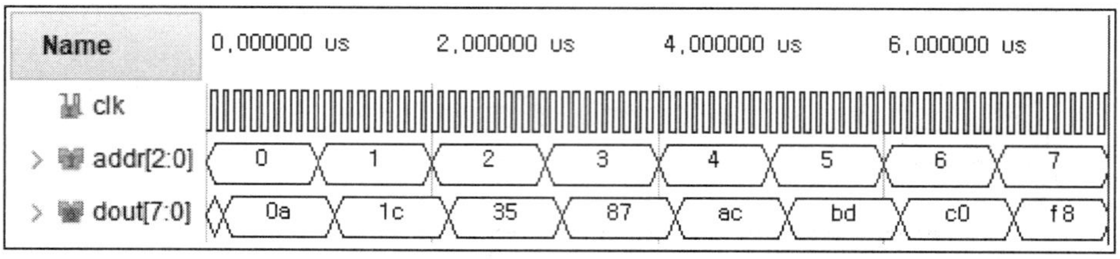

rom_test.v에는 Register가 없지만 sprom module에 Address를 Capture하는 Register와 출력 Data를 Output Register로 Catch하여 출력하는 관계로 Address입력 대비 Data출력에 2 Clock 정도 Delay가 발생하였다. sprom생성단계의 Port A Options Tab에서 Output Register를 선택하지 않으면 지연 Clock Cycle수를 줄일 수 있다.

IP Catalog에 등재된 다양한 IP들을 살펴보고 사용할 IP가 있다면 같은 방식으로 IP를 생성하여 활용할 수 있다.

부록 9 Error Message 추적하기

Verilog HDL Code를 작성하다 보면 Source Code에 오류가 포함되어 있어서 Simulation이나 Synthesis 등을 진행할 수 없는데 오류의 원인을 찾기 어려운 경우를 만날 때가 있다. 이 때 VIVADO Tool에서는 오류의 원인에 대해 report를 제공해 주어서 오류의 원인을 찾아 해결하는데 도움을 준다.

간단한 예제와 함께 오류를 찾아가는 과정을 알아보자.

아래에 오류가 포함된 Verilog HDL Code "and2.v"를 도시하였다.

```
1  module and2(
2      input a,
3      input b,
4      output y
5      );
6
7      assign y = a & c;
8
9  endmodule
```

7번 Line에 물결 모양 밑줄이 이곳에 오류가 포함되어 있다는 것을 알려주지만 7번 Line의 문장 자체만 봐서는 오류가 없는 문장이다. 이 경우는 간단한 code여서 오류가 무엇인지 금방 알 수 있는 경우지만 code가 복잡할 경우 물결 모양 밑줄이 있어도 오류의 원인이 무엇인지 알기 어려운 경우가 있다.

이런 경우에는 해당 Code를 Simulation Top File로 설정하고 Behavioral Simulation을 진행해 보면 아래와 같이 오류가 있음을 알려주는 Pop-Up창이 나타난다.

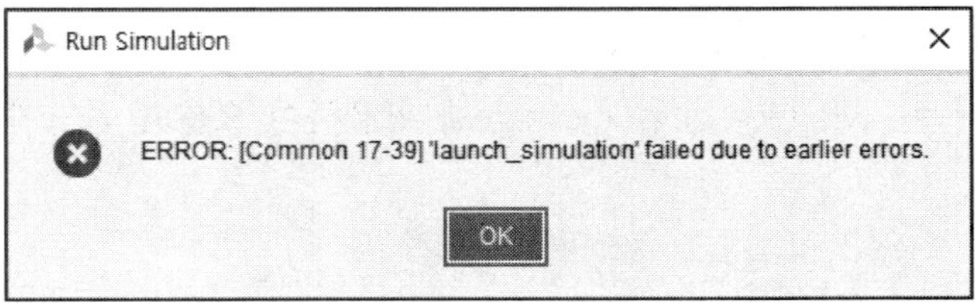

OK를 click하면 다시 아래와 같이 오류에 대한 message가 담겨있는 file의 위치를 알려주는 창이 나타난다.

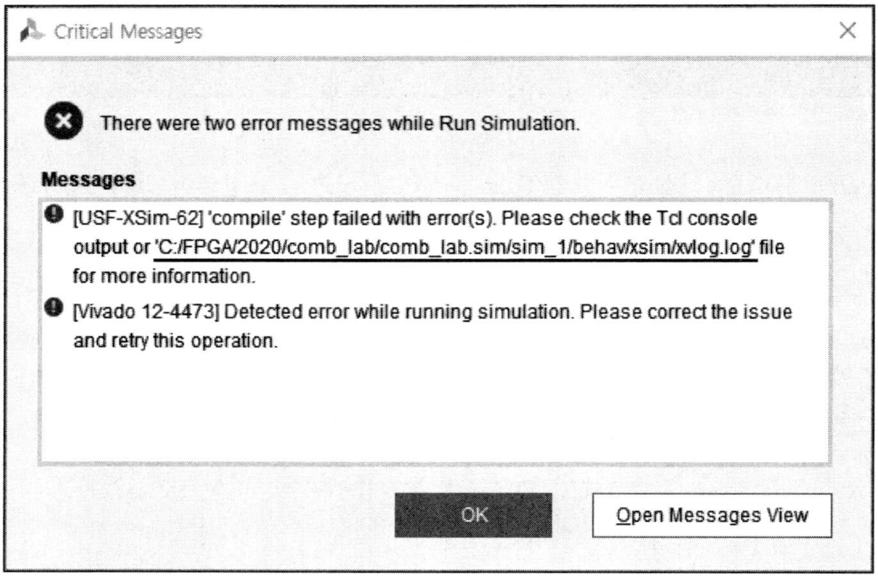

VIVADO Tool 상단 메뉴에서 "File/Text Editor/Open File"을 선택하고 하단의 Files of type에서 우측 끝에 있는 아래 꺽쇠 Icon( )을 Click하여 가장 위쪽에 있는 All Files를 선택하고 해당 directory를 찾아가서 xvlog.log를 Open한다.

```
1 INFO: [VRFC 10-2263] Analyzing Verilog file "C:/FPGA/2020/comb_lab/comb_lab.srcs/sources_1/new/and2.v" into library xil_defaultlib
2 INFO: [VRFC 10-311] analyzing module and2
3 ERROR: [VRFC 10-2989] 'c' is not declared [C:/FPGA/2020/comb_lab/comb_lab.srcs/sources_1/new/and2.v:7]
4 ERROR: [VRFC 10-2865] module 'and2' ignored due to previous errors [C:/FPGA/2020/comb_lab/comb_lab.srcs/sources_1/new/and2.v:1]
```

xvlog.log file의 3번 Line에 'c'라는 신호가 선언되지 않았으며, 그 오류가 and2.v의 7번 line에 발생하였음을 알려주는 Error Message를 볼 수 있다.

and2.v의 입력으로는 a와 b만 선언되어 있는데 선언되지 않은 c신호가 사용되어 오류를 발생시킨 것이다.

VIVADO Tool에서는 Source Code에 오류가 발생하였을 경우 이와 같이 Simulation을 실행하고자 할 때 Error에 대한 Message를 xvlog.log file을 생성하여 알려주기 때문에 오류의 원인을 가늠하기 어려울 때 이 xvlog.log 오류 message를 활용하여 오류의 원인에 대한 단서를 얻을 수 있다.

부록 10 begin ~ end 구문 응용하기

Verilog HDL Code를 작성할 때 begin~end 구문은 always문 내부에서 같은 조건에 대하여 복수의 신호를 처리할 때 사용하는 구문이다.

```
1  module edge_det
2  (
3  input   rst,clk,din,
4  output  redge
5  );
6  
7  reg q0,q1;
8  
9  assign redge = q0 & ~ q1;
10 
11 always@(negedge rst, posedge clk)
12     if (rst == 0)
13         begin
14             q0 <= 0;
15             q1 <= 0;
16         end
17     else
18         begin
19             q0 <= din;
20             q1 <= q0;
21         end
22 
23 endmodule
```

위의 그림에서 14~15번 Line과 19~20번 Line에 q0와 q1에 대한 처리를 같은 조건일 때 수행하는 Code를 작성하였는데 먼저 begin으로 시작하고 나서 처리할 문장들을 나열하고 그 후에 end로 마감해 주어야 한다. 같은 조건 하에서 복수 개의 신호를 처리할 때 begin과 end를 생략하면 문법 오류가 발생한다.

begin과 end 자체는 디지털회로에서 어떤 회로적 동작을 실행하는 것은 아니다. 위의 예에서처럼 일련의 동작들의 시작과 끝을 알려주는 역할을 담당한다.

Verilog HDL 구문 가운데 시작과 끝이 명확하지 않아서 혼동을 일으키기 쉬운 곳에 begin~end 구문을 응용하면 code를 알기 쉽게 정리할 수 있다.

```
1   module cnt8
2   (
3   input   rst,clk,
4   output  t_flag
5   );
6
7   reg [7:0] cnt;
8
9   always@(negedge rst, posedge clk)
10      if (rst == 0)
11          cnt <= 0;
12      else
13          cnt <= cnt + 1;
14
15  assign t_flag = (cnt == 255) ? 1 : 0;
16
17  endmodule
```

```
1   module cnt8
2   (
3   input   rst,clk,
4   output  t_flag
5   );
6
7   reg [7:0] cnt;
8
9   always@(negedge rst, posedge clk)
10  begin
11      if (rst == 0)
12          cnt <= 0;
13      else
14          cnt <= cnt + 1;
15  end
16
17  assign t_flag = (cnt == 255) ? 1 : 0;
18
19  endmodule
```

위의 code는 동일한 동작을 수행하는 code이다. 8bit counter가 구동되면서 counter의 값이 255일 때 t_flag를 1로 출력하고, 나머지 counter값에 대해서는 0을 출력하는 회로이다.

좌측 code를 보면 9번 Line에서 always 구문이 시작되었는데 always 문이 언제 끝났는지에 대한 명확한 표현이 없이 15번 Line에 assign 문이 등장하면서 혼란을 초래할 수 있다.

이에 비해서 우측의 code에는 10번 Line에 begin을, 15번 Line에 end를 삽입하여 always 문의 시작과 끝을 명확하게 구분하여 좌측 code에서와 같은 혼란의 요인을 배제할 수 있다.

위의 예는 간단한 예이기 때문에 좌측과 같이 Code를 작성하여도 별 어려움은 없겠지만, code가 길어지고 복잡해지면 우측과 같이 always 문의 시작과 끝을 begin~end로 구분짓는 습관을 들이는 것이 바람직한 coding습관이라 할 수 있을 것이다.

또한 이중 slash(//)를 사용한 단일 Line Comment나 multi-line comment (/* ~ */)를 활용하여 문장의 구분과 설명을 활용하여 보기에도 좋은 Code를 작성하는 습관을 갖춰나가기를 권하고 싶다.

부록 11 Timing Simulation

VIVADO Tool에서는 설계한 회로에 대한 동작 검증을 위하여 Simulation 기능을 지원하는데, Simulation에도 기능적 검증만을 위한 Behavioral Simulation과 FPGA에 구현되는 Timing을 적용한 Timing Simulation을 지원한다. Timing Simulation은 다시 Synthesis 단계를 마친 상태에서의 Timing Simulation과 Implementation을 마친 상태에서의 Timing Simulation으로 구분된다.

```
module cnt8
(
input   rst,clk,
output  reg [7:0] qout
);

always@(negedge rst, posedge clk)
begin
    if (rst == 0)
        qout <= 0;
    else
        qout <= qout + 1;
end

endmodule
```

위에 제시한 간단한 8bit counter를 사용하여 Simulation의 단계적 특징을 살펴보자.

1. Behavioral Simulation

Behavioral Simulation은 작성한 Code의 동작(Function)을 검증하기 위한 Simulation으로 가장 빠르게 Code의 기능을 점검할 수 있는 Simulation이다. 아래의 그림과 같이 Clock의 Rising Edge에서 출력이 변하는 등 Timing Delay는 표시되지 않는다.

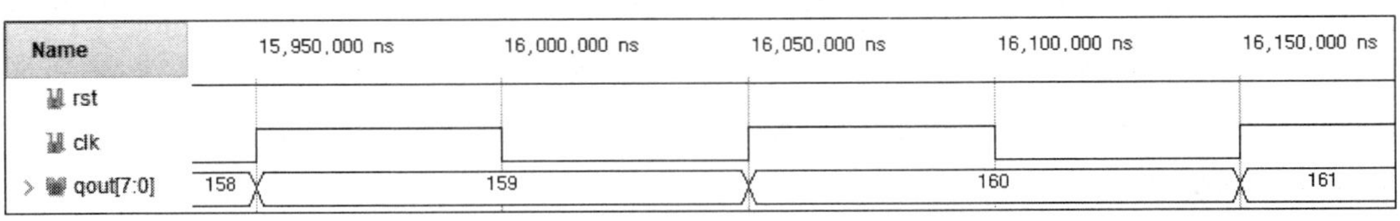

2. Post Synthesis Timing Simulation

Synthesis를 마친 상태는 작성된 Code가 FPGA에서 구현되는 Library들로 변환된 상태를 뜻하는데, 이 상태에서의 Timing Simulation은 사용된 Library들이 포함하는 Delay들이 적용된 Simulation이다.

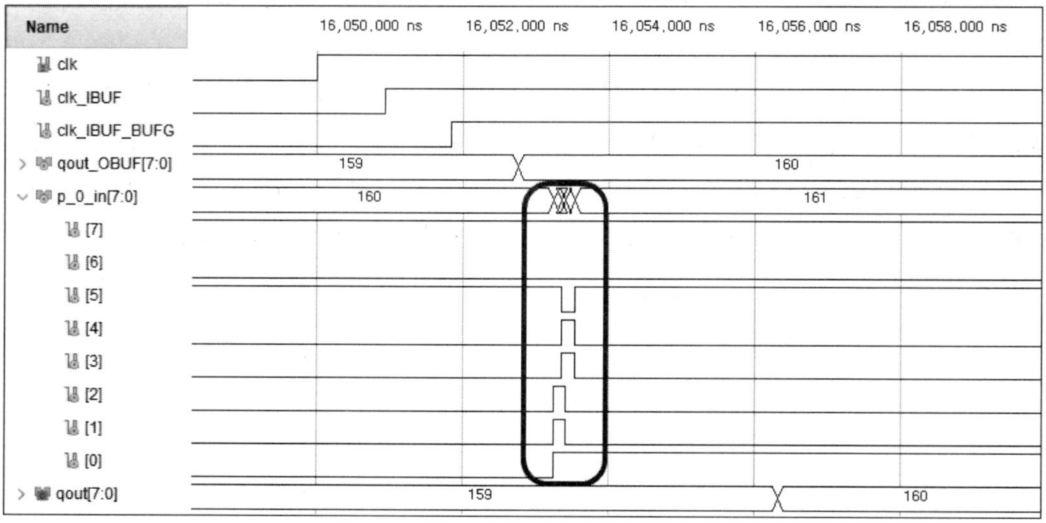

위의 파형에서 보면 가장 위의 clk 신호는 FPGA의 입력단에 인가된 Clock신호인데 FPGA내부의 Input Buffer를 거치고 다시 Global Buffer를 거쳐서 내부의 Counter의 Flip-Flop에 인가된다. qout_OBUF신호는 내부 Counter의 출력이 FPGA의 Output Buffer에 인가된 신호를 의미한다. p_0_in 신호는 counter의 출력인 qout_OBUF신호를 받아서 1을 더한 값으로 counter 내부의 Register에 인가되는 data 입력신호이다. adder를 구성하는 각 bit들에 사용된 Library들이 서로 다르기에 p_0_in 신호는 Synthesis결과이지만 각 bit별 경로 delay가 서로 다르게 나타남을 볼 수 있다. 한가지 주목할 점은 qout 신호는 FPGA의 출력 Pin들까지의 경로가 다르지만 경로상의 delay가 반영되지 않아서 모든 bit의 값이 동시에 변함을 기억해 두었다가 경로상의 delay가 반영된 Post Implementation Timing Simulation에서의 결과와 비교해 보자.

FPGA의 입출력 Pin 기준으로는 clk 신호의 Rising에서부터 qout 신호의 출력이 나타나는 순간까지가 Delay라고 볼 수 있지만, 내부에서 동작하는 Timing을 감안할 때 이 회로가 동작할 수 있는 가장 높은 Clock주파수를 환산하기 위해서는 clk_IBUF_BUFG신호의 Rising Point에서 p_0_in 신호의 안정화 Point까지의 Timing을 관측하면 된다. clk_IBUF_BUFG신호의 다음 Rising Edge이전에 Counter Register의 입력인 p_o_in 신호가 Setting 되면 Counter로서의 동작에는 이상이 없게 된다.

Post Synthesis Timing Simulation은 아직 배치 배선에 따른 Library들 간의 연결선에서 발생하

는 Delay가 반영되지는 않았기 때문에 정확한 Timing을 담보할 수는 없지만 Implementation에 걸리는 시간이 상대적으로 Synthesis 과정보다 길기 때문에 Synthesis를 마친 상태에서 변환된 Library들의 Delay를 감안한 Timing Simulation은 대략적이긴 하지만 사용하는 Clock과 회로의 Delay들을 가늠해 볼 수 있는 의미가 있다.

3. Post Implementation Simulation

Implementation을 마친 상태는 사용한 회로들이 FPGA에 배치되고 배선도 마친 상태를 의미하며 이 단계에서의 Timing Simulation은 실제 FPGA의 동작에 대하여 실제 Timing Delay가 반영된 Simulation이라 할 수 있다.

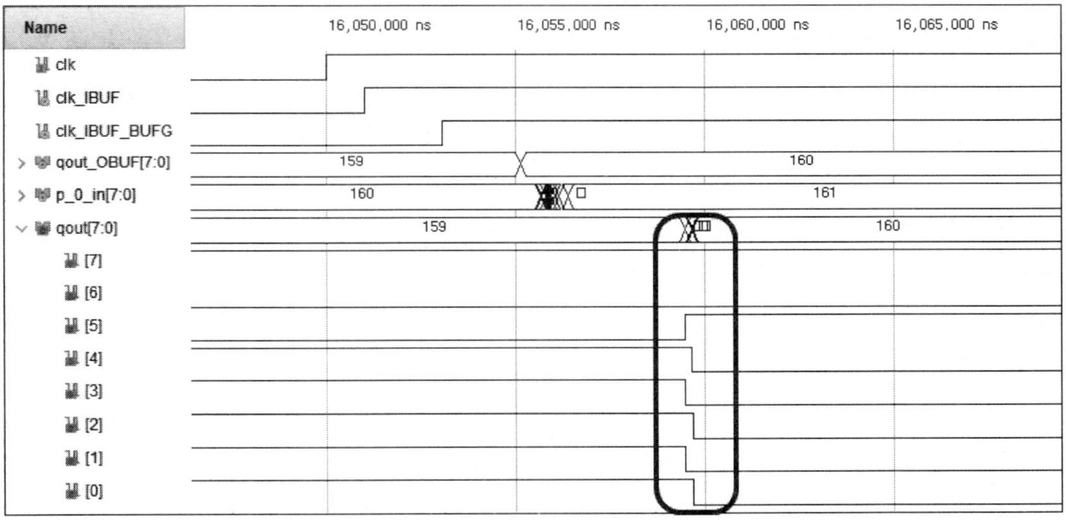

눈여겨볼 부분은 qout 신호에 각 bit들의 경로상의 delay가 반영되었다는 부분과 Counter의 Register 출력으로부터 내부 신호인 p_0_in 신호가 안정될 때까지의 신호에 비해 출력 Port를 거친 qout 신호에 나타날 때까지의 delay가 상당히 크다는 점이다. 이는 반도체의 내부 신호에 사용된 drive회로에 비해 출력 pin에 사용된 drive회로가 감당해야 하는 drive power가 매우 커야 하기 때문에 출력 port의 pad에 형성된 출력 drive 회로의 delay가 매우 크기 때문이다.

실제 회로설계를 진행하는 과정에서는 개발 시간과 효용성을 감안하여 Behavioral Simulation과 Timing Simulation을 적절하게 안배하여 사용하는 것이 필요하다.

부록 12 Global Buffer 활용하기

XILINX FPGA 내부에는 Clock 신호의 Fan Out 문제를 해결하기 위하여 Global Buffer를 갖추고 있다. 대량의 Flop Flop이나 Register, Counter들이 하나의 Clock에 의해 구동될 경우 Fan-Out 문제(1과 참조)가 발생하게 되지만 이를 방지하기 위하여 Clock 전용 Buffer 자원이 갖춰져 있어서 Fan Out 문제를 해결하도록 지원한다.

FPGA에서 사용하는 Clock에는 외부에서 입력 Port를 통해 공급되는 외부 Clock과 내부에서 필요에 따라 생성되어 사용되는 Clock들이 있다. 이들 Clock에 대해 간단하게 Global Buffer를 사용하여 Fan Out 문제를 해결하는 방법을 살펴보자. Global Buffer인 BUFG를 활용함에는 2단계의 접근이 필요하다. 먼저는 BUFG를 회로에서 사용하는 것이고, 다음으로는 Clock에 대한 Constraint를 설정하는 것이다.

1. BUFG 사용하기

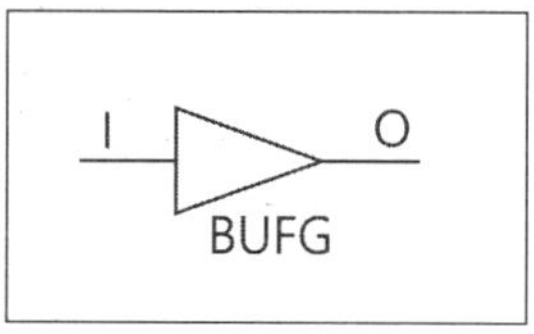

BUFG는 System에서 제공해 주는 Library이기 때문에 사용자가 따로 설계할 필요가 없고 좌측에 표시된 것과 같은 이름과 입력, 출력을 갖는 Sub Module처럼 사용하면 된다.

외부에서 mclk 라는 이름의 입력이 들어와서 BUFG를 거친 후 내부에서 clk라는 이름으로 사용되고, clk에 의해 분주된 counter q[7:0]의 q[7]신호가 BUFG를 통과하여 lck 라는 이름의 clock으로 사용된다고 할 때 이들 두 clock 신호를 회로에서 활용하는 경우 아래와 같이 BUFG를 Sub Module로 사용하여 신호를 연결하면 된다.

```
BUFG ubufg0 (.I  (mclk),  .O  (clk));
BUFG ubufg1 (.I  (q[7]),  .O  (lck));
```

BUFG의 내부 입력신호는 I, 출력신호는 O인데 Verilog HDL은 영문 대문자와 소문자를 명확하게 구분하므로 대소문자를 맞춰주어야 한다.

이렇게 BUFG를 사용하는 것 만으로도 Clock에 대한 Fan-Out 문제가 해소되지만 Clock Net에 대한 Timing Constraint를 붙여주지 않으면 Clock주파수가 높아질 때 회로의 Net들에 대한 Delay를 Clock의 주파수에 맞게 관리하기가 어려울 수 있다.

2. Clock Constraint 설정하기

Synthesis를 마친 상태에서 Flow Navigator의 Synthesis/Open Synthesized Design 아래에 있는 Edit Timing Constraints를 Click하면 Timing Constraints를 설정할 수 있는 창이 열린다.

좌측 가장 위쪽 항목인 Create Clock를 Click하면 아래와 같은 창이 열린다.

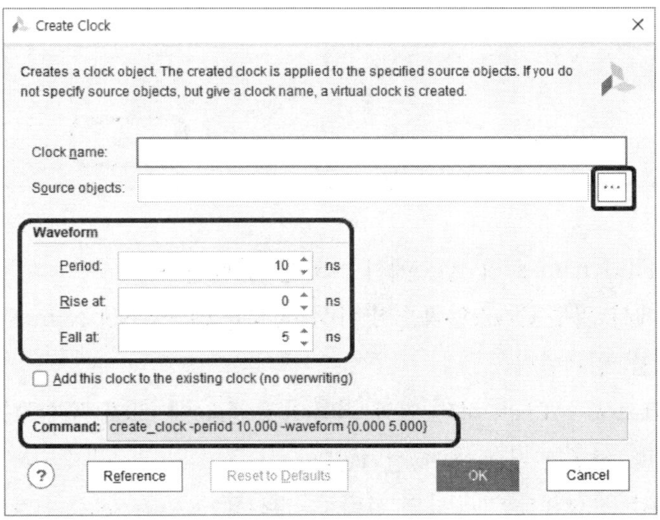

좌측 중단부분에 Clock의 주파수를 설정할 수 있는 창에서 사용할 Clock의 주파수를 설정한다. 하단 Command칸에 설정한 clock 주파수에 따라 Clock Constraints를 생성하기 위한 command가 보인다. Sources objects 우측에 있는 사각 Box를 Click하여 현재 회로에서 Clock으로 사용하고

있는 Net를 지정하기 위한 창이 열린다.

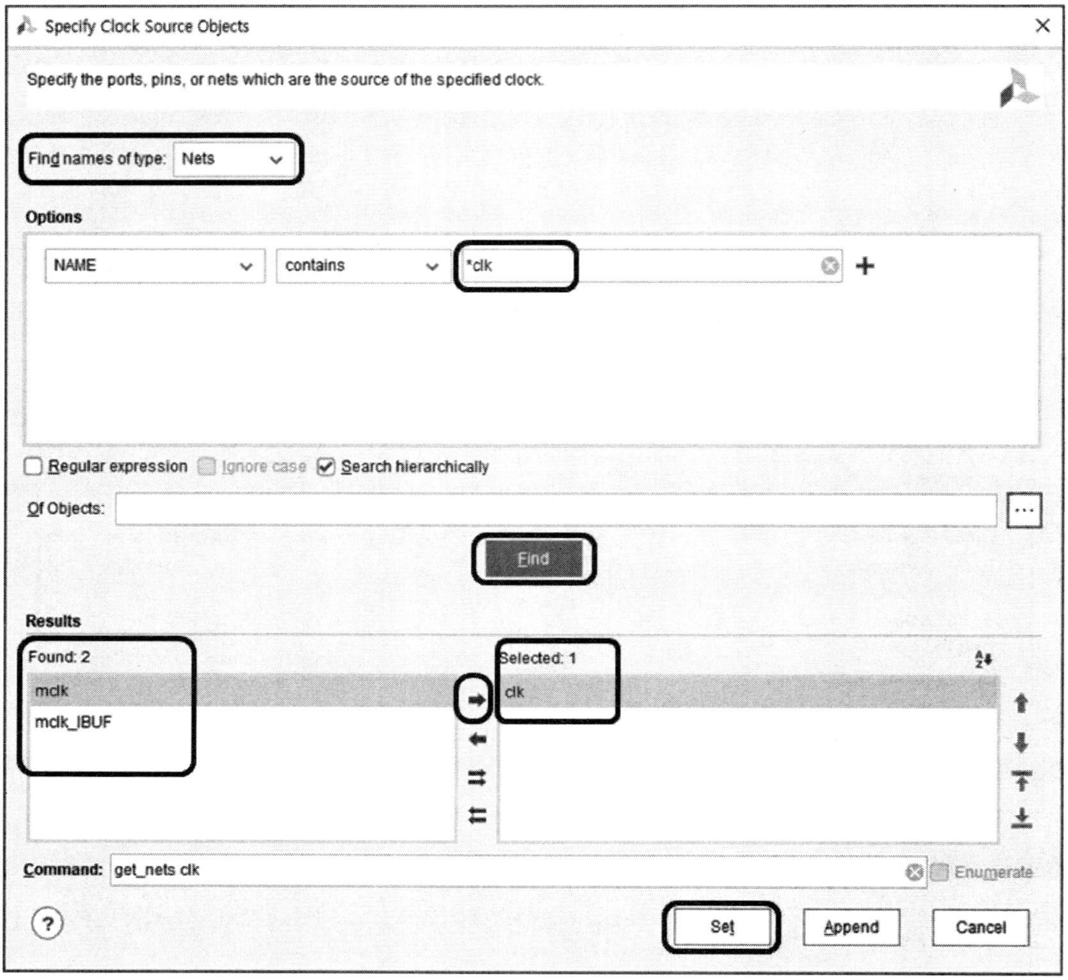

1. 좌측 상단에 Find names of type에서 Nets를 선택한다.
2. Options 항목에서 외부 Clock입력을 받아서 생성한 Clock Net Name인 clk를 입력하는데 *를 붙여서 *clk를 입력한다.
3. 중앙의 Find Button을 Click 하면 아래 좌측의 Results에 clk를 포함하는 Net들이 보인다.
4. Results에서 clk 신호를 click하여 선택한다.
5. 중앙부분의 우측 화살표를 Click하면 선택한 clk신호가 우측 Selected칸으로 이동되는 것을 확인한다.
6. 하단의 Set Button을 Click하면 선택한 Net가 반영된 Create Clock창이 다시 나타난다.

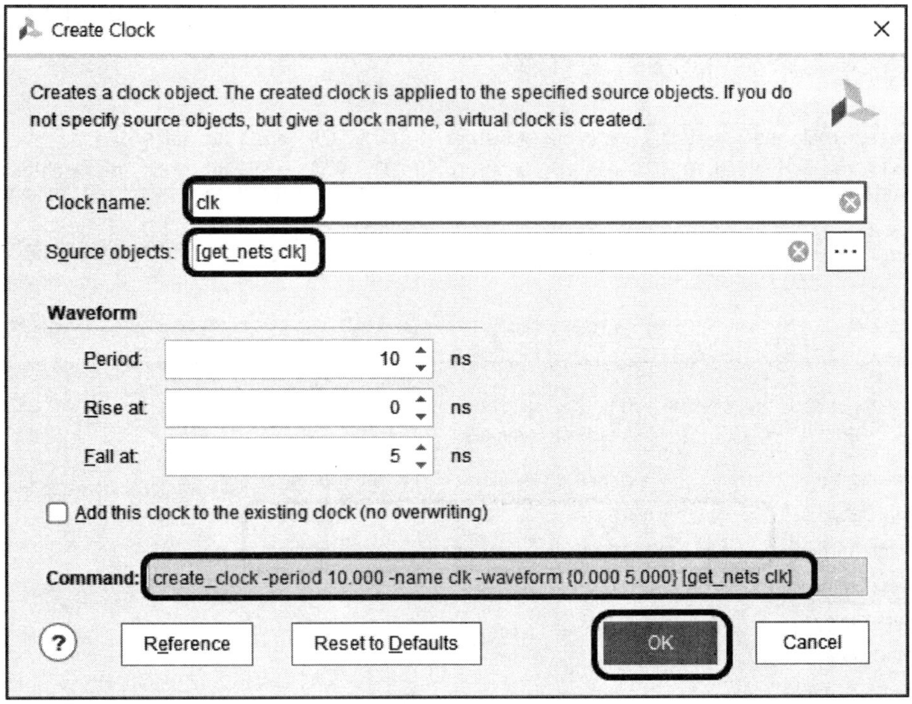

Sources objects 칸에 선택된 Nets에 대한 설정이 되었음을 확인하고, Clock name칸에 생성할 Clock Constraints의 이름을 type한다. 이때 설정하는 이름은 Clock 신호이름과 같은 이름을 사용해도 좋고 다른 이름을 설정해도 무방하다. 편의상 같은 이름인 clk를 입력한다. 하단의 command칸에 지금까지의 설정이 반영된 command가 표시됨을 알 수 있다. 우측 하단의 OK Button을 Click하여 clk Net에 대한 Clock Constraint의 설정을 마치면 Timing Constraints창에 clk에 대한 constraint가 반영된다.

같은 방법으로 lck Net에 대한 Clock Constraints를 생성하면 아래와 같은 Timing Constraints창이 보일 것이다.

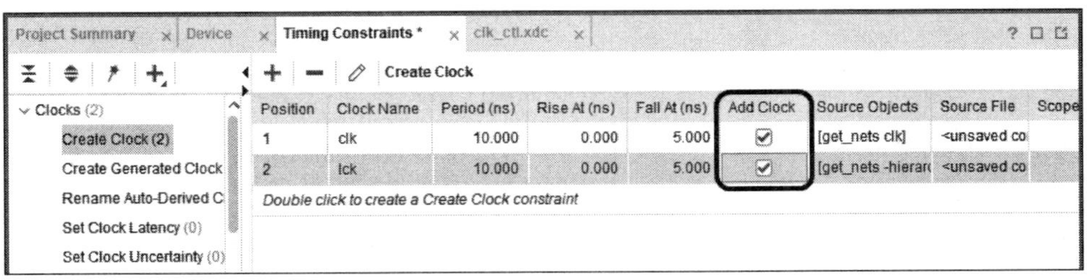

중앙 부분에 Add Clock칸에 두 신호에 대한 것을 모두 check한다. 이어서 Timing Constraints창 하단의 Apply Button을 Click하고, VIVADO Tool 좌측 상단의 Floppy Disc 모양의 ICON을

Click하거나 VIVADO Tool 좌측 상단 메뉴에서 File/Constraint/Save를 선택하면 현재의 Design 이름으로 .xdc file에 이 내용이 반영된다.

```
create_clock -period 10.000 -name clk -waveform {0.000 5.000} -add [get_nets clk]
create_clock -period 10.000 -name lck -waveform {0.000 5.000} -add [get_nets -hierarchical *lck*]
```

Implementation을 마치고 Timing Report를 보면 두 Clock Constraint가 반영된 결과를 볼 수 있다.

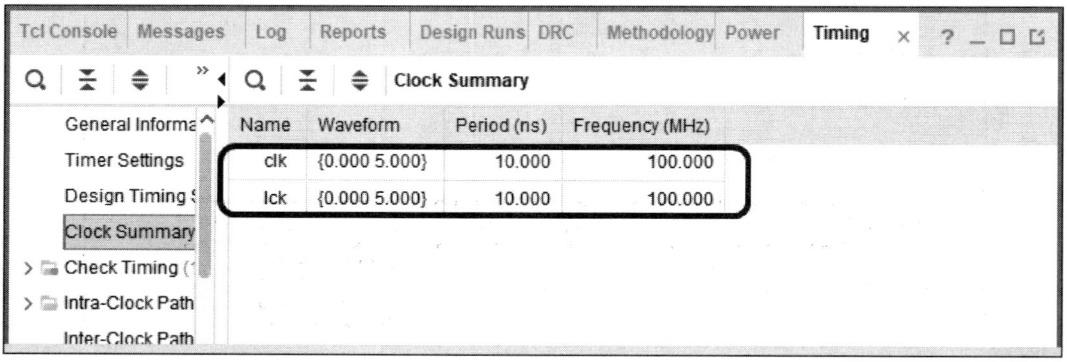

Timing Report의 다른 항목들도 살펴보면 이 Constraint가 반영된 결과를 확인할 수 있다.

이상의 절차에 따라 GUI를 활용하여 Clock Constraints를 생성하는 방법이 번거롭다고 생각되면, 위의 Command의 문장을 복사하거나 Typing 하여 사용할 수도 있다. 끝부분의 Net 이름과 Clock의 주기, 생성할 Constraint의 이름만 사용할 회로의 내용대로 맞춰주고 xdc file에 추가하면 된다.

xdc file은 FPGA의 입출력에 대한 Pin번호와 Interface 전압에 대해 지정하는 내용을 포함하기도 하고 Clock에 대한 Constraints를 포함해서 사용할 수도 있다.

INDEX

저자와의
협의에 의해
인지 생략

Verilog HDL로 설계하고
XILINX VIVADO Tool로 구현하는

Digital 회로설계실무

4판 2쇄 2025년 2월 10일

저 자 변형구 / 안규철 / 구인모
발행인 송광헌
발행처 도서출판 복두(더)
주 소 서울특별시 영등포구 경인로82길 3-4
센터플러스 807호 (우) 07371
전 화 02-2164-2580
FAX 02-2164-2584
등 록 1993. 11. 22. 제 10-902 호

정가 : 26,000원

ISBN : 979-11-6675-453-1 93560

한국과학기술출판협회 회원사